微积分探幽

从高等数学到数学分析

（下册）

谭小江 ◎编著

北京大学出版社

PEKING UNIVERSITY PRESS

图书在版编目 (CIP) 数据

微积分探幽：从高等数学到数学分析 . 下册 / 谭小江编著 . — 北京：
北京大学出版社，2024.7
ISBN 978-7-301-35168-0

Ⅰ . O172

中国国家版本馆 CIP 数据核字第 20243B8M59 号

书　　　名　微积分探幽——从高等数学到数学分析（下册）
　　　　　　WEIJIFEN TANYOU——CONG GAODENG SHUXUE DAO
　　　　　　SHUXUE FENXI（XIACE）
著作责任者　谭小江　编著
责 任 编 辑　潘丽娜
标 准 书 号　ISBN 978-7-301-35168-0
出 版 发 行　北京大学出版社
地　　　址　北京市海淀区成府路 205 号　100871
网　　　址　http://www.pup.cn　新浪微博：@ 北京大学出版社
电 子 邮 箱　zpup@pup.cn
电　　　话　邮购部 010-62752015　发行部 010-62750672　编辑部 010-62752021
印 刷 者　天津中印联印务有限公司
经 销 者　新华书店
　　　　　　787 毫米 ×1092 毫米　16 开本　20.25 印张　409 千字
　　　　　　2024 年 7 月第 1 版　2024 年 7 月第 1 次印刷
定　　　价　60.00 元

前　言

　　有一年, 我与几位北大的同学一起参加学校的招生活动. 途中这几位同学在讨论自己学习的高等数学时, 都感叹确实是很难. 当时一位经济学院的学生突然站出来, 很骄傲地告诉大家他正在参加数学学院的双学位学习, 其中数学分析课程比大家的高等数学难太多太多. "什么? 你敢去学数学学院的数学分析?" 在同伴们的赞叹声中, 这位经济学院的同学露出一副满意的笑容. 作为一位长期从事数学分析教学工作的教师, 看到这一场景不禁有些莞尔. 双学位的数学分析怎么是数学学院的数学分析了? 二者之间不论从课程难度和训练效果都差得太远了吧? 另一方面我也有些疑惑, 数学分析在这些北大同学的眼里怎么就变得那么神秘, 那么 "高大上" 了? 我自己当年由于条件限制, 基本是通过自学学习的数学分析, 怎么今天就变得高不可攀了?

　　这以后我就产生了一个想法, 能不能为这许许多多不是数学专业的同学写一本故事化一点, 平易近人, 大白话多一些, 能够自学的数学分析呢? 能不能写本书让数学分析平民化一点, 门槛低一点, 话啰唆一点, 多几句评论、说明、解释, 让数学分析不是那么 "高大上", 那么让人害怕, 让更多的人有机会学习一点数学分析. 我将这一想法给曾经长期合作的北京大学出版社编辑潘丽娜老师讲了讲, 得到了充分的鼓励和肯定. 谢谢小潘老师. 好吧, 那就来试一试.

　　在我们现在的教学体制下, 大学的多数同学在学校学习的都是高等数学, 只有很少的一部分同学, 例如数学、力学、信息科学专业的学生学习的是数学分析. 在这些学习高等数学的同学里面, 有许多同学在学习期间, 甚至大学毕业几年之后, 都希望了解一点数学分析, 希望知道数学院的同学学习的是什么样的高深数学. 然而数学分析开始时的 Dedekind 分割、极限理论的七大定理等等就让许多人望而却步了. 这些东西都在讲什么呢? 我曾经教过的一位同学, 在学习了半个学期后, 十分感慨地评论: 数学分析太 "变态" 了, 就是不断在用一些十分显而易见的事去证明另一些显而易见的事. 半个学期就讲了一件事: "从直线左边走到右边必须经过直线上的点." 就这点事还把人讲得糊里糊涂, 考得稀里哗啦. 是的, "从直线左边走到右边必须经过直线上的点" 就是不容易讲清楚, 要将这句话转换为能够进行严谨逻辑推理的数学语言, 打造成建立整个微积分的基础, 构造出各种强有力的数学工具就更难了.

不能否认, 数学分析就是一门非常难的课程. 一个人要通过这门课程的学习, 掌握数学的基础知识, 对思维方式进行潜移默化的改造, 达到提升抽象思维能力、逻辑推理能力、计算能力的良好效果, 不经过严格训练, 没有 "ε-δ 语言" 的反复折磨, 又怎么可能呢? 特别地, 按照这样的要求, 要写一本多数人能够接受, 方便自学, 认真阅读后能够有收获的数学分析教材显然是件知易行难的事, 需要面对的是各种学习过或者没有学习过不同层次高等数学的同学, 需要面对他们深入学习或者浅尝即可的不同学习目的, 需要面对的太多太多. 怎样解决这些问题呢? 在本书中, 我们主要做了下面几个方面的工作.

第一, 尽可能将书写得故事化一点, 大白话多一点, 语言平易一点, 增强书的可读性, 降低进入的门槛. 本书从数学分析发展简史开始, 用故事来说明数学分析当时讨论的问题、遇到的困难, 以及解决这些困难的方法, 说明极限和实数理论产生的原因, 以及这些理论在数学分析中的作用. 我们用 Euclid 的故事和他的公理化方法引入实数理论, 而将 Dedekind 分割仅仅作为实数公理的一个模型, 并且强调以后不会再用到. 希望读者能够比较自然地接受实数的确界原理, 免去开始时学习 Dedekind 分割的困难以及其中十分烦琐的定义和推导. 另一方面, 我们将确界原理贯穿于一元微积分的始终, 将连续函数的三大定理、Lagrange 微分中值定理和 Newton-Leibniz 公式等等微积分的主要结论都作为确界原理的等价表述, 帮助读者理解严谨的数学分析里每一个重要成果都离不开确界原理, 因而需要重视实数理论. 当然这样做必然会使得许多故事与史实和人物并不完全符合, 甚至出现错误. 所以这里再一次强调我们是以故事的形式在表述, 希望同学学习时能够多一点了解, 得到些启示, 不论实数理论, 还是 Riemann 积分等的产生和发展过程都不能从史实上保证其完全准确.

第二, 保证内容的基本完整和章节的相对独立. 我们是按照北京大学数学科学学院数学分析课程的基本要求和框架来安排本书内容的, 并且初稿也多次在数学科学学院和信息科学技术学院数学分析课程的教学实践中实际使用, 书中的许多习题也是实际教学时的考试试题. 我们希望通过内容的基本完整, 帮助有需要的读者全面了解和学习数学分析. 当然, 为了保证自学的不同需求, 我们也将各章节安排得尽可能独立一些, 在每章开始的地方交代清楚这一章需要用到前面章节的哪些基本结论. 同时, 我们将书中所有定理分类为由相关定义直接推出的, 以及依赖于实数理论的. 希望帮助读者区分局部与整体, 掌握前后关系. 我期待这样做能使得读者即使跳过其中的一些章节也不影响阅读整本书. 当然, 为了这个目的, 我们不得不多次重复相同的故事, 多次表述同一个定义、同一个定理. 但按照数学分析的重点、难点需要通过多次强调, 不断重复和反复应用来掌握的实际情况, 这样的安排也是需要的.

第三, 突出重点, 保证本书的完全自洽与高度严谨. 我们在实数公理的基础上, 从 Archimedes 原理开始, 所有的结论都经过严格的逻辑推理. 希望读者能够从中理解和掌握高等数学与数学分析的差异, 能够通过不断地模仿和重复各种定义以及定理的表述和证明, 得到较好的数学训练. 而另一方面, 我们将单调有界收敛定理和 Cauchy 准则突出于各种不同极限的收敛问题中, 希望借此帮助读者理解 $\varepsilon\text{-}\delta$ 只是一种形式语言, 需要实数理论来提供强有力的支撑.

第四, 对重点和难点尽可能多次强调, 不断重复和反复应用. 本书的目的不是要将数学分析变得简单易学, 能够轻松掌握. 相反地, 数学分析不仅仅是知识学习, 更重要的是训练, 是逻辑推理能力、抽象思维能力和计算能力的培养, 不是教会你怎么算微分、积分就够了. 数学分析的学习应该注重数学思维的培养、严谨逻辑的训练, 注重提高学习能力. 特别是希望通过阅读本书自学的同学, 这一点就更重要了. 可是知易行难啊, 学习的过程中怎样达到训练的效果呢? 我常常这样想, 一个专业的乒乓球运动员为了掌握某一种技能并将其用到实战中, 需要小心地纠正动作, 千万次地重复, 不断地实践, 思维和逻辑训练难道不也应该这样吗? 大多数同学都需要在无数次 "因为 …… 所以 ……" "如果…… 则…… 否则……" "对于任意一个 …… 存在一个 ……" "存在一个…… 使得对于任意一个 ……" 的重复中将逻辑推理严谨、条件使用充分、语言表达准确转换为思维的本能. 因此, "重点强调、不断重复、反复应用" 必须贯穿在数学分析的整个学习过程中, 只有这样才能得到足够的逻辑训练, 理解和掌握数学分析中的重点、难点.

书中部分内容标了 *, 阅读时可以跳过.

本书的初稿多次在北京大学数学科学学院和信息科学技术学院数学分析课程的实际教学中使用, 许多同学对其中不容易理解的地方和错误提出了很多宝贵的意见和想法, 其中有同学不辞辛苦, 在初稿中标明了许多他们发现的错误和改进意见, 这里一并致谢.

对于读者, 我最后还想说一点. 数学分析是一门非常强调能力培养的课程, 特别是其中的学习能力. 如果你能够通过自己阅读完美地掌握数学分析, 恭喜你, 你的能力足以保证你学好任何其他课程. 为了你的素质训练, 来试一试, 挑战自我, 读一读数学分析吧. 希望我们的书对你有帮助.

谭小江

2022 年 1 月

目　录

第一章　幂　级　数

前面我们讨论了一般的函数序列和函数级数, 给出了在什么条件下, 对函数序列取极限后仍然保持函数的连续性、可导性和可积性等相关的定理. 在本章和下一章中, 我们将回答数学分析需要考虑的基本问题: 怎样通过极限用初等函数来表示其他函数? 怎样利用初等函数的导数和积分计算给出其他函数的导数和积分计算? 对于这些问题, 在函数级数理论的基础上, 我们将采用线性代数中向量空间的方法. 我们知道, 函数利用加法和数乘运算构成了一个无穷维的线性空间. 在这个线性空间上, 如果能够找到一个由简单的函数构成的序列 $\{f_n(x)\}$, 使得 $\{f_n(x)\}$ 构成函数空间的线性基, 则空间中的其他函数都可以表示为 $\{f_n(x)\}$ 的线性组合, 即表示为函数级数 $\sum\limits_{n=0}^{+\infty} a_n f_n(x)$.

然而, 由于一般的函数空间过于庞大, 这一想法实际是不成立的. 我们能够做的是先给出一列简单的初等函数, 看一看利用这列简单初等函数的线性组合得到的函数级数在什么条件下收敛, 能够表示什么样的函数. 是否可逐项求导、逐项积分? 或者说对于什么样的函数空间, 在什么极限意义下, 我们能够利用选定的初等函数序列得到函数空间的线性基.

设 $x_0 \in \mathbb{R}$ 是一给定的点, 这一章我们将以最基本的多项式序列

$$\{1, (x-x_0), (x-x_0)^2, \cdots, (x-x_0)^n, \cdots\}$$

作为线性基, 研究在点 x_0 的邻域上, 利用这一列函数的线性组合产生出来的函数级数 $\sum\limits_{n=0}^{+\infty} a_n(x-x_0)^n$. 这一形式的函数级数称为在 x_0 处展开的幂级数, 是多项式对

于无穷和的推广. 我们要讨论幂级数的收敛性质以及幂级数能够表示的函数, 并给出基本初等函数的幂级数展开以及幂级数的一些应用.

下一章我们将以三角函数序列

$$\left\{ \frac{1}{2},\ \sin x,\ \cos x,\ \cdots,\ \sin nx,\ \cos nx,\ \cdots \right\}$$

作为线性基, 研究利用其线性组合产生的函数级数

$$\frac{a_0}{2} + \sum_{n=1}^{+\infty} (a_n \sin nx + b_n \cos nx).$$

这样的函数级数称为 Fourier 级数, 我们将证明大部分能够在实际应用中使用的函数都可以表示为 Fourier 级数.

1.1　幂级数的收敛半径

多项式显然是函数中最简单、最基本的一类函数. 将多项式中的有限和推广为无穷和, 就得到幂级数. 设 $x_0 \in \mathbb{R}$ 是给定的点, 函数级数

$$\sum_{n=0}^{+\infty} a_n (x - x_0)^n$$

称为在 x_0 处展开的**幂级数**, 也称 **Taylor 级数**. 如果 $x_0 = 0$, 则形式为 $\sum\limits_{n=0}^{+\infty} a_n x^n$ 的幂级数称为 **Maclaurin 级数**. 经过变换 $y = x - x_0$, 总可以将 Taylor 级数转换为 Maclaurin 级数. 下面将以 Maclaurin 级数的讨论为主, 得到的结论不难推广到一般的幂级数.

我们首先来讨论幂级数 $\sum\limits_{n=0}^{+\infty} a_n x^n$ 的收敛性质. 当 $x = 0$ 时幂级数 $\sum\limits_{n=0}^{+\infty} a_n x^n$ 显然收敛. 现假定存在 $x_0 \neq 0$, 使得 $\sum\limits_{n=0}^{+\infty} a_n x_0^n$ 收敛, 则有下面定理.

定理 1.1.1　如果幂级数 $\sum\limits_{n=0}^{+\infty} a_n x^n$ 在 $x_0 \neq 0$ 收敛, 则 $\forall r \in (0, |x_0|)$, $\sum\limits_{n=0}^{+\infty} a_n x^n$ 在区间 $[-r, r]$ 上绝对一致收敛.

证明　由于 $\sum\limits_{n=0}^{+\infty} a_n x_0^n$ 收敛. 因而当 $n \to +\infty$ 时, $a_n x_0^n \to 0$, 则存在常数 M, 使

得 $|a_n x_0^n| \leqslant M$ 对于 $n = 0, 1, 2, \cdots$ 都成立. 而当 $x \in [-r, r]$ 时,

$$|a_n x^n| = |a_n x_0^n| \left(\frac{|x|}{|x_0|}\right)^n \leqslant M\left(\frac{r}{|x_0|}\right)^n.$$

但 $\dfrac{r}{|x_0|} < 1$, 因此 $\sum\limits_{n=0}^{+\infty} M\left(\dfrac{r}{|x_0|}\right)^n$ 收敛. 利用控制收敛判别法, $\sum\limits_{n=0}^{+\infty} a_n x^n$ 在 $[-r, r]$ 上绝对一致收敛. ∎

利用定理 1.1.1, 对于一个给定的幂级数 $\sum\limits_{n=0}^{+\infty} a_n x^n$, 令

$$R = \sup\left\{|x_0| \;\Big|\; \sum_{n=0}^{+\infty} a_n x_0^n \text{ 收敛}\right\}.$$

由于幂级数 $\sum\limits_{n=0}^{+\infty} a_n x^n$ 在 $x_0 = 0$ 时总是收敛的, 上面取上确界的集合不是空集, 因而 R 是有意义的, 并且 $R \in [0, +\infty]$. R 称为幂级数 $\sum\limits_{n=0}^{+\infty} a_n x^n$ 的**收敛半径**.

按照定理 1.1.1, 如果幂级数 $\sum\limits_{n=0}^{+\infty} a_n x^n$ 的收敛半径 $R > 0$, 则幂级数 $\sum\limits_{n=0}^{+\infty} a_n x^n$ 在 $(-R, R)$ 内的任意闭区间上绝对一致收敛. 这时, 称幂级数 $\sum\limits_{n=0}^{+\infty} a_n x^n$ 在 $(-R, R)$ 上**内闭绝对一致收敛**. 而幂级数 $\sum\limits_{n=0}^{+\infty} a_n x^n$ 在区间 $[-R, R]$ 以外处处都不收敛. 在点 R 和 $-R$ 处, 幂级数 $\sum\limits_{n=0}^{+\infty} a_n x^n$ 有可能收敛, 也有可能不收敛, 对此成立下面定理.

定理 1.1.2 设 $\sum\limits_{n=0}^{+\infty} a_n x^n$ 的收敛半径 $R > 0$, $R \neq +\infty$, 则 $\sum\limits_{n=0}^{+\infty} a_n x^n$ 在收敛区间端点 $R(-R)$ 处收敛的充要条件是 $\sum\limits_{n=0}^{+\infty} a_n x^n$ 在 $[0, R)((-R, 0])$ 上一致收敛. 幂级数在收敛区域的端点处收敛时, 其和函数在端点处单侧连续.

证明 以右端点 R 的证明为例. 设 $\sum\limits_{n=0}^{+\infty} a_n R^n$ 收敛, 则当 $x \in [0, R)$ 时,

$$\sum_{n=0}^{+\infty} a_n x^n = \sum_{n=0}^{+\infty} a_n R^n \left(\frac{x}{R}\right)^n.$$

其中 $\sum\limits_{n=0}^{+\infty} a_n R^n$ 作为函数级数在区间 $[0, R)$ 上一致收敛, 而函数序列 $\left\{\left(\dfrac{x}{R}\right)^n\right\}$ 在 $[0, R)$ 上对 n 单调并且一致有界. 利用关于函数级数一致收敛的 Abel 判别法,

$$\sum_{n=0}^{+\infty} a_n x^n \text{ 在 } [0, R) \text{ 上一致收敛.}$$

反之, 如果 $\sum_{n=0}^{+\infty} a_n x^n$ 在区间 $[0, R)$ 上一致收敛, 即单极限 $\lim\limits_{n \to +\infty} \sum_{k=0}^{n} a_k x^k = \sum_{k=0}^{+\infty} a_k x^k$ 在 $[0, R)$ 上一致收敛, 而单极限 $\lim\limits_{x \to R^-} \sum_{k=0}^{n} a_k x^k = \sum_{k=0}^{n} a_k R^k$ 显然收敛. 应用本书上册第九章定理 9.2.4 中关于累次极限收敛并可交换顺序的基本定理, 下面的两个累次极限都收敛并且相等:

$$\lim_{n \to +\infty} \left(\lim_{x \to R^-} \sum_{k=0}^{n} a_k x^k \right) = \lim_{n \to +\infty} \sum_{k=0}^{n} a_k R^k = \sum_{n=0}^{+\infty} a_n R^n,$$

$$\lim_{x \to R^-} \left(\lim_{n \to +\infty} \sum_{k=0}^{n} a_k x^k \right) = \lim_{x \to R^-} \sum_{k=0}^{+\infty} a_k x^k.$$

前一个累次极限收敛表示幂级数 $\sum_{n=0}^{+\infty} a_n x^n$ 在端点 R 收敛, 而两个累次极限都收敛并且相等则表示幂级数的和函数在点 R 左连续. ∎

下面来看几个幂级数的例子.

例 1   利用指数函数带 Lagrange 余项的 Taylor 展开, 我们知道对于任意 $x \in (-\infty, +\infty)$, 成立 $\mathrm{e}^x = \sum_{n=0}^{+\infty} \dfrac{x^n}{n!}$. 这时, 幂级数 $\sum_{n=0}^{+\infty} \dfrac{x^n}{n!}$ 的收敛半径为 $+\infty$.

例 2   考虑幂级数 $\sum_{n=0}^{+\infty} n! x^n$. 对于任意 $x \neq 0$, 由于当 $n \to +\infty$ 时, $n! x^n \to \infty$, 因而 $\sum_{n=0}^{+\infty} n! x^n$ 除了在 $x = 0$ 收敛外, 处处发散. 这时, 幂级数 $\sum_{n=0}^{+\infty} n! x^n$ 的收敛半径为零.

例 3   考虑幂级数 $\sum_{n=0}^{+\infty} \dfrac{x^n}{n}$. 利用 d'Alembert 判别法, 对于任意 $x > 0$,

$$\lim_{n \to +\infty} \frac{a_{n+1}}{a_n} = \lim_{n \to +\infty} \frac{\dfrac{x^{n+1}}{n+1}}{\dfrac{x^n}{n}} = x,$$

因而幂级数 $\sum_{n=0}^{+\infty} \dfrac{x^n}{n}$ 在 $|x| < 1$ 时收敛, 在 $|x| > 1$ 时发散. 这时, 幂级数 $\sum_{n=0}^{+\infty} \dfrac{x^n}{n}$ 的收敛半径为 1.

而利用 Dirichlet 判别法, 幂级数 $\sum_{n=0}^{+\infty} \dfrac{x^n}{n}$ 在收敛区域的一个端点 $x = -1$ 收敛,

在另一个端点 $x = 1$ 发散. 因此幂级数在 $[-1, 1)$ 内的任意闭区间上一致收敛, 而在 $[-1, 1)$ 上不是一致收敛的.

例 4 考虑幂级数 $\sum_{n=0}^{+\infty} x^n$. 这时幂级数 $\sum_{n=0}^{+\infty} x^n$ 的收敛半径为 1, 而其在收敛区域的两个端点 ± 1 处都不收敛.

例 5 考虑幂级数 $\sum_{n=0}^{+\infty} \frac{x^n}{n^2}$. 利用 d'Alembert 判别法容易得到幂级数 $\sum_{n=0}^{+\infty} \frac{x^n}{n^2}$ 的收敛半径为 1, 且其在收敛区域的两个端点 ± 1 处都收敛.

对于给定的幂级数 $\sum_{n=0}^{+\infty} a_n x^n$, 一个基本问题是怎样通过幂级数的系数 $\{a_n\}$ 来确定其收敛半径. 由于幂级数在其收敛区域内都是绝对收敛的, 因此对幂级数逐项取绝对值后, 可以利用关于正项级数收敛的 d'Alembert 判别法和 Cauchy 判别法.

定理 1.1.3 对于一个给定的幂级数 $\sum_{n=0}^{+\infty} a_n x^n$, 如果

$$\lim_{n \to +\infty} \frac{|a_{n+1}|}{|a_n|} = p,$$

则幂级数 $\sum_{n=0}^{+\infty} a_n x^n$ 的收敛半径为 $R = \frac{1}{p}$, 如果 $p = 0$, 则令 $R = +\infty$.

证明 由于幂级数在其收敛区域内都是绝对收敛的, 因此利用正项级数的 d'Alembert 判别法, 我们得到

$$\lim_{n \to +\infty} \frac{|a_{n+1}||x|^{n+1}}{|a_n||x|^n} = p|x|.$$

所以, 幂级数在 $|x| < \frac{1}{p}$ 时收敛, 在 $|x| > \frac{1}{p}$ 时发散. 我们得到 $R = \frac{1}{p}$. ∎

利用上、下极限和 Cauchy 判别法, 可以得到一个形式上更强的结论.

定理 1.1.4 对于给定的幂级数 $\sum_{n=0}^{+\infty} a_n x^n$, 如果 $\overline{\lim_{n \to +\infty}} \sqrt[n]{|a_n|} = p$, 则此幂级数的收敛半径 $R = \frac{1}{p}$.

证明 利用 Cauchy 判别法,

$$\overline{\lim_{n \to +\infty}} \sqrt[n]{|a_n||x|^n} = p|x|.$$

因此, 幂级数在 $|x| < \frac{1}{p}$ 时收敛, 在 $|x| > \frac{1}{p}$ 时发散. 幂级数的收敛半径为 $\frac{1}{p}$. ∎

例 6 考虑幂级数 $\sum\limits_{n=0}^{+\infty} 3^n x^{2n}$. 利用 d'Alembert 判别法, 得不到收敛半径, 而利用 Cauchy 判别法, 得幂级数的收敛半径为 $\dfrac{1}{\sqrt{3}}$.

1.2 收敛幂级数的性质

设幂级数 $\sum\limits_{n=0}^{+\infty} a_n x^n$ 的收敛半径 $R > 0$, 则 $\sum\limits_{n=0}^{+\infty} a_n x^n$ 在 $(-R, R)$ 上内闭绝对一致收敛, 因而其和函数 $h(x) = \sum\limits_{n=0}^{+\infty} a_n x^n$ 在 $(-R, R)$ 内连续. 而如果 $\sum\limits_{n=0}^{+\infty} a_n x^n$ 在端点 R 或者 $-R$ 处收敛, 则和函数 $h(x)$ 在端点 R 或者 $-R$ 处单侧连续.

另一方面, 如果先对幂级数 $\sum\limits_{n=0}^{+\infty} a_n x^n$ 直接逐项求导, 则我们得到的仍然是幂级数 $\sum\limits_{n=1}^{+\infty} n a_n x^{n-1}$. 对于幂级数 $\sum\limits_{n=1}^{+\infty} n a_n x^{n-1}$ 的收敛半径, 利用 $\lim\limits_{n\to+\infty} \sqrt[n]{n} = 1$ 以及定理 1.1.4 中幂级数收敛半径的计算公式, 我们得到

$$\frac{1}{\lim\limits_{n\to+\infty} \sqrt[n-1]{|n a_n|}} = \frac{1}{\lim\limits_{n\to+\infty} (\sqrt[n-1]{n}\, \sqrt[n-1]{|a_n|})} = \frac{1}{\lim\limits_{n\to+\infty} \sqrt[n]{|a_n|}},$$

幂级数 $\sum\limits_{n=1}^{+\infty} n a_n x^{n-1}$ 与 $\sum\limits_{n=0}^{+\infty} a_n x^n$ 有相同的收敛半径. 同理, 如果对幂级数 $\sum\limits_{n=0}^{+\infty} a_n x^n$ 直接做 k 次逐项求导后, 则得到

$$\sum_{n=k}^{+\infty} n(n-1)\cdots(n-k+1) a_n x^{n-k},$$

其仍然是幂级数, 并且收敛半径保持不变. 因此, $\sum\limits_{n=0}^{+\infty} a_n x^n$ 任意次逐项求导后得到的函数级数在 $\sum\limits_{n=0}^{+\infty} a_n x^n$ 的收敛区域 $(-R, R)$ 内都是内闭绝对一致收敛的. 对此, 应用上册第九章给出的关于函数级数逐项求导的定理 9.3.6, 就得到下面定理.

定理 1.2.1 如果幂级数 $\sum\limits_{n=0}^{+\infty} a_n x^n$ 的收敛半径 $R > 0$, 则其和函数 $h(x) = \sum\limits_{n=0}^{+\infty} a_n x^n$ 在 $(-R, R)$ 内任意阶可导, 并且对于 $k = 1, 2, \cdots$, 在 $(-R, R)$ 上成立

$$h^{(k)}(x) = \sum_{n=0}^{+\infty} (a_n x^n)^{(k)} = \sum_{n=k}^{+\infty} n(n-1)\cdots(n-k+1)a_n x^{n-k}.$$

在上面定理中, 对于 $k = 0, 1, 2, \cdots$, 令 $x = 0$, 得 $h^{(k)}(0) = k!a_k$, 因此

$$h(x) = \sum_{n=0}^{+\infty} \frac{h^{(n)}(0)}{n!} x^n.$$

形式为 $h(x) = \sum\limits_{n=0}^{+\infty} \dfrac{h^{(n)}(0)}{n!} x^n$ 的幂级数称为 $h(x)$ 的 Taylor 级数. 将上面关系用 Taylor 级数来表示, 就得到了下面定理.

定理 1.2.2 如果一个函数 $f(x)$ 在点 x_0 的邻域 $(x_0 - R, x_0 + R)$ 上可以表示为幂级数 $f(x) = \sum\limits_{n=0}^{+\infty} a_n (x - x_0)^n$, 则 $f(x)$ 在 $(x_0 - R, x_0 + R)$ 上任意阶可导, 并且成立 $a_n = \dfrac{f^{(n)}(x_0)}{n!}$. 特别的, 如果 $f(x)$ 在点 x_0 的邻域 $(x_0 - R, x_0 + R)$ 上可以表示为幂级数 $f(x) = \sum\limits_{n=0}^{+\infty} a_n (x - x_0)^n$, 则幂级数是唯一的.

关于定理 1.2.2, 有一点需要说明: 可以表示为幂级数的函数都是任意阶可导的光滑函数. 但反过来并不成立, 任意阶可导的光滑函数不一定能够表示为幂级数.

例 1 令

$$f(x) = \begin{cases} \mathrm{e}^{-\frac{1}{x^2}}, & \text{如果 } x \neq 0, \\ 0, & \text{如果 } x = 0. \end{cases}$$

我们在本书上册第四章一元函数微分学里证明了 $f(x)$ 在 $(-\infty, +\infty)$ 上任意阶可导, 并且在 $x = 0$ 处成立 $f^{(n)}(0) = 0$, $n = 0, 1, 2, \cdots$. 这时, $f(x)$ 在 $x = 0$ 处的 Taylor 级数 $\sum\limits_{n=0}^{+\infty} \dfrac{f^{(n)}(0)}{n!} x^n \equiv 0$ 在 $(-\infty, +\infty)$ 上收敛. 但当 $x \neq 0$ 时, 其与 $f(x)$ 并不相等. 由于函数的幂级数展开必须是函数的 Taylor 级数, 因此我们得到上面任意阶可导的光滑函数 $f(x)$ 在 $x = 0$ 的任意邻域上都不能展开为 x 的幂级数.

例 2 设 $g(x)$ 是一在 $x = 0$ 的任意邻域上都不恒为零的光滑函数, $f(x)$ 是上面例 1 中定义的函数, 令 $h(x) = f(x)g(x)$, 则利用求导的 Leibniz 法则容易得到 $h(x)$ 在点 $x = 0$ 的任意阶导数都为零, 因而 $h(x)$ 在 $x = 0$ 处的 Taylor 级数恒为零, $h(x)$ 在 $x = 0$ 的任意邻域上都不能展开为幂级数.

上例说明任意阶可导但不能展开为幂级数的函数实际是非常多的, 对此, 我们给出下面定义.

定义 1.2.1 设 $f(x)$ 是定义在 (a,b) 上的函数, 如果对于任意 $x_0 \in (a,b)$, 都存在点 x_0 的邻域 $(x_0 - R, x_0 + R)$, 使得 $f(x)$ 在这一邻域上可以展开为 $x - x_0$ 的幂级数, 则称 $f(x)$ 为区间 (a,b) 上的 **实解析函数**.

通常以 $C^w(a,b)$ 表示 (a,b) 上的所有实解析函数构成的集合. 不难看出 $C^w(a,b)$ 是一线性空间, 而上面的两个例子则表明

$$C^w(a,b) \subsetneqq C^\infty(a,b) \subsetneqq \cdots \subsetneqq C^n(a,b) \subsetneqq \cdots \subsetneqq C(a,b).$$

实解析函数可以认为是所有实变量的函数中性质最好的函数.

设 $x_0 \in \mathbb{R}$ 是给定的点, $f(x)$ 在 $(x_0 - R, x_0 + R)$ 上可以展开为幂级数 $f(x) = \sum_{n=0}^{+\infty} a_n (x - x_0)^n$, 其中 $R > 0$. 这时对于任意 $x_1 \in (x_0, x_0 + R)$, 由于幂级数 $\sum_{n=0}^{+\infty} a_n (x - x_0)^n$ 在其收敛区域内都是绝对收敛的, 因而当 $x \in (x_1, x_0 + R)$ 时, 正项级数

$$\sum_{n=0}^{+\infty} |a_n| (x - x_1 + (x_1 - x_0))^n = \sum_{n=0}^{+\infty} |a_n| \left(\sum_{k=0}^{n} C_n^k (x - x_1)^k (x_1 - x_0)^{n-k} \right)$$

收敛. 而收敛的正项级数与级数的求和顺序无关. 特别的, 适当调整求和顺序, 可以将上面级数表示为 $x - x_1$ 的幂级数. 这一幂级数在 $(2x_1 - x_0 - R, x_0 + R)$ 内绝对收敛. 而当 $x \in (2x_1 - x_0 - R, x_1)$, 由于级数的求和与求和顺序无关, 可将 $x - x_1$ 的幂级数转换回 $\sum_{n=0}^{+\infty} a_n (x - x_0)^n$, 得其和必须仍然等于 $f(x)$. 因此, $f(x)$ 在 x_1 的邻域上可以表示为 $x - x_1$ 的幂级数. 同样的推导对于 $x_1 \in (x_0 - R, x_0)$ 也成立. 由此得到 $f(x)$ 在 $(x_0 - R, x_0 + R)$ 上每一点充分小的邻域上都可以展开为幂级数, 即如果 $f(x)$ 在 x_0 处展开的幂级数收敛半径 $R > 0$, 则 $f(x)$ 是区间 $(x_0 - R, x_0 + R)$ 上的实解析函数. 而下面的例子说明这一结论的逆命题不成立.

例 3 令 $f(x) = \dfrac{1}{1 + x^2}$, 对于任意 $x_0 \in (-\infty, +\infty)$,

$$\begin{aligned}
f(x) &= \frac{1}{1 + (x - x_0 + x_0)^2} = \frac{1}{1 + x_0^2 + 2x_0(x - x_0) + (x - x_0)^2} \\
&= \frac{1}{1 + x_0^2} \cdot \frac{1}{1 + \dfrac{2x_0(x - x_0) + (x - x_0)^2}{1 + x_0^2}} \\
&= \frac{1}{1 + x_0^2} \sum_{n=0}^{+\infty} (-1)^n \left(\frac{2x_0(x - x_0) + (x - x_0)^2}{1 + x_0^2} \right)^n.
\end{aligned}$$

而当 $\dfrac{2|x_0(x - x_0)| + (x - x_0)^2}{1 + x_0^2} < 1$ 时, $\sum_{n=0}^{+\infty} \left(\dfrac{2|x_0(x - x_0)| + (x - x_0)^2}{1 + x_0^2} \right)^n$ 收敛. 因

而无穷级数

$$\frac{1}{1+x_0^2}\sum_{n=0}^{+\infty}(-1)^n\left(\frac{2x_0(x-x_0)+(x-x_0)^2}{1+x_0^2}\right)^n$$

绝对收敛. 而绝对收敛级数可以任意改变求和顺序, 特别的, 可以将其排为 $x-x_0$ 的幂级数. 我们得到函数 $f(x)$ 在 $(-\infty,+\infty)$ 上任意点的充分小邻域上都可以表示为这点展开的幂级数, 因而 $f(x)$ 是 $(-\infty,+\infty)$ 上的实解析函数.

另一方面, 在 $x=0$ 处, $f(x)$ 的幂级数展开为 $f(x)=\dfrac{1}{1+x^2}=\displaystyle\sum_{n=0}^{+\infty}(-1)^n x^{2n}$, 其仅在 $(-1,1)$ 内收敛.

上面例子表明, 一个函数 $f(x)$ 在 (x_0-R,x_0+R) 上解析时, 并不能保证其在 x_0 处的幂级数展开在区间 (x_0-R,x_0+R) 上处处收敛.

例 4 幂级数 $f(x)=\displaystyle\sum_{n=1}^{+\infty}\frac{1}{n}x^n$ 在 $[-1,1)$ 上收敛, 但对其逐项求导后得到其导函数 $f'(x)=\displaystyle\sum_{n=0}^{+\infty}x^n$, 而 $\displaystyle\sum_{n=0}^{+\infty}x^n$ 仅在 $(-1,1)$ 上收敛. 这表明, 幂级数逐项求导后得到的新的幂级数虽然收敛半径不变, 但在端点处的收敛性可能改变.

下面来讨论收敛幂级数与逐项积分的关系.

设幂级数 $\displaystyle\sum_{n=0}^{+\infty}a_n x^n$ 的收敛半径 $R>0$, 由于其在收敛区域 $(-R,R)$ 内的任意闭区间上一致收敛, 因而应用本书上册第九章中关于函数级数逐项积分的定理 9.3.7, 我们得到对于任意 $[a,b]\subset(-R,R)$, 成立

$$\int_a^b\left(\sum_{n=0}^{+\infty}a_n x^n\right)\mathrm{d}x=\sum_{n=0}^{+\infty}\int_a^b(a_n x^n)\mathrm{d}x=\sum_{n=0}^{+\infty}a_n\frac{b^{n+1}-a^{n+1}}{n+1},$$

而在 $(-R,R)$ 上, 成立

$$\int\left(\sum_{n=0}^{+\infty}a_n x^n\right)\mathrm{d}x=\sum_{n=0}^{+\infty}\int(a_n x^n)\mathrm{d}x=\sum_{n=0}^{+\infty}a_n\frac{x^{n+1}}{n+1}+c.$$

如果一个函数可以展开为幂级数, 则在幂级数的收敛区域内, 这一函数的定积分可以化为无穷级数, 而不定积分则可以表示为有相同收敛半径的幂级数.

例 5 令 $f(x)=\ln(1+x)$, 由于 $(\ln(1+x))'=\dfrac{1}{1+x}=\displaystyle\sum_{n=1}^{+\infty}(-1)^n x^n$, 逐项积分后得到

$$\ln(1+x)=\sum_{n=1}^{+\infty}(-1)^{n-1}\frac{1}{n}x^n.$$

而对于任意 $x_0 \in (-1, +\infty)$,

$$\ln(1+x) = \ln(1 + x_0 + (x - x_0)) = \ln(1 + x_0) + \ln\left(1 + \frac{x - x_0}{1 + x_0}\right)$$

$$= \ln(1 + x_0) + \sum_{n=1}^{+\infty} (-1)^{n-1} \frac{1}{n} \left(\frac{x - x_0}{1 + x_0}\right)^n.$$

这一展开仅在 $(-1, 1 + 2x_0)$ 上成立, 因而 $f(x) = \ln(1+x)$ 是 $(-1, +\infty)$ 上的实解析函数. 而对于任意 $x_0 \in (-1, +\infty)$, 其在 x_0 处的幂级数展开仅在 $(-1, 1 + 2x_0)$ 上能够表示 $f(x)$, 在这以外幂级数不收敛.

例 6 我们知道不定积分 $\int e^{x^2} dx$ 不是初等函数, 因而不能解析表示, 或者说这一不定积分不能积出. 特别的, 对于 e^{x^2} 的定积分, 不能直接应用 Newton-Leibniz 公式. 但是利用幂级数, 我们知道 $e^{x^2} = \sum_{n=0}^{+\infty} \frac{x^{2n}}{n!}$, 其在 $(-\infty, +\infty)$ 中的任意闭区间上一致收敛. 由此得到

$$\int_0^1 e^{x^2} dx = \sum_{n=0}^{+\infty} \frac{1}{(2n+1)n!}, \quad \text{而} \quad \int e^{x^2} dx = \sum_{n=0}^{+\infty} \frac{x^{2n+1}}{(2n+1)n!} + c.$$

我们用幂级数实现了函数 e^{x^2} 的定积分和不定积分的计算.

下面来讨论幂级数的加、减、乘、除和复合运算.

设函数 $f(x)$ 和 $g(x)$ 在 $(x_0 - R, x_0 + R)$ 上都可以展开为幂级数,

$$f(x) = \sum_{n=0}^{+\infty} \frac{f^{(n)}(x_0)}{n!} (x - x_0)^n, \quad g(x) = \sum_{n=0}^{+\infty} \frac{g^{(n)}(x_0)}{n!} (x - x_0)^n,$$

则对于任意常数 a, b, 在 $(x_0 - R, x_0 + R)$ 上成立

$$af(x) + bg(x) = \sum_{n=0}^{+\infty} \frac{af^{(n)}(x_0) + bg^{(n)}(x_0)}{n!} (x - x_0)^n.$$

利用绝对收敛的级数满足级数的乘积等式, 因此在 $(x_0 - R, x_0 + R)$ 上对幂级数成立 Cauchy 乘积

$$f(x)g(x) = \sum_{n=0}^{+\infty} \left(\sum_{k=0}^{n} \frac{f^{(k)}(x_0)}{k!} \frac{g^{(n-k)}(x_0)}{(n-k)!}\right)(x - x_0)^n = \sum_{n=0}^{+\infty} \frac{(fg)^{(n)}(x_0)}{n!} (x - x_0)^n,$$

$f(x)g(x)$ 在 $(x_0 - R, x_0 + R)$ 上也可以展开为幂级数.

现在假定 $f(x) = \sum_{n=0}^{+\infty} a_n (x - x_0)^n$ 在 $x = x_0$ 的充分小的邻域上可以展开为幂

级数, 并且进一步假定 $f(x_0) = a_0 \neq 0$, 令 $u = 1 - \dfrac{f(x)}{a_0}$, 则

$$\frac{a_0}{f(x)} = \frac{1}{1-u} = \sum_{n=0}^{+\infty} u^n.$$

而 $\displaystyle\sum_{n=0}^{+\infty} u^n$ 在 $(-1, 1)$ 内收敛. 因此, 如果 x 满足 $\displaystyle\sum_{n=1}^{+\infty} \dfrac{|a_n|}{|a_0|} |x-x_0|^n < 1$, 则对于形式和

$$\sum_{n=0}^{+\infty} \left(\sum_{k=1}^{+\infty} \frac{|a_k|}{|a_0|} |x-x_0|^k \right)^n,$$

如果将求和 $\displaystyle\sum_{n=0}^{+\infty} \left(\sum_{k=1}^{+\infty} \dfrac{|a_k|}{|a_0|} |x-x_0|^k \right)^n$ 中的可数无穷多项排成一个序列, 则利用这一序列得到的正项级数收敛. 因此可以认为无穷级数

$$\sum_{n=0}^{+\infty} \left(\sum_{k=1}^{+\infty} \frac{a_k}{a_0} (x-x_0)^k \right)^n$$

绝对收敛. 而绝对收敛的无穷级数满足交换律, 即级数的求和与求和顺序无关. 所以可以将上面的级数任意排列, 特别的, 可以将其排为 $x - x_0$ 的幂级数. 我们得到函数 $\dfrac{1}{f(x)}$ 在 x_0 充分小的邻域上可以展开为幂级数. 由此我们证明了在分母不为零的条件下, 实解析函数的商仍然是实解析函数.

现在设函数 $y = f(x)$ 和 $x = g(u)$ 都是实解析函数, 满足 $g(u_0) = x_0$. 而

$$y = f(x) = \sum_{n=0}^{+\infty} \frac{f^{(n)}(x_0)}{n!} (x-x_0)^n, \quad x = g(u) = \sum_{n=0}^{+\infty} \frac{g^{(n)}(u_0)}{n!} (u-u_0)^n$$

分别是 $y = f(x)$ 和 $x = g(u)$ 在 $(x_0 - R, x_0 + R)$ 和 $(u_0 - R', u_0 + R')$ 上展开的幂级数. 由于幂级数在其收敛区域内都是绝对收敛的, 因此 $\displaystyle\sum_{n=0}^{+\infty} \dfrac{|f^{(n)}(x_0)|}{n!} |x-x_0|^n$ 和 $\displaystyle\sum_{n=0}^{+\infty} \dfrac{|g^{(n)}(u_0)|}{n!} |u-u_0|^n$ 分别在 $(x_0 - R, x_0 + R)$ 和 $(u_0 - R', u_0 + R')$ 上收敛. 对此, 如果取 $|u - u_0|$ 充分小, 可使

$$\sum_{n=1}^{+\infty} \frac{|g^{(n)}(u_0)|}{n!} |u-u_0|^n < R.$$

代入 $y = f(x)$ 的幂级数, 我们得到

$$\sum_{n=0}^{+\infty} \frac{|f^{(n)}(x_0)|}{n!} \left(\sum_{k=1}^{+\infty} \frac{|g^{(k)}(u_0)|}{k!} |u-u_0|^k \right)^n$$

收敛. 如果将上面和中的可数无穷多项排成一个序列, 则利用这一序列得到的正项级数收敛. 因此我们可以认为无穷级数

$$\sum_{n=0}^{+\infty} \frac{f^{(n)}(x_0)}{n!} \left(\sum_{k=1}^{+\infty} \frac{g^{(k)}(u_0)}{k!} (u-u_0)^k \right)^n$$

绝对收敛. 而绝对收敛的无穷级数满足交换律, 所以可将上面的级数排为 $u-u_0$ 的幂级数. 我们得到函数 $y=f(g(u))$ 在 u_0 充分小的邻域上可以展开为幂级数, $y=f(g(u))$ 是实解析函数. 即实解析函数复合后仍然是实解析函数.

如果用幂级数的语言总结上面的结论, 利用绝对收敛级数满足交换律, 即级数的求和与求和顺序无关, 我们得到收敛幂级数经过加、减、乘、除和复合运算后仍然是收敛幂级数. 当然, 经过这些运算后得到的幂级数其收敛半径可能发生改变.

1.3　初等函数的幂级数展开

上节我们将局部可以展开为幂级数的函数称为实解析函数, 并说明实解析函数是所有函数中性质最好的函数. 这节则希望证明初等函数在其定义域内都是实解析函数. 而我们知道初等函数是多项式、三角函数、反三角函数、指数函数、对数函数和幂函数这几类基本初等函数经过有限次加、减、乘、除和复合运算后得到的函数. 而这些运算保持函数的解析性, 因此, 仅须证明基本初等函数都是实解析函数.

怎样证明一个函数可以展开为幂级数呢? 由于收敛幂级数的和函数都是任意阶可导的函数, 因此, 设 $f(x)$ 是 (x_0-R, x_0+R) 上任意阶可导的函数. 利用 $f(x)$ 在 x_0 处的各阶导数, 我们得到一个幂级数, 即函数的 Taylor 级数

$$f(x) \sim \sum_{n=0}^{+\infty} \frac{f^{(n)}(x_0)}{n!} (x-x_0)^n.$$

现在的问题是: 这一幂级数是否收敛? 收敛时, 是不是一定能够收敛到 $f(x)$?

例 1　令

$$f(x) = \begin{cases} \mathrm{e}^{-\frac{1}{x}} & \text{如果 } x > 0, \\ 0, & \text{如果 } x \leqslant 0. \end{cases}$$

则不难证明 $f(x)$ 在 $(-\infty, +\infty)$ 上任意阶可导, 在 $x=0$ 处的各阶导数都为零. 因此 $f(x)$ 在 $x=0$ 的 Taylor 级数恒为零. $f(x)$ 的 Taylor 级数处处收敛, 但仅当 $x \leqslant 0$ 时, 这一幂级数收敛到 $f(x)$ 自身, 而当 $x > 0$ 时, 这一幂级数并没有收敛到 $f(x)$.

例 2　令 $f(x) = \dfrac{1}{1+x^2}$, 虽然 $f(x)$ 在 $(-\infty, +\infty)$ 上是实解析函数, 但 $f(x)$ 在 $x = 0$ 的 Taylor 展开为 $\displaystyle\sum_{n=0}^{+\infty}(-1)^n x^{2n}$, 这一展开当 $|x| < 1$ 时收敛到 $f(x)$, 而 $|x| \geqslant 1$ 时并不收敛.

在什么条件下任意阶可导函数 $f(x)$ 的 Taylor 展开能够收敛到 $f(x)$ 呢? 关于这一问题, 对 $n = 1, 2, \cdots$, 令

$$R_n(f, x) = f(x) - \sum_{k=0}^{n} \frac{f^{(k)}(x_0)}{k!}(x - x_0)^k.$$

$R_n(f, x)$ 称为 $f(x)$ 在 x_0 处 n 阶 Taylor 展开的**余项**. $f(x)$ 在 $(x_0 - R, x_0 + R)$ 上能够展开为幂级数 $\displaystyle\sum_{n=0}^{+\infty} \frac{f^{(n)}(x_0)}{n!}(x - x_0)^n$ 等价于对于任意 $x \in (x_0 - R, x_0 + R)$, 成立 $\displaystyle\lim_{n \to +\infty} R_n(f, x) = 0$. 由于许多光滑函数不能展开为幂级, 上面极限显然不是都成立的. 而对于余项 $R_n(f, x)$, 我们在本书上册第四章一元函数微分学里给出了 Lagrange 余项表示和积分余项表示. 下面先表述这些定理, 并对定理的证明方法做一点简单说明.

带 Lagrange 余项的 Taylor 展开　设 $f(x)$ 在 $(x_0 - R, x_0 + R)$ 上 $n+1$ 阶可导, 则对于任意 $x \in (x_0 - R, x_0 + R)$, 存在 $\theta \in (0, 1)$, 使得

$$R_n(f, x) = f(x) - \sum_{k=0}^{n} \frac{f^{(k)}(x_0)}{k!}(x - x_0)^k = \frac{f^{(n+1)}(x_0 + \theta(x - x_0))}{(n+1)!}(x - x_0)^{n+1}.$$

证明　对 $x \to x_0$ 的不定式

$$\frac{f(x) - \displaystyle\sum_{k=0}^{n} \frac{f^{(k)}(x_0)}{k!}(x - x_0)^k}{(x - x_0)^{n+1}}$$

使用 $n+1$ 次 Cauchy 中值定理就得上面的等式. ∎

带积分余项的 Taylor 展开　设 $f(x)$ 在 $(x_0 - R, x_0 + R)$ 上 $n+1$ 阶连续可导, 则对于任意 $x \in (x_0 - R, x_0 + R)$, 成立

$$R_n(f, x) = f(x) - \sum_{k=0}^{n} \frac{f^{(k)}(x_0)}{k!}(x - x_0)^k = \frac{1}{n!}\int_{x_0}^{x} f^{(n+1)}(t)(x - t)^n \mathrm{d}t.$$

证明　对积分

$$f(x) - \sum_{k=0}^{n} \frac{f^{(k)}(x_0)}{k!}(x - x_0)^k = -\int_{x_0}^{x}\left[f(x) - \sum_{k=0}^{n} \frac{f^{(k)}(x_0)}{k!}(t - x_0)^k\right]' \mathrm{d}(x - t)$$

使用 $n+1$ 次分部积分法.

下面我们希望利用这些余项公式, 以及上一节给出的关于收敛幂级数逐项求导和逐项积分的关系来证明基本初等函数都是实解析函数.

多项式 设 $P(x)$ 是一 k 阶多项式, 则 $n > k$ 时, $P^{(n)}(x) \equiv 0$, 因此 $n > k$ 时, $P(x)$ 的 n 阶 Lagrange 余项恒为零. 多项式在任意点的 Taylor 展开都收敛到多项式自身.

例 3 将多项式 $P(x) = 1 + 2x + 3x^2 + 4x^3$ 在 $x = 1$ 展开.

解 直接求导: $P(1) = 10$, $P'(1) = 20$, $P''(1) = 30$, $P^{(3)}(1) = 24$. 代入 Taylor 展开的公式得 $P(x) = 10 + 20(x-1) + 15(x-1)^2 + 4(x-1)^3$.

三角函数 对于 $f(x) = \sin x$, 用归纳法容易得到 $\sin^{(n)} x = \sin\left(x + \dfrac{n}{2}\pi\right)$. 因此, 利用 Lagrange 余项, 对于任意 x_0, x, 当 $n \to +\infty$ 时,

$$R_n(x, \sin x) = \frac{\sin\left(x_0 + \theta(x - x_0) + \dfrac{n+1}{2}\pi\right)}{(n+1)!}(x - x_0)^{n+1} \to 0.$$

$\sin x$ 在任意点的 Taylor 展开在 $(-\infty, +\infty)$ 上都收敛到函数自身. 同样结论对 $\cos x$ 也成立. 而如果令 $x_0 = 0$, 我们得到在 $(-\infty, +\infty)$ 上,

$$\sin x = \sum_{n=1}^{+\infty} \frac{(-1)^{n-1}}{(2n-1)!} x^{2n-1} = x - \frac{1}{3!} x^3 + \frac{1}{5!} x^5 + \cdots,$$

$$\cos x = \sum_{n=0}^{+\infty} \frac{(-1)^n}{(2n)!} x^{2n} = 1 - \frac{1}{2!} x^2 + \frac{1}{4!} x^4 + \cdots.$$

指数函数 对 $f(x) = \mathrm{e}^x$, $f^{(n)}(x) = \mathrm{e}^x$, 利用 Lagrange 余项, 对于任意 x_0, x, 当 $n \to +\infty$ 时,

$$R_n(x, \mathrm{e}^x) = \frac{\mathrm{e}^{(x_0 + \theta(x - x_0))}}{(n+1)!}(x - x_0)^{n+1} \to 0.$$

e^x 在任意点的 Taylor 展开在 $(-\infty, +\infty)$ 上都收敛到函数自身. 特别的, e^x 在 $x = 0$ 的 Taylor 展开为

$$\mathrm{e}^x = \sum_{n=0}^{+\infty} \frac{x^n}{n!} = 1 + x + \frac{1}{2!} x^2 + \frac{1}{3!} x^3 + \cdots.$$

设 $a > 0$, $a \neq 1$, 对于指数函数 $y = a^x$, 利用换底公式 $a^x = \mathrm{e}^{x \ln a}$, 我们得到 a^x 在 $x = 0$ 的 Taylor 展开为 $a^x = \sum_{n=0}^{+\infty} \dfrac{\ln^n a}{n!} x^n$.

对数函数 对于对数函数, 为了得到其在 $x = 0$ 处的 Taylor 展开, 改为考虑 $\ln(1 + x)$, 其中 $x \in (-1, +\infty)$. 对此, 利用求导, 得

$$[\ln(1 + x)]' = \frac{1}{1 + x} = \sum_{n=0}^{+\infty} (-1)^n x^n.$$

等式右边的幂级数 $\sum_{n=0}^{+\infty} x^n$ 在 $(-1, 1)$ 内的闭区间上一致收敛, 对这一级数逐项积分, 同时代入 $\ln(1 + 0) = 0$, 我们得到 $x \in (-1, 1)$ 时成立

$$\ln(1 + x) = \sum_{n=1}^{+\infty} (-1)^{n-1} \frac{1}{n} x^n = x - \frac{1}{2} x^2 + \frac{1}{3} x^3 - \cdots.$$

而对于任意 $x_0 \in (-1, +\infty)$, 利用上面展开式, 则成立

$$\ln(1 + x) = \ln(1 + x_0 + (x - x_0)) = \ln(1 + x_0) + \ln\left(1 + \frac{x - x_0}{1 + x_0}\right)$$

$$= \ln(1 + x_0) + \sum_{n=1}^{+\infty} (-1)^{n-1} \frac{1}{n} \left(\frac{x - x_0}{1 + x_0}\right)^n.$$

这一展开在 $(-1, 1 + 2x_0)$ 上成立.

幂函数 对于幂函数, 同样为了方便得到其在 $x = 0$ 处的 Taylor 展开, 我们改为考虑 $f(x) = (1 + x)^a$ 形式的幂函数, 其中 $a \in (-\infty, +\infty)$, $a \neq 0, 1, 2 \cdots$, 而 $x \in (-1, +\infty)$. 这时

$$f^{(n)}(x) = a(a - 1) \cdots (a - n + 1)(1 + x)^{a-n},$$

因此, $f(x) = (1 + x)^a$ 在 $x_0 = 0$ 处的 Taylor 展开为

$$1 + \sum_{n=1}^{+\infty} \frac{a(a - 1) \cdots (a - n + 1)}{n!} x^n.$$

利用 d'Alembert 判别法, 我们知道这一展开在 $|x| < 1$ 时收敛.

而 $(1 + x)^a$ 在 $x = 0$ 的 n 阶 Lagrange 余项为

$$R_n(x, f(x)) = \frac{a(a - 1) \cdots (a - n)}{(n + 1)!} (1 + \theta x)^{a-n-1} x^{n+1},$$

其中 $\theta \in (0, 1)$ 同时依赖 n 和 x. 当 $x \in (0, 1)$ 时, 显然, 这一余项趋于零, 因而 Taylor 展开收敛到 $(1 + x)^a$. 而当 $x \in (-1, 0)$ 时, 不能直接判断 $R_n(x, f(x))$ 是否趋于零. 对此, 改用积分余项

$$R_n(x, f(x)) = \frac{1}{n!} \int_0^x f^{(n+1)}(t)(x - t)^n \mathrm{d}t$$

$$= \frac{a(a - 1) \cdots (a - n)}{n!} \int_0^x (1 + t)^{a-n-1} (x - t)^n \mathrm{d}t.$$

而当 $x \in (-1, 0)$, x 固定, $t \in [x, 0]$ 时, 关于 t 对 $\dfrac{x-t}{x(1+t)}$ 求导, 得

$$\left(\frac{x-t}{x(1+t)}\right)' = -\frac{x(1+x)}{x^2(1+t)^2} > 0,$$

$\dfrac{x-t}{x(1+t)}$ 仅在端点处取到极值, 因此得 $\left|\dfrac{x-t}{x(1+t)}\right| \leqslant 1$, 由此我们得到

$$|R_n(x, f(x))| = \left|\frac{a(a-1)\cdots(a-n)}{n!}x^n \int_0^x (1+t)^{a-1}\frac{(x-t)^n}{x^n(1+t)^n}\mathrm{d}t\right|$$

$$\leqslant \left|\frac{a(a-1)\cdots(a-n)}{n!}x^n \int_0^x (1+t)^{a-1}\mathrm{d}t\right|.$$

而对于幂级数 $\displaystyle\sum_{n=0}^{+\infty}\frac{a(a-1)\cdots(a-n)}{n!}x^n \xlongequal{\text{记为}} \sum_{n=0}^{+\infty}a_n$, 应用 d'Alembert 判别法, 我们得到

$$\lim_{n\to+\infty}\frac{|a_{n+1}|}{|a_n|} = \lim_{n\to+\infty}\frac{\dfrac{|a(a-1)\cdots(a-n-1)|}{(n+1)!}|x|^{n+1}}{\dfrac{|a(a-1)\cdots(a-n)|}{n!}|x|^n}$$

$$= \lim_{n\to+\infty}\frac{|a-n-1|}{n+1}|x| = |x|.$$

因此, 级数 $\displaystyle\sum_{n=0}^{+\infty}a_n$ 在 $|x| < 1$ 时收敛. 特别的, 这时 $\displaystyle\lim_{n\to+\infty}\frac{a(a-1)\cdots(a-n)}{n!}x^n = 0$.

而 $\displaystyle\int_0^x (1+t)^{a-1}\mathrm{d}t = \frac{1}{a}[(1+x)^a - 1]$, 当 $|x| < 1$ 时有界, 因此 $x \in (-1, 0)$ 时,

$$\lim_{n\to+\infty} R_n(x, f(x)) = 0.$$

幂函数 $f(x) = (1+x)^a$ 在 $x = 0$ 的 Taylor 展开

$$(1+x)^a = 1 + \sum_{n=1}^{+\infty}\frac{a(a-1)\cdots(a-n+1)}{n!}x^n$$

在 $(-1, 1)$ 上收敛到函数自身. 对于端点 $x = \pm 1$, 利用 Raabe 判别法不难证明当 $a > 0$ 时, 上面级数在端点 $x = \pm 1$ 都收敛; 当 $-1 < a < 0$ 时, 上面级数在 $x = 1$ 收敛, 在 $x = -1$ 发散; 当 $a < -1$ 时, 上面级数在 $x = \pm 1$ 都发散.

而当 $x_0 \neq 0$ 时,

$$(1+x)^a = [1 + x_0 + (x - x_0)]^a = (1+x_0)^a\left(1 + \frac{x-x_0}{1+x_0}\right)^a$$

$$= (1+x_0)^a + \sum_{n=1}^{+\infty}\frac{a(a-1)\cdots(a-n+1)}{n!}\frac{(x-x_0)^n}{(1+x_0)^{n-1}}$$

在 $x \in (-1, 1 + 2x_0)$ 时成立. 因此幂函数 $f(x) = (1 + x)^a$ 是 $(-1, +\infty)$ 上的解析函数.

反三角函数 对于 $f(x) = \arctan x$, 我们知道

$$(\arctan x)' = \frac{1}{1 + x^2} = \sum_{n=0}^{+\infty} (-1)^n x^{2n}$$

在 $(-1, 1)$ 上成立. 对其逐项积分, 并代入 $\arctan 0 = 0$, 得 $x \in (-1, 1)$ 时

$$\arctan x = \int_0^x (\arctan t)' \mathrm{d}t = \sum_{n=0}^{+\infty} (-1)^n \int_0^x t^{2n} \mathrm{d}t = \sum_{n=0}^{+\infty} (-1)^n \frac{1}{2n+1} x^{2n+1}.$$

同理, 对于 $f(x) = \arcsin x$, 求导后得

$$(\arcsin x)' = \frac{1}{\sqrt{1 - x^2}} = (1 - x^2)^{-\frac{1}{2}}.$$

而利用上面给出的幂函数 $y = (1 + x)^a$ 的 Taylor 展开, 我们得到

$$(\arcsin x)' = (1 - x^2)^{-\frac{1}{2}} = 1 + \sum_{n=1}^{+\infty} \frac{\left(-\frac{1}{2}\right)\left(-\frac{1}{2} - 1\right) \cdots \left(-\frac{1}{2} - n + 1\right)}{n!} (-x^2)^n,$$

整理后得, $x \in (-1, 1)$ 时,

$$(\arcsin x)' = 1 + \sum_{n=1}^{+\infty} \frac{(2n-1)!!}{(2n)!!} x^{2n}.$$

其中的双阶乘 $n!!$ 表示自然数隔项相乘, 例如: $6!! = 6 \times 4 \times 2$, $5!! = 5 \times 3 \times 1$.

对上面幂级数逐项积分, 并代入 $\arcsin 0 = 0$, 我们得到当 $x \in (-1, 1)$ 时

$$\arcsin x = x + \sum_{n=1}^{+\infty} \frac{(2n-1)!!}{(2n)!!(2n+1)} x^{2n+1}.$$

至此我们证明了所有基本初等函数在其定义域内都可以展开为幂级数, 或者说都是实解析函数. 而实解析函数经过加、减、乘、除和复合运算后仍然是实解析函数. 我们得到所有初等函数在其定义域内都是实解析函数, 或者说局部都可以展开为幂级数. 下面我们以例子的形式来讨论幂级数的实际计算.

例 4 求 $\cos^2 x$ 在 $x = 0$ 处的幂级数展开.

解 利用倍角公式, 我们得到

$$\cos^2 x = \frac{1 + \cos 2x}{2} = \frac{1}{2} + \frac{1}{2} \sum_{n=0}^{+\infty} \frac{(-1)^n}{(2n)!} (2x)^{2n}.$$

同理, 利用三角函数的积化和差公式, 可得到其他三角函数的幂级数展开.

例 5　求 $\tan x$ 在 $x = 0$ 处到 x^7 的幂级数展开.

解　这里需要考虑幂级数的除法. 对此, 利用待定系数法. 首先, $\tan x$ 是奇函数, 因此在 $x = 0$ 的幂级数展开中仅含有 x 的奇次方的项, 可设

$$\tan x = \frac{\sin x}{\cos x} = a_1 x + a_3 x^3 + a_5 x^5 + a_7 x^7 + o(x^7),$$

两边乘 $\cos x$, 并将 $\sin x$ 和 $\cos x$ 的幂级数展开代入, 得等式

$$x - \frac{1}{3!}x^3 + \frac{1}{5!}x^5 - \frac{1}{7!}x^7 + o(x^7)$$

$$= (a_1 x + a_3 x^3 + a_5 x^5 + a_7 x^7 + o(x^7))\left(1 - \frac{1}{2}x^2 + \frac{1}{4!}x^4 - \frac{1}{6!}x^6 + o(x^7)\right).$$

右边相乘后比较对应系数, 就得到方程组

$$\begin{cases} a_1 = 1, \\ a_3 - \dfrac{1}{2}a_1 = -\dfrac{1}{3!}, \\ a_5 - \dfrac{1}{2}a_3 + \dfrac{1}{4!}a_1 = \dfrac{1}{5!}, \\ a_7 - \dfrac{1}{2}a_5 + \dfrac{1}{4!}a_3 - \dfrac{1}{6!}a_1 = -\dfrac{1}{7!}. \end{cases}$$

求解得到

$$\tan x = x + \frac{1}{2}x^3 + \frac{2}{15}x^5 + \frac{17}{315}x^7 + o(x^7).$$

同理可以求得 $\tan x$ 在 $x = 0$ 处更高阶的幂级数展开.

例 6　求 $y = \cos(\sin x^2)$ 在 $x = 0$ 处到 x^{10} 的幂级数展开.

解　这里需要考虑幂级数的复合运算. 由于 $0 = \sin 0$, 因而首先将函数 $y = \cos u$ 和 $u = \sin x^2$ 展开, 我们得到

$$y = \cos u = 1 - \frac{1}{2!}u^2 + \frac{1}{4!}u^4 + o(u^5),$$

$$u = \sin x^2 = x^2 - \frac{1}{3!}x^6 + \frac{1}{5!}x^{10} + o(x^{10}).$$

将 $u = \sin x^2$ 的展开代入 $y = \cos u$ 的展开, 得

$$y = \cos(\sin x^2) = 1 - \frac{1}{2!}\left[x^2 - \frac{1}{3!}x^6 + \frac{1}{5!}x^{10} + o(x^{10})\right]^2$$

$$+ \frac{1}{4!}\left[x^2 - \frac{1}{3!}x^6 + \frac{1}{5!}x^{10} + o(x^{10})\right]^4 + o(x^{10})$$

$$= 1 - \frac{1}{2!}x^4 + \left(2\frac{1}{2!}\frac{1}{3!} + \frac{1}{4!}\right)x^8 + o(x^{10})$$

$$= 1 - \frac{1}{2!}x^4 + \frac{5}{24}x^8 + o(x^{10}).$$

例 7 设 $y = f(x) = 1 + x + 2x^2 + 3x^3 + \cdots$ 是实解析函数 $y = f(x)$ 在 $x = 0$ 邻域上的幂级数展开, 求 $x = f^{-1}(y)$ 在 $y = 1$ 处到 $(y-1)^3$ 的幂级数展开.

解 这里需要讨论的也是幂级数复合幂级数的计算问题, 不过与例 4 不同, 我们需要利用等式 $y = f(f^{-1}(y))$ 以及待定系数法. 设

$$x = f^{-1}(y) = a_1(y-1) + a_2(y-1)^2 + a_3(y-1)^3 + o(y-1)^3,$$

将其代入 $y = f(x)$ 的展开, 我们得到

$$\begin{aligned}
y = 1 &+ \left[a_1(y-1) + a_2(y-1)^2 + a_3(y-1)^3 + o(y-1)^3\right] \\
&+ 2\left[a_1(y-1) + a_2(y-1)^2 + a_3(y-1)^3 + o(y-1)^3\right]^2 \\
&+ 3[a_1(y-1) + a_2(y-1)^2 + a_3(y-1)^3 + o(y-1)^3]^3 + o(y-1)^3,
\end{aligned}$$

将等式右边的 1 移到左边, 并将等式右边的乘积展开, 我们得到

$$y - 1 = a_1(y-1) + (a_2 + 2a_1^2)(y-1)^2 + (a_3 + 4a_1a_2 + 3a_1^3)(y-1)^3 + o(y-1)^3.$$

由于幂级数展开是唯一的, 比较对应系数, 我们得到方程组

$$\begin{cases} a_1 = 1, \\ a_2 + 2a_1^2 = 0, \\ a_3 + 4a_1a_2 + 3a_1^3 = 0. \end{cases}$$

求解得到 $f^{-1}(y) = (y-1) - 2(y-1)^2 + 5(y-1)^3 + o(y-1)^3$.

上面这些幂级数对于加、减、乘、除和复合运算的计算关系告诉我们, 只要经过适当的运算, 总是可以得到初等函数到指定阶的幂级数展开.

1.4 幂级数的应用

这一节我们将讨论幂级数的一些实际应用.

近似计算 由于幂级数里仅包含数值的加、减、乘、除这些比较简单的、人工或者计算机能够实际实现的运算, 因此各种函数的数值化大都需要通过幂级数来进行实际计算. 例如, 通常使用的函数表或者计算机里面的根式计算, 三角函数、指数函数和对数函数等函数的数值计算都是通过幂级数来实现的. 下面就给一些实际的例子.

例 1 在 $\arctan x$ 的幂级数展开 $\arctan x = \sum_{n=0}^{+\infty} (-1)^n \frac{1}{2n+1} x^{2n+1}$ 中, 令 $x = 1$, 我们得到

$$\frac{\pi}{4} = \sum_{n=0}^{+\infty} (-1)^n \frac{1}{2n+1}.$$

等式右边是一个正负项轮流出现的交错级数, 而利用交错级数的 Leibniz 判别法, 就得到对于 $n = 1, 2, \cdots$, 成立

$$\left| \frac{\pi}{4} - \sum_{k=0}^{n} (-1)^n \frac{1}{2k+1} \right| \leqslant \frac{1}{2n+3}.$$

这为 π 的近似计算提供了一个有较好误差估计的计算方法.

同样的, 在展开式 $\arctan x = \sum_{n=0}^{+\infty} (-1)^n \frac{1}{2n+1} x^{2n+1}$ 中令 $x = \frac{1}{\sqrt{3}}$, 我们得到

$$\frac{\pi}{6} = \frac{1}{\sqrt{3}} \sum_{n=0}^{+\infty} (-1)^n \frac{1}{(2n+1)3^n}.$$

特别的, 对于 $n = 1, 2, \cdots$,

$$\left| \frac{\pi}{6} - \frac{1}{\sqrt{3}} \sum_{k=0}^{n} (-1)^k \frac{1}{(2k+1)3^k} \right| \leqslant \frac{1}{\sqrt{3}} \frac{1}{(2n+3)3^{n+1}}.$$

π 的这个计算方法比上面那个收敛得更快一些.

例 2 (根式的计算) 假设我们需要计算根式 $\sqrt[n]{a}$, 其中 $a > 0$. 由于需要利用幂函数的幂级数展开, 我们首先设 $a = 1 + b$, 并且其中 $|b| < 1$, 因此

$$\sqrt[n]{a} = (1+b)^{\frac{1}{n}} = 1 + \frac{1}{n}b + \frac{\frac{1}{n}\left(\frac{1}{n}-1\right)}{2!}b^2 + \cdots + \frac{\frac{1}{n}\left(\frac{1}{n}-1\right)\cdots\left(\frac{1}{n}-k+1\right)}{k!}b^k + \cdots.$$

这是一个交错级数, 利用 Leibniz 判别法, 得根式的数值计算和误差估计

$$\left| \sqrt[n]{a} - \left[1 + \frac{1}{n}b + \frac{\frac{1}{n}\left(\frac{1}{n}-1\right)}{2!}b^2 + \cdots + \frac{\frac{1}{n}\left(\frac{1}{n}-1\right)\cdots\left(\frac{1}{n}-k+1\right)}{k!}b^k \right] \right|$$

$$\leqslant \left| \frac{\frac{1}{n}\left(\frac{1}{n}-1\right)\cdots\left(\frac{1}{n}-k\right)}{(k+1)!}b^{k+1} \right|$$

$$= \frac{1}{n} \frac{n-1}{n} \cdots \frac{kn-1}{n} \frac{b^{k+1}}{(k+1)!}.$$

如果 $a > 2$, 选取 $\sqrt[n]{a}$ 的一个近似值 c, 使得 $c > 1$, $c^n < a < c^n + 1$, 则

$$\sqrt[n]{a} = c\sqrt[n]{\frac{a}{c^n}},$$

可设 $\frac{a}{c^n} = 1 + b$, 其中 $0 < b < 1$, 即 $\sqrt[n]{a} = c\sqrt[n]{1+b}$, 我们就可以用同样的方法得到 $\sqrt[n]{a}$ 的近似值.

积分和高阶导数计算　　许多初等函数的原函数不再是初等函数, 因而其不定积分不能积出, 而这些函数的定积分也不能直接应用 Newton-Leibniz 公式. 但上面我们已经证明了初等函数局部都能够展开为幂级数, 而幂级数可以逐项积分. 因此, 在幂级数的意义下, 理论上我们能够求出初等函数的积分.

例 3　计算 $f(x) = \int \sin x^2 \mathrm{d}x$, 计算 $f^{(n)}(0)$.

解　利用幂级数

$$\sin x^2 = x^2 - \frac{1}{3!}x^6 + \frac{1}{5!}x^{10} - \cdots + (-1)^n\frac{1}{(2n+1)!}x^{4n+2} + \cdots,$$

逐项积分得到

$$\int \sin x^2 \mathrm{d}x = \frac{1}{3}x^3 - \frac{1}{3! \times 7}x^7 + \frac{1}{5! \times 11}x^{11} - \cdots$$
$$+ (-1)^n\frac{1}{(4n+3)(2n+1)!}x^{4n+3} + \cdots + C.$$

另一方面, 上面的幂级数展开必须是函数的 Taylor 展开, 因此得

$$f^{(k)}(0) = \begin{cases} (-1)^n\dfrac{(4n+2)!}{(2n+1)!}, & \text{如果 } k = 4n+3, \ n = 0, 1, 2\cdots, \\ 0, & \text{其余的 } k. \end{cases}$$

例 4　计算 $\displaystyle\int_0^1 \sin e^{x^2} \mathrm{d}x$.

解　利用幂级数

$$e^{cx^2} = \sum_{k=0}^{+\infty}\frac{c^k}{k!}x^{2k},$$

因此

$$\int_0^1 e^{cx^2} \mathrm{d}x = \sum_{k=0}^{+\infty}\frac{c^k}{k!}\int_0^1 x^{2k}\mathrm{d}x = \sum_{k=0}^{+\infty}\frac{c^k}{k!(2k+1)},$$

可以表示为无穷级数. 而

$$\sin x = \sum_{n=1}^{+\infty}(-1)^{n-1}\frac{1}{(2n-1)!}x^{2n-1}$$

在 $(-\infty, +\infty)$ 内的任意闭区间上绝对一致收敛, 因而利用控制收敛判别法容易得到函数级数

$$\sin e^{x^2} = \sum_{n=1}^{+\infty} (-1)^{n-1} \frac{1}{(2n-1)!} (e^{x^2})^{2n-1} = \sum_{n=1}^{+\infty} (-1)^{n-1} \frac{1}{(2n-1)!} e^{x^2(2n-1)}$$

在 $[0, 1]$ 上一致收敛, 可以逐项积分, 我们得到

$$\int_0^1 \sin e^{x^2} \mathrm{d}x = \sum_{n=1}^{+\infty} (-1)^{n-1} \frac{1}{(2n-1)!} \int_0^1 e^{x^2(2n-1)} \mathrm{d}x$$

$$= \sum_{n=1}^{+\infty} \left\{ (-1)^{n-1} \frac{1}{(2n-1)!} \left[\sum_{k=0}^{+\infty} \frac{(2n-1)^k}{k!(2k+1)} \right] \right\}.$$

利用无穷级数, 我们仍然能够将上面的积分表示出来.

求解常微分方程 关于一元函数 $f(x)$ 以及其一阶到 n 阶导函数的方程

$$F(f, f', f'', \cdots, f^{(n)}) = 0$$

称为 $f(x)$ 的常微分方程, 其中 $F(x_0, x_1, x_2, \cdots, x_n)$ 是以多个变元 $(x_0, x_1, x_2, \cdots, x_n)$ 为自变量的函数. 所谓求解常微分方程就是求出所有的函数, 使得这些函数代入上面方程后恒为零. 例如, 对于给定的函数 $h(x)$, 求不定积分 $f(x) = \displaystyle\int h(x)\mathrm{d}x$ 实际就是解最简单的常微分方程 $f'(x) - h(x) = 0$.

由于幂级数可以逐项求导, 而两个收敛的幂级数 $\displaystyle\sum_{n=0}^{+\infty} a_n x^n \equiv \sum_{n=0}^{+\infty} b_n x^n$ 时, 其中的系数必须满足 $a_n = b_n$. 因此幂级数是求解常微分方程的一个比较方便的工具.

例 5 利用幂级数求解常微分方程

$$(1 - x^2)f''(x) + 2f(x) = 0.$$

解 利用待定系数法, 假定 $f(x) = \displaystyle\sum_{n=0}^{+\infty} a_n x^n$ 是方程的幂级数解, 其中序列 $\{a_n\}$ 待定. 利用幂级数可以逐项求导, 代入方程后, 我们得到

$$(1 - x^2) \sum_{n=2}^{+\infty} n(n-1)a_n x^{n-2} + \sum_{n=0}^{+\infty} 2a_n x^n$$

$$= \sum_{n=0}^{+\infty} \left[(n+2)(n+1)a_{n+2} - n(n-1)a_n + 2a_n \right] x^n$$

$$= \sum_{n=0}^{+\infty} \left[(n+2)(n+1)a_{n+2} - (n+1)(n-2)a_n \right] x^n \equiv 0.$$

对于 $n = 0, 1, 2, \cdots$, 上式中 x^n 的系数都必须为零, 我们得到递推方程组

$$a_{n+2} = \frac{n-2}{n+2} a_n.$$

任意取定 $f(0) = a_0$, 代入方程, 得 $a_2 = 0$, 因此 $a_{2n} = 0$ 对于 $n = 1, 2, \cdots$ 都成立.

再任意取定 $f'(0) = a_1$, 代入上面方程. 为了利用归纳法求出 a_n 的表示, 我们先试求几项:

$$a_3 = -\frac{1}{3} a_1, \quad a_5 = \frac{1}{5} a_3 = -\frac{1}{5} \times \frac{1}{3} a_1,$$

$$a_7 = \frac{3}{7} a_5 = -\frac{3}{7} \times \frac{1}{5} \times \frac{1}{3} a_1 = -\frac{1}{7 \times 5} a_1,$$

$$a_9 = \frac{5}{9} a_7 = -\frac{5}{9} \times \frac{1}{7 \times 5} a_1 = -\frac{1}{9 \times 7} a_1.$$

因此, 如果我们归纳假设 $a_{2n+1} = -\dfrac{1}{(2n+1)(2n-1)} a_1$, 则

$$a_{2n+3} = \frac{2n+1-2}{2n+1+2} a_{2n+1} = -\frac{2n-1}{2n+3} \frac{1}{(2n+1)(2n-1)} a_1$$

$$= -\frac{1}{(2n+3)(2n+1)} a_1.$$

归纳假设成立. 因此得到上面方程的幂级数形式的一般解为

$$f(x) = a_0 - a_1 \sum_{n=0}^{+\infty} \frac{1}{(2n+1)(2n-1)} x^{2n+1}.$$

幂级数在 $x \in (-1, 1)$ 时收敛. 在上面 $f(x)$ 的表示中, a_0, a_1 为方程一般解 $f(x)$ 的参数, 也称为解由 $f(0), f'(0)$ 确定的初始值, 意义与不定积分中的常数相同. 方程的解由其初始值唯一确定. 可以证明上面利用幂级数给出的一般解 $f(x)$ 实际就是方程的所有解.

例 6 证明: 常微分方程 $-x^4 f''(x) + (1 + 2x^2) f(x) = 0$ 在 $x = 0$ 的邻域上除了 $f(x) \equiv 0$ 这一个解之外, 没有其他幂级数解.

证明 反证法. 利用待定系数法, 假定 $f(x) = \sum_{n=0}^{+\infty} a_n x^n$ 是方程的幂级数解, 其中序列 $\{a_n\}$ 待定. 利用幂级数可以逐项求导, 代入方程后得到

$$-x^4 \sum_{n=0}^{+\infty} n(n-1) a_n x^{n-2} + (1 + 2x^2) \sum_{n=0}^{+\infty} a_n x^n$$

$$= a_0 + a_1 x + \sum_{n=0}^{+\infty} \big[-n(n-1) a_n + a_{n+2} + 2a_n \big] x^{n+2} \equiv 0.$$

对于 $n = 0, 1, 2, \cdots$，上式中 x^n 的系数都必须为零，我们得到递推方程组

$$a_{n+2} = [n(n-1) - 2]a_n = (n+1)(n-2)a_n.$$

而同时必须 $a_0 = 0$, $a_1 = 0$，所以 $a_n = 0$ 对所有 n 成立，$f(x) \equiv 0$.　■

以复数为变量的初等函数与 Euler 公式　关于幂级数更详细、更一般的理论将在数学分析的后续课程"复变函数"里做进一步的讨论. 这里为了帮助读者更好地理解幂级数的特点，我们将利用上面给出的基本初等函数关于实变量 x 的幂级数展开，用复变量 z 代替实变量 x，用幂级数来直接定义复变量的初等函数，并证明连接指数函数与三角函数关系的著名的 Euler 公式. 这一公式将用在下一章 Fourier 级数中.

幂级数作为函数级数，由于其中仅含自变量的加法和乘法这些简单的运算，因而容易将幂级数推广到自变量取自有加法、乘法和极限的其他空间上. 下面我们以复数和矩阵作为自变量给出这方面的一些例子.

方程 $x^2 + 1 = 0$ 在实数范围内无解，因此人们形式地引入方程的一个虚根 i，即假定 $\mathrm{i}^2 = -1$. 实数在添加了虚根 i 进行扩充后，就得到了复数. 形式为

$$z = x + \mathrm{i}y$$

的表示称为**复数**，其中的 x 和 y 都是实数. 利用实数的加法和乘法以及 $\mathrm{i}^2 = -1$，可以对复数分别定义加法和乘法. 设 $z_1 = x_1 + \mathrm{i}y_1$, $z_2 = x_2 + \mathrm{i}y_2$，定义

$$z_1 + z_2 = (x_1 + x_2) + \mathrm{i}(y_1 + y_2),$$
$$z_1 z_2 = (x_1 + \mathrm{i}y_1)(x_2 + \mathrm{i}y_2) = (x_1 x_2 - y_1 y_2) + \mathrm{i}(x_1 y_2 + x_2 y_1).$$

容易验证复数的加法和乘法满足结合律、交换律、分配率，以及加法的负元素，乘法的逆元素等基本关系. 全体复数构成的集合

$$\mathbb{C} = \{\, x + \mathrm{i}y \mid x, y \in \mathbb{R} \,\}$$

利用上面定义的加法和乘法构成了**复数域**.

另一方面，所有复数构成的集合 $\mathbb{C} = \{\, x + \mathrm{i}y \mid x, y \in \mathbb{R} \,\}$ 与平面 $\mathbb{R}^2 = \mathbb{R} \times \mathbb{R} = \{\, (x, y) \mid x, y \in \mathbb{R} \,\}$ 中的点一一对应. 因此，几何上可以将复数表示为平面上的点. 或者说每一个复数代表平面上一个以原点为起点的向量，称为**复向量**，所有复数构成的平面就称为**复平面**.

同样, 实数的极限可以推广到复数上. 设 $z = x + iy$ 是一复数, 定义

$$|z| = \sqrt{x^2 + y^2}.$$

$|z|$ 称为复数 z 的**模**, 或者说复数 z 的**长度**, 是实数中的绝对值在复数上的推广. 利用复数的模, 如果 $z_1 = x_1 + iy_1$, $z_2 = x_2 + iy_2$ 是两个复数, 定义 z_1, z_2 之间的**距离** $d(z_1, z_2)$ 为

$$d(z_1, z_2) = |z_1 - z_2| = \sqrt{(x_1 - x_2)^2 + (y_1 - y_2)^2}.$$

复平面上的距离与实数之间的距离性质相同, 例如, 同样满足距离的正定性、对称性和三角不等式. 有了距离以后, 在复数域 $\mathbb{C}$ 上就可以定义极限: 设 $\{z_n\}$ 是一复数序列, 如果存在 $z_0 \in \mathbb{C}$, 使得

$$\lim_{n \to +\infty} d(z_n, z_0) = 0,$$

则称 $\{z_n\}$ 为收敛序列, 称 z_0 为序列 $\{z_n\}$ 在 $n \to +\infty$ 时的极限, 记为 $\lim\limits_{n \to +\infty} z_n = z_0$.

如果 $z_n = x_n + iy_n$, $z_0 = x_0 + iy_0$, 利用不等式

$$\max\{|x_n - x_0|, |y_n - y_0|\} \leqslant |z_n - z_0| \leqslant |x_n - x_0| + |y_n - y_0|,$$

得 $\lim\limits_{n \to +\infty} z_n = z_0$ 等价于 $\lim\limits_{n \to +\infty} x_n = x_0$, $\lim\limits_{n \to +\infty} y_n = y_0$. 利用这一关系, 容易将关于实数序列收敛的 Cauchy 准则推广到复数极限: 复数序列 $\{z_n\}$ 收敛的充要条件是对于任意 $\varepsilon > 0$, 存在 N, 使得只要 $n_1 > N$, $n_2 > N$, 就成立 $|z_{n_1} - z_{n_2}| < \varepsilon$.

事实上, 复数序列 $\{z_n = x_n + iy_n\}$ 满足上面的 Cauchy 准则等价于两个实数序列 $\{x_n\}$ 和 $\{y_n\}$ 都满足实数极限的 Cauchy 准则, 而这又等价于实数序列 $\{x_n\}$ 和 $\{y_n\}$ 都收敛. 但我们知道这等价于复数序列 $\{z_n\}$ 收敛.

如果将序列极限转换为无穷级数, 对于复数序列 $\{z_n\}$ 或者复值函数序列 $\{f_n(z)\}$, 可以定义复数的无穷级数 $\sum\limits_{n=0}^{+\infty} z_n$ 和函数级数 $\sum\limits_{n=0}^{+\infty} f_n(z)$. 特别的, 利用复数的加法、乘法和极限, 可以在复数域上定义复的幂级数 $\sum\limits_{n=0}^{+\infty} c_n(z - z_0)^n$, 其中 c_n 都是复数, z_0 是复数域中给定的点, z 是复变量.

与实数域上的幂级数相同, 对于复数域上的幂级数, 成立下面定理.

定理 1.4.1 设 $\sum\limits_{n=0}^{+\infty} c_n(z - z_0)^n$ 是复数域上的幂级数, 在 $z' \neq z_0$ 收敛, 则对于

任意 $0 < r < |z' - z_0|$, $\sum\limits_{n=0}^{+\infty} c_n(z - z_0)^n$ 在圆盘 $B(z_0, r) = \{z \,|\, |z - z_0| < r\}$ 上绝对一致收敛.

证明 $\sum\limits_{n=0}^{+\infty} c_n(z' - z_0)^n$ 收敛, 则由 Cauchy 准则, $\lim\limits_{n\to\infty} c_n(z' - z_0)^n = 0$, 因而存在 $M > 0$, 使得 $|c_n(z' - z_0)^n| \leqslant M$ 对所有 n 成立, 而 $|z - z_0| < r$ 时,

$$|c_n(z - z_0)^n| \leqslant |c_n(z' - z_0)^n| \frac{r^n}{|(z' - z_0)^n|} \leqslant M\frac{r^n}{|(z' - z_0)^n|}.$$

利用控制收敛定理, $\sum\limits_{n=0}^{+\infty} c_n(z - z_0)^n$ 在圆盘 $B(z_0, r) = \{z \,|\, |z - z_0| < r\}$ 上绝对一致收敛. ∎

利用上面定理, 对于复数域上的幂级数, 与实变量的幂级数相同, 同样可以定义收敛半径, 并且可以利用 Cauchy 的方法 (定理 1.4.1), 通过

$$R = \frac{1}{\lim\limits_{n\to+\infty} \sqrt[n]{|c_n|}},$$

给出幂级数 $\sum\limits_{n=0}^{+\infty} c_n(z - z_0)^n$ 的收敛半径 R.

这里需要说明, 对于复数域上的幂级数, 或者更一般的, 对于复数域上以复变量 z 为自变量的复值函数 $w = h(z)$, 关于其连续性、微分和积分的讨论将在数学分析的后续课程"复变函数"中给出. 我们这里关心的是怎样用复变量 z 代替实变量 x, 利用我们这一章给出的初等函数的幂级数展开, 在复数域上定义初等函数, 为复变量函数的讨论建立基本例子. 同时帮助读者更好地理解幂级数, 了解复值函数.

现在设 $\sum\limits_{n=0}^{+\infty} a_n(x - x_0)^n$ 是一在 $x_0 \in \mathbb{R}$ 处展开的实的幂级数, 假设其收敛半径 $R > 0$. 用复变量 z 代替 x, 我们得到复变量的幂级数 $\sum\limits_{n=0}^{+\infty} a_n(z - x_0)^n$. 现在将实轴看成复平面的一部分, 利用定理 1.4.1, $\sum\limits_{n=0}^{+\infty} a_n(z - x_0)^n$ 的收敛半径也是 R. 即这一幂级数在复平面中以 $z_0 = x_0$ 为圆心, R 为半径的圆盘

$$B(x_0, R) = \{z \in \mathbb{C} \,|\, |z - x_0| < R\}$$

上内闭绝对一致收敛. 而对于指数函数和三角函数, 我们在实数域上有幂级数展开

$$e^x = \sum_{n=0}^{+\infty} \frac{x^n}{n!}, \quad \sin x = \sum_{n=0}^{+\infty} (-1)^n \frac{x^{2n+1}}{(2n+1)!}, \quad \cos x = \sum_{n=0}^{+\infty} (-1)^n \frac{x^{2n}}{(2n)!}.$$

用复变量 z 代替实变量 x, 我们在复数域上就可以直接用幂级数分别定义复变量的指数函数和三角函数:

$$\mathrm{e}^z = \sum_{n=0}^{+\infty} \frac{z^n}{n!}, \quad \sin z = \sum_{n=0}^{+\infty} (-1)^n \frac{z^{2n+1}}{(2n+1)!}, \quad \cos z = \sum_{n=0}^{+\infty} (-1)^n \frac{z^{2n}}{(2n)!}.$$

上述等式右边幂级数的收敛半径都为 $+\infty$, 因此, 复的指数函数 e^z 和三角函数 $\sin z$, $\cos z$ 都定义在整个复平面 $\mathbb{C}$ 上. 同理, 利用幂级数我们还可以将对数函数、反三角函数和幂函数推广为复变量的函数. 当然, 对于这些函数, 由于其幂级数展开的收敛半径不是 $+\infty$, 因而函数不是定义在整个复平面上的.

而另一方面, 基本初等函数的许多公式, 例如指数函数满足 $\mathrm{e}^{x+y} = \mathrm{e}^x \cdot \mathrm{e}^y$, 三角函数满足和角公式等都可以化为相应的幂级数的运算性质, 而这些性质用复变量代替实变量后仍然成立. 因此, 实数基本初等函数的各种公式对于复值的基本初等函数也是成立的, 这里就不讨论了.

利用上面复的指数函数 e^z 和三角函数 $\sin z, \cos z$ 的定义, 下面来证明著名的 Euler 公式: 对于任意 $\theta \in \mathbb{R}$, 成立

$$\mathrm{e}^{\mathrm{i}\theta} = \cos\theta + \mathrm{i}\sin\theta.$$

由定义, 对于任意 $z \in \mathbb{C}$, 成立

$$\mathrm{e}^{\mathrm{i}z} = \sum_{n=0}^{+\infty} \frac{(\mathrm{i}z)^n}{n!} = \sum_{n=0}^{+\infty} \mathrm{i}^n \frac{z^n}{n!} = \sum_{n=0}^{+\infty} \mathrm{i}^{2n} \frac{z^{2n}}{(2n)!} + \sum_{n=0}^{+\infty} \mathrm{i}^{2n+1} \frac{z^{2n+1}}{(2n+1)!}$$
$$= \sum_{n=0}^{+\infty} (-1)^n \frac{z^{2n}}{(2n)!} + \mathrm{i} \sum_{n=0}^{+\infty} (-1)^n \frac{z^{2n+1}}{(2n+1)!} = \cos z + \mathrm{i}\sin z.$$

我们得到 **Euler 公式**: 对于任意 $z \in \mathbb{C}$ 成立

$$\mathrm{e}^{\mathrm{i}z} = \cos z + \mathrm{i}\sin z.$$

特别的, 令 $z = \theta$ 为实数, 则得下面形式的 Euler 公式:

$$\mathrm{e}^{\mathrm{i}\theta} = \cos\theta + \mathrm{i}\sin\theta.$$

在平面 $\mathbb{R}^2$ 上, 除了用直角坐标 (x, y) 来表示向量外, 还可以用极坐标 (r, θ) 来表示向量, 其中 $r \in [0, +\infty)$ 是向量的长度, 而 $\theta \in [0, 2\pi)$ 是向量与 x 轴正向的夹角. 这时 $x = r\cos\theta, y = r\sin\theta$. 而对于复数 z, 利用极坐标和 Euler 公式, 我们得到

$$z = x + \mathrm{i}y = r(\cos\theta + \mathrm{i}\sin\theta) = r\mathrm{e}^{\mathrm{i}\theta}.$$

复数 $z = re^{i\theta}$ 的表示式称为复数的指数形式. 这一表示式为复数的乘方和开方等运算带来许多方便. 在下面一章 Fourier 级数的讨论里将用到复数的这一表示.

* 矩阵的幂级数 我们以 $Z(\mathbb{R}, n)$ 表示所有 $n \times n$ 的实矩阵, 在 $Z(\mathbb{R}, n)$ 上有数乘, 有矩阵之间的加法和乘法. 这些运算满足加法的结合律、交换律, 乘法的结合律, 加法与乘法之间的分配律, 但不满足乘法的交换律. 利用 $Z(\mathbb{R}, n)$ 上的数乘、加法和乘法, 就可以在 $Z(\mathbb{R}, n)$ 上定义矩阵多项式.

设 $P(x) = a_0 + a_1 x + \cdots + a_m x^m$ 是一实系数的多项式, 利用 $P(x)$, 我们定义矩阵多项式 $P : Z(\mathbb{R}, n) \to Z(\mathbb{R}, n)$ 为: 对于任意 $A \in Z(\mathbb{R}, n)$, 令

$$P(A) = a_0 I_n + a_1 A + \cdots + a_m A^m.$$

这里 I_n 是 $n \times n$ 的单位矩阵.

更进一步, 如果能够在空间 $Z(\mathbb{R}, n)$ 上定义极限, 那么就可以将幂级数定义到 $Z(\mathbb{R}, n)$ 上, 特别的, 我们就能够在 $Z(\mathbb{R}, n)$ 上推广基本初等函数. 设

$$A = \begin{pmatrix} a_{11} & a_{12} & \cdots & a_{1n} \\ a_{21} & a_{22} & \cdots & a_{2n} \\ \vdots & \vdots & \vdots & \vdots \\ a_{n1} & a_{n2} & \cdots & a_{nn} \end{pmatrix}$$

是一 $n \times n$ 的实矩阵, 将其看成空间 $\mathbb{R}^{n \times n}$ 中的向量, 我们定义**矩阵的长度**为

$$\|A\| = \sqrt{\sum_{i,j=1}^{n} a_{ij}^2}.$$

而对于 $A, B \in Z(\mathbb{R}, n)$, 我们定义**矩阵之间的距离** $d(A, B)$ 为

$$d(A, B) = \|A - B\|.$$

不难验证 $d(A, B)$ 满足:

(1) **对称性** $d(A, B) = d(B, A)$;

(2) **正定性** $d(A, B) \geqslant 0$, 并且 $d(A, B) = 0$ 当且仅当 $A = B$;

(3) **三角不等式** 对于任意 $A, B, C \in Z(\mathbb{R}, n)$, 成立

$$d(A, B) \leqslant d(A, C) + d(C, B).$$

利用距离 $d(A, B)$, 就可以在 $Z(\mathbb{R}, n)$ 上定义矩阵序列极限: 设 $\{A_m\}$ 是 $Z(\mathbb{R}, n)$ 中的矩阵序列, $B \in Z(\mathbb{R}, n)$, 如果 $\lim\limits_{m \to +\infty} d(A_m, B) = 0$, 则称 $m \to +\infty$ 时, 矩阵序

列 $\{A_m\}$ 趋于 B, 记为 $\lim\limits_{m\to+\infty} A_m = B$. 现在设

$$A = \begin{pmatrix} a_{11} & a_{12} & \cdots & a_{1n} \\ a_{21} & a_{22} & \cdots & a_{2n} \\ \vdots & \vdots & \vdots & \vdots \\ a_{n1} & a_{n2} & \cdots & a_{nn} \end{pmatrix}, \quad B = \begin{pmatrix} b_{11} & b_{12} & \cdots & b_{1n} \\ b_{21} & b_{22} & \cdots & b_{2n} \\ \vdots & \vdots & \vdots & \vdots \\ b_{n1} & b_{n2} & \cdots & b_{nn} \end{pmatrix}$$

是 $Z(\mathbb{R}, n)$ 中的两个元素, 则对于距离 $d(A, B)$, 成立不等式

$$\max_{i,j=1,2,\cdots,n}\{|a_{ij} - b_{ij}|\} \leqslant d(A, B) \leqslant \sum_{i,j=1}^{n} |a_{ij} - b_{ij}|.$$

利用此容易得到 $Z(\mathbb{R}, n)$ 中的序列 $\{A_m\}$ 趋于 B, 当且仅当序列 $\{A_m\}$ 中的每一个分量趋于 B 的对应分量. 因此实数极限的各种性质对于上面在 $Z(\mathbb{R}, n)$ 上定义的极限也是成立的.

而如果将序列极限转换为无穷级数, 则我们可以定义矩阵的无穷级数. 设 $\{A_m\}$ 是 $Z(\mathbb{R}, n)$ 中的矩阵序列, 则可定义矩阵的无穷级数 $\sum\limits_{m=1}^{+\infty} A_m$ 为

$$\sum_{m=1}^{+\infty} A_m = \lim_{m\to+\infty} \sum_{k=1}^{m} A_k.$$

同样的, 利用矩阵的加法、乘法和极限, 我们可以将幂级数定义在 $Z(\mathbb{R}, n)$ 上. 设 $\sum\limits_{n=0}^{+\infty} a_n x^n$ 是收敛半径为 $R > 0$ 的幂级数, $A \in Z(\mathbb{R}, n)$, 则可定义矩阵的幂级数 $\sum\limits_{m=0}^{+\infty} a_m A^m$. 这里 $A^0 = I_n$ 为 $n \times n$ 的单位矩阵. 如果 $A = (a_{ij})_{n\times n}$ 满足

$$\max\{|a_{ij}| \mid i, j = 1, 2, \cdots, n\} < \frac{R}{n},$$

取 C, 使得 $\max\{|a_{ij}| \mid i, j = 1, 2, \cdots, n\} < C < \dfrac{R}{n}$, 假定我们用 $A^m = (d_{ij}^m)_{n\times n}$ 表示矩阵 A 的 m 次乘积, 则不难看出 d_{ij} 可以表示为 n^{m-1} 个集合 $\{a_{ij}\}$ 中 m 个元素的乘积的和. 因而, 对于 $m = 1, 2, \cdots$, 成立

$$\max\{|d_{ij}^m| \mid i, j = 1, 2, \cdots, n\} < n^{m-1}C^m.$$

而 $\sum\limits_{m=0}^{+\infty} |a_m||nC|^m$ 收敛, 利用控制收敛判别法, 我们得到

$$\sum_{m=0}^{+\infty} a_m A^m = \left(\sum_{m=0}^{+\infty} a_m d_{ij}^m\right)_{n\times n}$$

收敛. 特别的, 如果幂级数 $\sum\limits_{m=0}^{+\infty} a_m x^m$ 的收敛半径 $R = +\infty$, 则对于任意矩阵 $A \in Z(\mathbb{R}, n)$, 矩阵幂级数 $\sum\limits_{m=0}^{+\infty} a_m A^m$ 都收敛.

如果在上面讨论中取 $a_{ij} = C > 0$, $A = (a_{ij})_{n \times n}$ 为常数矩阵, 则当我们将 A^m 表示为 $A^m = (d_{ij})$ 时, $d_{ij} = n^{m-1}C^m$, 矩阵幂级数 $\sum\limits_{m=0}^{+\infty} a_m A^m$ 在 $C < \dfrac{R}{n}$ 时收敛, 在 $C > \dfrac{R}{n}$ 时发散. 因此, 上面给出的结论: 如果幂级数的收敛半径为 $R > 0$, 则对于 $n \times n$ 矩阵 $A = (a_{ij})$, 当

$$\max\{\, |a_{ij}| \mid i, j = 1, 2, \cdots, n \,\} < \frac{R}{n}$$

时, 矩阵幂级数 $\sum\limits_{m=0}^{+\infty} a_m A^m$ 关于收敛判别的结论是最佳估计.

利用上面这些讨论, 就可以将基本初等函数定义在 $Z(\mathbb{R}, n)$ 上, 例如对于任意 $A \in Z(\mathbb{R}, n)$, 定义

$$e^A = \sum_{m=0}^{+\infty} \frac{A^m}{m!}, \quad \sin A = \sum_{m=0}^{+\infty} (-1)^m \frac{A^{2m+1}}{(2m+1)!}, \quad \cos A = \sum_{m=0}^{+\infty} (-1)^m \frac{A^{2m}}{(2m)!}.$$

而对于满足

$$\max\{\, |a_{ij}| < 1 \mid i, j = 1, 2, \cdots, n \,\}$$

的矩阵 $A = (a_{ij})_{n \times n}$, 则可以分别定义指数函数和幂函数为

$$\ln(I_n + A) = \sum_{m=1}^{+\infty} (-1)^{m-1} \frac{A^m}{m},$$

$$(I_n + A)^a = I_n + \sum_{m=1}^{+\infty} \frac{a(a-1) \cdots (a-m+1)}{m!} A^m.$$

当然, 这里利用幂级数定义的矩阵初等函数与上面利用幂级数推广的复值初等函数不同, 由于矩阵的乘法不满足交换律, 因此关于基本初等函数的各种公式对于矩阵的基本初等函数一般不再成立. 例如, 如果 $A, B \in Z(\mathbb{R}, n)$, 满足条件 $AB = BA$, 则 $e^{A+B} = e^A \cdot e^B$, 否则, 不能保证这一等式成立.

例 7 设 A 是一 n 阶的反对称矩阵, 证明: e^A 是正交矩阵.

证明 A 是反对称矩阵, 即 $A^{\mathrm{T}} = -A$, 这里 A^{T} 表示 A 的转置矩阵. 因此,

$$AA^{\mathrm{T}} = A(-A) = (-A)A = A^{\mathrm{T}}A,$$

A 与 A^T 的乘积可以交换顺序. 特别的,

$$e^A(e^A)^T = e^A(e^{A^T}) = e^{(A+A^T)} = e^{(A-A)} = e^0 = I_n,$$

e^A 是正交矩阵.

讨论矩阵幂级数的另一方法是利用矩阵的相似关系. 设 $A, B \in Z(\mathbb{R}, n)$, 如果存在一个可逆的 $n \times n$ 矩阵 P, 使得

$$A = PBP^{-1},$$

则称 A 与 B 有相似关系, 或者称 A 与 B 为相似矩阵. 相似关系是 $Z(\mathbb{R}, n)$ 上的等价关系, 如果将可逆的 $n \times n$ 矩阵 P 看作 $\mathbb{R}^n$ 中线性基之间的变换, 则相似关系的每一个等价类代表 $\mathbb{R}^n$ 到自身的一个与表示变换的坐标无关的线性变换.

现设 $f(x) = \sum_{m=0}^{+\infty} a_m x^m$ 是一给定的幂级数, A 是给定的 n 阶矩阵, 则对于任意 n 阶可逆矩阵 P, 成立

$$f(PAP^{-1}) = \sum_{m=0}^{+\infty} a_m (PAP^{-1})^m = \sum_{m=0}^{+\infty} a_m PA^m P^{-1} = Pf(A)P^{-1}.$$

上面等式表明矩阵幂级数保持矩阵的相似关系. 如果在等式两边取行列式, 则得矩阵幂级数的行列式在矩阵的相似关系下不变. 因此, 矩阵幂级数的行列式是定义在矩阵对于相似关系的等价类构成的集合上的函数. 从这一角度, 矩阵幂级数的行列式仅与 $\mathbb{R}^n \to \mathbb{R}^n$ 的线性变换有关, 与用来表示线性变换的线性基的选取无关. 在这个意义下, 可以说矩阵幂级数的行列式提供了矩阵对于相似关系的许多不变量, 这使得矩阵幂级数可以应用到多种几何问题上. 关于这方面的内容, 读者可以参阅微分几何方面的教材.

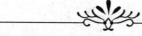

1.5 Weierstrass 逼近定理

如果 $f(x)$ 在点 x_0 处展开的幂级数 $\sum_{n=0}^{+\infty} \frac{f^{(n)}(x_0)}{n!}(x-x_0)^n$ 在 (x_0-R, x_0+R) 上收敛到 $f(x)$, 则由幂级数部分和产生的多项式序列 $\left\{ p_n(x) = \sum_{k=0}^{n} \frac{f^{(k)}(x_0)}{k!}(x-x_0)^k \right\}$ 在 (x_0-R, x_0+R) 中的任意闭区间上一致收敛于 $f(x)$. 另一方面, 函数的幂级数展开必须是函数的 Taylor 级数, 因而要求函数在 (x_0-R, x_0+R) 上任意阶可导.

由于多项式是所有函数中最简单、可算性最强的函数, 对于其他可导性不是那么好的函数, 一个基本的问题是在什么条件下, 哪些函数能够成为多项式序列一致收敛的极限函数. 多项式都是连续函数, 而连续函数一致收敛的极限函数必须也连续. 所以函数的连续性是其能够用多项式一致逼近的必要条件. 而 Weierstrass 证明了在闭区间上, 连续也是充分条件. 对此, 有下面定理.

定理 1.5.1 (Weierstrass 逼近定理) 设 $f(x)$ 是闭区间 $[a, b]$ 上的连续函数, 则存在一列多项式 $\{P_n(x)\}$, 使得在 $[a, b]$ 上, $\{P_n(x)\}$ 一致收敛于 $f(x)$.

下面的证明是属于 Bernstein 的. 为了得到这一证明, 先给出两个引理.

引理 1.5.1 令 $S_n(x) = \sum\limits_{k=0}^{n} C_n^k x^k (1-x)^{n-k}$, 则对任意 $x \in \mathbb{R}$, 成立恒等式

$$S_n(x) = \sum_{k=0}^{n} C_n^k x^k (1-x)^{n-k} \equiv 1.$$

证明 利用二项式定理 $(a+b)^n = \sum\limits_{k=0}^{n} C_n^k a^k b^{n-k}$, 我们得到

$$1 = [x + (1-x)]^n = \sum_{k=0}^{n} C_n^k x^k (1-x)^{n-k}. \qquad \blacksquare$$

引理 1.5.2 对于任意 $x \in \mathbb{R}$, 成立不等式

$$\sum_{k=0}^{n} (k - nx)^2 C_n^k x^k (1-x)^{n-k} \leqslant \frac{n}{4}.$$

证明 由 $(1+z)^n = \sum\limits_{k=0}^{n} C_n^k z^k$, 等式两边对 z 求导, 并同乘 z, 得

$$nz(1+z)^{n-1} = \sum_{k=0}^{n} k C_n^k z^k. \qquad (1)$$

在上面等式中两边再对 z 求导, 并再乘 z, 整理得

$$nz(1+nz)(1+z)^{n-2} = \sum_{k=0}^{n} k^2 C_n^k z^k. \qquad (2)$$

在上面两式中令 $z = \dfrac{x}{1-x}$, 同时同乘 $(1-x)^n$, 我们分别得到

$$nx = \sum_{k=0}^{n} k C_n^k x^k (1-x)^{n-k}, \qquad (3)$$

$$nx(1-x+nx) = \sum_{k=0}^{n} k^2 C_n^k x^k (1-x)^{n-k}. \tag{4}$$

因此应用等式 (4), (3) 和引理 1.5.1, 得

$$\sum_{k=0}^{n}(k-nx)^2 C_n^k x^k (1-x)^{n-k} = \sum_{k=0}^{n}(k^2 - 2knx + n^2x^2)C_n^k x^k (1-x)^{n-k}$$

$$= nx(1-x+nx) - 2n^2x^2 + n^2x^2$$

$$= nx(1-x) = n\left(\frac{1}{4} - \left(\frac{1}{2} - x\right)^2\right) \leqslant \frac{n}{4}. \quad \blacksquare$$

Weierstrass 逼近定理的证明 首先设 $[a,b] = [0,1]$, 利用给定的连续函数 $f(x)$, 对于 $n = 1, 2, \cdots$, 定义 n 阶多项式 $P_n(x)$ 为

$$P_n(x) = \sum_{k=0}^{n} f\left(\frac{k}{n}\right) C_n^k x^k (1-x)^{n-k},$$

我们希望证明在 $[0,1]$ 上, $P_n(x) \rightrightarrows f(x)$.

首先, 由于 $f(x)$ 在 $[0,1]$ 上一致连续, 对于任意 $\varepsilon > 0$, 存在 $\delta > 0$, 使得只要 x', $x'' \in [0,1]$, 满足 $|x' - x''| < \delta$, 就成立 $|f(x') - f(x'')| < \dfrac{\varepsilon}{2}$.

设 $M = \max\{|f(x)| \mid x \in [0,1]\}$. 自然数 n 给定, 对于任意 $x \in [0,1]$, 将 x 固定. 我们将 $k = 0, 1, \cdots, n$ 分为两类

$$A = \left\{ k \ \middle| \ \left|\frac{k}{n} - x\right| < \delta \right\}, \quad B = \left\{ k \ \middle| \ \left|\frac{k}{n} - x\right| \geqslant \delta \right\}.$$

则利用引理 1.5.1,

$$|f(x) - P_n(x)| = \left| \sum_{k=0}^{n} f(x) C_n^k x^k (1-x)^{n-k} - \sum_{k=0}^{n} f\left(\frac{k}{n}\right) C_n^k x^k (1-x)^{n-k} \right|$$

$$\leqslant \sum_{k=0}^{n} \left| f(x) - f\left(\frac{k}{n}\right) \right| C_n^k x^k (1-x)^{n-k}$$

$$= \sum_{k \in A} \left| f(x) - f\left(\frac{k}{n}\right) \right| C_n^k x^k (1-x)^{n-k}$$

$$+ \sum_{k \in B} \left| f(x) - f\left(\frac{k}{n}\right) \right| C_n^k x^k (1-x)^{n-k}.$$

当 $k \in A$ 时, $\left|\dfrac{k}{n} - x\right| < \delta$, 因此 $\left| f(x) - f\left(\dfrac{k}{n}\right) \right| < \dfrac{\varepsilon}{2}$, 得

$$\sum_{k \in A} \left| f(x) - f\left(\frac{k}{n}\right) \right| C_n^k x^k (1-x)^{n-k} < \frac{\varepsilon}{2} \sum_{k \in A} C_n^k x^k (1-x)^{n-k} < \frac{\varepsilon}{2}.$$

而当 $k \in B$ 时, $\left|\dfrac{k}{n} - x\right| \geqslant \delta$, 因此 $\dfrac{(nx-k)^2}{n^2\delta^2} \geqslant 1$, 利用引理 1.5.2 得

$$
\begin{aligned}
\sum_{k \in B} \left| f(x) - f\left(\frac{k}{n}\right) \right| \mathrm{C}_n^k x^k (1-x)^{n-k} &\leqslant 2M \sum_{k \in B} \frac{(nx-k)^2}{n^2\delta^2} \mathrm{C}_n^k x^k (1-x)^{n-k} \\
&= 2M \frac{1}{n^2\delta^2} \sum_{k=0}^{n} (nx-k)^2 \mathrm{C}_n^k x^k (1-x)^{n-k} \\
&\leqslant 2M \frac{1}{n^2\delta^2} \frac{n}{4} = M \frac{1}{2n\delta^2}.
\end{aligned}
$$

对此, 只要取 $n > M\dfrac{1}{\varepsilon\delta^2}$, 就成立

$$
\sum_{k \in B} \left| f(x) - f\left(\frac{k}{n}\right) \right| \mathrm{C}_n^k x^k (1-x)^{n-k} < \frac{\varepsilon}{2}.
$$

我们得到 $n > M\dfrac{1}{\varepsilon\delta^2}$ 后, 对于任意 $x \in [0,1]$, 都成立

$$
|f(x) - P_n(x)| < \varepsilon,
$$

多项式序列 $\{P_n(x)\}$ 在 $[0,1]$ 上一致收敛于 $f(x)$. Weierstrass 逼近定理在区间 $[0,1]$ 上成立.

对于一般的闭区间 $[a,b]$, 做变换

$$
y = \frac{x-a}{b-a},
$$

则 $x = (b-a)y + a$. 而 $f((b-a)y+a)$ 在 $[0,1]$ 上连续, 因而存在多项式序列 $\{P_n(y)\}$ 在 $[0,1]$ 上一致收敛到 $f((b-a)y+a)$. 所以多项式序列 $\left\{P_n\left(\dfrac{x-a}{b-a}\right)\right\}$ 在 $[a,b]$ 上一致收敛到 $f(x)$. ■

类比于有理数在实数空间中处处稠密, 我们前面曾说明 Weierstrass 逼近定理表明对于一致收敛, 多项式在连续函数构成的无穷维线性空间 $C[a,b]$ 中也是处处稠密的. 下一章我们还将多次应用 Weierstrass 逼近定理来寻找 $C[a,b]$ 中的线性基.

习 题

1. 将多项式 $1 + 2x + 3x^3$ 表示为在 $x_0 = 1$ 处展开的多项式.

2. 求下面幂级数的收敛半径, 并讨论幂级数在收敛区域端点的收敛性:

(1) $\displaystyle\sum_{n=0}^{+\infty} \frac{x^n}{3^{\sqrt{n}}}$;

(2) $\displaystyle\sum_{n=0}^{+\infty} \frac{(2n)!!}{(2n+1)!!} x^n$;

(3) $\displaystyle\sum_{n=0}^{+\infty} \frac{(-1)^n}{n\sqrt[n]{n}} x^n$;

(4) $\displaystyle\sum_{n=0}^{+\infty} \left(1+\frac{1}{n}\right)^{-n^2} x^n$;

(5) $\displaystyle\sum_{n=0}^{+\infty} \left(1+\frac{1}{n}\right)^{n^2} x^{2n}$;

(6) $\displaystyle\sum_{n=0}^{+\infty} \left(\frac{a^n}{n}+\frac{b^n}{n^2}\right) x^n, a, b > 0$;

(7) $\displaystyle\sum_{n=0}^{+\infty} \left(1+2\cos\frac{n\pi}{4}\right)^n x^n$;

(8) $\displaystyle\sum_{n=2}^{+\infty} \frac{\left(1+2\cos\frac{n\pi}{4}\right)^n}{\ln n} (1+x)^n$;

(9) $\displaystyle\sum_{n=0}^{+\infty} \frac{1}{5^n+7^n} x^n$;

(10) $\displaystyle\sum_{n=1}^{+\infty} \frac{1}{n^p} x^n$;

(11) $\displaystyle\sum_{n=1}^{+\infty} \frac{4^n+(-3)^n}{n} (1+x)^n$;

(12) $\displaystyle\sum_{n=0}^{+\infty} \frac{(n!)^2}{(2n)!} x^n$;

(13) $\displaystyle\sum_{n=0}^{+\infty} a^{n^2} x^n, 0 < a < 1$;

(14) $\displaystyle\sum_{n=0}^{+\infty} \left(1+\frac{1}{2}+\cdots+\frac{1}{n}\right) x^n$;

(15) $\displaystyle\sum_{n=0}^{+\infty} \frac{3^{-\sqrt{n}}}{\sqrt{n^2+1}} x^n$;

(16) $\displaystyle\sum_{n=0}^{+\infty} \frac{1}{2^n} x^{n^2}$.

3. 证明: $x=0$ 邻域上的奇函数在 $x=0$ 的幂级数展开只含 x 的奇次方的项, 而偶函数在 $x=0$ 的幂级数展开只含 x 的偶次方的项.

4. 对形式为 $\displaystyle\sum_{n=0}^{+\infty} a_n(x-x_0)^n$ 的幂级数表述并证明定理 1.1.2.

5. 设 $f(x) = \displaystyle\sum_{n=0}^{+\infty} a_n x^n$ 的收敛半径 $R > 0$, 求 $F(x) = \dfrac{f(x)}{1-x}$ 的幂级数展开, 并证明这一展开的收敛半径小于等于 R.

6. 设幂级数 $\displaystyle\sum_{n=0}^{+\infty} a_n x^n$ 的收敛半径 $R > 0$, 并且在收敛区域端点 R 处收敛. 问 $\displaystyle\sum_{n=0}^{+\infty} a_n x^n$ 在 $[0, R)$ 上是否绝对一致收敛, 如果是, 给出证明; 如果不是, 试给一个条件使得 $\displaystyle\sum_{n=0}^{+\infty} a_n x^n$ 在 $[0, R)$ 上绝对一致收敛.

7. 设 $x_1 > 0$, 而对于 $n = 1, 2, \cdots$, $\left|\displaystyle\sum_{k=0}^{n} a_k x_1^k\right| \leqslant M$. 证明: 当 $0 < x < x_1$ 时, $\displaystyle\sum_{n=0}^{+\infty} a_n x^n$ 收敛, 并且 $\left|\displaystyle\sum_{n=0}^{+\infty} a_n x^n\right| \leqslant M$.

8. 设 $f(x)$ 在 $x = -1$ 的邻域上可以展开为幂级数, 且对于 $n = 1, 2, \cdots$, $|f^{(n)}(-1)| \leqslant n^2$. 证明: 存在 $\mathbb{R}$ 上的可展开为幂级数的函数 $F(x)$, 使得在 $x = -1$ 的邻域上, $F(x) = f(x)$. 问如果仅假定对于 $n = 1, 2, \cdots$, $|f^{(n)}(-1)| \leqslant n^2$, 同样的结论是否成立?

9. 设 $f(x)$ 在区间 (a, b) 上实解析, 证明: 如果存在 (a, b) 中的序列 $\{x_n\}$, 使得 $f(x_n) = 0$,

且序列 $\{x_n\}$ 在 (a,b) 中有极限点, 则 $f(x) \equiv 0$. 问如果 $\{x_n\}$ 在 (a,b) 中没有极限点, 同样的结论是否成立?

10. 设 $f(x) = \sum\limits_{n=0}^{+\infty} a_n x^n$ 的收敛半径 $R = +\infty$, 令 $f_m(x) = \sum\limits_{n=0}^{m} a_n x^n$, 证明: 函数序列 $\{f(f_m(x))\}$ 在 $(-\infty, +\infty)$ 上内闭一致收敛于函数 $f(f(x))$.

11. 设 $f(x) = \sum\limits_{n=0}^{+\infty} a_n x^n$ 的收敛半径 $R > 0$, 且 $a_0 \neq 0$, 证明: $\dfrac{1}{1 - a_0 + f(x)}$ 在 $x = 0$ 的邻域上可以展开为幂级数.

12. 表述并证明: 带 Lagrange 余项和带积分余项的 Taylor 展开公式.

13. 设 $f(x)$ 在 $x = x_0$ 的邻域上可以展开为幂级数, 且 $f'(x_0) \neq 0$, 证明: $f(x)$ 的反函数 $x = f^{-1}(y)$ 在 $y_0 = f(x_0)$ 的邻域上可以展开为 $y - y_0$ 的幂级数.

14. 用逐项微分或逐项积分求下面幂级数的和:

(1) $\sum\limits_{n=0}^{+\infty} \dfrac{1}{n} x^n$;

(2) $\sum\limits_{n=0}^{+\infty} n(n+1) x^n$;

(3) $\sum\limits_{n=0}^{+\infty} \dfrac{1}{2^n n} x^n$;

(4) $\sum\limits_{n=0}^{+\infty} \dfrac{1}{2^n} x^{n^2}$;

(5) $\sum\limits_{n=0}^{+\infty} (-1)^{n-1} \dfrac{1}{n(2n-1)} x^{2n}$;

(6) $\sum\limits_{n=0}^{+\infty} \dfrac{n^2+1}{n! 2^n} x^n$;

(7) $\sum\limits_{n=0}^{+\infty} (-1)^n \dfrac{n^3}{(n+1)!} x^n$;

(8) $\sum\limits_{n=0}^{+\infty} (-1)^n \dfrac{2n^2+1}{(2n+1)!} x^{2n+1}$;

(9) $\sum\limits_{n=0}^{+\infty} \dfrac{1}{4n+1} x^{4n-1}$;

(10) $\sum\limits_{n=0}^{+\infty} (2^{n+1} - 1) x^n$;

(11) $\sum\limits_{n=0}^{+\infty} \dfrac{(2n+1)^2}{n!} x^{2n+1}$;

(12) $\sum\limits_{n=0}^{+\infty} \dfrac{2n-1}{2^n} x^n$;

(13) $\sum\limits_{n=1}^{+\infty} \dfrac{1}{n(2n+1)} x^n$.

15. 将下面函数在指定点的邻域展开为幂级数:

(1) $\dfrac{1}{x-a}$, $x = b \neq a$;

(2) $\dfrac{x^2}{x^2 - 3x + 1}$, $x = 2$;

(3) $\dfrac{1}{1 - x - x^2}$, $x = -1$;

(4) $(1+x)e^{-x}$, $x = 0$;

(5) $\ln \dfrac{1}{1 + 2x + x^2}$, $x = 1$;

(6) $\ln^3(1-x)$, $x = 0$;

(7) $\arctan \dfrac{2x}{1-x}$, $x = 0$;

(8) $\sin^2 x \cos x$, $x = 0$.

16. 如果函数 $f(x)$ 在 x_0 的邻域 $(x_0 - R, x_0 + R)$ 上可以展开为幂级数

$$f(x) = \sum_{n=0}^{+\infty} a_n (x - x_0)^n,$$

证明: 对于任意 $x_1 \in (x_0 - R, x_0 + R)$, $f(x)$ 在 x_1 的充分小邻域上可以展开为幂级数

$$f(x) = \sum_{n=0}^{+\infty} a_n'(x - x_1)^n.$$

17. 证明: 幂级数的不定积分仍然是幂级数, 并且收敛半径不变, 但端点的收敛性有可能改变.

18. 设 $f(x)$ 在 $x = 0$ 的任意邻域上不恒为零, 在 $(-R, R)$ 上可以展开为幂级数, 如果 $f(0) = 0$, 证明: 存在自然数 k, 使得 $\dfrac{x^k}{f(x)}$ 在 $x = 0$ 的邻域上可以展开为幂级数.

19. 设 $y = f(x)$ 和 $x = g(u)$ 分别是 x_0 和 u_0 邻域上的实解析函数, 我们在 $y = f(g(u))$ 也是实解析函数的证明中加了条件 $x_0 = g(u_0)$, 问是否可以将这一条件去掉?

20. 试分别举例说明幂级数经过加、减、乘、除和复合运算后, 收敛半径可能发生了改变.

21. 利用基本初等函数的幂级数展开求下面函数的幂级数展开, 并说明收敛区域:

(1) $(1 + x^2)^{-\frac{3}{2}}$;   (2) $\ln(1 + x + x^2 + x^3)$;

(3) $\dfrac{1}{1 - 3x + 2x^2}$;   (4) $x \arctan x - \ln\sqrt{1 + x^2}$.

22. 利用逐项微分或逐项积分证明下面展开式:

(1) $\ln(x + \sqrt{1 + x^2}) = x + \displaystyle\sum_{n=1}^{+\infty} (-1)^n \frac{(2n - 1)!!}{(2n)!!(2n + 1)} x^{2n+1}$;

(2) $\arctan \dfrac{2x}{2 - x^2} = \displaystyle\sum_{n=0}^{+\infty} (-1)^{[\frac{n}{2}]} \frac{1}{2^n(2n + 1)} x^{2n+1}$.

23. 利用幂级数乘法求下面函数的幂级数展开:

(1) $\dfrac{\ln(1 + x)}{1 + x}$;   (2) $(\arctan x)^2$.

24. 证明: 函数 $f(x) = \displaystyle\sum_{n=0}^{+\infty} \frac{\sin(2^n x)}{n!}$ 是任意阶可导的光滑函数, 问其是不是实解析函数?

25. 将 $\displaystyle\int_0^x \frac{\sin t^2}{t} \mathrm{d}t$ 在 $x = 0$ 处展开为幂级数并求其收敛半径.

26. 求常微分方程 $y'' + y = 0$ 的幂级数解, 问加什么条件后可使方程的解唯一?

27. 证明复平面满足 Bolzano 定理: 任意有界复数列一定有收敛子列.

28. 对复数的距离函数 $d(z_1, z_2)$, 证明三角不等式.

29. 表述并证明复值函数 $\sin z$ 的和角公式.

30. 证明: 在 $\left[0, \dfrac{\pi}{2}\right]$ 上,

$$\sin x + \sum_{n=1}^{+\infty} \frac{(2n - 1)!!}{(2n)!!} \frac{\sin^{2n+1} x}{2n + 1} = x,$$

$$\sum_{n=0}^{+\infty} \frac{(2n)!!}{(2n + 1)!!} \frac{\sin^{2n+2} x}{n + 1} = x^2.$$

31. 设 $\dfrac{x}{\mathrm{e}^x - 1} = 1 + \displaystyle\sum_{n=1}^{+\infty} \frac{\beta_n}{n!} x^n$, 证明: 对于 $n = 1, 2, \cdots$, $\beta_{2n+1} = 0$. 令 $B_n = \beta_{2n}$, B_n

称为 n 阶 Bernoulli 数. 求 β_1, B_1, B_2.

32. 设连续函数序列 $\{f_n(x)\}$ 在开区间 (a,b) 上内闭一致收敛, 证明: 函数序列

$$\left\{F_n(x) = \int_0^x f_n(t)\mathrm{d}t\right\}$$

在 (a,b) 上内闭一致收敛, 求导与极限可以交换顺序.

33. 设 $\{a_n\}$ 是一给定的序列, 设 $\sum_{n=1}^{+\infty} \dfrac{a_n}{n^x}$ 是由 $\{a_n\}$ 定义的函数级数, 证明:

(1) 如果 $\sum_{n=1}^{+\infty} \dfrac{a_n}{n^x}$ 在 x_1 收敛, 则 $\sum_{n=1}^{+\infty} \dfrac{a_n}{n^x}$ 对于任意 $x > x_1$ 也收敛;

(2) 如果 $\sum_{n=1}^{+\infty} \dfrac{a_n}{n^x}$ 在 x_2 发散, 则 $\sum_{n=1}^{+\infty} \dfrac{a_n}{n^x}$ 对于任意 $x < x_2$ 也发散;

(3) 令 $C = \inf\left\{x \;\middle|\; \sum_{n=1}^{+\infty} \dfrac{a_n}{n^x} \text{ 收敛}\right\}$, 则对于任意 $\varepsilon > 0$, $\sum_{n=1}^{+\infty} \dfrac{a_n}{n^x}$ 在 $(C+\varepsilon, +\infty)$ 上一致收敛;

(4) 假设与 (3) 相同, 则 $\sum_{n=1}^{+\infty} \dfrac{a_n}{n^x}$ 在 $(C+1+\varepsilon, +\infty)$ 上绝对一致收敛.

34. 设 $0 < q < 1$ 是给定的常数, 证明: 无穷乘积

$$(1+q)(1+q^2)(1+q^3)\cdots \quad \text{与} \quad \frac{1}{(1-q)(1-q^2)(1-q^3)\cdots}$$

都收敛并且相等.

35. 设 $\{a_n\}$ 是 $\left(0, \dfrac{\pi}{2}\right)$ 中一给定的序列, 证明: 无穷乘积 $\prod_{n=1}^{+\infty} \dfrac{\sin a_n}{a_n}$ 与无穷级数 $\sum_{n=1}^{+\infty} a_n^2$ 同时收敛或者同时发散.

36. 设 $0 < q < 1$ 是给定的常数, 令

$$f(x) = (1+qx)(1+(qx)^2)(1+(qx)^3)\cdots,$$

给出上面乘积的收敛区域, 证明: 由这一乘积定义的函数可以展开为幂级数.

37. (**Wallis 公式**) (1) 利用分部积分证明:

$$\int_0^{\frac{\pi}{2}} \sin^{2n} x\mathrm{d}x = \frac{(2n-1)!!}{(2n)!!}\frac{\pi}{2}, \quad \int_0^{\frac{\pi}{2}} \sin^{2n+1} x\mathrm{d}x = \frac{(2n)!!}{(2n+1)!!}.$$

(2) 证明: $\lim\limits_{n\to+\infty}\left[\dfrac{(2n)!!}{(2n-1)!!}\right]^2 \dfrac{1}{2n+1} = \dfrac{\pi}{2}$.

38. (**Stirling 公式**) (1) 利用对数函数的幂级数展开证明:

$$1 < \left(n+\frac{1}{2}\right)\ln\left(1+\frac{1}{n}\right) < 1 + \frac{1}{12n(n+1)}.$$

(2) 令 $a_n = \dfrac{n!\mathrm{e}^n}{n^{\left(n+\frac{1}{2}\right)}}$, 证明: 序列 $\{a_n\}$ 单调下降, 并且 $a_n\mathrm{e}^{-\frac{1}{12n}} < a_{n+1}\mathrm{e}^{-\frac{1}{12(n+1)}}$.

(3) 设 $\lim\limits_{n\to+\infty} a_n = a$, 证明: $\lim\limits_{n\to+\infty} \dfrac{n}{\sqrt{2n(2n+1)}} \dfrac{a_n^2}{a_{2n}} = \sqrt{\dfrac{\pi}{2}}$, $a = \sqrt{2\pi}$.

(4) 对于任意 n, 证明: 存在 $\theta_n \in (0,1)$, 使得 $n! = \sqrt{2n\pi}\left(\dfrac{n}{e}\right)^n e^{\frac{\theta_n}{12n}}$.

(5) 证明: $e = \lim\limits_{n\to+\infty} \dfrac{n}{\sqrt[n]{n!}}$.

39. 设 $f(x) = \sum\limits_{n=1}^{+\infty} \dfrac{1}{n^2\ln(1+n)} x^n$, 证明:

(1) $f(x)$ 在 $[-1,1]$ 上连续;

(2) $f(x)$ 在 $x = -1$ 处单侧可导;

(3) $f'(x)$ 在 $[-1,1)$ 上连续;

(4) $f(x)$ 在 $x = 1$ 处不是单侧可导的.

40. 将幂级数的收敛半径的定义和计算方法推广到复数域上的幂级数 $\sum\limits_{n=0}^{+\infty} c_n(z-z_0)^n$, 其中 $z_0 \in \mathbb{C}$ 是给定的点.

41. 问幂级数的收敛半径能否推广到矩阵幂级数?

第二章　Fourier　级数

上一章我们讨论了幂级数 $\sum\limits_{n=0}^{+\infty} a_n(x-x_0)^n$, 证明了如果一个函数能够展开为幂级数, 则这个级数必须是函数的 Taylor 级数, 特别的, 幂级数能够表示的函数都必须任意阶可导. 因此, 对于连续函数或者可积函数等其他类型的函数, 我们还需要寻找另外的函数序列, 希望通过新的函数序列, 产生出新的函数级数来表示这些函数.

现在设 $\{h_n(x)\}$ 是一给定的函数序列, $f(x) = \sum\limits_{n=0}^{+\infty} a_n h_n(x)$ 是利用这一函数序列的线性组合表示的函数. 对于这一级数, 需要讨论两个问题: 一个是哪些函数, 在怎样的收敛意义下能够利用 $\{h_n(x)\}$ 的线性组合表示出来; 另一个则是在表示 $f(x) = \sum\limits_{n=0}^{+\infty} a_n h_n(x)$ 中, 怎样通过 $f(x)$ 自身来确定线性组合 $\sum\limits_{n=0}^{+\infty} a_n h_n(x)$ 中的系数 $\{a_n\}$, 怎样通过序列 $\{a_n\}$ 来反映函数的性质. 例如, 对于幂级数 $f(x) = \sum\limits_{n=0}^{+\infty} a_n(x-x_0)^n$, 我们知道 $a_n = \dfrac{f^{(n)}(x_0)}{n!}$, 系数 $\{a_n\}$ 通过 $f(x)$ 在 x_0 处的各阶导数来确定.

这一章我们将利用有限维欧氏空间 $\mathbb{R}^n$ 中单位正交基的方法, 以及向量对于单位正交基的展开方式, 来讨论由三角函数组成的函数序列

$$\left\{ \frac{1}{2},\ \sin x,\ \cos x,\ \cdots,\ \sin nx,\ \cos nx,\ \cdots \right\}.$$

我们将讨论由这一函数序列的线性组合产生的函数级数

$$\frac{a_0}{2} + \sum_{n=1}^{+\infty} (a_n \cos nx + b_n \sin nx).$$

这一级数称为 **Fourier 级数**. 我们将给出级数中系数 $\{a_n, b_n\}$ 的确定方法, 并证明在多种收敛的意义下, 很大一类在实际应用中用到的函数都可以表示为 Fourier 级数.

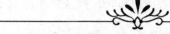

2.1 正交函数序列与 Fourier 级数

下面我们先对欧氏空间 $\mathbb{R}^n$ 中单位正交基的概念以及向量对于单位正交基的表示方式做一些简单的回顾和总结, 然后将欧氏空间中单位正交基及其对于向量的表示方法推广到无穷维的函数空间上, 给出函数空间中的单位正交基, 使得我们能够实现通过简单函数的线性组合来表示出复杂的函数.

在 n 维线性空间 $\mathbb{R}^n$ 上可以定义一个**内积** $(\cdot, \cdot): \mathbb{R}^n \times \mathbb{R}^n \to \mathbb{R}$, 设

$$A = (a_1, \cdots, a_n), \quad B = (b_1, \cdots, b_n)$$

是 $\mathbb{R}^n$ 中的两个向量, 定义 A 与 B 的内积 (A, B) 为

$$(A, B) = \sum_{i=1}^{n} a_i b_i.$$

容易证明内积 (A, B) 满足下面几个性质:

(1) **对称性** $(A, B) = (B, A)$;

(2) **线性性** 对于任意向量 $A, B, C \in \mathbb{R}^n$, 以及任意实数 $a, b \in \mathbb{R}$, 成立

$$(aA + bB, C) = a(A, C) + b(B, C);$$

(3) **正定性** 对于任意 $A \in \mathbb{R}^n$, 成立 $(A, A) \geqslant 0$, 并且 $(A, A) = 0$ 当且仅当 $A = 0$.

n 维线性空间 $\mathbb{R}^n$ 在定义了内积 $(\cdot, \cdot)$ 之后称为 n **维欧氏空间**. 利用内积, 我们就可以在 $\mathbb{R}^n$ 上定义向量的长度、向量之间的夹角等几何结构, 使得 $\mathbb{R}^n$ 成为一个立体的空间.

设 $A, B \in \mathbb{R}^n$, 令

$$\|A\| = \sqrt{(A, A)}, \quad d(A, B) = \|A - B\|.$$

$\|A\|$ 称为向量 A 的**模**, 或者说向量 A 的**长度**, 是实数空间 $\mathbb{R}$ 上的绝对值在 n 维欧氏空间 $\mathbb{R}^n$ 上的推广. 而 $d(A, B)$ 则是以原点为起点的向量 A 与 B 所表示的 $\mathbb{R}^n$

中的两个点之间的**距离**. 利用距离 $d(A,B)$, 就可以在 $\mathbb{R}^n$ 上定义极限: 称 $\mathbb{R}^n$ 中点的序列 $\{A_m\}$ 在 $m \to +\infty$ 时趋于 $A_0 \in \mathbb{R}^n$, 如果 $\lim\limits_{m \to +\infty} d(A_m, A_0) = 0$. 这一极限的性质与实数 $\mathbb{R}$ 上利用绝对值定义的极限性质基本相同.

另一方面, 设 $A, B \in \mathbb{R}^n$ 都是不为零的向量, 则成立下面的 **Cauchy 不等式**:

$$|(A, B)| \leqslant \|A\| \cdot \|B\|.$$

利用内积和 Cauchy 不等式, 对于向量 $A, B \in \mathbb{R}^n$, 令

$$\theta = \arccos \frac{(A, B)}{\|A\| \cdot \|B\|},$$

θ 称为向量 A 与 B 之间的**夹角**. 特别的, 如果 A 与 B 相互垂直, 则称 A 与 B 为**相互正交的向量**. A 与 B 相互正交等价于 $(A, B) = 0$.

设 $\{e_1, \cdots, e_n\}$ 是 $\mathbb{R}^n$ 中的 n 个相互正交的单位向量, 即 $\{e_1, \cdots, e_n\}$ 满足

$$(e_i, e_j) = \delta_{ij} = \begin{cases} 1, & \text{如果 } i = j, \\ 0, & \text{如果 } i \neq j. \end{cases}$$

容易看出 $\{e_1, \cdots, e_n\}$ 必须是一个线性无关的向量组, 因而构成了 $\mathbb{R}^n$ 的一个线性基, 称为**单位正交基**. 这时, 对于任意向量 $A \in \mathbb{R}^n$, 设 $A = \sum\limits_{i=1}^n a_i e_i$ 是 A 对于线性基 $\{e_1, \cdots, e_n\}$ 的线性组合, 则对于 $j = 1, 2, \cdots, n$, 在等式两边与 e_j 做内积, 利用 $e_1, \cdots, e_n$ 的单位正交性, 我们得到 $(A, e_j) = a_j$, 因此,

$$A = \sum_{i=1}^n (A, e_i) e_i.$$

在 A 的线性表示 $A = \sum\limits_{i=1}^n a_i e_i$ 中, 系数 $a_1, \cdots, a_n$ 通过 A 与单位正交基 $\{e_1, \cdots, e_n\}$ 中的向量做内积就可以得到.

怎样将 n 维欧氏空间 $\mathbb{R}^n$ 中的单位正交基以及向量对于单位正交基的展开这些理论推广到无穷维的函数空间上呢? 对此, 首先令 $S = \{1, 2, \cdots, n\}$, 则一个 n 维向量 $A = (a_1, \cdots, a_n)$ 可以看作集合 S 上的一个函数

$$f_A : S \to \mathbb{R}, \quad f_A(i) = a_i, \quad i = 1, 2, \cdots, n.$$

而 $\mathbb{R}^n$ 则可以看作集合 S 上所有函数构成的线性空间. 借助于此, $\mathbb{R}^n$ 上的内积则可以表示为: 设 $f_A = (a_1, \cdots, a_n)$, $f_B = (b_1, \cdots, b_n)$ 是 $\mathbb{R}^n$ 中的两个函数, 则

$$(f_A, f_B) = \sum_{i=1}^n f_A(i) f_B(i) = \sum_{i \in S} f_A(i) f_B(i).$$

$\mathbb{R}^n$ 上的内积就是函数在相应点函数值乘积的和.

现在用 $\mathbb{R}$ 中的闭区间 $[a, b]$ 代替 S, 用 $[a, b]$ 上的所有连续函数构成的无穷维线性空间 $C[a, b]$ 代替 S 上的所有函数构成的 n 维线性空间 $\mathbb{R}^n$, 而用积分代替和 $\sum\limits_{i \in S} f_A(i) f_B(i)$. 设 $f(x)$ 和 $g(x)$ 是 $[a, b]$ 上的两个连续函数, 我们定义 $f(x)$ 与 $g(x)$ 的**内积** (f, g) 为

$$(f, g) = \sum_{x \in [a, b]} f(x) g(x) \mathrm{d}x = \int_a^b f(x) g(x) \mathrm{d}x.$$

不难验证, 与 $\mathbb{R}^n$ 上的内积相同, 上面在无穷维线性空间 $C[a, b]$ 上定义的内积同样满足内积的对称性、线性性和正定性. 另一方面, 同样类比了 $\mathbb{R}^n$ 上取极限的做法, 对于任意 $f(x) \in C[a, b]$, 我们定义 $f(x)$ 的**长度**为

$$\|f\| = \sqrt{(f, f)}.$$

而对于任意 $f(x), g(x) \in C[a, b]$, 我们定义 $f(x)$ 与 $g(x)$ 之间的**距离** $d(f, g)$ 为

$$d(f, g) = \|f - g\|.$$

无穷维线性空间 $C[a, b]$ 上利用内积定义的距离 $d(f, g)$ 满足下面几个性质:

(1) **对称性** 对于任意 $f(x), g(x) \in C[a, b]$, $d(f, g) = d(g, f)$;

(2) **正定性** 对于任意 $f(x), g(x) \in C[a, b]$, $d(f, g) \geqslant 0$, 并且 $d(f, g) = 0$ 当且仅当 $f(x) \equiv g(x)$;

(3) **三角不等式** 对于任意 $f(x), g(x), h(x) \in C[a, b]$, 成立

$$d(f, g) \leqslant d(f, h) + d(h, g).$$

$C[a, b]$ 上利用距离 $d(f, g)$ 就可以定义极限: 称 $C[a, b]$ 中的函数序列 $\{f_n\}$ 在 $n \to +\infty$ 时对距离 $d(f, g)$ 收敛到 $f_0(x) \in C[a, b]$, 如果 $\lim\limits_{n \to +\infty} d(f_n, f_0) = 0$.

需要说明, 这里在 $C[a, b]$ 上定义的极限与前面定义的函数序列的极限不同, $C[a, b]$ 中的函数序列 $\{f_n\}$ 在 $n \to +\infty$ 时对距离 $d(f, g)$ 收敛到 $f_0(x)$ 表示

$$\lim_{n \to +\infty} d(f_n, f_0) = \lim_{n \to +\infty} \sqrt{\int_a^b [f_n(x) - f_0(x)]^2 \mathrm{d}x} = 0,$$

而不是对于任意点 $x \in [a, b]$, 数列 $\{f_n(x)\}$ 都收敛到实数 $f_0(x)$.

通常将 $\dfrac{1}{b - a} \displaystyle\int_a^b f(x) \mathrm{d}x$ 称为函数 $f(x)$ 在区间 $[a, b]$ 上的平均值. 而在统计学

中, 则将 $\dfrac{1}{b-a}\sqrt{\displaystyle\int_a^b f^2(x)\mathrm{d}x}$ 称为 $f(x)$ 在 $[a,b]$ 上的**均方平均值**.

由此, 我们将 $C[a,b]$ 上按照距离 $d(f,g)$ 定义的收敛称为**均方收敛**, 即连续函数序列 $\{f_n(x)\}$ 在区间 $[a,b]$ 上均方收敛到连续函数 $f_0(x)$, 如果

$$\lim_{n\to+\infty}\int_a^b [f_n(x)-f_0(x)]^2\mathrm{d}x=0.$$

而如果对于任意点 $x\in[a,b]$, 数列 $\{f_n(x)\}$ 都收敛到实数 $f_0(x)$, 则称函数序列 $\{f_n(x)\}$ 在区间 $[a,b]$ 上**逐点收敛**到函数 $f_0(x)$.

关于均方收敛与逐点收敛的关系, 我们先来看两个例子.

例 1 对于 $x\in[0,1]$, $n=1,2,\cdots$, 令

$$f_n(x)=\sqrt{(n+1)(n+2)(1-x)x^n},$$

则不难看出, 函数序列 $\{f_n(x)\}$ 在 $[0,1]$ 上逐点收敛到 $f_0(x)\equiv 0$, 但

$$\int_0^1 f_n^2(x)\mathrm{d}x=\int_0^1 (n+1)(n+2)(1-x)x^n\mathrm{d}x=1.$$

故函数序列 $\{f_n(x)\}$ 在 $[0,1]$ 上并不是均方收敛到 $f_0(x)\equiv 0$.

例 2 在区间 $[0,1]$ 上, 对于 $n=0,1,2\cdots$, $k=0,1,2,\cdots,2^n-1$, 令

$$f_{2^n+k}(x)=\begin{cases} 2^{n+1}x-2k, & \text{如果 } x\in\left[\dfrac{k}{2^n},\dfrac{k}{2^n}+\dfrac{1}{2^{n+1}}\right], \\[2mm] -2^{n+1}x+2(k+1), & \text{如果 } x\in\left[\dfrac{k}{2^n}+\dfrac{1}{2^{n+1}},\dfrac{k+1}{2^n}\right], \\[2mm] 0, & \text{如果 } x\in[0,1]-\left[\dfrac{k}{2^n},\dfrac{k+1}{2^n}\right]. \end{cases}$$

$f_{2^n+k}(x)$ 在 $[0,1]$ 上连续, 而由函数的定义, 我们得到

$$\int_0^1 f_{2^n+k}^2(x)\mathrm{d}x\leqslant 4\dfrac{1}{2^n}.$$

因此函数序列 $\{f_{2^n+k}(x)\}$ 在 $[0,1]$ 上均方收敛于 $f_0(x)\equiv 0$, 但对于任意的 $x_0\in(0,1)-\left\{\dfrac{k}{2^n}\,\middle|\,n=1,2,\cdots;k=1,2,\cdots\right\}$, 序列 $\{f_{2^n+k}(x_0)\}$ 都不收敛到 $f_0(x_0)=0$.

上面两个例子表明均方收敛与逐点收敛之间没有必然的联系. 关于均方收敛与逐点收敛之间的关系将在数学分析的后续课程 "实变函数" 中做更详细的讨论.

在无穷维线性空间 $C[a,b]$ 上有了均方收敛的极限之后, 将序列极限转换为无穷级数, 按照有限维线性空间的方式, 就可以定义 $C[a,b]$ 中的线性基的概念了.

定义 2.1.1 线性空间 $C[a,b]$ 中的函数序列 $\{h_n(x)\}$ 称为 $C[a,b]$ 的**线性基**, 如果对于任意函数 $f(x) \in C[a,b]$, 都存在唯一的一个实数序列 $\{a_n\}$, 使得函数级数 $\sum\limits_{n=1}^{+\infty} a_n h_n(x)$ 在 $C[a,b]$ 中均方收敛到 $f(x)$.

怎样得到 $C[a,b]$ 的线性基呢? 下面我们希望用 $\mathbb{R}^n$ 中单位正交基的方法寻找这样的函数序列使之成为线性基, 并利用单位正交性得到函数线性表示中的系数.

首先与 n 维欧氏空间 $\mathbb{R}^n$ 相同, 在连续函数构成的线性空间 $C[a,b]$ 上定义了内积之后, 就可以利用内积定义 $C[a,b]$ 上的另一个几何结构 —— 向量之间的夹角. 为此, 需要先证明下面定理.

定理 2.1.1 (Cauchy 不等式) 对于任意 $f(x),\ g(x) \in C[a,b]$, 成立不等式

$$|(f,g)| \leqslant \|f\| \cdot \|g\|.$$

证明 利用内积的正定性、线性性和对称性, 对于任意实数 t, 成立不等式

$$0 \leqslant (f+tg, f+tg) = (f,f) + 2t(f,g) + t^2(g,g).$$

因此, 变量 t 的二次方程 $(f,f) + 2t(f,g) + t^2(g,g) = 0$ 最多有一个实根, 因而方程的判别式必须小于等于零, 得 $4(f,g)^2 \leqslant 4(f,f)(g,g)$. ■

利用 Cauchy 不等式, 就可以定义 $C[a,b]$ 中向量之间的夹角了.

定义 2.1.2 对于任意两个不恒为零的函数 $f(x),\ g(x) \in C[a,b]$, 将其看作向量, 定义 $f(x)$ 与 $g(x)$ 之间的**夹角** θ 为

$$\theta = \arccos \frac{(f,g)}{\|f\| \cdot \|g\|}.$$

在上面定义中, 如果 $f(x)$ 与 $g(x)$ 之间的夹角为 $\dfrac{\pi}{2}$, 即 $(f,g) = 0$, 则称 $f(x)$ 与 $g(x)$ 为相互正交的向量. 利用正交的概念, 就可以将 n 维欧氏空间 $\mathbb{R}^n$ 的单位正交基推广到无穷维线性空间 $C[a,b]$ 上了.

定义 2.1.3 设 $\{u_n(x)\}$ 是 $C[a,b]$ 中的一个函数序列, 如果对于 $i,j = 1,2,\cdots$, $\{u_n(x)\}$ 满足

$$(u_i, u_j) = \delta_{ij} = \begin{cases} 1, & \text{如果 } i = j, \\ 0, & \text{如果 } i \neq j, \end{cases}$$

则称 $\{u_n(x)\}$ 为**单位正交函数列**.

定义 2.1.4 设 $\{u_n(x)\}$ 是 $C[a,b]$ 中的单位正交函数列, 如果 $f(x) \in C[a,b]$ 与每一个 $u_n(x)$ 都正交, 就必须 $f(x) \equiv 0$, 则称 $\{u_n(x)\}$ 为**完备单位正交函数列**.

利用上一章定理 1.5.1 中给出的 Weierstrass 逼近定理, 容易得到下面结论.

定理 2.1.2 $C[a, b]$ 中存在完备单位正交函数序列.

证明 我们先考虑函数序列

$$\{h_1(x) = 1, \ h_2(x) = x, \ h_3(x) = x^2, \cdots, h_{n+1}(x) = x^n, \cdots\}.$$

由于任意一个 n 次多项式方程最多有 n 个根, 因此函数序列 $\{h_n(x)\}$ 中任意有限个元素都线性无关. 现设 $f(x) \in C[a, b]$ 与每一个 $h_n(x)$ 正交. 利用上一章给出的 Weierstrass 逼近定理, 我们知道, 对于任意 $\varepsilon > 0$, 存在多项式 $P(x)$, 使得

$$\max_{x \in [a,b]} \{ |f(x) - P(x)| \} < \varepsilon.$$

而 $P(x)$ 是 $\{h_n(x)\}$ 中有限个元素的线性组合, 因此与 $f(x)$ 正交, 得

$$(f(x) - P(x), f(x) - P(x)) = (f(x), f(x)) - 2(f(x), P(x)) + (P(x), P(x))$$
$$= (f(x), f(x)) + (P(x), P(x)) \geqslant (f(x), f(x)).$$

但另一方面,

$$(f(x) - P(x), f(x) - P(x)) = \int_a^b [f(x) - P(x)]^2 \mathrm{d}x < \varepsilon^2 (b - a).$$

而 $\varepsilon > 0$ 是任意给定的, 可以是任意小的常数, 因此必须 $\|f\|^2 = (f(x), f(x)) = 0$. 我们得到这时 $f(x) \equiv 0$.

利用函数序列 $\{h_n(x)\}$, 按照线性代数中 Schmidt 正交化方法, 就能够构造 $C[a, b]$ 中的完备单位正交函数序列 $\{u_n(x)\}$.

首先令 $u_1(x) = \dfrac{h_1(x)}{\|h_1\|}$, 令

$$u_2(x) = \frac{h_2(x) - (h_2, u_1)u_1(x)}{\|h_2(x) - (h_2, u_1)u_1(x)\|},$$

则 $u_1(x)$ 和 $u_2(x)$ 的长度都为 1, 而

$$(u_1, u_2) = \frac{1}{\|h_2(x) - (h_2, u_1)u_1(x)\|}(u_1, h_2(x) - (h_2, u_1)u_1(x)) = 0,$$

则 $u_1(x)$ 与 $u_2(x)$ 正交.

应用归纳法. 归纳假设, 设利用 $h_1(x), \cdots, h_n(x)$, 我们得到单位正交的函数 $u_1(x), \cdots, u_n(x)$, 并且 $h_1(x), \cdots, h_n(x)$ 与 $u_1(x), \cdots, u_n(x)$ 之间可以相互线性表示. 对于 $n+1$, 令

$$u_{n+1}(x) = \frac{h_{n+1}(x) - [(h_{n+1}, u_n)u_n(x) + \cdots + (h_{n+1}, u_1)u_1(x)]}{\|h_{n+1}(x) - [(h_{n+1}, u_n)u_n(x) + \cdots + (h_{n+1}, u_1)u_1(x)]\|},$$

由于函数序列 $\{h_n(x)\}$ 中任意有限个元素线性无关, 因此

$$h_{n+1}(x) - [(h_{n+1}, u_n)u_n(x) + \cdots + (h_{n+1}, u_1)u_1(x)] \neq 0,$$

上面的定义是合理的. 而函数 $u_{n+1}(x)$ 为单位向量, 并且与 $\{u_1(x), \cdots, u_n(x)\}$ 中的函数都正交, 归纳假设成立.

利用归纳法就得到 $C[a, b]$ 中的单位正交函数列 $\{u_n(x)\}$, 由于 $\{u_n(x)\}$ 中的任意有限个元素与 $\{h_n(x)\}$ 中的任意有限个元素可以相互线性表示, 如果函数 $f(x) \in C[a, b]$ 与每一个 $u_n(x)$ 正交, 则 $f(x)$ 与每一个 $h_n(x)$ 正交, 因此 $f(x)$ 必须恒为零, $\{u_n(x)\}$ 是 $C[a, b]$ 中的完备单位正交函数列. ∎

完备单位正交函数列不能再扩大了, 因此完备单位正交函数列有可能成为 $C[a, b]$ 的线性基. 以此作为基本假设, 类比于 $\mathbb{R}^n$ 中的单位正交基, 将 $\mathbb{R}^n$ 中向量对于单位正交基的线性表示公式推广到 $C[a, b]$ 上, 就产生了下面定义.

定义 2.1.5 设 $\{u_n(x)\}$ 是 $C[a, b]$ 中的一个完备单位正交函数列, 对于任意函数 $f(x) \in C[a, b]$, 函数级数

$$\sum_{n=1}^{+\infty} (f, u_n)u_n(x) = \sum_{n=1}^{+\infty} \left(\int_a^b f(t)u_n(t)\mathrm{d}t \right) u_n(x)$$

称为 $f(x)$ 对于 $\{u_n(x)\}$ 的 **Fourier 级数**, 记为

$$f(x) \sim \sum_{n=1}^{+\infty} (f, u_n)u_n(x).$$

当然, 上面利用完备单位正交函数列定义的 Fourier 级数只是一个形式上的函数级数. 对于一个函数的 Fourier 级数, 有几个问题必须进一步回答: 一是这一级数是否均方收敛到 $f(x)$, 或者说完备单位正交函数列是否构成了 $C[a, b]$ 的线性基; 二是作为函数级数, 需要讨论 Fourier 级数是否逐点收敛, 是否一致收敛, 是否可以逐项积分、逐项微分. 我们将在后面几节对三角函数序列

$$\left\{ \frac{1}{2}, \sin x, \cos x, \cdots, \sin nx, \cos nx, \cdots \right\}$$

做细致的讨论, 详细回答这些问题. 下面我们先给出几个正交函数列的例子.

例 3 证明: 在区间 $[-\pi, \pi]$ 上, 函数列

$$\left\{ \frac{1}{\sqrt{2\pi}}, \frac{\sin x}{\sqrt{\pi}}, \frac{\cos x}{\sqrt{\pi}}, \cdots, \frac{\sin nx}{\sqrt{\pi}}, \frac{\cos nx}{\sqrt{\pi}}, \cdots \right\}$$

是 $C[-\pi, \pi]$ 中的单位正交函数列.

证明 由

$$\int_{-\pi}^{\pi} \sin nx \mathrm{d}x = -\frac{\cos nx}{n}\Big|_{-\pi}^{\pi} = 0, \quad \int_{-\pi}^{\pi} \cos nx \mathrm{d}x = \frac{\sin nx}{n}\Big|_{-\pi}^{\pi} = 0,$$

我们得到

$$\int_{-\pi}^{\pi} \sin nx \cos mx \mathrm{d}x = \frac{1}{2}\int_{-\pi}^{\pi} [\sin(n+m)x + \sin(n-m)x]\mathrm{d}x = 0.$$

而 $m \neq n$ 时,

$$\int_{-\pi}^{\pi} \sin nx \sin mx \mathrm{d}x = \frac{1}{2}\int_{-\pi}^{\pi} [\cos(n+m)x - \cos(n-m)x]\mathrm{d}x = 0,$$

$$\int_{-\pi}^{\pi} \cos nx \cos mx \mathrm{d}x = \frac{1}{2}\int_{-\pi}^{\pi} [\cos(n-m)x + \cos(n+m)x]\mathrm{d}x = 0.$$

因此上面的函数序列是正交函数序列. 另一方面利用倍角公式,

$$\int_{-\pi}^{\pi} \sin^2 nx \mathrm{d}x = \frac{1}{2}\int_{-\pi}^{\pi} [1 + \cos 2nx]\mathrm{d}x = \pi,$$

$$\int_{-\pi}^{\pi} \cos^2 nx \mathrm{d}x = \frac{1}{2}\int_{-\pi}^{\pi} [1 - \cos 2nx]\mathrm{d}x = \pi.$$

上面的函数序列称为**三角函数系**, 我们证明了三角函数系是 $C[-\pi,\pi]$ 中的单位正交函数列. ∎

我们在后面将进一步证明上面的三角函数系实际是 $C[-\pi,\pi]$ 中的完备单位正交函数列, 并且构成了 $C[-\pi,\pi]$ 的线性基.

例 4 按照与例 3 相同的计算不难证明, 下面的两个三角函数系

$$\left\{\frac{1}{\sqrt{\pi}}, \frac{\sqrt{2}\cos x}{\sqrt{\pi}}, \frac{\sqrt{2}\cos 2x}{\sqrt{\pi}}, \cdots, \frac{\sqrt{2}\cos nx}{\sqrt{\pi}}, \cdots\right\},$$

$$\left\{\frac{\sqrt{2}\sin x}{\sqrt{\pi}}, \frac{\sqrt{2}\sin 2x}{\sqrt{\pi}}, \cdots, \frac{\sqrt{2}\sin nx}{\sqrt{\pi}}, \cdots\right\}$$

都是 $C[0,\pi]$ 中的单位正交函数列, 分别称为**余弦函数列**和**正弦函数列**. 而函数列

$$\left\{\sqrt{\frac{1}{a}}, \sqrt{\frac{2}{a}}\cos\frac{\pi}{a}x, \sqrt{\frac{2}{a}}\cos\frac{\pi}{a}2x, \cdots, \sqrt{\frac{2}{a}}\cos\frac{\pi}{a}nx, \cdots\right\},$$

$$\left\{\sqrt{\frac{2}{a}}\sin\frac{\pi}{a}x, \sqrt{\frac{2}{a}}\sin\frac{\pi}{a}2x, \cdots, \sqrt{\frac{2}{a}}\sin\frac{\pi}{a}nx, \cdots\right\}$$

则都是 $C[0,a]$ 中的单位正交函数列.

例 5 设 $x \in [-1, 1]$, 令 $X_0(x) = 1$, 而对于 $n = 1, 2, \cdots$, 令

$$X_n(x) = \frac{1}{2^n n!} \frac{\mathrm{d}^n}{\mathrm{d}x^n}[(x^2 - 1)^n],$$

则 $X_n(x)$ 是 n 阶多项式. 而函数序列 $\{X_n(x)\}$ 称为 **Legendre 多项式序列**. 利用分部积分法不难证明 $\{X_n(x)\}$ 是 $C[-1, 1]$ 中的正交函数序列, 而

$$\left\{ Y_0(x) = \frac{1}{\sqrt{2}} X_0(x),\ Y_1(x) = \sqrt{\frac{3}{2}} X_1(x),\ \cdots,\ Y_n(x) = \sqrt{\frac{2n+1}{2}} X_n(x),\ \cdots \right\}$$

则是 $C[-1, 1]$ 中的单位正交函数列. 由于对于 $n = 0, 1, 2, \cdots$, $Y_n(x)$ 是 n 阶多项式, 利用定理 2.1.1, $\{Y_n(x)\}$ 实际是 $C[-1, 1]$ 中的完备单位正交函数列.

通过变元变换 $y = \pi x$ 将 $[-1, 1]$ 映为 $[-\pi, \pi]$, 利用三角函数系, 我们得到

$$\left\{ \frac{1}{\sqrt{2}},\ \sin \pi x,\ \cos \pi x, \cdots, \sin n\pi x,\ \cos n\pi x, \cdots \right\}$$

也是 $C[-1, 1]$ 中的另一个单位正交函数列.

2.2 三角函数系的 Fourier 级数

在 2.1 节的例 3 中, 我们证明了在区间 $[-\pi, \pi]$ 上, 三角函数系

$$\left\{ \frac{1}{\sqrt{2\pi}},\ \frac{\sin x}{\sqrt{\pi}},\ \frac{\cos x}{\sqrt{\pi}}, \cdots, \frac{\sin nx}{\sqrt{\pi}},\ \frac{\cos nx}{\sqrt{\pi}}, \cdots \right\}$$

是 $C[-\pi, \pi]$ 中的单位正交函数列. 后面我们将证明这一函数列也是完备的. 从这一节开始, 我们将特别讨论由三角函数系定义的 Fourier 级数.

设 $f(x) \in C[-\pi, \pi]$, 按照 2.1 节关于函数对于完备单位正交函数列 Fourier 级数的定义, $f(x)$ 对于三角函数系的 Fourier 级数为

$$f(x) \sim \left(f, \frac{1}{\sqrt{2\pi}} \right) \frac{1}{\sqrt{2\pi}} + \sum_{n=1}^{+\infty} \left[\left(f, \frac{\cos nx}{\sqrt{\pi}} \right) \frac{\cos nx}{\sqrt{\pi}} + \left(f, \frac{\sin nx}{\sqrt{\pi}} \right) \frac{\sin nx}{\sqrt{\pi}} \right]$$

$$= \frac{a_0}{2} + \sum_{n=1}^{+\infty} (a_n \cos nx + b_n \sin nx),$$

其中, 对于 $n = 0, 1, 2, \cdots$,

$$a_n = \frac{1}{\pi} \int_{-\pi}^{\pi} f(x) \cos nx \mathrm{d}x, \quad b_n = \frac{1}{\pi} \int_{-\pi}^{\pi} f(x) \sin nx \mathrm{d}x.$$

在上面 Fourier 级数中系数 a_n 和 b_n 的表示式里, 我们看到除了连续函数以外, 对于很大一类可积函数, 这些表示式都是有意义的. 换句话说, 对于连续函数以外的许多其他函数, 也可以按照上面讨论连续函数的方式, 通过 a_n 和 b_n 的表示式, 直接定义这些函数对于三角函数系的 Fourier 级数. 毕竟除了连续函数外, 当然希望三角函数系能够表示的函数越多越好. 对此, 有下面定义.

定义 2.2.1　如果函数 $f(x)$ 在 $[-\pi, \pi]$ 上 Riemann 可积, 或者 $f(x)$ 在 $[-\pi, \pi]$ 中有瑕点时, $|f(x)|$ 在 $[-\pi, \pi]$ 上广义可积, 则称函数 $f(x)$ 为区间 $[-\pi, \pi]$ 上**绝对可积函数**.

以 $J[-\pi, \pi]$ 表示 $[-\pi, \pi]$ 上所有绝对可积函数构成的集合, 不难看出 $J[-\pi, \pi]$ 是一无穷维线性空间, 而连续函数构成的线性空间 $C[-\pi, \pi]$, 以及由 $[-\pi, \pi]$ 上 Riemann 可积函数全体构成的线性空间 $R[-\pi, \pi]$ 都是 $J[-\pi, \pi]$ 的线性子空间.

现设 $f(x) \in J[-\pi, \pi]$ 是一给定的函数, 由广义可积函数的比较判别法, 对于 $n = 0, 1, 2, \cdots$, $f(x) \sin nx$ 和 $f(x) \cos nx$ 在 $[-\pi, \pi]$ 上都是绝对可积的. 利用此, 比照连续函数的 Fourier 级数的定义, 对于 $n = 0, 1, 2, \cdots$, 直接令

$$a_n = \frac{1}{\pi} \int_{-\pi}^{\pi} f(x) \cos nx \mathrm{d}x, \quad b_n = \frac{1}{\pi} \int_{-\pi}^{\pi} f(x) \sin nx \mathrm{d}x.$$

与连续函数相同, 我们形式地将函数级数

$$f(x) \sim \frac{a_0}{2} + \sum_{n=1}^{+\infty} (a_n \cos nx + b_n \sin nx)$$

称为 $f(x)$ 的 Fourier 级数. 利用这样的方法, 就将 Fourier 级数从连续函数扩展到了绝对可积的函数. 或者说从 $C[-\pi, \pi]$ 扩展到了 $J[-\pi, \pi]$.

对于绝对可积函数的 Fourier 级数, 有一点需要特别注意. 由于函数可能有瑕点, 因而绝对可积函数的乘积可能不再可积. 例如: 令 $f(x) = \frac{1}{\sqrt{|x|}}$, $f(x)$ 绝对可积, 但 $f^2(x) = \frac{1}{|x|}$ 在 $[-\pi, \pi]$ 上并不是广义可积的. 受制于这一点, 在 $C[-\pi, \pi]$ 上定义的内积 $(f, g) = \int_{-\pi}^{\pi} f(x)g(x)\mathrm{d}x$ 不能推广到 $J[-\pi, \pi]$ 上, 因而均方收敛也不能推广到 $J[-\pi, \pi]$ 上. 所以, 对于绝对可积函数, 虽然能够形式地定义其 Fourier 级数, 但却不能讨论其 Fourier 级数的均方收敛问题. 尽管如此, 下面将看到, 我们仍然可以讨论绝对可积函数的 Fourier 级数的逐点收敛问题.

针对 $J[-\pi, \pi]$ 上不能讨论函数的 Fourier 级数均方收敛问题, 因而不能讨论线性基的这一缺憾, 有下面定义.

定义 2.2.2 如果函数 $f(x)$ 在 $[-\pi, \pi]$ 上 Riemann 可积, 或者 $f(x)$ 在 $[-\pi, \pi]$ 上有瑕点时, $f^2(x)$ 在 $[-\pi, \pi]$ 上广义可积, 则称 $f(x)$ 为 $[-\pi, \pi]$ 上**平方可积函数**.

我们用 $P^2[-\pi, \pi]$ 表示由 $[-\pi, \pi]$ 上所有平方可积函数全体构成的集合, 则对于 $P^2[-\pi, \pi]$ 中的任意两个函数 $f(x)$ 和 $g(x)$, 成立不等式

$$2|f(x)g(x)| \leqslant f^2(x) + g^2(x), \quad [f(x) + g(x)]^2 \leqslant 2f^2(x) + 2g^2(x).$$

利用绝对可积函数广义积分的比较判别法, 我们得到 $f(x) + g(x)$ 在 $[-\pi, \pi]$ 上也平方可积, 因此 $P^2[-\pi, \pi]$ 是一无穷维线性空间. 而 $f(x)g(x)$ 在 $[-\pi, \pi]$ 上绝对可积表示我们可以将 $C[-\pi, \pi]$ 上的内积推广到 $P^2[-\pi, \pi]$ 上.

定义 2.2.3 对于任意 $f(x)$, $g(x) \in P^2[-\pi, \pi]$, 定义 $f(x)$ 与 $g(x)$ 的**内积**为

$$(f, g) = \int_{-\pi}^{\pi} f(x)g(x)\mathrm{d}x.$$

比较在连续函数构成的线性空间 $C[-\pi, \pi]$ 上利用函数乘积的积分定义的内积, 在 $P^2[-\pi, \pi]$ 上按照同样方法定义的内积满足内积的对称性、线性性, 但是不满足内积的正定性. 对于任意 $f(x) \in P^2[-\pi, \pi]$, 成立 $(f, f) \geqslant 0$. 但 $(f, f) = 0$ 时, 不能得到 $f(x) \equiv 0$. 对此, 我们称 $P^2[-\pi, \pi]$ 上按照上面方法定义的内积是半正定的. 而同样利用 $P^2[-\pi, \pi]$ 上的内积, 我们可以在 $P^2[-\pi, \pi]$ 上定义函数的**均方长度** $\|\cdot\|$ 为

$$\|f\| = \sqrt{(f, f)} = \sqrt{\int_{-\pi}^{\pi} f^2(x)\mathrm{d}x}.$$

利用这一长度, 我们在 $P^2[-\pi, \pi]$ 上定义函数之间的**均方距离** $d(f, g)$ 为

$$d(f, g) = \|f - g\| = \sqrt{(f - g, f - g)} = \sqrt{\int_{-\pi}^{\pi} [f(x) - g(x)]^2 \mathrm{d}x}.$$

利用距离 $d(f, g)$, 就可以在 $P^2[-\pi, \pi]$ 上定义极限 —— 均方收敛: 称 $P^2[-\pi, \pi]$ 中的序列 $\{f_n(x)\}$ 均方收敛到 $f_0(x) \in P^2[-\pi, \pi]$, 如果 $d(f_n, f_0) \to 0$, 或者等价的,

$$\lim_{n \to +\infty} \int_{\pi}^{-\pi} [f_n(x) - f_0(x)]^2 \mathrm{d}x = 0.$$

另一方面, 由不等式 $2|f(x)| \leqslant 1 + f^2(x)$, 我们得到, 如果 $f(x)$ 在 $[-\pi, \pi]$ 上平方可积, 则 $f(x)$ 在 $[-\pi, \pi]$ 上必须也绝对可积, 因此在上面几个由不同类型的函数构成的无穷维线性空间之间成立关系式

$$C[-\pi, \pi] \subsetneqq R[-\pi, \pi] \subsetneqq P^2[-\pi, \pi] \subsetneqq J[-\pi, \pi].$$

特别的, $P^2[-\pi,\pi]$ 上的内积是 $C[-\pi,\pi]$ 上的内积的推广. 所以, 三角函数系

$$\left\{ \frac{1}{\sqrt{2\pi}}, \frac{\sin x}{\sqrt{\pi}}, \frac{\cos x}{\sqrt{\pi}}, \cdots, \frac{\sin nx}{\sqrt{\pi}}, \frac{\cos nx}{\sqrt{\pi}}, \cdots \right\}$$

也是 $P^2[-\pi,\pi]$ 中的单位正交函数列. 而对于任意 $f(x) \in P^2[-\pi,\pi]$, $f(x)$ 对于三角函数系同样有与 $C[-\pi,\pi]$ 中函数形式完全相同的 Fourier 级数. 同样需要讨论 $f(x)$ 的 Fourier 级数对于 $f(x)$ 的均方收敛问题和逐点收敛问题. 事实上, 我们将在下面证明对于任意 $f(x) \in P^2[-\pi,\pi]$, $f(x)$ 的 Fourier 级数都均方收敛到 $f(x)$. 或者说在均方收敛的意义下, 上面给出的三角函数系不仅是 $C[-\pi,\pi]$ 的线性基, 其实际也构成了更大的线性空间 $R[-\pi,\pi]$ 和 $P^2[-\pi,\pi]$ 的线性基.

这里对于 $P^2[-\pi,\pi]$ 上利用均方距离定义的极限, 有一点需要特别说明. 由于 $P^2[-\pi,\pi]$ 上的内积仅仅是半正定的, 因而利用这一内积定义的极限 —— 均方收敛, 其极限值不是唯一的. $P^2[-\pi,\pi]$ 中均方收敛的同一个收敛序列可以以不同的函数为其极限. 究其原因, 则是因为我们利用积分来定义内积. 但与连续函数不同, 存在许多非负的可积函数, 其积分为零. 特别的, 对于可积函数而言, 在某些点函数值的改变不会影响积分. 例如, 我们知道任意改变一个函数在有限个点的函数值, 不改变函数的可积性, 也不影响函数的积分. 如果 $P^2[-\pi,\pi]$ 中的序列 $\{f_n(x)\}$ 均方收敛于 $f_0(x)$, 设 $f_1(x)$ 是 $f_0(x)$ 改变有限个点的函数值后得到的函数, 则 $\{f_n(x)\}$ 也均方收敛于 $f_1(x)$. 针对平方可积函数空间 $P^2[-\pi,\pi]$ 的这一缺憾, 如果令

$$P_0^2[-\pi,\pi] = \left\{ f(x) \in P^2[-\pi,\pi] \ \bigg| \ \int_{-\pi}^{\pi} f^2(x)\mathrm{d}x = 0 \right\},$$

则不难看出 $P_0^2[-\pi,\pi]$ 是 $P^2[-\pi,\pi]$ 的线性子空间. 而如果令

$$\widetilde{P^2}[-\pi,\pi] = P^2[-\pi,\pi]/P_0^2[-\pi,\pi]$$

为线性空间 $P^2[-\pi,\pi]$ 对于其子线性空间 $P_0^2[-\pi,\pi]$ 的商空间, 则在空间 $\widetilde{P^2}[-\pi,\pi]$ 上, 均方收敛的极限就是唯一的了. 换句话说, 对于空间 $P^2[-\pi,\pi]$ 上均方收敛的这一极限, 我们需要忽略 $P_0^2[-\pi,\pi]$ 里面的函数. 这里关于商空间的概念, 不熟悉的读者可以参考线性代数的教材, 或者参考本章后面的习题 33.

下面我们给出几个 Fourier 级数实际计算的例子.

例 1　计算函数 $f(x) = \mathrm{e}^{ax}$ 的 Fourier 级数.

解　按照定义以及本书上册不定积分中给出的 $\displaystyle\int \mathrm{e}^{ax}\cos bx\mathrm{d}x$ 和 $\displaystyle\int \mathrm{e}^{ax}\sin bx\mathrm{d}x$

的计算公式, 我们得到

$$a_0 = \frac{1}{\pi} \int_{-\pi}^{\pi} e^{ax} dx = \frac{e^{a\pi} - e^{-a\pi}}{a\pi},$$

$$a_n = \frac{1}{\pi} \int_{-\pi}^{\pi} e^{ax} \cos nx dx = \frac{1}{\pi} \frac{a\cos nx + n\sin nx}{a^2 + n^2} e^{ax} \Big|_{-\pi}^{\pi}$$

$$= \frac{(-1)^n}{\pi} \frac{a}{a^2 + n^2} (e^{a\pi} - e^{-a\pi});$$

$$b_n = \frac{1}{\pi} \int_{-\pi}^{\pi} e^{ax} \sin nx dx = \frac{1}{\pi} \frac{a\sin nx - n\cos nx}{a^2 + n^2} e^{ax} \Big|_{-\pi}^{\pi}$$

$$= \frac{(-1)^{n-1}}{\pi} \frac{n}{a^2 + n^2} (e^{a\pi} - e^{-a\pi}).$$

因此, $f(x) = e^{ax}$ 的 Fourier 级数为

$$e^{ax} \sim \frac{e^{a\pi} - e^{-a\pi}}{\pi} \left[\frac{1}{a} + \sum_{n=1}^{+\infty} \frac{(-1)^n}{a^2 + n^2} (a\cos nx - n\sin nx) \right].$$

例 2 在区间 $[0, 2\pi)$ 上定义函数 $f(x) = \dfrac{\pi - x}{2}$, 然后以 $f(2\pi + x) = f(x)$ 的方式, 将 $f(x)$ 延拓为 $(-\infty, +\infty)$ 上以 2π 为周期的函数, 求其 Fourier 级数.

解 由于 $f(x)$ 和 $\sin nx$, $\cos nx$ 都是以 2π 为周期的函数, 因此在任意长度为 2π 的区间上, 积分相同. 按照定义, 我们得到

$$a_n = \frac{1}{\pi} \int_0^{2\pi} \frac{\pi - x}{2} \cos nx dx = 0, \quad b_n = \frac{1}{\pi} \int_0^{2\pi} \frac{\pi - x}{2} \sin nx dx = \frac{1}{n}.$$

因此, $f(x) = \dfrac{\pi - x}{2}$ 的 Fourier 级数为 $\dfrac{\pi - x}{2} \sim \displaystyle\sum_{n=1}^{+\infty} \dfrac{\sin nx}{n}$.

例 3 令

$$f(x) = \begin{cases} 1, & x \in [0, \pi), \\ -1, & x \in [\pi, 2\pi), \end{cases}$$

则 $f(x)$ 的 Fourier 级数为

$$f(x) \sim \frac{4}{\pi} \sum_{n=1}^{+\infty} \frac{\sin(2n+1)x}{2n+1}.$$

例 4 令 $f(x) = |\sin x|$, 则 $f(x)$ 的 Fourier 级数为

$$f(x) \sim \frac{4}{\pi} \left(\frac{1}{2} - \frac{1}{1 \times 3} \cos 2x - \frac{1}{3 \times 5} \cos 4x - \frac{1}{5 \times 7} \cos 6x - \cdots \right).$$

例 5 在 $[0, 2\pi)$ 上令 $f(x) = x^2$, 然后将其延拓为 $(-\infty, +\infty)$ 上以 2π 为周期

的函数, 则其 Fourier 级数为 $f(x) \sim \dfrac{4\pi^2}{3} + 4 \displaystyle\sum_{n=1}^{+\infty} \left(\dfrac{\cos nx}{n^2} - \pi \dfrac{\sin nx}{n} \right)$.

例 6 令 $f(x) = \sin^2 x$, 利用倍角公式得 $\sin^2 x = \dfrac{1 - \cos 2x}{2}$. 由于三角函数系是单位正交函数系, 因而利用逐项积分容易得到上面的展开是唯一的, 这一表示给出了 $\sin^2 x$ 的 Fourier 级数. 利用同样的方法可得到其他一些三角函数的 Fourier 展开.

上面我们按照完备单位正交函数列有可能是函数空间中单位正交线性基的想法, 定义了平方可积函数关于完备正交函数列的 Fourier 级数. 这里需要说明, 这其中三角函数系的 Fourier 级数最早产生于 19 世纪 20 年代物理学中人们对于热传导和弦振动的研究. 如果将一个弦振动的过程看成一个带周期的波, 人们自然希望能够将这样的波分解为标准的、利用 $\sin nx$ 给出的各种正弦波来进行讨论.

函数 $y = A\sin(wt + a)$ 的曲线称为以 A 为振幅 (最大、最小值), w 为频率, $T = \dfrac{2\pi}{w}$ 为周期, a 为初始相位的**标准正弦波**. 设 $f(x)$ 是 $(-\infty, +\infty)$ 上以 2π 为周期的函数, 代表一个给定的波. 人们希望将 $f(x)$ 表示的波分解为标准正弦波的和

$$f(x) = A_0 + \sum_{n=1}^{+\infty} A_n \sin(nx + c_n) = A_0 + \sum_{n=1}^{+\infty} A_n (\sin nx \cos c_n + \cos nx \sin c_n)$$
$$= \frac{a_0}{2} + \sum_{n=1}^{+\infty} (a_n \cos nx + b_n \sin nx).$$

由此产生了 Fourier 级数. 当时人们猜想很大一类周期函数都存在这样的分解. 用我们前面讨论函数级数时使用的语言, 我们希望利用三角函数系产生出来的函数级数, 可以表示出许许多多初等函数以外的其他函数. 以后经过 Fourier、Dirichlet、Riemann 等数学家的努力, 证明了这一猜想是正确的, 由此产生了 Fourier 分析. 由于其中标准正弦波在力学上称为调和振动, 因此 Fourier 分析也称为**调和分析**.

当一个函数表示为幂级数时, 我们可以通过幂级数的系数, 即函数在一点的各阶导数来研究函数的性质, 讨论不同函数之间的差异. 同样的, 将一个函数表示为 Fourier 级数后, 我们可以通过其中的系数 a_n, b_n 来对函数进行细致、深入的讨论. 例如, 下面我们将证明对于绝对可积的函数 $f(x)$, 在其 Fourier 级数的展开中, 系数序列 $\{a_n\}$ 和 $\{b_n\}$ 满足

$$\lim_{n \to +\infty} a_n = 0, \qquad \lim_{n \to +\infty} b_n = 0.$$

因此, n 很大时, 在 Fourier 级数中, $a_n \cos nx + b_n \sin nx$ 代表的项振幅很小, 而频率却非常高. 用在 $f(x)$ 表示的波中, 这些项可以看成是各种干扰产生的毛刺、噪声.

如果去掉这些项, 得到的波可能更加干净、更加清楚. 经过这样过滤后的波可以保持在某一个频率段内. 又比如, 如果 $f(x)$ 表示股市在某一个时间段的波动曲线, 将这一曲线分解为 Fourier 级数后, n 比较小的项 $a_n \cos nx + b_n \sin nx$ 可以代表资金多、买入卖出频率低的大户. 而对于充分大的 n, $a_n \cos nx + b_n \sin nx$ 则可以代表资金少、买入卖出频率很高的散户. 由此建立一个数学模型则可用来分析各种外界变化对于股市的影响. 总之, Fourier 级数在物理、工业和生活中都有许多实际应用.

2.3 Fourier 级数的逐点收敛问题

设 $f(x)$ 是 $[-\pi, \pi]$ 上绝对可积的函数, 首先适当改变 $f(x)$ 在点 $-\pi$ 和 π 的函数值后, 可以假定 $f(-\pi) = f(\pi)$. 然后利用 $f(2\pi + x) = f(x)$, 则可将 $f(x)$ 从区间 $[-\pi, \pi]$ 上延拓为 $(-\infty, +\infty)$ 上以 2π 为周期的函数. 因此, 在下面讨论中, 我们总是假定讨论的函数都是定义在 $(-\infty, +\infty)$ 上, 以 2π 为周期的函数, 并且在 $[-\pi, \pi]$ 上绝对可积. 在这一假定下, $f(x)$ 在 $(-\infty, +\infty)$ 中任意长度为 2π 的区间上积分都相等.

现设 $f(x)$ 是 $[-\pi, \pi]$ 上绝对可积的函数, 其 Fourier 级数为

$$f(x) \sim \frac{a_0}{2} + \sum_{n=1}^{+\infty} (a_n \cos nx + b_n \sin nx).$$

这一节我们要讨论的基本问题是当 $x \in [-\pi, \pi]$ 固定后, $f(x)$ 的 Fourier 级数作为数项级数在什么条件下收敛到 $f(x)$, 即 Fourier 级数的逐点收敛问题. 为了得到适当条件, 这里先给出 Riemann-Lebesgue 引理.

定理 2.3.1 (Riemann-Lebesgue 引理) 设 $f(x)$ 是区间 $[a, b]$ 上绝对可积的函数, 则成立下面两个极限关系:

$$\lim_{p \to +\infty} \int_a^b f(x) \sin px \, dx = 0, \quad \lim_{p \to +\infty} \int_a^b f(x) \cos px \, dx = 0.$$

证明 以 $\displaystyle\lim_{p \to +\infty} \int_a^b f(x) \sin px \, dx = 0$ 的证明为例.
首先设 $f(x) = c$, 则

$$\lim_{p \to +\infty} \int_a^b f(x) \sin px \, dx = \lim_{p \to +\infty} \int_a^b c \sin px \, dx = \lim_{p \to +\infty} \left(-c \frac{\cos px}{p} \right) \bigg|_a^b = 0.$$

其次设 $f(x)$ 是 $[a,b]$ 上 Riemann 可积的函数, $\varepsilon > 0$ 是任意给定的常数. 由 $f(x)$ 在 $[a,b]$ 上 Riemann 可积, 因而存在 $[a,b]$ 的一个分割 $\Delta: a = x_0 < x_1 < \cdots < x_n = b$, 使得

$$\int_a^b f(x)\mathrm{d}x - s(\Delta, f) < \varepsilon.$$

这里, $s(\Delta, f) = \sum_{i=1}^n m_i(x_i - x_{i-1})$ 是 $f(x)$ 对于分割 Δ 的 Darbour 下和, 其中 $m_i = \inf_{x \in [x_{i-1}, x_i]} \{f(x)\}$. 将 $s(\Delta, f)$ 表示为

$$s(\Delta, f) = \sum_{i=1}^n m_i(x_i - x_{i-1}) = \sum_{i=1}^n \int_{x_{i-1}}^{x_i} m_i \mathrm{d}x.$$

利用此, 我们得到

$$\left| \int_a^b f(x) \sin px \mathrm{d}x \right| \leqslant \left| \sum_{i=1}^n \int_{x_{i-1}}^{x_i} (f(x) - m_i) \sin px \mathrm{d}x \right| + \left| \sum_{i=1}^n \int_{x_{i-1}}^{x_i} m_i \sin px \mathrm{d}x \right|$$

$$\leqslant \sum_{i=1}^n \int_{x_{i-1}}^{x_i} (f(x) - m_i)\mathrm{d}x + \sum_{i=1}^n \left| m_i \frac{\cos px}{p} \Big|_{x_{i-1}}^{x_i} \right|$$

$$\leqslant \int_a^b f(x)\mathrm{d}x - s(\Delta, f) + M\frac{2}{p}(b-a),$$

其中 $M = \sup_{x \in [a,b]} \{|f(x)|\}$. 因此, 对于 $\varepsilon > 0$, 令 $R = \dfrac{2M}{\varepsilon}(b-a)$, 则当 $p > R$,

$$\left| \int_a^b f(x) \sin px \mathrm{d}x \right| < 2\varepsilon,$$

定理对于 Riemann 可积的函数成立.

下面假设 $f(x)$ 在 $[a,b]$ 上有瑕点, 但 $|f(x)|$ 在 $[a,b]$ 上广义可积. 由于瑕点都是孤立的, 因此 $f(x)$ 在 $[a,b]$ 中仅有有限个瑕点. 不失一般性, 我们假定 b 是 $f(x)$ 在 $[a,b]$ 中唯一的瑕点. 设 $\varepsilon > 0$ 是给定的常数, 由 $|f(x)|$ 广义可积, 因而存在 $c \in (a,b)$, 使得 $\int_c^b |f(x)|\mathrm{d}x < \varepsilon$. 而 $|f(x)|$ 在 $[a,c]$ 上 Riemann 可积, 由上面的讨论, 存在 R, 使得当 $p > R$,

$$\left| \int_a^c f(x) \sin px \mathrm{d}x \right| < \varepsilon.$$

我们得到当 $p > R$,

$$\left| \int_a^b f(x) \sin px \mathrm{d}x \right| \leqslant \left| \int_a^c f(x) \sin px \mathrm{d}x \right| + \left| \int_c^b f(x) \sin px \mathrm{d}x \right|$$

$$\leqslant \left| \int_a^c f(x) \sin px \mathrm{d}x \right| + \int_c^b |f(x)|\mathrm{d}x < 2\varepsilon,$$

定理对于绝对可积的函数也成立.

利用定理 2.3.1, 对于绝对可积函数的 Fourier 级数, 成立下面定理.

定理 2.3.2 设 $f(x)$ 在 $[-\pi, \pi]$ 上绝对可积, $\dfrac{a_0}{2} + \sum_{n=1}^{+\infty}(a_n \cos nx + b_n \sin nx)$ 是 $f(x)$ 的 Fourier 级数, 则

$$\lim_{n \to +\infty} a_n = 0, \qquad \lim_{n \to +\infty} b_n = 0.$$

证明 由定义,

$$a_n = \frac{1}{\pi} \int_{-\pi}^{\pi} f(x) \cos nx \mathrm{d}x, \quad b_n = \frac{1}{\pi} \int_{-\pi}^{\pi} f(x) \sin nx \mathrm{d}x,$$

应用定理 2.3.1, 结论成立.

回到 Fourier 级数逐点收敛的问题. 由于无穷级数的收敛问题实际是级数部分和序列的收敛问题, 因此需要先求出函数 Fourier 级数部分和的表示式.

设 $f(x)$ 在 $[-\pi, \pi]$ 上绝对可积, 其 Fourier 级数为

$$f(x) \sim \frac{a_0}{2} + \sum_{n=1}^{+\infty}(a_n \cos nx + b_n \sin nx).$$

设 x 给定, 令

$$S_n(f, x) = \frac{a_0}{2} + \sum_{k=1}^{n}(a_k \cos kx + b_k \sin kx)$$

为 Fourier 级数的部分和. 利用 a_n 和 b_n 的计算公式, 我们得到

$$\begin{aligned}
S_n(f, x) &= \frac{1}{2\pi} \int_{-\pi}^{\pi} f(t)\mathrm{d}t \\
&\quad + \sum_{k=1}^{n}\left(\frac{1}{\pi}\int_{-\pi}^{\pi} f(t)\cos kt \cos kx \mathrm{d}t + \frac{1}{\pi}\int_{-\pi}^{\pi} f(t)\sin kt \sin kx \mathrm{d}t\right) \\
&= \frac{1}{\pi}\int_{-\pi}^{\pi} f(t)\left[\frac{1}{2} + \sum_{k=1}^{n}(\cos kt \cos kx + \sin kt \sin kx)\right]\mathrm{d}t \\
&= \frac{1}{\pi}\int_{-\pi}^{\pi} f(t)\left[\frac{1}{2} + \sum_{k=1}^{n}\cos k(t - x)\right]\mathrm{d}t.
\end{aligned}$$

而利用三角函数的积化和差公式, 我们得到

$$\frac{1}{2}\sin\frac{t-x}{2} + \sum_{k=1}^{n}\cos k(t-x)\sin\frac{t-x}{2}$$

$$= \frac{1}{2}\sin\frac{t-x}{2} + \sum_{k=1}^{n}\frac{\sin\left(k+\frac{1}{2}\right)(t-x) - \sin\left(k-\frac{1}{2}\right)(t-x)}{2}$$

$$= \frac{\sin\left(n+\dfrac{1}{2}\right)(t-x)}{2}.$$

利用此, 以及 $f(x)$ 对于 2π 的周期性, 对于 Fourier 级数的部分和, 我们得到

$$S_n(f,x) = \frac{1}{\pi}\int_{-\pi}^{\pi} f(t)\frac{\sin\left(n+\dfrac{1}{2}\right)(t-x)}{2\sin\dfrac{t-x}{2}}\mathrm{d}t$$

$$= \frac{1}{\pi}\int_{-\pi}^{\pi} f(x+t)\frac{\sin\left(n+\dfrac{1}{2}\right)t}{2\sin\dfrac{t}{2}}\mathrm{d}t$$

$$= \frac{1}{\pi}\int_{0}^{\pi} f(x+t)\frac{\sin\left(n+\dfrac{1}{2}\right)t}{2\sin\dfrac{t}{2}}\mathrm{d}t + \frac{1}{\pi}\int_{-\pi}^{0} f(x+t)\frac{\sin\left(n+\dfrac{1}{2}\right)t}{2\sin\dfrac{t}{2}}\mathrm{d}t$$

$$= \frac{1}{\pi}\int_{0}^{\pi} [f(x+t)+f(x-t)]\frac{\sin\left(n+\dfrac{1}{2}\right)t}{2\sin\dfrac{t}{2}}\mathrm{d}t.$$

作为部分和公式的应用, 下面先给一个在后面讨论中将反复用到的重要积分.

例 1 (Dirichlet 积分) 证明: $\displaystyle\int_0^{+\infty} \frac{\sin x}{x}\mathrm{d}x = \frac{\pi}{2}.$

证明　首先, 0 不是积分的瑕点, 因此, 只需考虑 $+\infty$. 而 $x\to +\infty$ 时, $\dfrac{1}{x}$ 单调趋于零, 并且 $\forall R>2, \left|\displaystyle\int_0^R \sin x\mathrm{d}x\right| \leqslant 2$, 利用广义积分的 Dirichlet 判别法, $\displaystyle\int_0^{+\infty} \frac{\sin x}{x}\mathrm{d}x$ 收敛.

对于积分的计算, 首先将积分表示为

$$\int_0^{+\infty} \frac{\sin x}{x}\mathrm{d}x = \lim_{p\to+\infty}\int_0^{p\frac{\pi}{2}} \frac{\sin x}{x}\mathrm{d}x \xlongequal{x=pt} \lim_{p\to+\infty}\int_0^{\frac{\pi}{2}} \frac{\sin pt}{t}\mathrm{d}t.$$

而当 t 趋于零时, 利用 $\sin t$ 在 $t=0$ 处的 Taylor 展开, 我们知道

$$\frac{1}{\sin t} - \frac{1}{t} = \frac{t-\sin t}{t\sin t} = \frac{t-(t+o(t^2))}{t\sin t} \to 0.$$

利用 Riemann-Lebesgue 引理得 $\displaystyle\lim_{p\to+\infty}\int_0^{\frac{\pi}{2}} \left(\frac{1}{\sin t}-\frac{1}{t}\right)\sin pt\mathrm{d}t = 0.$ 因而

$$\lim_{p\to+\infty}\int_0^{\frac{\pi}{2}} \frac{\sin pt}{t}\mathrm{d}t = \lim_{p\to+\infty}\int_0^{\frac{\pi}{2}} \frac{\sin pt}{\sin t}\mathrm{d}t.$$

另一方面, 令 $p = 2n+1$, $t = \dfrac{x}{2}$, 利用公式 $\dfrac{1}{2} + \sum_{k=1}^{n} \cos kt = \dfrac{\sin\left(n+\frac{1}{2}\right)t}{2\sin\frac{t}{2}}$, 积分化为

$$\lim_{p \to +\infty} \int_0^{\frac{\pi}{2}} \frac{\sin pt}{t} \mathrm{d}t = \lim_{p \to +\infty} \int_0^{\frac{\pi}{2}} \frac{\sin pt}{\sin t} \mathrm{d}t = \lim_{n \to +\infty} \int_0^{\pi} \frac{\sin(2n+1)\frac{x}{2}}{2\sin\frac{x}{2}} \mathrm{d}x$$

$$= \lim_{n \to +\infty} \int_0^{\pi} \left(\frac{1}{2} + \sum_{k=1}^{n} \cos kx\right) \mathrm{d}x = \frac{\pi}{2}.\qquad\blacksquare$$

Dirichlet 积分也可以表示为: $\forall\, h > 0$, $\displaystyle\lim_{n \to +\infty} \frac{2}{\pi} \int_0^{h} \frac{\sin\left(n+\frac{1}{2}\right)t}{t} \mathrm{d}t = 1$. 而利用证明中的等式 $\displaystyle\lim_{p \to +\infty} \int_0^{h} \left(\frac{1}{2\sin\frac{t}{2}} - \frac{1}{t}\right) \sin pt\, \mathrm{d}t = 0$. Dirichlet 积分也可以等价地表示为下面的形式.

引理 2.3.1　$\forall\, h > 0$, $\displaystyle\lim_{n \to +\infty} \frac{2}{\pi} \int_0^{h} \frac{\sin\left(n+\frac{1}{2}\right)t}{2\sin\frac{t}{2}} \mathrm{d}t = 1$.

为了利用 Fourier 级数部分和公式和 Dirichlet 积分来给出 Fourier 级数逐点收敛的判别条件, 我们先证明下面关于 Fourier 级数的 Riemann 局部化定理.

定理 2.3.3 (Riemann 局部化定理)　设 $f(x)$ 是以 2π 为周期的函数, 在 $[-\pi, \pi]$ 上绝对可积, $x_0 \in (-\infty, +\infty)$ 是任意给定的点, 则 $f(x)$ 的 Fourier 级数在点 x_0 的收敛性质仅与 $f(x)$ 在 x_0 任意小的邻域上的性质有关.

证明　任取 $\delta \in (0, \pi)$, 按照上面 Fourier 级数部分和公式, 我们得到

$$S_n(f, x_0) = \frac{1}{\pi} \int_0^{\pi} [f(x_0 + t) + f(x_0 - t)] \frac{\sin\left(n+\frac{1}{2}\right)t}{2\sin\frac{t}{2}} \mathrm{d}t$$

$$= \frac{1}{\pi} \left[\int_0^{\delta} \big(f(x_0+t)+f(x_0-t)\big) + \int_{\delta}^{\pi} \big(f(x_0+t)+f(x_0-t)\big) \right] \frac{\sin\left(n+\frac{1}{2}\right)t}{2\sin\frac{t}{2}} \mathrm{d}t.$$

而函数 $\dfrac{f(x+t) + f(x-t)}{2\sin\frac{t}{2}}$ 在区间 $[\delta, \pi]$ 上是绝对可积的, 利用 Riemann-Lebesgue

引理就得到

$$\lim_{n\to+\infty}\frac{1}{\pi}\int_\delta^\pi [f(x_0+t)+f(x_0-t)]\frac{\sin\left(n+\frac{1}{2}\right)t}{2\sin\frac{t}{2}}\mathrm{d}t=0.$$

因此

$$\lim_{n\to+\infty}S_n(f,x_0)=\lim_{n\to+\infty}\frac{1}{\pi}\int_0^\delta [f(x_0+t)+f(x_0-t)]\frac{\sin\left(n+\frac{1}{2}\right)t}{2\sin\frac{t}{2}}\mathrm{d}t.$$

而 $\delta>0$ 可以任意小, 所以极限 $\lim\limits_{n\to+\infty}S_n(f,x_0)$ 的收敛性质仅与 $f(x)$ 在 x_0 的邻域 $(x_0-\delta,x_0+\delta)$ 上的性质有关, 即仅与 $f(x)$ 在 x_0 的局部性质有关. ∎

　　有了上面准备之后, 现在给出 Fourier 级数逐点收敛的一个判别条件.

　　设 $f(x)$ 是以 2π 为周期, 并且在 $[-\pi,\pi]$ 上绝对可积的函数, x_0 是任意给定的点. 设 $\delta>0$ 给定, A 是一待定的常数, 则按照上面的讨论, 代入引理 2.3.1 中极限形式的 Dirichlet 积分, 我们得到

$$\lim_{n\to+\infty}S_n(f,x_0)-A=\lim_{n\to+\infty}\frac{1}{\pi}\int_0^\delta [f(x_0+t)+f(x_0-t)]\frac{\sin\left(n+\frac{1}{2}\right)t}{2\sin\frac{t}{2}}\mathrm{d}t-A$$

$$=\lim_{n\to+\infty}\frac{1}{\pi}\int_0^\delta [f(x_0+t)+f(x_0-t)]\frac{\sin\left(n+\frac{1}{2}\right)t}{2\sin\frac{t}{2}}\mathrm{d}t$$

$$-\lim_{n\to+\infty}\frac{2A}{\pi}\int_0^\delta \frac{\sin\left(n+\frac{1}{2}\right)t}{2\sin\frac{t}{2}}\mathrm{d}t$$

$$=\lim_{n\to+\infty}\frac{1}{\pi}\int_0^\delta [f(x_0+t)+f(x_0-t)-2A]\frac{\sin\left(n+\frac{1}{2}\right)t}{2\sin\frac{t}{2}}\mathrm{d}t.$$

而利用 Riemann-Lebesgue 引理, 如果我们能够找到适当的常数 A, 使得函数

$$\frac{f(x_0+t)+f(x_0-t)-2A}{2\sin\frac{t}{2}}$$

在 x_0 充分小的邻域 $(x_0-\delta,x_0+\delta)$ 上绝对可积, 就得到 $\lim\limits_{n\to+\infty}S_n(f,x_0)=A$.

而另一方面,

$$\frac{f(x_0 + t) + f(x_0 - t) - 2A}{2\sin\frac{t}{2}} = \frac{f(x_0 + t) + f(x_0 - t) - 2A}{t}\frac{t}{2\sin\frac{t}{2}},$$

其中函数 $\dfrac{t}{2\sin\frac{t}{2}}$ 在 $|t|$ 充分小时 Riemann 可积, 而 $f(x)$ 绝对可积, 因此只需要找

到适当的条件, 使得存在 A, 满足函数

$$\frac{f(x_0 + t) + f(x_0 - t) - 2A}{t}$$

在 $t \to 0^+$ 时绝对可积即可.

怎样确定常数 A 呢? 对此, 如果我们进一步假定 $f(x)$ 在 x_0 处的单侧极限 $\lim\limits_{x \to x_0^+} f(x)$, $\lim\limits_{x \to x_0^-} f(x)$ 都收敛, 并且分别以 $f(x_0 - 0)$ 和 $f(x_0 + 0)$ 表示 $f(x)$ 在 x_0 处左右两侧的单侧极限, 令

$$A = \frac{f(x_0 + 0) + f(x_0 - 0)}{2},$$

则我们需要考虑函数

$$\frac{f(x_0 + t) - f(x_0 + 0)}{t} + \frac{f(x_0 - t) - f(x_0 - 0)}{t}$$

在 $|t|$ 充分小时的绝对可积性. 而 $t \to 0^+$ 时, 这是一个相对于单侧极限的单侧导数问题, 如果其收敛, 则称 $f(x)$ 在 x_0 处左右单侧可导. 由此得下面定理.

定理 2.3.4 设 $f(x)$ 是以 2π 为周期, 并且在 $[-\pi, \pi]$ 上绝对可积的函数. 如果 $f(x)$ 在点 x_0 处的单侧极限都收敛, 并且相对于单侧极限, $f(x)$ 在 x_0 处单侧可导, 则 $f(x)$ 的 Fourier 级数在 x_0 处收敛到

$$\frac{f(x_0 + 0) + f(x_0 - 0)}{2}.$$

如果 $f(x)$ 是以 2π 为周期的、处处可导的函数, 则 $f(x)$ 的 Fourier 级数处处都收敛到 $f(x)$ 自身. 以 2π 为周期的、可导的函数都可以用 Fourier 级数按照逐点收敛来表示. 因此, 相对于幂级数, Fourier 级数能够表示的函数类是非常大的.

为了推广定理 2.3.4, 我们先给出下面定义.

定义 2.3.1 $f(x)$ 称为在区间 $[a, b]$ 上的**分段可导函数**, 如果存在 $[a, b]$ 的一个分割

$$\Delta: a = x_0 < x_1 < \cdots < x_n = b,$$

使得对于 $i = 1, 2, \cdots, n$, $f(x)$ 在 (x_{i-1}, x_i) 上可导, 在 x_{i-1} 和 x_i 处单侧可导.

定理 2.3.5 (Lipschitz 判别法)　设 $f(x)$ 是以 2π 为周期的、在 $[-\pi, \pi]$ 上绝对可积的函数, 如果 $f(x)$ 在 $[-\pi, \pi]$ 上分段可导, 则对于 $f(x)$ 的 Fourier 级数, 在 $(-\infty, +\infty)$ 上处处成立

$$f(x) \sim \frac{a_0}{2} + \sum_{n=1}^{+\infty} (a_n \cos nx + b_n \sin nx) = \frac{f(x+0) + f(x-0)}{2}.$$

例 2　对于 $x \in [-\pi, \pi]$, 令 $f(x) = x^2$, 则 $f(x)$ 的 Fourier 级数在 $[-\pi, \pi]$ 上处处收敛到 $f(x)$. 而如果对于 $x \in [-\pi, \pi]$, 令 $f(x) = \mathrm{sgn}(x)$ 为符号函数, 则 $f(x)$ 的 Fourier 级数在 $(-\pi, \pi)$ 上收敛到 $f(x)$, 而在 π 和 $-\pi$ 处都收敛到 0.

在定理 2.3.5 的讨论中, 由于我们需要的条件仅仅是 $t > 0$ 充分小时, 函数

$$\frac{f(x_0 + t) - f(x_0 + 0)}{t} + \frac{f(x_0 - t) - f(x_0 - 0)}{t}$$

绝对可积. 而我们知道当 $a < 1$ 时, $\dfrac{1}{x^a}$ 在 $[0, 1]$ 上广义可积. 利用此, 代替函数单侧可导的条件, 可以进一步降低要求, 我们有下面的定义.

定义 2.3.2 (Lipschitz 条件)　设 $a \in (0, 1]$ 是给定的常数, 如果 $f(x)$ 在 x_0 的左右极限 $f(x_0 + 0)$ 和 $f(x_0 - 0)$ 都收敛, 并且存在常数 C 和 $\delta > 0$, 使得 $\forall t \in (0, \delta)$, 成立

$$|f(x_0 + t) - f(x_0 + 0)| \leqslant Ct^a, \quad |f(x_0 - t) - f(x_0 - 0)| \leqslant Ct^a,$$

则称函数 $f(x)$ 在点 x_0 处满足**单侧 a-Lipschitz 条件**.

例 3　如果 $f(x)$ 在点 x_0 处单侧可导, 则 $f(x)$ 在点 x_0 处满足 1-Lipschitz 条件, 而函数 $x \sin \dfrac{1}{x}$ 在 $x = 0$ 不可导, 但同样满足 1-Lipschitz 条件. 另外, 函数 $\sqrt[3]{x}$ 在 $x = 0$ 不满足 1-Lipschitz 条件, 但满足 $\dfrac{1}{3}$-Lipschitz 条件.

以 Lipschitz 条件代替可导的条件, 就得到下面定理 2.3.5 的推广.

定理 2.3.6 (Lipschitz 判别法)　设 $f(x)$ 是以 2π 为周期, 并且在 $[-\pi, \pi]$ 上绝对可积的函数, 如果对于点 x_0, 存在 $a \in (0, 1]$, 使得 $f(x)$ 在 x_0 处满足 a-Lipschitz 条件, 则 $f(x)$ 的 Fourier 级数在 x_0 处收敛到

$$\frac{f(x_0 + 0) + f(x_0 - 0)}{2}.$$

上面我们以函数的可导性为条件给出了函数 Fourier 级数逐点收敛的 Lipschitz 判别法. 下面将以函数的单调性为条件来讨论函数 Fourier 级数逐点收敛的问题, 为此需要先将 Dirichlet 积分推广到单调函数.

定理 2.3.7 (广义 Dirichlet 积分) 设 $h > 0$ 是给定的常数, $g(x)$ 是区间 $[0, h]$ 上的单调函数, 则成立广义 Dirichlet 积分公式

$$\lim_{p \to +\infty} \int_0^h g(x) \frac{\sin px}{x} \mathrm{d}x = \frac{\pi}{2} g(0^+).$$

证明 不妨设 $g(x)$ 在 $[0, h]$ 上单调上升, 设 $g(0^+) = \lim_{t \to 0^+} g(t)$, 则

$$\int_0^h g(x) \frac{\sin px}{x} \mathrm{d}x = \int_0^h [g(x) - g(0^+)] \frac{\sin px}{x} \mathrm{d}x + \int_0^h g(0^+) \frac{\sin px}{x} \mathrm{d}x.$$

其中对于上式等号右边第二项, 利用 Dirichlet 积分得

$$\lim_{p \to +\infty} \int_0^h g(0^+) \frac{\sin px}{x} \mathrm{d}x = g(0^+) \int_0^{+\infty} \frac{\sin x}{x} \mathrm{d}x = \frac{\pi}{2} g(0^+).$$

因此只需证明

$$\lim_{p \to +\infty} \int_0^h [g(x) - g(0^+)] \frac{\sin px}{x} \mathrm{d}x = 0.$$

对任意给定的 $\varepsilon > 0$, 存在 $\delta \in (0, h)$, 使得对于任意 $x \in [0, \delta]$,

$$0 \leqslant g(x) - g(0^+) < \varepsilon.$$

将 δ 固定, 积分 $\int_0^h [g(x) - g(0^+)] \frac{\sin px}{x} \mathrm{d}x$ 分解为

$$\int_0^h [g(x) - g(0^+)] \frac{\sin px}{x} \mathrm{d}x = \int_0^\delta [g(x) - g(0^+)] \frac{\sin px}{x} \mathrm{d}x + \int_\delta^h [g(x) - g(0^+)] \frac{\sin px}{x} \mathrm{d}x.$$

由于 $g(x) - g(0^+)$ 单调上升, 对积分 $\int_0^\delta [g(x) - g(0^+)] \frac{\sin px}{x} \mathrm{d}x$ 应用积分第二中值定理, 我们知道存在 $c \in (0, \delta)$, 使得

$$\left| \int_0^\delta [g(x) - g(0^+)] \frac{\sin px}{x} \mathrm{d}x \right| = \left| [g(\delta) - g(0^+)] \int_c^\delta \frac{\sin px}{x} \mathrm{d}x \right|$$

$$= \left| [g(\delta) - g(0^+)] \int_{pc}^{p\delta} \frac{\sin x}{x} \mathrm{d}x \right|$$

$$\leqslant \left| [g(\delta) - g(0^+)] \int_0^{p\delta} \frac{\sin x}{x} \mathrm{d}x \right|$$

$$+ \left| [g(\delta) - g(0^+)] \int_0^{pc} \frac{\sin x}{x} \mathrm{d}x \right|.$$

在上式中, $g(\delta) - g(0^+) < \varepsilon$, 而由于 Dirichlet 积分

$$\int_0^{+\infty} \frac{\sin x}{x} \mathrm{d}x = \lim_{R \to +\infty} \int_0^R \frac{\sin x}{x} \mathrm{d}x$$

收敛, 因而有界. 即存在 M, 使得对于任意 $R > 0$, 成立 $\left| \int_0^R \frac{\sin x}{x} \mathrm{d}x \right| < M$. 我们得到对于任意 p,

$$\left| \int_0^\delta [g(x) - g(0^+)] \frac{\sin px}{x} \mathrm{d}x \right| < 2M\varepsilon.$$

另一方面, $\frac{g(x) - g(0^+)}{x}$ 在 $[\delta, h]$ 上 Riemann 可积, 利用 Riemann-Lebesgue 引理, 对于给定的 $\varepsilon > 0$, 存在 R_1, 使得当 $p > R_1$,

$$\left| \int_\delta^h [g(x) - g(0^+)] \frac{\sin px}{x} \mathrm{d}x \right| < \varepsilon.$$

我们得到, 当 $p > R_1$,

$$\left| \int_0^h [g(x) - g(0^+)] \frac{\sin px}{x} \mathrm{d}x \right| < 2M\varepsilon + \varepsilon.$$

M 是常数, 而 $\varepsilon > 0$ 可以任意小, 因此

$$\lim_{p \to +\infty} \int_0^h [g(x) - g(0^+)] \frac{\sin px}{x} \mathrm{d}x = 0. \qquad \blacksquare$$

以函数的单调性为条件, 结合 Riemann 局部化定理, 将广义 Dirichlet 积分应用于函数 $f(x)$ 的 Fourier 级数, 则利用 Fourier 级数部分和 $S_n(f, x_0)$ 的公式, 我们有下面的极限

$$\lim_{n \to +\infty} S_n(f, x_0) = \lim_{n \to +\infty} \frac{1}{\pi} \int_0^h [f(x_0 + t) + f(x_0 - t)] \frac{\sin\left(n + \frac{1}{2}\right)t}{2 \sin \frac{t}{2}} \mathrm{d}t,$$

利用此就得到下面的定理.

定理 2.3.8 设 $f(x)$ 是以 2π 为周期, 并且在 $[-\pi, \pi]$ 上绝对可积的函数, $x_0 \in [-\pi, \pi]$ 是给定的点. 如果存在 x_0 的邻域 $(x_0 - h, x_0 + h)$, 使得函数 $f(x)$ 在 $(x_0 - h, x_0)$ 和 $(x_0, x_0 + h)$ 上分别单调, 则 $f(x)$ 的 Fourier 级数在 x_0 处收敛到

$$\frac{f(x_0 + 0) + f(x_0 - 0)}{2}.$$

证明 前面在 Dirichlet 积分的计算中, 我们证明了 $t \to 0^+$ 时,

$$\frac{1}{\sin t} - \frac{1}{t} = \frac{t - \sin t}{t \sin t} = \frac{t - (t + o(t^2))}{t \sin t} \to 0.$$

利用 Riemann-Lebesgue 引理得 $\lim_{p \to +\infty} \int_0^{\frac{\pi}{2}} \left(\frac{1}{2 \sin \frac{t}{2}} - \frac{1}{t} \right) \sin pt \, \mathrm{d}t = 0$. 因此,

$$\lim_{p\to+\infty}\int_0^h [f(x_0+t)+f(x_0-t)]\frac{\sin\left(n+\frac{1}{2}\right)t}{2\sin\frac{t}{2}}\mathrm{d}t$$

$$=\lim_{p\to+\infty}\int_0^h [f(x_0+t)+f(x_0-t)]\frac{\sin\left(n+\frac{1}{2}\right)t}{t}\mathrm{d}t.$$

对上述等式右边应用广义 Dirichlet 积分, 我们就得到了定理的证明. ∎

为了将定理 2.3.6 从局部推广到整体, 对于函数的单调性, 我们有下面定义.

定义 2.3.3 设 $f(x)$ 是 $[a,b]$ 上的函数, 如果存在 $[a,b]$ 的分割

$$\Delta:\ a=x_0<x_1<\cdots<x_n=b,$$

使得 $f(x)$ 在区间 (x_{i-1},x_i) 上都分别单调, 则称 $f(x)$ 为 $[a,b]$ 上的**分段单调函数**.

例 4 如果函数 $f(x)$ 在区间 $[a,b]$ 上连续, 并且在 $[a,b]$ 中仅有有限个极大、极小值点, 则 $f(x)$ 在 $[a,b]$ 上分段单调.

应用定理 2.3.8, 以单调性为条件, 我们就得到下面关于 Fourier 级数逐点收敛的 Dirichlet 判别法.

定理 2.3.9 (Dirichlet 判别法) 设 $f(x)$ 是以 2π 为周期, 在 $[-\pi,\pi]$ 上分段单调的函数, 则 $f(x)$ 的 Fourier 级数处处成立等式

$$f(x)\sim\frac{a_0}{2}+\sum_{n=1}^{+\infty}(a_n\cos nx+b_n\sin nx)=\frac{f(x+0)+f(x-0)}{2}.$$

如果在上面的 Dirichlet 判别法中进一步假定函数 $f(x)$ 连续, 并且在 $[-\pi,\pi]$ 内仅有有限个极大、极小值点, 则函数 $f(x)$ 的 Fourier 级数处处逐点收敛到 $f(x)$ 自身. 以 2π 为周期, 连续并且分段单调的函数都可以按照逐点收敛的要求, 用 Fourier 级数来表示.

通过上面的讨论我们看到, 一方面, 在函数的连续性上加上函数单侧可导, 或者更弱一点, 加上 Lipschitz 条件. 或者从另一个角度, 在函数的连续性上加单调性的条件都能够保证函数的 Fourier 级数处处收敛到函数自身. 但这里需要说明, 如果仅仅假定函数连续, 则不足以保证函数的 Fourier 级数收敛. 事实上, 存在连续函数 $f(x)$, 其 Fourier 级数在无穷多个点上都不收敛. 仅有连续的条件是不够的.

2.4　Fourier 级数的均方收敛问题

上一节讨论的是 Fourier 级数的逐点收敛问题. 这一节我们将讨论 Fourier 级数的另一个问题 —— 均方收敛问题. 我们希望证明对于任意在 $[-\pi, \pi]$ 上平方可积的函数 $f(x)$, 如果

$$f(x) \sim \frac{a_0}{2} + \sum_{n=1}^{+\infty}(a_n \cos nx + b_n \sin nx)$$

是其 Fourier 级数, $S_n(f,x)$ 是 Fourier 级数的部分和, 则成立关系式

$$\lim_{n \to +\infty} \int_{-\pi}^{\pi} [f(x) - S_n(f,x)]^2 \mathrm{d}x = 0,$$

即 $f(x)$ 的 Fourier 级数均方收敛到 $f(x)$. 并且反过来, 如果三角函数系

$$\left\{\frac{1}{\sqrt{2\pi}}, \frac{\sin x}{\sqrt{\pi}}, \frac{\cos x}{\sqrt{\pi}}, \cdots, \frac{\sin nx}{\sqrt{\pi}}, \frac{\cos nx}{\sqrt{\pi}}, \cdots\right\}$$

的线性组合

$$\frac{c_0}{2} + \sum_{n=1}^{+\infty}(c_n \cos nx + d_n \sin nx)$$

均方收敛到 $f(x)$, 则其必须是 $f(x)$ 的 Fourier 级数.

因此在均方收敛的意义下, 三角函数系构成了平方可积函数空间 $P^2[-\pi, \pi]$ 的单位正交基. 特别的, 由于

$$C[-\pi, \pi] \subset R[-\pi, \pi] \subset P^2[-\pi, \pi],$$

因此三角函数系在均方收敛的意义下也分别构成连续函数空间 $C[-\pi, \pi]$ 和可积函数空间 $R[-\pi, \pi]$ 的单位正交基. 从这一点上考虑可以认为能够在实际应用中使用的函数都可以表示为 Fourier 级数. 三角函数系是非常好的函数系.

怎样证明 Fourier 级数的均方收敛关系呢? 注意到 Fourier 级数的部分和 $S_n(f,x)$ 都是三角函数系中有限个函数的线性组合, 因此, 如果均方收敛的结论成立, 那么对于均方距离, 由三角函数系中函数的有限线性组合产生出来的函数就应该在线性空间 $P^2[-\pi, \pi]$ 中处处稠密. 即对于任意 $f(x) \in P^2[-\pi, \pi]$, 以及任意给定的 $\varepsilon > 0$, 存在三角函数系

$$\left\{1, \cos x, \sin x, \cdots, \cos nx, \sin nx, \cdots\right\}$$

中函数的有限线性组合 $S(x)$, 使得

$$\text{dist}(f, S) = \sqrt{\int_{-\pi}^{\pi} [f(x) - S(x)]^2 \mathrm{d}x} < \varepsilon.$$

为了得到这一点, 回顾一下在本章 2.1 节定理 2.1.2 中给出的, 关于 $C[a, b]$ 中完备单位正交函数系存在的证明. 在那里, 利用多项式的 Weierstrass 逼近定理我们证明了多项式对于均方距离在连续函数空间中是处处稠密的. 类比于此, 这里我们需要用三角函数系的有限线性组合代替多项式, 希望得到一个与 Weierstrass 多项式逼近定理相类似的定理.

首先设 $f(x)$ 是以 2π 为周期, 在 $[-\pi, \pi]$ 上平方可积的函数,

$$f(x) \sim \frac{a_0}{2} + \sum_{n=1}^{+\infty} (a_n \cos nx + b_n \sin nx)$$

是 $f(x)$ 的 Fourier 级数. 在 2.3 节中我们给出了 Fourier 级数部分和 $S_n(f, x)$ 的表示公式

$$S_n(f, x) = \frac{1}{\pi} \int_{-\pi}^{\pi} f(x + t) \frac{\sin\left(n + \frac{1}{2}\right)t}{2\sin\frac{t}{2}} \mathrm{d}t.$$

这里我们对 $S_n(f, x)$ 做一次算术平均, 即对于 $n = 0, 1, 2 \cdots$, 令

$$\sigma_n(f, x) = \frac{S_0(f, x) + S_1(f, x) + \cdots + S_n(f, x)}{n + 1},$$

则 $\sigma_n(f, x)$ 是 $\{S_0(f, x), S_1(f, x), \cdots, S_n(f, x)\}$ 的算术平均值, 称为 $f(x)$ 的 **Fejer 和**. 按照我们前面在序列极限里得到的结论, 如果 $f(x)$ 的 Fourier 级数收敛, 则 Fejer 和的序列 $\{\sigma_n(f, x)\}$ 也收敛于相同的极限, 但反过来不一定成立. 事实上, 下面我们将证明对于连续函数, 函数 Fejer 和的收敛性要强于 Fourier 级数部分和的收敛性. 我们先来给出 Fejer 和的表示式. 按照定义,

$$\sigma_n(f, x) = \frac{1}{(n+1)\pi} \int_{-\pi}^{\pi} f(x + t) \frac{\sin\frac{t}{2} + \sin\frac{3t}{2} + \cdots + \sin\left(n + \frac{1}{2}\right)t}{2\sin\frac{t}{2}} \mathrm{d}t$$

$$= \frac{1}{(n+1)\pi} \int_{-\pi}^{\pi} f(x + t) \frac{\sum\limits_{k=0}^{n} \sin\left(k + \frac{1}{2}\right)t \sin\frac{t}{2}}{2\sin^2\frac{t}{2}} \mathrm{d}t$$

$$= \frac{1}{(n+1)\pi} \int_{-\pi}^{\pi} f(x + t) \frac{\sum\limits_{k=0}^{n} [\cos kt - \cos(k+1)t]}{4\sin^2\frac{t}{2}} \mathrm{d}t$$

$$= \frac{1}{(n+1)\pi} \int_{-\pi}^{\pi} f(x+t) \frac{[1-\cos(n+1)t]}{4\sin^2 \dfrac{t}{2}} \mathrm{d}t$$

$$= \frac{1}{(n+1)\pi} \int_{-\pi}^{\pi} f(x+t) \frac{\sin^2 \left(\dfrac{n+1}{2}\right)t}{2\sin^2 \dfrac{t}{2}} \mathrm{d}t.$$

特别的, 如果在上式中令 $f(x) \equiv 1$, 我们得到对于 $n = 0, 1, 2 \cdots$, 成立

$$1 = \sigma_n(1,x) = \frac{1}{(n+1)\pi} \int_{-\pi}^{\pi} \frac{\sin^2 \left(\dfrac{n+1}{2}\right)t}{2\sin^2 \dfrac{t}{2}} \mathrm{d}t.$$

利用上面这两个公式, 成立下面的逼近定理. 这一定理表明 $\{S_n(f,x)\}$ 经过平均化后得到的新序列 $\{\sigma_n(f,x)\}$ 要比 $\{S_n(f,x)\}$ 有更强的收敛性.

定理 2.4.1 设 $f(x)$ 是以 2π 为周期的连续函数, 则 $f(x)$ 的 Fejer 和序列 $\{\sigma_n(f,x)\}$ 在 $[-\pi, \pi]$ 上一致收敛到 $f(x)$.

证明 设 $|f(x)| \leqslant M$, 利用上面 $\sigma_n(f,x)$ 的表示式, 我们得到

$$|f(x) - \sigma_n(f,x)| = \frac{1}{(n+1)\pi} \left| \int_{-\pi}^{\pi} [f(x) - f(x+t)] \frac{\sin^2 \left(\dfrac{n+1}{2}\right)t}{2\sin^2 \dfrac{t}{2}} \mathrm{d}t \right|.$$

由于 $f(x)$ 在 $[-2\pi, 2\pi]$ 上一致连续, 因而对于任意 $\varepsilon > 0$, 存在 $\delta > 0$, 使得只要 $x_1, x_2 \in [-2\pi, 2\pi]$, 满足 $|x_1 - x_2| < \delta$, 就成立 $|f(x_1) - f(x_2)| < \dfrac{\varepsilon}{2}$. 而对于任意 $x \in [-\pi, \pi]$, x 固定, 则

$$\frac{1}{(n+1)\pi} \left| \int_{-\pi}^{\pi} [f(x) - f(x+t)] \frac{\sin^2 \left(\dfrac{n+1}{2}\right)t}{2\sin^2 \dfrac{t}{2}} \mathrm{d}t \right|$$

$$\leqslant \frac{1}{(n+1)\pi} \left| \int_{-\delta}^{\delta} [f(x) - f(x+t)] \frac{\sin^2 \left(\dfrac{n+1}{2}\right)t}{2\sin^2 \dfrac{t}{2}} \mathrm{d}t \right|$$

$$+ \frac{1}{(n+1)\pi} \left| \int_{-\pi}^{-\delta} [f(x) - f(x+t)] \frac{\sin^2 \left(\dfrac{n+1}{2}\right)t}{2\sin^2 \dfrac{t}{2}} \mathrm{d}t \right|$$

$$+ \frac{1}{(n+1)\pi} \left| \int_{\delta}^{\pi} [f(x) - f(x+t)] \frac{\sin^2 \left(\dfrac{n+1}{2}\right)t}{2\sin^2 \dfrac{t}{2}} \mathrm{d}t \right|$$

$$\leqslant \frac{\varepsilon}{2} \frac{1}{(n+1)\pi} \int_{-\delta}^{\delta} \frac{\sin^2\left(\frac{n+1}{2}\right)t}{2\sin^2\frac{t}{2}} dt + \frac{2M}{n+1} \frac{1}{\pi} \int_{-\pi}^{-\delta} \frac{\sin^2\left(\frac{n+1}{2}\right)t}{2\sin^2\frac{t}{2}} dt$$

$$+ \frac{2M}{n+1} \frac{1}{\pi} \int_{\delta}^{\pi} \frac{\sin^2\left(\frac{n+1}{2}\right)t}{2\sin^2\frac{t}{2}} dt$$

$$\leqslant \frac{\varepsilon}{2} + \frac{4M}{n+1} \frac{1}{\sin^2\frac{\delta}{2}}.$$

因此, 只要取 N, 使得 $N > \dfrac{8M}{\varepsilon \sin^2 \dfrac{\delta}{2}}$, 则当 $n > N, |f(x) - \sigma_n(f,x)| < \varepsilon$. 而 $x \in [-\pi,\pi]$

是任意给定的, N 的选取与 x 无关, $\{\sigma_n(f,x)\}$ 在 $[-\pi,\pi]$ 上一致收敛到 $f(x)$. ∎

我们先来给出定理 2.4.1 的一个简单推论.

推论 设 $f(x)$ 是 $[-\pi,\pi]$ 上绝对可积的函数, 在 $x_0 \in (-\pi,\pi)$ 的邻域上连续, 如果 $f(x)$ 的 Fourier 级数在 x_0 收敛, 则这一级数必须收敛到 $f(x_0)$.

证明 设函数 $f(x)$ 在 $(x_0 - \delta, x_0 + \delta) \subset (-\pi,\pi)$ 上连续, 如果我们适当改变 $f(x)$ 在 $(x_0 - \delta, x_0 + \delta)$ 以外的函数值, 则可以将 $f(x)$ 改造为以 2π 为周期的连续函数 $\widetilde{f}(x)$, 使得在 $(x_0 - \delta, x_0 + \delta)$ 上 $\widetilde{f}(x) \equiv f(x)$.

利用定理 2.4.1, $\widetilde{f}(x)$ 的 Fejer 和序列在 x_0 处收敛到 $\widetilde{f}(x_0) = f(x_0)$. 但另一方面, 由 Riemann 局部化定理, $\widetilde{f}(x)$ 的 Fourier 级数在 x_0 的收敛性质与 $f(x)$ 的 Fourier 级数在 x_0 的收敛性质相同, 而已知 $f(x)$ 的 Fourier 级数在 x_0 收敛, 因此 $\widetilde{f}(x)$ 的 Fourier 级数在 x_0 收敛, 并且与 $f(x)$ 的 Fourier 级数有相同的极限. 而 Fejer 和序列作为 Fourier 级数部分和序列的平均值, 在 Fourier 级数收敛的条件下, 与 Fourier 级数有相同的极限 $\widetilde{f}(x_0) = f(x_0)$, 因此, $f(x)$ 的 Fourier 级数在 x_0 收敛到 $f(x_0)$. ∎

下面我们将定理 2.4.1 改造为逼近定理的形式, 为此, 代替多项式, 我们先给出三角函数多项式的定义.

定义 2.4.1 由三角函数系

$$\{1, \cos x, \sin x, \cdots, \cos nx, \sin nx, \cdots\}$$

中函数的有限线性组合得到的函数

$$T_N(x) = c_0 + \sum_{k=1}^{N} (c_k \cos kx + d_k \sin kx)$$

称为 N 阶三角函数多项式.

例 1 绝对可积函数 $f(x)$ 的 Fourier 级数的部分和 $S_n(f, x)$ 以及 $f(x)$ 的 Fejer 和 $\sigma_n(f, x)$ 都是三角函数多项式. 一般的, 如果 $P(x, y)$ 是变元 x, y 的二元多项式, 利用三角函数的积化和差公式不难看出 $P(\sin x, \cos x)$ 是三角函数多项式, 反之也成立.

利用三角函数多项式和定理 2.4.1, 我们得到下面的 Weierstrass 一致逼近定理.

定理 2.4.2 (Weierstrass 一致逼近定理) 如果 $f(x)$ 是以 2π 为周期的连续函数, 则对任意 $\varepsilon > 0$, 存在三角函数多项式 $T(x)$, 使得对于任意 $x \in \mathbb{R}$, 成立

$$|f(x) - T(x)| < \varepsilon.$$

这里需要说明, 利用三角函数的 Taylor 展开, 我们知道三角函数可以用多项式在任意闭区间上一致逼近, 而如果将区间 $[0, 1]$ 上的连续函数延拓为 $(-\infty, +\infty)$ 上以 2π 为周期的连续函数, 则延拓后的函数可以用三角函数多项式一致逼近. 再用多项式一致逼近三角函数, 我们得到 $[0, 1]$ 上的连续函数也可以用多项式一致逼近. 利用定理 2.4.2, 我们重新证明了第一章 1.5 节中 Weierstrass 关于连续函数可以用多项式一致逼近的定理.

由于能够被连续函数一致逼近的函数必须也连续, 因此不能将定理 2.4.2 中的函数改为 Riemann 可积函数, 或者绝对可积函数. 尽管如此, 如果我们用平方可积函数空间 $P^2[-\pi, \pi]$ 上的均方距离

$$d(f, g) = \sqrt{\int_{-\pi}^{\pi} [f(x) - g(x)]^2 \mathrm{d}x}$$

代替一致逼近, 通过定理 2.4.2, 就能够得到下面的逼近定理.

定理 2.4.3 对于任意 $f(x) \in P^2[-\pi, \pi]$, 以及任意给定的 $\varepsilon > 0$, 存在三角函数多项式 $T(x)$, 使得

$$d(f, T) = \sqrt{\int_{-\pi}^{\pi} [f(x) - T(x)]^2 \mathrm{d}x} < \varepsilon.$$

证明 我们将证明分为下面三步.

(1) 首先设 $f(x)$ 是以 2π 为周期的连续函数, 则对于任意 $\varepsilon > 0$, 利用定理 2.4.2, 存在三角函数多项式 $T(x)$, 使得对于任意 $x \in (-\infty, +\infty)$, 成立

$$|f(x) - T(x)| < \sqrt{\frac{\varepsilon}{2\pi}}.$$

因此

$$d(f, T)^2 = \int_{-\pi}^{\pi} [f(x) - T(x)]^2 \mathrm{d}x < \varepsilon.$$

定理对连续函数成立.

(2) 然后设 $f(x)$ 是 $[-\pi, \pi]$ 上的 Riemann 可积函数. 由于任意改变函数在有限个点的函数值不改变函数的可积性, 也不改变函数的积分, 因此可设 $f(-\pi) = f(\pi)$, 并进一步将 $f(x)$ 延拓为 $(-\infty, +\infty)$ 上以 2π 为周期的函数. 设

$$m = \inf_{x \in [-\pi, \pi]} \{f(x)\}, \quad M = \sup_{x \in [-\pi, \pi]} \{f(x)\}.$$

由 $f(x)$ 的 Riemann 可积性知, 对于任意 $\varepsilon > 0$, 存在 $[-\pi, \pi]$ 的一个分割

$$\Delta : -\pi = x_0 < x_1 < \cdots < x_n = \pi,$$

使得

$$\sum_{i=1}^{n} w_i (x_i - x_{i-1}) = \sum_{i=1}^{n} (M_i - m_i)(x_i - x_{i-1}) < \frac{\varepsilon}{4(M-m)},$$

其中

$$m_i = \inf_{x \in [x_{i-1}, x_i]} \{f(x)\}, \quad M_i = \sup_{x \in [x_{i-1}, x_i]} \{f(x)\}, \quad w_i = M_i - m_i.$$

在 $[-\pi, \pi]$ 上定义一个函数 $h(x)$ 为

$$h(x) = f(x_{i-1}) + \frac{f(x_i) - f(x_{i-1})}{x_i - x_{i-1}} (x - x_{i-1}), \quad \text{当 } x \in [x_{i-1}, x_i].$$

则当 $x \in [x_{i-1}, x_i]$ 时, $|h(x) - f(x)| \leqslant M_i - m_i = w_i$. 因而

$$\int_{-\pi}^{\pi} [f(x) - h(x)]^2 \mathrm{d}x = \sum_{i=1}^{n} \int_{x_{i-1}}^{x_i} [f(x) - h(x)]^2 \mathrm{d}x$$

$$\leqslant (M - m) \sum_{i=1}^{n} \int_{x_{i-1}}^{x_i} |f(x) - h(x)| \mathrm{d}x$$

$$< (M - m) \sum_{i=1}^{n} w_i (x_i - x_{i-1}) \leqslant \frac{\varepsilon}{4}.$$

而 $h(x)$ 是以 2π 为周期的连续函数, 所以存在三角函数多项式 $T(x)$, 使得

$$\int_{-\pi}^{\pi} [T(x) - h(x)]^2 \mathrm{d}x < \frac{\varepsilon}{4}.$$

我们得到

$$\int_{-\pi}^{\pi} [f(x) - T(x)]^2 \mathrm{d}x \leqslant 2 \int_{-\pi}^{\pi} [f(x) - h(x)]^2 \mathrm{d}x + 2 \int_{-\pi}^{\pi} [f(x) - T(x)]^2 \mathrm{d}x < \varepsilon.$$

定理对于 Riemann 可积函数成立.

(3) 最后设 $f(x) \in P^2[-\pi,\pi]$ 有瑕点, 由于 $f(x)$ 只能有有限个瑕点, 因而不妨设 π 是 $f(x)$ 在 $[-\pi,\pi]$ 中唯一的瑕点, 则 $\forall \varepsilon > 0, \exists \delta > 0$, 使得 $\int_{\pi-\delta}^{\pi} f^2(x)\mathrm{d}x < \dfrac{\varepsilon}{4}$. 令

$$
f_1(x) = \begin{cases} f(x), & x \in [-\pi, \pi-\delta], \\ 0, & x \in (\pi-\delta, \pi], \end{cases}
$$

由于 $f_1(x)$ 在 $[-\pi,\pi]$ 上 Riemann 可积, 因而存在三角函数多项式 $T(x)$, 使得

$$
\int_{-\pi}^{\pi} [T(x) - f_1(x)]^2 \mathrm{d}x < \frac{\varepsilon}{4}.
$$

我们得到

$$
\int_{-\pi}^{\pi} [f(x) - T(x)]^2 \mathrm{d}x \leqslant 2 \int_{-\pi}^{\pi} [f(x) - f_1(x)]^2 \mathrm{d}x + 2 \int_{-\pi}^{\pi} [f_1(x) - T(x)]^2 \mathrm{d}x
$$

$$
= 2 \int_{\pi-\delta}^{\pi} f^2(x)\mathrm{d}x + 2 \int_{-\pi}^{\pi} [f_1(x) - T(x)]^2 \mathrm{d}x < \varepsilon.
$$

定理对带瑕点的平方可积函数也成立. ∎

如果用函数空间的语言来表述 Weierstrass 逼近定理, 则在连续函数构成的线性空间 $C[-\pi,\pi]$ 上, 对于距离

$$
d(f,g) = \max_{x \in [-\pi,\pi]} \{|f(x) - g(x)|\},
$$

多项式在空间 $C[-\pi,\pi]$ 中处处稠密. 即对于任意 $f(x) \in C[-\pi,\pi]$, 以及任意的 $\varepsilon > 0$, 存在多项式 $p(x)$, 使得 $d(f,p) < \varepsilon$. 或者等价的, 对于任意 $f(x) \in C[-\pi,\pi]$, 存在多项式序列 $\{p_n(x)\}$, 使得在 $[-\pi,\pi]$ 上, $\{p_n(x)\}$ 一致收敛于 $f(x)$.

而如果以 $CP[-\pi,\pi]$ 表示由在 $[-\pi,\pi]$ 上连续, 且满足 $f(-\pi) = f(\pi)$ 的函数全体构成的线性空间, 则同样对于距离

$$
d(f,g) = \max_{x \in [-\pi,\pi]} \{|f(x) - g(x)|\},
$$

三角函数多项式在 $CP[-\pi,\pi]$ 中也是处处稠密的.

另一方面, 如果用函数空间的语言来表述定理 2.4.3 中的逼近关系, 则在平方可积函数构成的线性空间 $P^2[-\pi,\pi]$ 上, 对于均方距离

$$
d(f,g) = \sqrt{\int_{-\pi}^{\pi} [f(x) - g(x)]^2 \mathrm{d}x},
$$

多项式或者三角函数多项式全体构成的集合都在 $P^2[-\pi, \pi]$ 中处处稠密. 即对于任意 $f(x) \in P^2[-\pi, \pi]$, 以及任意 $\varepsilon > 0$, 存在多项式 $p(x)$ 和三角函数多项式 $T(x)$, 使得

$$d(f, p) < \varepsilon, \quad d(f, T) < \varepsilon.$$

这一结论也可以等价地表示为: 对于任意 $f(x) \in P^2[-\pi, \pi]$, 分别存在多项式序列 $\{p_n(x)\}$ 和三角函数多项式序列 $\{T_n(x)\}$, 使得在 $[-\pi, \pi]$ 上, 序列 $\{p_n(x)\}$ 和 $\{T_n(x)\}$ 都依均方距离收敛于 $f(x)$.

下面我们希望利用三角函数多项式在 $P^2[-\pi, \pi]$ 中对于均方距离的稠密性来证明 Fourier 级数的均方收敛定理. 在此之前, 我们先证明一个欧氏空间中关于单位正交向量组的性质.

定理 2.4.4 设 $\{e_1, e_2, \cdots, e_k\}$ 是欧氏空间 $\mathbb{R}^n$ 中一个单位正交的向量组, 则对于任意向量 $v \in \mathbb{R}^n$, 以及任意的实数 $b_1, b_2, \cdots, b_k$, 都成立不等式

$$\left| v - \sum_{i=1}^{k}(v, e_i)e_i \right| \leqslant \left| v - \sum_{i=1}^{k} b_i e_i \right|.$$

从几何直观, 理解定理 2.4.4: $v - \sum\limits_{i=1}^{k}(v, e_i)e_i$ 与 $e_1, e_2, \cdots, e_k$ 都正交, 因而是 v 到由 $\{e_1, e_2, \cdots, e_k\}$ 生成的 $\mathbb{R}^n$ 的子线性空间的垂直投影. 而 $v - \sum\limits_{i=1}^{k} b_i e_i$ 则是向量 v 到由 $\{e_1, e_2, \cdots, e_k\}$ 生成的子线性空间中的向量 $\sum\limits_{i=1}^{k} b_i e_i$ 的差. 这一向量的长度当然要大于等于垂直投影向量的长度.

证明 由 $\{e_1, e_2, \cdots, e_k\}$ 的单位正交性得

$$\left| v - \sum_{i=1}^{k} b_i e_i \right|^2 = \left(v - \sum_{i=1}^{k} b_i e_i, v - \sum_{i=1}^{k} b_i e_i \right)$$

$$= (v, v) - 2 \sum_{i=1}^{k} b_i(v, e_i) + \sum_{i=1}^{k} b_i^2$$

$$= (v, v) - \sum_{i=1}^{k}(v, e_i)^2 + \sum_{i=1}^{k}(v, e_i)^2 - 2 \sum_{i=1}^{k} b_i(v, e_i) + \sum_{i=1}^{k} b_i^2$$

$$= \left(v - \sum_{i=1}^{k}(v, e_i)e_i, v - \sum_{i=1}^{k}(v, e_i)e_i \right) + \sum_{i=1}^{k}[(v, e_i) - b_i]^2$$

$$\geqslant \left| v - \sum_{i=1}^{k}(v, e_i)e_i \right|^2.$$

有了上面这些准备, 下面来证明 Fourier 级数的均方收敛定理.

定理 2.4.5 (均方收敛定理)   对于 $[-\pi, \pi]$ 上任意平方可积函数 $f(x)$, 如果

$$f(x) \sim \frac{a_0}{2} + \sum_{n=1}^{+\infty} (a_n \cos nx + b_n \sin nx)$$

是 $f(x)$ 的 Fourier 级数, $S_n(f, x)$ 是 Fourier 级数的部分和, 则成立

$$\lim_{n \to +\infty} \int_{-\pi}^{\pi} [f(x) - S_n(f, x)]^2 \mathrm{d}x = 0.$$

证明   三角函数系

$$\left\{ \frac{1}{\sqrt{2\pi}}, \frac{\sin x}{\sqrt{\pi}}, \frac{\cos x}{\sqrt{\pi}}, \cdots, \frac{\sin nx}{\sqrt{\pi}}, \frac{\cos nx}{\sqrt{\pi}}, \cdots \right\}$$

是 $P^2[-\pi, \pi]$ 中的单位正交函数序列, $f(x)$ 的 Fourier 级数可以表示为

$$f(x) \sim \left(f, \frac{1}{\sqrt{2\pi}} \right) \frac{1}{\sqrt{2\pi}} + \sum_{n=1}^{+\infty} \left[\left(f, \frac{\cos nx}{\sqrt{\pi}} \right) \frac{\cos nx}{\sqrt{\pi}} + \left(f, \frac{\sin nx}{\sqrt{\pi}} \right) \frac{\sin nx}{\sqrt{\pi}} \right],$$

因此

$$\int_{-\pi}^{\pi} [f(x) - S_n(f, x)]^2 \mathrm{d}x = (f - S_n(f, x), f - S_n(f, x))$$

$$= (f, f) - \left[\left(f, \frac{1}{\sqrt{2\pi}} \right)^2 + \sum_{k=1}^{n} \left[\left(f, \frac{\cos kx}{\sqrt{\pi}} \right)^2 + \left(f, \frac{\sin kx}{\sqrt{\pi}} \right)^2 \right] \right]$$

$$= (f, f) - \pi \left[\frac{a_0^2}{2} + \sum_{k=1}^{n} (a_k^2 + b_k^2) \right].$$

$\int_{-\pi}^{\pi} [f(x) - S_n(f, x)]^2 \mathrm{d}x$ 对于 n 单调递减, 因而 $n \to +\infty$ 时收敛.

另一方面, 利用三角函数多项式在空间 $P^2[-\pi, \pi]$ 中的稠密性, 对于任意 $\varepsilon > 0$, 存在 N 阶三角函数多项式 $T_N(x)$, 使得 $(f - T_N(x), f - T_N(x)) < \varepsilon^2$. 设

$$T_N(x) = \sum_{k=0}^{N} (c_k \cos kx + d_k \sin kx),$$

则由定理 2.4.4, 当 $n > N$ 时, 对于 $f(x)$ 的 Fourier 级数部分和 $S_n(f, x)$, 成立

$$(f - S_n(f, x), f - S_n(f, x)) \leqslant (f - S_N(f, x), f - S_N(f, x))$$

$$\leqslant (f - T_N(x), f - T_N(x)) < \varepsilon^2,$$

则 $\lim\limits_{n \to +\infty} \int_{-\pi}^{\pi} [f(x) - S_n(f, x)]^2 \mathrm{d}x$ 必须收敛到零, 定理成立.   ∎

下面我们先来讨论均方收敛定理的几个比较直接的推论.

推论 如果函数 $f(x) \in P^2[-\pi, \pi]$ 与三角函数系中的函数都正交, 则必须 $\int_{-\pi}^{\pi} f^2(x)\mathrm{d}x = 0$. 特别的, 如果 $f(x)$ 连续, 则 $f(x)$ 恒为零.

上面推论表明三角函数系

$$\left\{ \frac{1}{\sqrt{2\pi}}, \frac{\sin x}{\sqrt{\pi}}, \frac{\cos x}{\sqrt{\pi}}, \cdots, \frac{\sin nx}{\sqrt{\pi}}, \frac{\cos nx}{\sqrt{\pi}}, \cdots \right\}$$

是连续函数空间 $C[-\pi, \pi]$ 中的完备单位正交函数系.

我们知道, 如果 $\{e_1, e_2, \cdots, e_n\}$ 是 $\mathbb{R}^n$ 的单位正交基, 则对 $\mathbb{R}^n$ 中的任意两个向量 $A = \sum_{i=1}^{n} a_i e_i$, $B = \sum_{i=1}^{n} b_i e_i$, 成立 $(A, B) = \sum_{i=1}^{n} a_i h_i$, 特别的, $\|A\|^2 = (A, A) = \sum_{i=1}^{n} a_i^2$. 我们希望将这些关系推广到 Fourier 级数上.

设 $f(x) \in P^2[-\pi, \pi]$, 则 $f(x)$ 的 Fourier 级数

$$f(x) \sim \left(f, \frac{1}{\sqrt{2\pi}}\right) \frac{1}{\sqrt{2\pi}} + \sum_{n=1}^{+\infty} \left[\left(f, \frac{\cos nx}{\sqrt{\pi}}\right) \frac{\cos nx}{\sqrt{\pi}} + \left(f, \frac{\sin nx}{\sqrt{\pi}}\right) \frac{\sin nx}{\sqrt{\pi}}\right]$$

$$= \frac{a_0}{2} + \sum_{n=1}^{+\infty} (a_n \cos nx + b_n \sin nx)$$

是 $f(x)$ 对于完备单位正交函数系的线性表示. 类比于欧氏空间, 自然希望成立

$$\|f\|^2 = (f, f) = \int_{-\pi}^{\pi} f^2(x)\mathrm{d}x = \left(f, \frac{1}{\sqrt{2\pi}}\right)^2 + \sum_{n=1}^{+\infty} \left[\left(f, \frac{\cos nx}{\sqrt{\pi}}\right)^2 + \left(f, \frac{\sin nx}{\sqrt{\pi}}\right)^2\right]$$

$$= \pi\left[\frac{1}{2\pi^2}(f, 1)^2 + \sum_{n=1}^{+\infty} \frac{1}{\pi^2}\left[(f, \cos nx)^2 + (f, \sin nx)^2\right]\right]$$

$$= \pi\left[\frac{a_0^2}{2} + \sum_{n=1}^{+\infty}(a_n^2 + b_n^2)\right].$$

对此, 我们有下面的 Bessel 等式.

定理 2.4.6 (Bessel 等式) 设 $f(x)$ 是 $[-\pi, \pi]$ 上平方可积的函数, 其 Fourier 级数为

$$f(x) \sim \frac{a_0}{2} + \sum_{n=1}^{+\infty} (a_n \cos nx + b_n \sin nx),$$

则成立 Bessel 等式

$$\|f\|^2 = (f, f) = \int_{-\pi}^{\pi} f^2(x)\mathrm{d}x = \pi\left[\frac{a_0^2}{2} + \sum_{n=1}^{+\infty}(a_n^2 + b_n^2)\right].$$

证明 由定理 2.4.5 的证明,

$$(f - S_n(f,x), f - S_n(f,x))$$
$$= (f,f) - \pi\left[\frac{1}{2\pi^2}(f,1)^2 + \sum_{k=1}^{n}\frac{1}{\pi^2}\left[(f,\cos nx)^2 + (f,\sin nx)^2\right]\right]$$
$$= (f,f) - \pi\left[\frac{a_0^2}{2} + \sum_{k=1}^{n}(a_k^2 + b_k^2)\right].$$

而均方收敛定理表明

$$\lim_{n\to+\infty}(f - S_n(f,x), f - S_n(f,x)) = 0,$$

因此

$$(f,f) = \int_{-\pi}^{\pi}f^2(x)\mathrm{d}x = \pi\left[\frac{a_0^2}{2} + \sum_{k=1}^{+\infty}(a_k^2 + b_k^2)\right].\quad\blacksquare$$

注 在许多教科书中, Bessel 等式也称为 Parseval 等式, 或者 Parseval 公式.

利用 $P^2[-\pi,\pi]$ 中的内积, Bessel 等式也可以表示为下面的形式.

定理 2.4.6′ (Bessel 等式) 设 $f(x)$, $g(x) \in P^2[-\pi,\pi]$,

$$f(x) \sim \frac{a_0}{2} + \sum_{n=1}^{+\infty}(a_n\cos nx + b_n\sin nx),$$

$$g(x) \sim \frac{c_0}{2} + \sum_{n=1}^{+\infty}(c_n\cos nx + d_n\sin nx)$$

分别是 $f(x)$ 和 $g(x)$ 的 Fourier 级数, 则成立下面的 Bessel 等式:

$$\frac{1}{\pi}(f,g) = \frac{1}{\pi}\int_{-\pi}^{\pi}f(x)g(x)\mathrm{d}x = \left[\frac{a_0c_0}{2} + \sum_{k=1}^{+\infty}(a_kc_k + b_kd_k)\right].$$

定理的证明留给读者作为练习.

Bessel 等式

$$\left[\frac{a_0^2}{2} + \sum_{k=1}^{+\infty}(a_k^2 + b_k^2)\right] = \frac{1}{\pi}(f,f) < +\infty$$

给出了一个序列

$$\{a_0, a_1, b_1, \cdots, a_n, b_n, \cdots\}$$

为某一个平方可积函数的 Fourier 级数系数的必要条件. 自然的问题是反过来, 给定一个序列 $\{a_0, a_1, b_1, \cdots, a_n, b_n, \cdots\}$, 假定这一序列满足

$$\frac{a_0^2}{2} + \sum_{k=1}^{n}(a_k^2 + b_k^2) < +\infty,$$

问形式和

$$\frac{a_0}{2} + \sum_{n=1}^{+\infty} (a_n \cos nx + b_n \sin nx)$$

是否是 $[-\pi, \pi]$ 上某一平方可积函数的 Fourier 级数? 对于这一问题, 令

$$l^2 = \left\{ (a_0, a_1, b_1, \cdots, a_n, b_n, \cdots) \ \middle| \ \frac{a_0^2}{2} + \sum_{k=1}^{n} (a_k^2 + b_k^2) < +\infty \right\},$$

将集合 l^2 中的元素看成无穷维的向量, 在 l^2 上, 我们分别定义向量之间的加法, 以及向量与实数的数乘为

$$(a_0, a_1, b_1, \cdots, a_n, b_n, \cdots) + (c_0, c_1, d_1, \cdots, c_n, d_n, \cdots)$$
$$= (a_0 + c_0, a_1 + c_1, b_1 + d_1, \cdots, a_n + c_n, b_n + d_n, \cdots),$$
$$c(a_0, a_1, b_1, \cdots, a_n, b_n, \cdots) = (ca_0, ca_1, cb_1, \cdots, ca_n, cb_n, \cdots).$$

利用这些运算不难看出 l^2 成为一个无穷维线性空间.

而类比于平方可积函数构成的线性空间 $P^2[-\pi, \pi]$, 以及 $P^2[-\pi, \pi]$ 上的 Bessel 等式, 我们在 l^2 上定义内积为: 设

$$A = (a_0, a_1, b_1, \cdots, a_n, b_n, \cdots), \quad B = (c_0, c_1, d_1, \cdots, c_n, d_n, \cdots)$$

是 l^2 中的两个向量, 定义向量 A 与 B 的内积 (A, B) 为

$$(A, B) = \pi \left[\frac{a_0 c_0}{2} + \sum_{k=1}^{+\infty} (a_k c_k + b_k d_k) \right].$$

这一内积是 n 维欧氏空间 $\mathbb{R}^n \subset l^2$ 上内积的推广. 同样类比于 $\mathbb{R}^n$ 上利用内积定义的向量长度和点之间的距离, 对于 $A, B \in l^2$, 令

$$\|A\| = \sqrt{(A, A)}, \quad d(A, B) = \|A - B\|.$$

$\|A\|$ 称为 A 是长度, 而 $d(A, B)$ 则是向量 A 与 B 所代表的点之间的距离.

利用距离 $d(A, B)$, 我们可以将 $\mathbb{R}$ 上的极限理论推广到 l^2 上. 称 l^2 中的序列 $\{A_n\}$ 在 $n \to +\infty$ 时收敛到 $A_0 \in l^2$, 如果 $\lim_{n \to +\infty} d(A_n, A_0) = 0$. 不难验证, $\mathbb{R}$ 上关于极限理论的 Bolzano 定理、聚点原理、区间套原理和开覆盖定理对于 l^2 上的极限理论都不再成立. 另外, 由于 l^2 上没有序关系, 因而确界原理和单调有界收敛定理也不能推广. 但 Cauchy 准则在 l^2 上是成立的.

定理 2.4.7 (Cauchy准则) l^2 中的序列 $\{A_n\}$ 收敛的充要条件是对于任意 $\varepsilon > 0$, 存在 N, 使得只要 $n_1 > N$, $n_2 > N$, 就成立

$$d(A_{n_1}, A_{n_2}) < \varepsilon.$$

证明 如果 l^2 中的序列 $\{A_n\}$ 收敛到 $A_0 \in l^2$, 容易看出 $\{A_n\}$ 满足 Cauchy 准则.

现设 $\{A_n\}$ 满足 Cauchy 准则. 将 A_n 表示为

$$A_n = (t_1^n, t_2^n, \cdots, t_k^n, \cdots),$$

则对于 $k = 1, 2, \cdots$, 将 k 固定后, $|t_k^{n_1} - t_k^{n_2}| \leqslant d(A_{n_1}, A_{n_2})$. 因此, k 固定时, 序列 $\{t_k^n\}_{n=1,2,\cdots}$ 都是 Cauchy 列. 利用实数的 Cauchy 准则, k 固定时, 序列 $\{t_k^n\}_{n=1,2,\cdots}$ 都收敛. 设 $\lim\limits_{n \to +\infty} t_k^n = t_k^0$, 令

$$A_0 = (t_1^0, t_2^0, \cdots, t_k^0, \cdots),$$

我们希望证明 $A_0 \in l^2$, 并且 $\lim\limits_{n \to +\infty} A_n = A_0$.

设 $\varepsilon > 0$ 给定, 由定理条件, 存在 N, 使得只要 $n_1 > N$, $n_2 > N$, 就成立 $d(A_{n_1}, A_{n_2}) < \varepsilon$. 而对于 $k = 1, 2, \cdots$, 将 k 固定, 则成立

$$(t_1^{n_1} - t_1^{n_2})^2 + (t_2^{n_1} - t_2^{n_2})^2 + \cdots + (t_k^{n_1} - t_k^{n_2})^2 \leqslant d^2(A_{n_1}, A_{n_2}) < \varepsilon^2.$$

上式中, 令 $n_2 \to +\infty$, 我们得到

$$(t_1^{n_1} - t_1^0)^2 + (t_2^{n_1} - t_2^0)^2 + \cdots + (t_k^{n_1} - t_k^0)^2 \leqslant d^2(A_{n_1}, A_{n_2}) \leqslant \varepsilon^2.$$

由于上式对于任意 k 成立, 令 $k \to +\infty$, 我们得到

$$(t_1^{n_1} - t_1^0)^2 + (t_2^{n_1} - t_2^0)^2 + \cdots + (t_k^{n_1} - t_k^0)^2 + \cdots \leqslant d^2(A_{n_1}, A_{n_2}) \leqslant \varepsilon^2.$$

因此 n_1 固定后, $A_{n_1} - A_0 \in l^2$, 得 $A_0 = -(A_{n_1} - A_0) + A_{n_1} \in l^2$, 而当 $n_1 > N$,

$$\pi[(t_1^{n_1} - t_1^0)^2 + (t_2^{n_1} - t_2^0)^2 + \cdots + (t_k^{n_1} - t_k^0)^2 + \cdots] = d^2(A_{n_1}, A_0) \leqslant \varepsilon^2,$$

我们得到 $\lim\limits_{n \to +\infty} A_n = A_0$, 序列 $\{A_n\}$ 收敛. ∎

利用线性空间 l^2, 我们定义 $P^2[-\pi, \pi]$ 到 l^2 的一个映射 $F: P^2[-\pi, \pi] \to l^2$ 为

$$F(f) = (a_0, a_1, b_1, \cdots, a_n, b_n, \cdots).$$

其中, $f \in P^2[-\pi, \pi]$, 而 $(a_0, a_1, b_1, \cdots, a_n, b_n, \cdots)$ 是 $f(x)$ 的 Fourier 级数

$$f(x) \sim \frac{a_0}{2} + \sum_{n=1}^{+\infty}(a_n \cos nx + b_n \sin nx)$$

中的系数. 映射 F 是 $P^2[-\pi, \pi]$ 到 l^2 的线性同态, 而定理 2.4.5 中的 Bessel 等式表明对于任意 $f, g \in P^2[-\pi, \pi]$, 成立

$$(f, g) = (F(f), F(g)).$$

即线性同态 F 保持内积不变, 因而这一同态保持由内积定义的极限不变. $P^2[-\pi, \pi]$ 中的序列 $\{f_n\}$ 收敛的充要条件是序列 $\{F(f_n)\}$ 在 l^2 中收敛.

如果映射 $F : P^2[-\pi, \pi] \to l^2$ 是满射, 则条件

$$\frac{a_0^2}{2} + \sum_{k=1}^{+\infty}(a_k^2 + b_k^2) < +\infty$$

给出了一个序列 $\{a_0, a_1, b_1, \cdots, a_n, b_n, \cdots\}$ 为某一个平方可积函数的 Fourier 级数系数的充要条件. 但遗憾的是, 这一结论并不成立. 定理 2.4.7 表明 l^2 上的极限理论满足 Cauchy 准则, 但容易看出 $P^2[-\pi, \pi]$ 上的极限理论并不满足 Cauchy 准则. 因此 $F : P^2[-\pi, \pi] \to l^2$ 不能是满射. 对于函数的 Fourier 级数的这一缺憾, 1900 年左右, Lebesgue 在 Riemann 积分的基础上进行改进, 定义了一个新的积分 —— Lebesgue 积分. Lebesgue 积分扩大了可积函数类, 使得原来不是 Riemann 可积的函数变为 Lebesgue 可积函数, 例如 Dirichlet 函数. 而在 Lebesgue 积分的意义下, 映射 F 是满射, 因而条件

$$\frac{a_0^2}{2} + \sum_{k=1}^{+\infty}(a_k^2 + b_k^2) < +\infty$$

给出了一个序列 $\{a_0, a_1, b_1, \cdots, a_n, b_n, \cdots\}$ 为某一个 Lebesgue 平方可积函数的 Fourier 级数系数的充要条件. Lebesgue 积分的理论将在数学分析的后续课程 "实变函数" 里做详细讨论.

同样利用线性同态 $F : P^2[-\pi, \pi] \to l^2$, 我们得到

$$\begin{aligned} \ker\{F\} &= \left\{f \in P^2[-\pi, \pi] \,\middle|\, F(f) = 0\right\} \\ &= \left\{f \in P^2[-\pi, \pi] \,\middle|\, \int_{-\pi}^{\pi} f^2(x)\mathrm{d}x = 0\right\} \\ &= P_0^2[-\pi, \pi], \end{aligned}$$

因此 $F : P^2[-\pi, \pi]/P_0^2[-\pi, \pi] \to l^2$ 是单射. 即在忽略平方积分为零的函数的基础上, $P^2[-\pi, \pi]/P_0^2[-\pi, \pi]$ 中的函数由其 Fourier 级数的系数唯一确定.

2.5　Fourier 级数的一致收敛问题, 逐项积分与逐项微分的问题

上面两节讨论了 Fourier 级数的逐点收敛和均方收敛问题. 我们证明了无论在逐点收敛或者均方收敛的意义下, 大部分能够在实际应用中用到的函数都可以表示为 Fourier 级数. 这一节我们希望讨论 Fourier 级数的一致收敛问题, 以及在什么条件下对 Fourier 级数可以逐项积分、逐项微分. 我们将证明 Fourier 级数对于这些关系也有非常好的性质. 首先给出下面定理.

定理 2.5.1　如果序列 $(a_0, a_1, b_1, \cdots, a_n, b_n, \cdots)$ 满足

$$\frac{|a_0|}{2} + \sum_{k=1}^{+\infty}(|a_k| + |b_k|) < +\infty,$$

则函数级数

$$\frac{a_0}{2} + \sum_{n=1}^{+\infty}(a_n \cos nx + b_n \sin nx)$$

在 $\mathbb{R}$ 上一致收敛, 因而这一级数是 $\mathbb{R}$ 上以 2π 为周期的连续函数的 Fourier 级数.

证明　利用关于函数级数一致收敛的 Weierstrass 控制收敛判别法容易看出, 上面的函数级数在 $\mathbb{R}$ 上一致收敛, 因而其和函数连续. 再利用三角函数系的一致有界性, 对于 $n = 0, 1, 2\cdots$, 上面函数级数乘 $\cos nx$ 或者 $\sin nx$ 后仍然一致收敛, 因而可以逐项积分. 而由三角函数系的正交性, 级数必须是其和函数的 Fourier 级数. ■

利用定理 2.5.1 以及平方可积函数的 Fourier 级数的 Bessel 等式, 从函数自身性质出发, 不难得到下面关于 Fourier 级数一致收敛的判别条件.

定理 2.5.2　设 $f(x)$ 是 $\mathbb{R}$ 上以 2π 为周期的可导函数, 并且导函数 $f'(x)$ 在 $[-\pi, \pi]$ 上平方可积, 则 $f(x)$ 的 Fourier 级数在 $[-\pi, \pi]$ 上一致收敛到 $f(x)$.

证明　$f(x)$ 可导, 因而 $f(x)$ 的 Fourier 级数处处逐点收敛到 $f(x)$.

下面分别以 $a_n(f), b_n(f)$ 和 $a_n(f'), b_n(f')$ 表示 $f(x)$ 及其导函数 $f'(x)$ 的 Fourier 系数. 按照定义, 当 $n > 0$ 时,

$$a_n(f) = \frac{1}{\pi}\int_{-\pi}^{\pi} f(x)\cos nx\mathrm{d}x = \frac{1}{\pi}\int_{-\pi}^{\pi} f(x)\mathrm{d}\left(\frac{\sin nx}{n}\right)$$

$$= f(x)\frac{\sin nx}{n}\bigg|_{-\pi}^{\pi} - \frac{1}{\pi}\int_{-\pi}^{\pi} f'(x)\frac{\sin nx}{n}\mathrm{d}x = -\frac{b_n(f')}{n},$$

$$b_n(f) = \frac{1}{\pi} \int_{-\pi}^{\pi} f(x) \sin nx \mathrm{d}x = \frac{1}{\pi} \int_{-\pi}^{\pi} f(x) \mathrm{d}\left(-\frac{\cos nx}{n}\right)$$

$$= -f(x)\frac{\cos nx}{n}\Big|_{-\pi}^{\pi} + \frac{1}{\pi} \int_{-\pi}^{\pi} f'(x)\frac{\cos nx}{n}\mathrm{d}x = \frac{a_n(f')}{n}.$$

而当 $n = 0$ 时,

$$a_0(f') = \frac{1}{\pi} \int_{-\pi}^{\pi} f'(x)\mathrm{d}x = \frac{1}{\pi}[f(\pi) - f(-\pi)] = 0.$$

由条件 $f'(x)$ 在 $[-\pi, \pi]$ 上平方可积, 因此成立 Bessel 等式

$$(f', f') = \pi\left[\frac{a_0^2(f')}{2} + \sum_{k=1}^{+\infty}[a_k^2(f') + b_k^2(f')]\right] < +\infty.$$

我们得到

$$\sum_{k=1}^{+\infty}\left(k^2 a_k^2(f) + k^2 b_k^2(f)\right) = \frac{a_0^2(f')}{2} + \sum_{k=1}^{+\infty}[a_k^2(f') + b_k^2(f')] < +\infty.$$

另一方面, 利用均值不等式, 则成立

$$|a_n(f)| + |b_n(f)| \leqslant \frac{1}{2}\left(n^2 a_n^2(f) + n^2 b_n^2(f) + \frac{2}{n^2}\right).$$

而 $\sum\limits_{n=1}^{+\infty}\frac{1}{n^2}$ 收敛, 利用正项级数收敛的比较判别法, 我们得到

$$\frac{|a_0(f)|}{2} + \sum_{k=1}^{+\infty}(|a_k(f)| + |b_k(f)|) < +\infty.$$

再利用定理 2.5.1, $f(x)$ 的 Fourier 级数在 $\mathbb{R}$ 上一致收敛. ∎

　　特别的, 定理 2.5.2 表明对于任意以 2π 为周期的连续可导函数, 其 Fourier 级数都是一致收敛的.

　　如果将定理 2.5.2 证明中给出的, 函数 $f(x)$ 以及其导函数 $f'(x)$ 的 Fourier 级数中系数的关系表示为

$$a_0(f') = 0, \quad a_n(f') = nb_n(f), \quad b_n(f') = -na_n(f),$$

我们就得到下面关于 Fourier 级数逐项求导的相关定理.

　　定理 2.5.3　设 $f(x)$ 是以 2π 为周期的可导函数, 并且导函数 $f'(x)$ 在 $[-\pi, \pi]$ 上绝对可积, 则对 $f(x)$ 的 Fourier 级数逐项求导后就得到 $f'(x)$ 的 Fourier 级数.

在定理 2.5.3 中, $f(x)$ 的可导性保证了其 Fourier 级数逐点收敛到 $f(x)$ 自身. 但这一级数逐项求导后得到的函数级数就不一定逐点收敛了. 定理 2.5.3 仅仅保证了逐项求导后得到的级数是函数 $f'(x)$ 的 Fourier 级数, 即成立等式

$$f(x) = \frac{a_0}{2} + \sum_{n=1}^{+\infty} (a_n \cos nx + b_n \sin nx),$$

但仅仅保证成立下面的关系式:

$$f'(x) \sim \left(\frac{a_0(f)}{2}\right)' + \sum_{n=1}^{+\infty} \left[(a_n(f)\cos nx)' + (b_n(f)\sin nx)'\right]$$

$$= \frac{a_0(f')}{2} + \sum_{n=1}^{+\infty} [a_n(f')\cos nx + b_n(f')\sin nx].$$

而如果将定理 2.5.3 中 Fourier 级数逐项求导的关系反过来, 则同样的结论对于 Fourier 级数逐项积分也是成立的. 即对于一个平方可积的函数, 不论函数的 Fourier 级数是否逐点收敛, 函数的 Fourier 级数总是可以逐项积分的.

定理 2.5.4　设 $f(x)$ 是 $[-\pi, \pi]$ 上平方可积的函数, 其 Fourier 级数为

$$f(x) \sim \frac{a_0(f)}{2} + \sum_{n=1}^{+\infty} (a_n(f)\cos nx + b_n(f)\sin nx),$$

则对于任意 $x \in [-\pi, \pi]$, 成立逐项积分的等式

$$\int_{-\pi}^{x} f(t)\mathrm{d}t = \int_{-\pi}^{x} \frac{a_0(f)}{2}\mathrm{d}t + \sum_{n=1}^{+\infty} \int_{-\pi}^{x} \left[a_n(f)\cos nt + b_n(f)\sin nt\right]\mathrm{d}t.$$

并且上面逐项积分后得到的变量 x 的函数级数

$$F(x) = \int_{-\pi}^{x} f(t)\mathrm{d}t = \frac{a_0(f)(\pi + x)}{2} + \sum_{n=1}^{+\infty} \left[a_n(f)\frac{\sin nx}{n} + b_n(f)\frac{\cos n\pi - \cos nx}{n}\right]$$

在 $[-\pi, \pi]$ 上一致收敛, 因而是变上限积分所得函数 $F(x)$ 的 Fourier 级数.

证明　对于任意 $x \in [-\pi, \pi]$, 将 x 固定, 在 $[-\pi, \pi]$ 上定义一个函数 $g_x(t)$ 为

$$g_x(t) = \begin{cases} \dfrac{\pi}{2}, & \text{如果 } t = -\pi,\, t = \pi,\, \text{以及 } t = x, \\ \pi, & \text{如果 } t \in (-\pi, x), \\ 0, & \text{如果 } t \in (x, \pi), \end{cases}$$

则 $g_x(t)$ 平方可积, 因而有 Fourier 级数. 直接计算得

$$a_0(g_x) = \frac{1}{\pi} \int_{-\pi}^{\pi} g_x(t) \mathrm{d}t = \frac{1}{\pi} \int_{-\pi}^{x} \pi \mathrm{d}t = \pi + x,$$

$$a_n(g_x) = \frac{1}{\pi} \int_{-\pi}^{\pi} g_x(t) \cos nt \mathrm{d}t = \frac{1}{\pi} \int_{-\pi}^{x} \pi \cos nt \mathrm{d}t = \frac{\sin nx}{n},$$

$$b_n(g_x) = \frac{1}{\pi} \int_{-\pi}^{\pi} g_x(t) \sin nt \mathrm{d}t = \frac{1}{\pi} \int_{-\pi}^{x} \pi \sin nt \mathrm{d}t = \frac{\cos n\pi - \cos nx}{n}.$$

而由 $g_x(t)$ 的定义得

$$\int_{-\pi}^{x} f(t) \mathrm{d}t = \frac{1}{\pi} \int_{-\pi}^{\pi} f(t) g_x(t) \mathrm{d}t = \frac{1}{\pi}(f, g_x),$$

其中 (f, g_x) 表示函数 $f(x)$ 与 $q_r(t)$ 的内积. 而利用平方可积函数关于内积的 Bessel 等式, 我们得到下面等式:

$$\int_{-\pi}^{x} f(t) \mathrm{d}t = \frac{1}{\pi}(f, g_x) = \frac{a_0(f) a_0(g_x)}{2} + \sum_{n=1}^{+\infty} \left[a_n(f) a_n(g_x) + b_n(f) b_n(g_x) \right]$$

$$= \frac{a_0(f)(\pi + x)}{2} + \sum_{n=1}^{+\infty} \left[a_n(f) \frac{\sin nx}{n} + b_n(f) \frac{\cos n\pi - \cos nx}{n} \right]$$

$$= \int_{-\pi}^{x} \frac{a_0}{2} \mathrm{d}t + \sum_{n=1}^{+\infty} \int_{-\pi}^{x} (a_n \cos nt + b_n \sin nt) \mathrm{d}t,$$

逐项积分的关系成立.

另一方面, 对于 $n \geqslant 1$, 利用均值不等式得

$$\frac{|a_n(f)|}{n} + \frac{|b_n(f)|}{n} \leqslant \frac{1}{2}[a_n^2(f) + b_n^2(f)] + \frac{1}{n^2}.$$

因而应用 Bessel 等式得

$$\frac{|a_0(f)|}{2} + \sum_{n=1}^{+\infty} \left[\frac{|a_n(f)|}{n} + \frac{|b_n(f)|}{n} \right] < +\infty.$$

应用定理 2.5.1, 函数级数

$$\int_{-\pi}^{x} f(t) \mathrm{d}t = \int_{-\pi}^{x} \frac{a_0}{2} \mathrm{d}t + \sum_{n=1}^{+\infty} \int_{-\pi}^{x} (a_n \cos nt + b_n \sin nt) \mathrm{d}t$$

$$= \frac{a_0(f)(\pi + x)}{2} + \sum_{n=1}^{+\infty} \left[a_n(f) \frac{\sin nx}{n} + b_n(f) \frac{\cos n\pi - \cos nx}{n} \right]$$

一致收敛. ■

上面定理表明 Fourier 级数对于逐项积分和逐项微分都有非常好的运算性质.

2.6 其他形式的 Fourier 级数

由于三角函数系的特殊性, 上面几节我们都是在 $[-\pi, \pi]$ 上讨论函数的 Fourier 级数. 我们给出了 Fourier 级数逐点收敛、均方收敛等相关的性质, 证明了三角函数系构成函数空间 $C[-\pi, \pi]$ 和 $P^2[-\pi, \pi]/P_0^2[-\pi, \pi]$ 的完备单位正交基.

现设 $[a, b] \subset \mathbb{R}$ 是任意给定的区间, 怎样讨论 $[a, b]$ 上的函数对于三角函数系的 Fourier 展开呢? 对此, 最简单的方法是做变换, 将 $[a, b]$ 转换到 $[-\pi, \pi]$. 例如, 令

$$F : [-\pi, \pi] \to [a, b], \quad F(x) = a + \frac{b - a}{2\pi}(x + \pi),$$

则 F 将 $[-\pi, \pi]$ 同胚地映到 $[a, b]$. 这时, 其有逆变换

$$F^{-1} : [a, b] \to [-\pi, \pi], \quad F^{-1}(t) = -\pi + \frac{2\pi}{b - a}(t - a).$$

如果 $f(t)$ 是 $[a, b]$ 上绝对可积的函数, 则 $f\left(a + \dfrac{b - a}{2\pi}(x + \pi)\right)$ 是 $[-\pi, \pi]$ 上绝对可积的函数, 因而有 Fourier 级数

$$f\left(a + \frac{b - a}{2\pi}(x + \pi)\right) \sim \frac{a_0}{2} + \sum_{n=1}^{+\infty}(a_n \cos nx + b_n \sin nx).$$

换回区间 $[a, b]$, 我们得到 $f(t)$ 的 Fourier 级数

$$f(t) \sim \frac{a_0}{2} + \sum_{n=1}^{+\infty}\left[a_n \cos n\left(-\pi + \frac{2\pi}{b - a}(t - a)\right) + b_n \sin n\left(-\pi + \frac{2\pi}{b - a}(t - a)\right)\right],$$

这里

$$a_0 = \frac{1}{\pi}\int_{-\pi}^{\pi} f\left(a + \frac{b - a}{2\pi}(x + \pi)\right)\mathrm{d}t = \frac{2}{b - a}\int_a^b f(t)\mathrm{d}t,$$

而当 $n \geqslant 1$ 时,

$$a_n = \frac{1}{\pi}\int_{-\pi}^{\pi} f\left(a + \frac{b - a}{2\pi}(x + \pi)\right)\cos nx\mathrm{d}x$$
$$= \frac{2}{b - a}\int_a^b f(t)\cos n\left(-\pi + \frac{2\pi}{b - a}(t - a)\right)\mathrm{d}t,$$
$$b_n = \frac{2}{b - a}\int_a^b f(t)\sin n\left(-\pi + \frac{2\pi}{b - a}(t - a)\right)\mathrm{d}t.$$

按照我们上面几节的讨论, 三角函数系

$$\left\{\frac{1}{\sqrt{b-a}}, \sqrt{\frac{2}{b-a}}\cos\left(-\pi+\frac{2\pi}{b-a}(t-a)\right), \sqrt{\frac{2}{b-a}}\sin\left(-\pi+\frac{2\pi}{b-a}(t-a)\right), \cdots,\right.$$

$$\left.\sqrt{\frac{2}{b-a}}\cos n\left(-\pi+\frac{2\pi}{b-a}(t-a)\right), \sqrt{\frac{2}{b-a}}\sin n\left(-\pi+\frac{2\pi}{b-a}(t-a)\right), \cdots\right\}$$

构成了线性空间 $C[a,b]$ 和 $P^2[a,b]/P_0^2[a,b]$ 的完备单位正交基. 而前面给出的关于 Fourier 级数逐点收敛、均方收敛、逐项积分和逐项微分等相关性质对于 $[a,b]$ 上的函数的 Fourier 展开都是成立的.

另一种方法是经过平移和压缩后不妨设 $[a,b] \subset [-\pi,\pi]$, 将 $[a,b]$ 上绝对可积的函数 $f(x)$ 延拓为 $[-\pi,\pi]$ 上绝对可积的函数 $\tilde{f}(x)$. 在 $[-\pi,\pi]$ 上将 $\tilde{f}(x)$ 展开为 Fourier 级数, 限制到 $[a,b]$ 上就可将 $f(x)$ 用三角函数系来表示. 而根据 Fourier 级数逐点收敛的 Riemann 局部化定理, 上面的 Fourier 级数在 (a,b) 上的收敛性仅与 $f(x)$ 有关, 与延拓方式无关. 当然, 延拓后函数的 Fourier 级数的系数与延拓方法有关. 特别的, 如果 $[a,b] \subsetneqq [-\pi,\pi]$, 则 $f(x)$ 利用延拓展开的 Fourier 级数不是唯一的.

下面我们给出几种特殊形式的 Fourier 级数.

(1) 以 $2l$ 为周期的函数的 Fourier 级数.

设 $f(x)$ 是 $[-l,l]$ 上以 $2l$ 为周期的函数, 则 $f\left(\dfrac{l}{\pi}x\right)$ 是以 2π 为周期的函数. 如果

$$f\left(\frac{l}{\pi}x\right) \sim \frac{a_0}{2} + \sum_{n=1}^{+\infty}[a_n\cos nx + b_n\sin nx]$$

是 $f\left(\dfrac{l}{\pi}x\right)$ 的 Fourier 级数, 则成立

$$a_n = \frac{1}{\pi}\int_{-\pi}^{\pi} f\left(\frac{l}{\pi}x\right)\cos nx\mathrm{d}x = \frac{1}{l}\int_{-l}^{l} f(t)\cos\frac{\pi}{l}nt\mathrm{d}t,$$

$$b_n = \frac{1}{l}\int_{-l}^{l} f(t)\sin\frac{\pi}{l}nt\mathrm{d}t.$$

因而

$$f(x) \sim \frac{a_0}{2} + \sum_{n=1}^{+\infty}\left(a_n\cos\frac{\pi}{l}nx + b_n\sin\frac{\pi}{l}nx\right)$$

是 $f(x)$ 在 $[-l,l]$ 上的 Fourier 级数.

(2) 函数的正弦和余弦 Fourier 级数.

我们在本章 2.1 节的例 4 中证明了下面的两个三角函数系

$$\left\{\frac{\sqrt{2}\sin x}{\sqrt{\pi}}, \frac{\sqrt{2}\sin 2x}{\sqrt{\pi}}, \cdots, \frac{\sqrt{2}\sin nx}{\sqrt{\pi}}, \cdots\right\},$$

$$\left\{\frac{1}{\sqrt{\pi}}, \frac{\sqrt{2}\cos x}{\sqrt{\pi}}, \frac{\sqrt{2}\cos 2x}{\sqrt{\pi}}, \cdots, \frac{\sqrt{2}\cos nx}{\sqrt{\pi}}, \cdots\right\}$$

同时都是 $C[0,\pi]$ 中的单位正交函数列. 因此对于定义在 $[0,\pi]$ 上的绝对可积的函数 $f(x)$, $f(x)$ 可以对这两个单位正交函数系分别展开为 Fourier 级数

$$f(x) \sim \sum_{n=1}^{+\infty} \left(f(x), \frac{\sqrt{2}\sin nx}{\sqrt{\pi}} \right) \frac{\sqrt{2}\sin nx}{\sqrt{\pi}},$$

$$f(x) \sim \left(f, \frac{1}{\sqrt{\pi}} \right) \frac{1}{\sqrt{\pi}} + \sum_{n=1}^{+\infty} \left(f(x), \frac{\sqrt{2}\cos nx}{\sqrt{\pi}} \right) \frac{\sqrt{2}\cos nx}{\sqrt{\pi}}.$$

这两个级数分别称为 $f(x)$ 的正弦 Fourier 级数和余弦 Fourier 级数. 自然的问题是对于 $[0,\pi]$ 上函数的这两个 Fourier 级数, 其收敛性与 $[-\pi,\pi]$ 上的 Fourier 级数是否相同? 答案是肯定的, 下面我们以定理的形式来表述相关的结论.

定理 2.6.1 区间 $[0,\pi]$ 上函数的正弦 Fourier 级数和余弦 Fourier 级数与 $[-\pi,\pi]$ 上函数的 Fourier 级数有相同的收敛性质. 特别的, 上面的两个三角函数系都是函数空间 $C[0,\pi]$ 和 $P^2[0,\pi]/P_0^2[0,\pi]$ 中的完备单位正交函数系.

证明 设 $f(x)$ 是 $[0,\pi]$ 上绝对可积的函数, 如果对 $f(x)$ 做奇延拓, 即令

$$f_1(x) = \begin{cases} f(x), & \text{如果 } x \in [0,\pi], \\ -f(-x), & \text{如果 } x \in [-\pi,0), \end{cases}$$

则 $f_1(x)$ 是 $[-\pi,\pi]$ 上绝对可积的奇函数, 其在 $[-\pi,\pi]$ 上的 Fourier 级数仅含正弦函数. 将这一展开限制在 $[0,\pi]$ 上, 我们就得到 $f(x)$ 的正弦 Fourier 级数, 两个级数有相同的收敛性.

同理, 如果将 $f(x)$ 从 $[0,\pi]$ 上偶延拓为 $[-\pi,\pi]$ 上的函数, 即令

$$f_2(x) = \begin{cases} f(x), & \text{如果 } x \in (0,\pi], \\ f(-x), & \text{如果 } x \in [-\pi,0), \end{cases}$$

则偶函数 $f_2(x)$ 在 $[-\pi,\pi]$ 上的 Fourier 级数仅含余弦函数, 限制在 $[0,\pi]$ 上就是 $f(x)$ 的余弦 Fourier 级数. ■

与 $[-\pi,\pi]$ 上的 Fourier 级数相同, $[0,\pi]$ 上函数的正弦和余弦 Fourier 级数在区间端点 0 和 π 的收敛性需要单独讨论. 下面罗列几个例子供读者参考.

例 1 $\dfrac{x^2}{4} - \dfrac{\pi x}{2} = \dfrac{\pi^2}{6} + \sum_{n=1}^{+\infty} \dfrac{\cos nx}{n^2}, x \in [0,\pi].$

例 2 求 $f(x)$ 的余弦 Fourier 级数, 这里

$$f(x) = \begin{cases} \sin x, & \text{如果 } x \in \left[0, \dfrac{\pi}{2} \right], \\ 0, & \text{如果 } x \in \left(\dfrac{\pi}{2}, \pi \right]. \end{cases}$$

解 当 $x \in [0, \pi]$ 时, 直接计算得

$$f(x) = \frac{1}{\pi} + \frac{1}{\pi}\cos x - \frac{2}{\pi}\sum_{n=1}^{+\infty}\frac{1}{4n^2-1}\cos 2nx$$

$$+ \frac{2}{\pi}\sum_{n=1}^{+\infty}\frac{(-1)^n}{2n+1+(-1)^n}\cos(2n+1)x.$$

例 3 求 $f(x)$ 的正弦 Fourier 级数, 这里

$$f(x) = \begin{cases} \sin x, & \text{如果 } x \in \left[0, \dfrac{\pi}{2}\right], \\ 0, & \text{如果 } x \in \left(\dfrac{\pi}{2}, \pi\right]. \end{cases}$$

解 当 $x \in \left[0, \dfrac{\pi}{2}\right) \bigcup \left(\dfrac{\pi}{2}, \pi\right]$ 时, 直接计算得

$$f(x) = \frac{1}{2}\sin x + \frac{4}{\pi}\sum_{n=1}^{+\infty}\frac{(-1)^{n+1}}{4n^2-1}\sin 2nx.$$

(3) 复数形式的 Fourier 级数.

在幂级数的讨论中, 利用三角函数和指数函数的幂级数展开, 我们定义了复变量的初等函数, 并借助此证明了 Euler 公式

$$\mathrm{e}^{\mathrm{i}\theta} = \cos\theta + \mathrm{i}\sin\theta.$$

利用 Euler 公式我们得到

$$\cos\theta = \frac{\mathrm{e}^{\mathrm{i}\theta} + \mathrm{e}^{-\mathrm{i}\theta}}{2}, \quad \sin\theta = \mathrm{i}\frac{\mathrm{e}^{-\mathrm{i}\theta} - \mathrm{e}^{\mathrm{i}\theta}}{2}.$$

借助于复数, Euler 公式实现了三角函数与指数函数相互之间的互换关系. 对此, 一个自然的问题是, 前面利用三角函数系得到的 Fourier 级数如何用指数函数来表示? 这样的表示有什么意义? 这里我们对此做一些简单介绍.

设 $f(x)$ 是 $[-\pi, \pi]$ 上绝对可积的函数, 其 Fourier 级数为

$$f(x) \sim \frac{a_0}{2} + \sum_{n=1}^{+\infty}(a_n\cos nx + b_n\sin nx),$$

利用 Euler 公式我们得到

$$\frac{a_0}{2} + \sum_{n=1}^{+\infty}(a_n\cos nx + b_n\sin nx) = \frac{a_0}{2} + \sum_{n=1}^{+\infty}\left(a_n\frac{\mathrm{e}^{\mathrm{i}nx} + \mathrm{e}^{-\mathrm{i}nx}}{2} + b_n\mathrm{i}\frac{\mathrm{e}^{-\mathrm{i}nx} - \mathrm{e}^{\mathrm{i}nx}}{2}\right)$$

$$= \frac{a_0}{2} + \sum_{n=1}^{+\infty} \left(\frac{a_n - \mathrm{i}b_n}{2} \mathrm{e}^{\mathrm{i}nx} + \frac{a_n + \mathrm{i}b_n}{2} \mathrm{e}^{-\mathrm{i}nx} \right)$$

$$= \sum_{n=-\infty}^{+\infty} c_n \mathrm{e}^{\mathrm{i}nx},$$

其中, 对于 $n = 0, 1, 2, \cdots$, $c_n = \dfrac{a_n - \mathrm{i}b_n}{2}$, 而对于 $n = -1, -2, \cdots$, $c_n = \dfrac{a_{-n} + \mathrm{i}b_{-n}}{2}$. 函数级数

$$f(x) \sim \sum_{n=-\infty}^{+\infty} c_n \mathrm{e}^{\mathrm{i}nx}$$

称为 $f(x)$ 的**复数形式的 Fourier 级数**. 由于其对变量有很好的对称性, 求导和积分运算也比较方便, 因此在许多学科, 例如物理中讨论各种方程时经常用到. 另外, 如果要将 Fourier 级数推广到多个变元的函数, 复数形式的 Fourier 级数更加方便、简洁.

对于上面复数形式的 Fourier 级数, 有一点需要特别说明. 通常对于一个形式为 $\sum\limits_{n=-\infty}^{+\infty} a_n$ 的级数, 我们将其理解为

$$\sum_{n=-\infty}^{+\infty} a_n = \sum_{n=0}^{+\infty} a_n + \sum_{n=-1}^{-\infty} a_n.$$

即级数 $\sum\limits_{n=-\infty}^{+\infty} a_n$ 是两个独立级数 $\sum\limits_{n=0}^{+\infty} a_n$ 和 $\sum\limits_{n=1}^{+\infty} a_{-n}$ 的和. 而级数 $\sum\limits_{n=-\infty}^{+\infty} a_n$ 收敛等价于级数 $\sum\limits_{n=0}^{+\infty} a_n$ 和 $\sum\limits_{n=1}^{+\infty} a_{-n}$ 都分别收敛. 但是, 对于复数形式的 Fourier 级数, 将 Fourier 级数部分和 $S_n(f, x) = \dfrac{a_0}{2} + \sum\limits_{k=1}^{n} (a_k \cos kx + b_k \sin kx)$ 的公式转换到复数, 我们得到

$$S_n(f, x) = \frac{a_0}{2} + \sum_{k=1}^{n} \left(\frac{a_k - \mathrm{i}b_k}{2} \mathrm{e}^{\mathrm{i}kx} + \frac{a_k + \mathrm{i}b_k}{2} \mathrm{e}^{-\mathrm{i}kx} \right) = \sum_{k=-n}^{n} c_k \mathrm{e}^{\mathrm{i}kx},$$

因此

$$\lim_{n \to +\infty} S_n(f, x) = \lim_{n \to +\infty} \sum_{k=-n}^{n} c_k \mathrm{e}^{\mathrm{i}kx}.$$

即在复数形式的 Fourier 级数 $\sum\limits_{n=-\infty}^{+\infty} c_n \mathrm{e}^{\mathrm{i}nx}$ 中, $n \geqslant 0$ 的部分 $\sum\limits_{n=0}^{+\infty} c_n \mathrm{e}^{\mathrm{i}nx}$ 与 $n < 0$ 的部分 $\sum\limits_{n=-1}^{-\infty} c_n \mathrm{e}^{\mathrm{i}nx}$ 并不相互独立. 复数形式的 Fourier 级数作为极限与区间 $(-\infty, +\infty)$

上函数 $f(x)$ 广义积分依主值收敛的极限

$$\lim_{R\to+\infty}\int_{-R}^{R}f(x)\mathrm{d}x = (\mathrm{p.v.})\int_{-\infty}^{+\infty}f(x)\mathrm{d}x$$

意义相同.

如果进一步考虑复值函数, 复数形式的 Fourier 级数也可以按照函数对于完备单位正交基的展开来理解. 首先定义复值平方可积函数构成的线性空间为

$$E^2[-\pi,\pi] = \left\{h(x) = f(x) + \mathrm{i}g(x) \,\Big|\, \int_{-\pi}^{\pi}\|h(x)\|^2\mathrm{d}x = \int_{-\pi}^{\pi}[f^2(x) + g^2(x)]\mathrm{d}x < +\infty\right\}.$$

在 $E^2[-\pi,\pi]$ 上定义内积为: $\forall h_1(x),\, h_2(x) \in E^2[-\pi,\pi]$, 函数的内积 (h_1,h_2) 为

$$(h_1,h_2) = \int_{-\pi}^{\pi}h_1(x)\cdot\overline{h_2(x)}\mathrm{d}x.$$

对于复线性空间 $E^2[-\pi,\pi]$ 上的这一内积, 按照我们前面在实值平方可积函数构成的线性空间 $P^2[-\pi,\pi]$ 上的做法, 不难验证函数序列

$$\left\{\cdots, \frac{1}{\sqrt{2\pi}}\mathrm{e}^{-\mathrm{i}nx}, \cdots, \frac{1}{\sqrt{2\pi}}\mathrm{e}^{-\mathrm{i}x}, \frac{1}{\sqrt{2\pi}}, \frac{1}{\sqrt{2\pi}}\mathrm{e}^{-\mathrm{i}x}, \cdots, \frac{1}{\sqrt{2\pi}}\mathrm{e}^{\mathrm{i}nx}, \cdots\right\}$$

构成了复线性空间 $E^2[-\pi,\pi]$ 的完备单位正交基, 而复数形式的 Fourier 级数则可以看作复线性空间 $E^2[-\pi,\pi]$ 中函数 $h(x)$ 对于这一正交基的 Fourier 展开

$$h(x) \sim \sum_{n=-\infty}^{+\infty}\left(h(x), \frac{1}{\sqrt{2\pi}}\mathrm{e}^{\mathrm{i}nx}\right)\frac{1}{\sqrt{2\pi}}\mathrm{e}^{\mathrm{i}nx} = \sum_{n=-\infty}^{+\infty}c_n\mathrm{e}^{\mathrm{i}nx}.$$

当然, 我们在前面几节得到的 Fourier 级数的逐点收敛、均方收敛以及一致收敛、逐项求导和逐项积分等性质对于复数形式的 Fourier 级数都是成立的.

习　题

1. 证明下面的函数系是区间 $[0,l]$ 上的正交函数系, 其中 $n = 1, 2, \cdots$:

(1) $\left\{y_n(x) = \sin\dfrac{n\pi}{l}x\right\}$;　　　　(2) $\left\{y_n(x) = \cos\dfrac{n\pi}{l}x\right\}$;

(3) $\left\{y_n(x) = \sin\dfrac{(2n+1)\pi}{2l}x\right\}$;　　(4) $\left\{y_n(x) = \cos\dfrac{(2n+1)\pi}{2l}x\right\}$.

2. 证明: $\left\{1, \cos\dfrac{\pi}{l}x,\ \sin\dfrac{\pi}{l}x, \cdots, \cos\dfrac{n\pi}{l}x,\ \sin\dfrac{n\pi}{l}x, \cdots\right\}$ 是函数空间 $C[-l,l]$ 中的正交函数系. 并将这一函数系改造成为单位正交函数系.

3. 证明: Legendre 多项式 $\left\{ P_n(x) = \dfrac{1}{2^n n!}[(x^2-1)^n]^{(n)} \right\}$ 是 $C[0,1]$ 中的完备正交函数系.

4. 求下面周期为 2π 的函数的 Fourier 级数:

(1) 三角函数多项式 $S_n(x) = \sum\limits_{k=0}^{n}(a_k \cos kx + b_k \sin kx);$

(2) $f(x) = x, \quad x \in [-\pi, \pi);$　　　(3) $f(x) = \mathrm{e}^{ax}, \quad x \in [-\pi, \pi);$

(4) $f(x) = x^3, \quad x \in [-\pi, \pi);$　　　(5) $f(x) = \cos\dfrac{1}{2}x;$

(6) $f(x) = |\sin x|, \quad x \in [-\pi, \pi);$　　(7) $f(x) = \begin{cases} \mathrm{e}^{ax}, & x \in [-\pi, 0], \\ 0, & x \in (0, \pi); \end{cases}$

(8) $f(x) = \cos^3 x;$　　　　　　　　　　(9) $f(x) = x \cos x, \quad x \in [-\pi, \pi);$

(10) $f(x) = \ln\left(2\sin\dfrac{|x|}{2}\right), \quad x \in [-\pi, \pi).$

5. 将函数 $f(x) = \sin^4 x$ 展开为 Fourier 级数.

6. 在 $(-\pi, \pi)$ 上将下面函数展开为 Fourier 级数:

(1) $f(x) = \mathrm{sgn}\,x;$　　　(2) $f(x) = \mathrm{sgn}\sin 2x;$　　　(3) $f(x) = |x|.$

7. 在 $(0, 2\pi)$ 上将下面函数展开为 Fourier 级数:

(1) $f(x) = \dfrac{\pi - x}{2};$　　　(2) $f(x) = \ln\dfrac{1}{2\sin\frac{x}{2}}.$

8. 设 $f(x)$ 在 $[-\pi, \pi]$ 上单调, $\{a_n\}$, $\{b_n\}$ 是 $f(x)$ 的 Fourier 级数的系数, 证明:

$$a_n = O\left(\frac{1}{n}\right), \qquad b_n = O\left(\frac{1}{n}\right).$$

9. 设 $f(x)$ 是以 2π 为周期的函数, 并且满足 Lipschitz 条件: $|f(x) - f(y)| \leqslant C|x - y|^a$, 其中 $0 < a \leqslant 1$. $\{a_n\}$, $\{b_n\}$ 是 $f(x)$ 的 Fourier 级数的系数, 证明:

$$a_n = O\left(\frac{1}{n^a}\right), \quad b_n = O\left(\frac{1}{n^a}\right).$$

10. 设 $f(x) = x^2$, 按下面要求将 $f(x)$ 展开为 Fourier 级数:

(1) 按余弦函数展开;

(2) 按正弦函数展开;

(3) 在区间 $(0, 2\pi)$ 上展开;

(4) 求下面级数:

$$\sum_{n=0}^{+\infty}\frac{1}{n^2}, \quad \sum_{n=0}^{+\infty}\frac{(-1)^n}{n^2}, \quad \sum_{n=0}^{+\infty}\frac{1}{(2n-1)^2}.$$

11. 设 $f(x)$ 是以 2π 为周期, 且 r 阶连续可导的函数, 满足 $\displaystyle\int_{-\pi}^{\pi} f(x)\mathrm{d}x = 0$. 证明:

$$f(x) = \sum_{k=1}^{+\infty}\frac{1}{\pi k^r}\int_0^{2\pi}\cos\left[k(t-x)+\frac{r\pi}{2}\right]f^{(r)}(t)\mathrm{d}t.$$

12. 利用展开式 $x = 2 \sum_{n=1}^{+\infty} (-1)^{n+1} \dfrac{\sin nx}{n}$, $x \in (-\pi, \pi)$, 求:

(1) 函数 x^2, x^3, x^4 在 $(-\pi, \pi)$ 上的 Fourier 级数;

(2) 级数 $\sum_{n=1}^{+\infty} \dfrac{(-1)^{n+1}}{n^4}$ 和 $\sum_{n=1}^{+\infty} \dfrac{1}{n^4}$.

13. 设 $0 < a < \dfrac{\pi}{2}$ 是给定的常数, 令

$$f(x) = \begin{cases} 2a - |x|, & |x| \leqslant 2a, \\ 0, & 2a < |x| \leqslant \pi. \end{cases}$$

(1) 求 $f(x)$ 的 Fourier 级数.

(2) 求级数 $\sum_{n=1}^{+\infty} \dfrac{\sin^2 n}{n^2}$ 和 $\sum_{n=1}^{+\infty} \dfrac{\cos^2 n}{n^2}$.

14. (1) 在 $(-\pi, \pi)$ 内求 $f(x) = \mathrm{e}^x$ 的 Fourier 级数.

(2) 求级数 $\sum_{n=1}^{+\infty} \dfrac{1}{1+n^2}$.

15. 设 $T_n(x) = \dfrac{a_0}{2} + \sum_{k=0}^{n} (a_k \cos kx + b_k \sin kx)$ 是三角函数多项式, 证明:

$$T_n(x) = \frac{\pi}{2} \int_{-\pi}^{\pi} T_n(x+t) \frac{\sin\left(n + \dfrac{1}{2}\right) t}{2 \sin \dfrac{t}{2}} \mathrm{d}t.$$

16. 设 $\dfrac{a_0}{2} + \sum_{k=0}^{+\infty} (a_k \cos kx + b_k \sin kx)$ 是 $f(x)$ 的 Fourier 级数, 证明:

(1) 如果 $f(x)$ 在 $(0, 2\pi)$ 上有界并且单调下降, 则 $b_n \geqslant 0$;

(2) 如果 $f'(x)$ 在 $(0, 2\pi)$ 上有界并且单调下升, 则 $a_n \geqslant 0$.

17. 如果 $f(x)$ 是以 2π 为周期的绝对可积的函数.

(1) 给出并证明 $f(x)$ 的 Fourier 级数的部分和 $S_n(f, n)$ 的公式;

(2) 令 $\sigma_n(f, x) = \dfrac{S_0(f, x) + S_1(f, x) + \cdots + S_n(f, x)}{n+1}$ 为部分和的平均值, 证明:

$$\sigma_n(f, x) = \frac{1}{(n+1)\pi} \int_{-\pi}^{\pi} f(x+t) \frac{\sin^2\left(\dfrac{n+1}{2}\right) t}{2 \sin^2 \dfrac{t}{2}} \mathrm{d}t.$$

18. 设 $f(x)$ 是以 2π 为周期的连续函数, 证明: $\sigma_n(f, x) \rightrightarrows f(x)$.

19. 给出第 4 题中函数的 Fourier 级数的和函数.

20. 给出第 6 题和第 7 题中函数的 Fourier 级数的和函数.

21. 设 $f(x)$ 是以 2π 为周期的连续可导的函数, 证明: 存在三角函数多项式序列 $\{T_n(x)\}$, 使得 $\{T_n(x)\}$ 一致收敛于 $f(x)$, 同时 $\{T'_n(x)\}$ 一致收敛于 $f'(x)$.

22. 设 $f(x)$ 是以 2π 为周期的绝对可积的函数, 如果 $f(x)$ 的 Fourier 级数一致收敛于 $f(x)$,

用两种不同方法证明:

$$\frac{1}{\pi}\int_{-\pi}^{\pi}f^2(x)\mathrm{d}x = \frac{a_0^2}{2} + \sum_{k=0}^{+\infty}(a_k^2 + b_k^2).$$

23. 设 $f(x)$ 在 $[0,l]$ 上平方可积, 证明:

$$\frac{2}{l}\int_0^l f^2(x)\mathrm{d}x = \frac{a_0^2}{2} + \sum_{k=0}^{+\infty}a_k^2,$$

其中 $a_k = \dfrac{2}{l}\displaystyle\int_0^l f(x)\cos\frac{n\pi x}{l}\mathrm{d}x.$

24. 问 $\left\{\dfrac{1}{\sqrt{2\pi}}, \dfrac{\cos x}{\sqrt{\pi}}, \dfrac{\cos 2x}{\sqrt{\pi}}\cdots, \dfrac{\cos nx}{\sqrt{\pi}}, \cdots\right\}$ 和 $\left\{\dfrac{\sin x}{\sqrt{\pi}}, \dfrac{\sin 2x}{\sqrt{\pi}}\cdots, \dfrac{\sin nx}{\sqrt{\pi}}, \cdots\right\}$ 是否是函数空间 $C[0,\pi]$ 中的完备单位正交基? 是否是 $C[0,\pi]$ 中的线性基?

25. 令

$$l^2 = \left\{\{a_n\}\Big| \sum_{n=1}^{+\infty}a_n^2 < +\infty\right\},$$

对于任意 $A = \{a_n\}$, $B = \{b_n\} \in l^2$, 定义 A 与 B 之间的距离为

$$d(A,B) = \sqrt{\sum_{n=1}^{+\infty}(a_n - b_n)^2}.$$

证明: l^2 满足 Cauchy 准则. 问 l^2 是否满足 Bolzano 定理, 即 l^2 中有界序列一定有收敛子列.

26. 设 $\{a_n\}_{n=0,1,2,\cdots}$ 和 $\{b_n\}_{n=0,1,2,\cdots}$ 都是单调趋于零的序列, 证明: $\displaystyle\sum_{k=0}^{+\infty}(a_k\cos kx + b_k\sin kx)$ 在 $[0,\pi)$ 上收敛, 且其和函数连续. 问这一三角级数是否是某一个函数的 Fourier 级数?

27. 设 $\sigma_n(f,x)$ 是 $[-\pi,\pi]$ 上绝对可积函数 $f(x)$ 的 Fejer 和, 如果在点 $x_0 \in (-\pi,\pi)$ 处, $f(x)$ 的单侧极限都收敛, 证明:

$$\lim_{n\to+\infty}\sigma_n(f,x_0) = \frac{f(x_0+0) + f(x_0-0)}{2}.$$

28. 设 $f(x)$ 是以 2π 为周期的连续函数, $h > 0$ 是给定的常数, 令

$$F(x) = \frac{1}{2h}\int_{x-h}^{x+h}f(t)\mathrm{d}t.$$

求 $F(x)$ 的 Fourier 级数, 并证明这一级数一致收敛于 $F(x)$.

29. 设 $f(x)$ 是以 2π 为周期的连续可导的函数, $f(x) \sim \displaystyle\sum_{k=-\infty}^{+\infty}c_k\mathrm{e}^{\mathrm{i}kx}$ 是 $f(x)$ 的复数形式的 Fourier 级数, 证明: $\displaystyle\sum_{k=-\infty}^{+\infty}\mathrm{i}kc_k\mathrm{e}^{\mathrm{i}kx}$ 是 $f'(x)$ 的复数形式的 Fourier 级数.

30. 设在区间 $[a,b]$ 上, 三角级数

$$\frac{a_0}{2} + \sum_{k=0}^{+\infty}(a_k\cos kx + b_k\sin kx), \quad \frac{c_0}{2} + \sum_{k=0}^{+\infty}(c_k\cos kx + d_k\sin kx)$$

都一致收敛并且和函数相等, 问对于 $k = 0, 1, 2 \cdots$, 是否成立 $a_k = c_k, b_k = d_k$?

31. 如果在第 30 题中加上三角级数同时也均方收敛, 问等式是否成立?

32. 对于定理 2.1.2 中利用多项式给出的线性空间 $C[a, b]$ 中的完备单位正交系, 问其 Fourier 级数的均方收敛定理是否成立?

33. 设 V_2 是线性空间 V_1 的线性子空间, 如果 $a, b \in V_1$ 满足 $a - b \in V_2$, 则称 a 与 b 等价, 记为 $a \sim b$. 证明: $\sim$ 是 V_1 上的等价关系, 即 $\sim$ 满足: $a \sim a$; 如果 $a \sim b$, 则 $b \sim a$; 如果 $a \sim b, b \sim c$, 则 $a \sim c$.

34. 证明: 利用第 33 题在 V_1 上定义的等价关系, V_1 的所有等价类构成一个线性空间. 这一空间称为 V_1 关于 V_2 的商空间, 记为 V_1/V_2.

第三章 n 维欧氏空间 $\mathbb{R}^n$

　　从本书的这一章开始, 我们将逐步建立数学分析中关于多元函数的微积分理论. 我们知道一个事件的发生和变化往往依赖多种因素. 例如, 为了表示和记录物体的运动, 需要 4 维时空, 而如果在讨论运动的同时还需要考虑运动物体的其他因素, 则就需要应用更高维的空间来描述运动的模式了. 通常如果一个事件的变化和表示依赖 n 种因素, 则可以认为这一事件发生在 n 维的空间里. 将此转换为数学分析的语言, 我们需要讨论自变量是多个变量的函数 $y = f(x^1, \cdots, x^n)$. 这里需要做的是将在前面关于一个变量的函数 $y = f(x)$ 建立起来的微积分理论推广到多个变量的函数上. 我们需要研究多变元函数的极限和连续性, 定义并且讨论多元函数的导数、微分和积分. 更一般的, 研究多元向量函数, 并给出一些有意义的应用.

　　这一部分内容的学习首先需要回顾和复习一元微积分的相关知识, 巩固一元微积分的学习成果. 在这一基础上, 比较多元函数与一元函数不同的讨论对象, 处理问题的不同方式. 分析各种能够或者不能够在多元微积分推广的定义和定理上的差异, 理解产生这些差异的原因. 通过多次重复、反复应用来加深一元微积分的理解, 掌握多元微积分的理论.

　　首先, 在一元微积分中, 我们以实数的确界原理为基本假设, 得到了实数空间对于极限完备性的七大定理, 并利用此推出连续函数的三大定理. 然后, 我们利用连续函数的最大、最小值定理证明了 Lagrange 微分中值定理, 并进一步给出了微分的应用以及 Newton-Leibniz 公式. 利用闭区间上连续函数的一致连续定理证明了连续函数可积, 建立了积分的其他理论.

　　对于多元微积分, 与一元微积分相同, 极限仍然是基本工具. 而为了得到一个好的极限理论, 需要以实数空间 $\mathbb{R}$ 上已经得到的结论为基础, 将描述实数空间 $\mathbb{R}$

完备性的多个定理推广到多个变元 $(x^1, \cdots, x^n)$ 所在的空间 $\mathbb{R}^n$ 上. 然后以此来推广连续函数的三大定理, 并进一步建立多元微积分的其他理论.

3.1 n 维欧氏空间 $\mathbb{R}^n$

在线性代数中我们讨论了 n **维向量空间**$\mathbb{V}^n$. 令

$$\mathbb{V}^n = \overbrace{\mathbb{R} \times \cdots \times \mathbb{R}}^{n\text{ 次}} = \{(x^1, \cdots, x^n) \,|\, x^i \in \mathbb{R}, i = 1, \cdots, n\}.$$

$\mathbb{V}^n$ 中的元素称为 n 维向量. 我们在 $\mathbb{V}^n$ 上定义了向量与实数的乘积运算 —— 数乘, 以及向量之间的加法运算. 设 $c \in \mathbb{R}$, 而

$$A = (x^1, \cdots, x^n) \in \mathbb{V}^n, \quad B = (y^1, \cdots, y^n) \in \mathbb{V}^n,$$

定义实数与向量的数乘为

$$cA = c(x^1, \cdots, x^n) = (cx^1, \cdots, cx^n);$$

定义向量 A 与 B 之间的加法为

$$A + B = (x^1, \cdots, x^n) + (y^1, \cdots, y^n) = (x^1 + y^1, \cdots, x^n + y^n).$$

这些运算使得 $\mathbb{V}^n$ 成为 n 维向量空间. 在这些运算的基础上, 为了定义多个变量的极限理论, 我们需要在 $\mathbb{V}^n$ 上建立内积, 将实数中的绝对值推广到 $\mathbb{V}^n$ 上. 设 $A = (x^1, \cdots, x^n), B = (y^1, \cdots, y^n) \in \mathbb{V}^n$, 定义 A 与 B 的**内积** (A, B) 为

$$(A, B) = \sum_{i=1}^{n} x^i y^i.$$

容易验证内积 (A, B) 满足下面性质:

(1) **对称性** 对于任意 $A, B \in \mathbb{V}^n$, 成立 $(A, B) = (B, A)$;

(2) **线性性** 对于任意 $A, B, C \in \mathbb{V}^n$, $c_1, c_2 \in \mathbb{R}$, 成立

$$(c_1 A + c_2 B, C) = c_1(A, C) + c_2(B, C);$$

(3) **正定性** 对于任意 $A \in \mathbb{V}^n$, 成立 $(A, A) \geqslant 0$, 且 $(A, A) = 0$ 等价于 $A = 0$.

利用内积的性质, 容易建立关于内积的一个基本不等式 —— Cauchy 不等式.

定理 3.1.1 (Cauchy 不等式)   对于任意向量 $A, B \in \mathbb{V}^n$, 成立

$$|(A, B)| \leqslant \sqrt{(A, A)(B, B)},$$

并且如果其中 $A \neq 0$, $B \neq 0$, 则等式成立当且仅当存在 $c \in \mathbb{R}$, 使得 $A = cB$.

证明   由内积的正定性和线性性, 对于任意 $t \in \mathbb{R}$, 成立

$$0 \leqslant (A + tB, A + tB) = (A, A) + 2t(A, B) + t^2(B, B).$$

因此, t 的二次方程 $(A, A) + 2t(A, B) + t^2(B, B) = 0$ 没有或者仅有一个实根. 所以这一方程的判别式必须小于等于 0, 即

$$(A, B)^2 - (A, A)(B, B) \leqslant 0,$$

我们得到不等式. 而如果等式成立, 则方程有一个实根 $-c$, 即 $A = cB$. ■

利用内积和 Cauchy 不等式, 我们可以在向量空间 $\mathbb{V}^n$ 上建立向量的长度、向量之间的夹角和点之间的距离等几何概念.

定义 3.1.1   设 $A = (x^1, \cdots, x^n)$, $B = (y^1, \cdots, y^n) \in \mathbb{V}^n$ 是任意两个向量, 我们定义向量 A 的长度为

$$\|A\| = \sqrt{(A, A)}.$$

当 A 和 B 都不为零时, 定义向量 A 与 B 之间的夹角 θ 为

$$\theta = \arccos \frac{(A, B)}{\|A\| \cdot \|B\|}.$$

如果同时用 A 与 B 表示 $\mathbb{V}^n$ 中以原点为起点, 向量 A 与 B 的端点所代表的点, 则定义点 A 与 B 之间的距离为

$$d(A, B) = \|A - B\| = \sqrt{\sum_{i=1}^{n} (x^i - y^i)^2}.$$

容易看出, $\mathbb{V}^n$ 上定义的距离 $d(A, B)$ 满足下面性质.

定理 3.1.2 $\mathbb{V}^n$ 上定义的点之间的距离 $d(A, B)$ 满足

(1) **对称性**   对于任意点 $A, B \in \mathbb{V}^n$, 成立 $d(A, B) = d(B, A)$;

(2) **正定性**   对于任意点 $A, B \in \mathbb{V}^n$, 成立 $d(A, B) \geqslant 0$, 并且 $d(A, B) = 0$, 当且仅当 $A = B$;

(3) **三角不等式**   对于任意点 $A, B, C \in \mathbb{V}^n$, 成立

$$d(A, B) \leqslant d(A, C) + d(C, B),$$

并且等式成立当且仅当点 A, C, B 按顺序在同一直线上.

证明　(1) 和 (2) 显然. 仅证明 (3).

令 $V_1 = A - C$, $V_2 = B - C$, 应用 Cauchy 不等式, 我们得到

$$d^2(A, B) = (V_1 - V_2, V_1 - V_2) = (V_1, V_1) - 2(V_1, V_2) + (V_2, V_2)$$
$$\leqslant (V_1, V_1) + 2\sqrt{(V_1, V_1)(V_2, V_2)} + (V_2, V_2)$$
$$= \left(\sqrt{(V_1, V_1)} + \sqrt{(V_2, V_2)}\right)^2$$
$$= (d(A, C) + d(C, B))^2.$$

而其中等式成立, 当且仅当在 Cauchy 不等式中成立

$$-(V_1, V_2) = \sqrt{(V_1, V_1)(V_2, V_2)},$$

由 Cauchy 不等式得存在 $s \in \mathbb{R}$, $s < 0$, 使得 $V_1 = sV_2$, 即 $A - C = s(B - C)$, $A = sB + (1-s)C$, 点 A, C, B 按顺序在同一直线上. ■

距离 $d(A, B)$ 称为 $\mathbb{V}^n$ 上的欧氏度量. n 维线性空间 $\mathbb{V}^n$ 在利用内积定义了向量的长度、向量之间的夹角和点之间的距离等几何概念后称为 n 维欧氏空间, 表示为 $\mathbb{R}^n$. 这些几何概念使得 $\mathbb{R}^n$ 成为一个立体的空间. 而其中 $\mathbb{R}^n$ 上的距离 $d(A, B)$ 是实数空间 $\mathbb{R}$ 中的绝对值在高维向量空间的推广, 因此下面我们用 $|A - B| = d(A, B)$ 来表示点 A 与 B 之间的距离. 类比于实数空间中利用绝对值来定义极限, 在 $\mathbb{R}^n$ 上, 我们利用距离来定义极限.

定义 3.1.2　设 $\{A_m\}_{m=1,2,\cdots}$ 是 $\mathbb{R}^n$ 中点的序列, 如果存在 $A_0 \in \mathbb{R}^n$, 使得

$$\lim_{m \to +\infty} |A_m - A_0| = 0,$$

则称序列 $\{A_m\}_{m=1,2,\cdots}$ 在 $m \to +\infty$ 时收敛到 A_0, 记为 $\lim\limits_{m \to +\infty} A_m = A_0$. 同时称 $\{A_m\}$ 为 $\mathbb{R}^n$ 中的**收敛序列**.

$\mathbb{R}^n$ 上利用距离定义的极限与实数空间上利用绝对值定义的极限有许多相同的性质. 例如, 如果 $\{A_m\}$ 是 $\mathbb{R}^n$ 中收敛的序列, 则 $\{A_m\}$ 有界, 即存在常数 M, 使得对于任意 m, 成立 $|A_m| \leqslant M$. 而利用定理 3.1.2 中的三角不等式不难证明, 如果序列 $\{A_m\}$ 收敛, 则其极限必是唯一的. 另一方面, 我们知道 $\mathbb{R}$ 中极限与实数的加、减、乘、除等运算可交换顺序. 与此相同, $\mathbb{R}^n$ 中的极限与向量空间 $\mathbb{V}^n$ 中原有的加法和数乘运算可以交换顺序. 即如果 $\{A_m\}$ 和 $\{B_m\}$ 都是 $\mathbb{R}^n$ 中的收敛序列, c_1, c_2 是给定的常数, 则序列 $\{c_1 A_m + c_2 B_m\}$ 也收敛, 并且成立

$$\lim_{m \to +\infty} (c_1 A_m + c_2 B_m) = c_1 \lim_{m \to +\infty} A_m + c_2 \lim_{m \to +\infty} B_m.$$

我们知道实数空间 $\mathbb{R}$ 中描述极限的另一方法是利用 ε 邻域. $\mathbb{R}$ 中点 x_0 的 ε 邻域 $(x_0 - \varepsilon, x_0 + \varepsilon)$ 在 $\mathbb{R}^n$ 中有两种不同的推广: 球形邻域和矩形邻域.

设 $A_0 \in \mathbb{R}^n$ 是给定的点, $\varepsilon > 0$ 是给定的常数, 令

$$B(A_0, \varepsilon) = \{ X \in \mathbb{R}^n \,\big|\, |X - A_0| < \varepsilon \}.$$

$B(A_0, \varepsilon)$ 是 $\mathbb{R}^n$ 中以 A_0 为球心, ε 为半径的球, 称为点 A_0 的 ε **球形邻域**. 利用球形邻域, $\lim\limits_{m \to +\infty} A_m = A_0$ 可以表示为对于任意 $\varepsilon > 0$, 存在 N, 使得只要 $m > N$, 就成立 $A_m \in B(A_0, \varepsilon)$.

同样的, 设 $A_0 = (a_0^1, \cdots, a_0^n) \in \mathbb{R}^n$ 是给定的点, $\varepsilon = (\varepsilon^1, \cdots, \varepsilon^n) \in \mathbb{R}^n$ 是给定的 n 维向量, 满足对于 $i = 1, \cdots, n, \varepsilon^i > 0$. 令

$$
\begin{aligned}
J(A_0, \varepsilon) &= \{ X = (x^1, \cdots, x^n) \in \mathbb{R}^n \,\big|\, |x^i - a_0^i| < \varepsilon^i, \ i = 1, \cdots, n \} \\
&= (a_0^1 - \varepsilon^1, a_0^1 + \varepsilon^1) \times \cdots \times (a_0^n - \varepsilon^n, a_0^n + \varepsilon^n),
\end{aligned}
$$

$J(A_0, \varepsilon)$ 称为 A_0 的 ε **矩形邻域**.

利用不等式

$$
\begin{aligned}
\max_{i=1,\cdots,n} \{ |x^i - a_0^i| \,| \} \leqslant |X - A_0| &= \sqrt{\sum_{i=1}^{n} (x^i - a_0^i)^2} \\
&\leqslant n \cdot \max_{i=1,\cdots,n} \{ |x^i - a_0^i| \},
\end{aligned}
$$

容易看出, 对于 A_0 的任意给定的 ε 球形邻域 $B(A_0, \varepsilon)$, 存在 A_0 的 ε' 矩形邻域 $J(A_0, \varepsilon')$, 使得 $J(A_0, \varepsilon') \subset B(A_0, \varepsilon)$. 反过来, 对于 A_0 的任意给定的 ε' 矩形邻域 $J(A_0, \varepsilon')$, 存在 A_0 的 ε 球形邻域 $B(A_0, \varepsilon)$, 使得 $B(A_0, \varepsilon) \subset J(A_0, \varepsilon')$. 因此对于描述 $\mathbb{R}^n$ 中的序列极限, 球形邻域和矩形邻域是相互等价的. 而利用矩形邻域, 容易得到下面定理.

定理 3.1.3　设 $\{ A_m = (x_m^1, \cdots, x_m^n) \}$ 是 $\mathbb{R}^n$ 中的序列, $A_0 = (a_0^1, \cdots, a_0^n)$ 是 $\mathbb{R}^n$ 中的点, 则 $\lim\limits_{m \to +\infty} A_m = A_0$ 的充要条件是对于 $i = 1, \cdots, n$, 成立

$$\lim_{m \to +\infty} x_m^i = a_0^i.$$

上面定理表明 $\mathbb{R}^n$ 中的序列 $\{ A_m = (x_m^1, \cdots, x_m^n) \}$ 收敛等价于对于 $i = 1, \cdots, n$, $\{ A_m = (x_m^1, \cdots, x_m^n) \}$ 的每一个分量构成的实数序列 $\{ x_m^i \}_{m=1,2,\cdots}$ 都收敛. 定理的证明作为练习留给读者.

在讨论一元微积分时, 我们主要考虑定义在区间上的函数, 而对于多元微积分, 我们需要在 $\mathbb{R}^n$ 中各种集合上讨论极限, 研究函数的连续性, 定义函数的微分和积分. 因此, 首先需要对 $\mathbb{R}^n$ 中各种集合和集合的性质做一些细致的讨论. 下面从实轴上的开区间在 $\mathbb{R}^n$ 中的推广开始.

定义 3.1.3 称集合 $U \subset \mathbb{R}^n$ 为**开集**, 如果对于任意 $A \in U$, 存在 $\varepsilon > 0$, 使得 $B(A, \varepsilon) \subset U$.

例 1 $\mathbb{R}^n$ 中的空集由于不含任何点, 因而满足上面定义. 所以空集是开集.

利用开集的定义容易看出开集满足下面定理.

定理 3.1.4 $\mathbb{R}^n$ 中的开集满足:

(1) $\mathbb{R}^n$ 和 $\mathbb{R}^n$ 中的空集都是开集;

(2) 任意多个开集的并仍然是开集;

(3) 有限多个开集的交仍然是开集.

相对于开集, 实轴上的闭区间在 $\mathbb{R}^n$ 上推广为闭集.

定义 3.1.4 集合 $S \subset \mathbb{R}^n$ 称为**闭集**, 如果 $\mathbb{R}^n - S$ 是开集.

利用定理 3.1.4 和集合的交与并的运算关系容易得到下面定理.

定理 3.1.5 $\mathbb{R}^n$ 中的闭集满足:

(1) $\mathbb{R}^n$ 和 $\mathbb{R}^n$ 中的空集都是闭集;

(2) 任意多个闭集的交仍然是闭集;

(3) 有限多个闭集的并仍然是闭集.

定理的证明作为练习留给读者.

利用开集, $\mathbb{R}^n$ 中的序列极限则可以表示为: $\lim\limits_{m \to +\infty} A_m = A_0$ 的充要条件是对于包含 A_0 的任意开集 U, 存在 N, 使得只要 $m > N$, 就成立 $A_m \in U$. 这一点也可以表示为有了开集就足以定义极限了. 这是极限理论推广到更一般的空间的基础.

而如果以开集和闭集作为 $\mathbb{R}^n$ 中的基本集合, $\mathbb{R}^n$ 中其他各种各样的集合就可以借助开集和闭集来进行描述了. 为此, 我们先给出下面定义.

定义 3.1.5 设 $S \subset \mathbb{R}^n$ 是任意给定的集合, 则 $\mathbb{R}^n$ 中的点相对于 S 可以分类为:

(1) **外点** $X \in \mathbb{R}^n$ 称为集合 S 的外点, 如果存在 $\varepsilon > 0$, 使得 $B(X, \varepsilon) \bigcap S = \varnothing$;

(2) **内点** $X \in \mathbb{R}^n$ 称为集合 S 的内点, 如果存在 $\varepsilon > 0$, 使得 $B(X, \varepsilon) \subset S$;

(3) **边界点** $X \in \mathbb{R}^n$ 称为集合 S 的边界点, 如果对于任意 $\varepsilon > 0$, $B(X, \varepsilon)$ 中既

包含 S 中的点, 也包含不在 S 中的点.

通常以 S° 表示由集合 S 的所有内点构成的集合, 称为 S 的内点集. 而以 ∂S 表示 S 的所有边界点构成的集合, 称为 S 的边界. 这时容易看出, $\mathbb{R}^n - \{S \cup \partial S\}$ 就是由 S 的所有外点构成的开集. 因此相对于一个给定的集合 S, $\mathbb{R}^n$ 中所有的点分类为三个互不相交的集合, 即

$$\mathbb{R}^n = \{S^\circ\} \cup \{\partial S\} \cup \{S \text{ 的外点集}\}.$$

如果从极限的角度, 相对于给定的集合 S, 还可进一步定义 S 的聚点和孤立点.

定义 3.1.6 设 $S \subset \mathbb{R}^n$ 是给定的集合, 则 S 的聚点和孤立点分别定义为

(1) **聚点** $X \in \mathbb{R}^n$ 称为 S 的聚点, 如果 $\forall \varepsilon > 0$, $B(X, \varepsilon)$ 内都含有 S 中的无穷多个点. 通常以 S' 表示 S 的所有聚点构成的集合, S' 称为 S 的**导集**.

(2) **孤立点** $X \in \mathbb{R}^n$ 称为 S 的孤立点, 如果 $\exists \varepsilon > 0$, 使得 $B(X, \varepsilon) \cap S = \{X\}$.

有的教科书中, 聚点也称为极限点. 利用定义不难证明 A_0 为集合 S 的聚点, 当且仅当存在 S 中的序列 $\{A_m\}$, 使得对于 $m = 1, 2, \cdots$, $A_m \neq A_0$, 而 $\lim\limits_{m \to +\infty} A_m = A_0$. 对于 S, 显然其所有的内点都是它的聚点, 或者说 $S^\circ \subset S'$. 而 S 的孤立点都是 S 的边界点.

不难看出, 集合 S 为开集等价于 $S = S^\circ$. 而对于闭集, 则成立下面定理.

定理 3.1.6 集合 $S \subset \mathbb{R}^n$ 为闭集的充要条件是 $S' \subset S$.

证明 按照定义, S 为闭集等价于 $\mathbb{R}^n - S$ 为开集, 而这等价于 $\forall p \in \mathbb{R}^n - S$, 存在 $\varepsilon > 0$, 使得 $B(p, \varepsilon) \subset \mathbb{R}^n - S$. 特别的, 这等价于 p 不是 S 的聚点. 因此, S 为闭集等价于 $\mathbb{R}^n - S$ 中的点都不是 S 的聚点, 即等价于 S 的所有聚点都包含在 S 中. ∎

下面来看几个例子.

例 2 令 $S = \{(x, y) \in \mathbb{R}^2 \mid x, y \text{ 都是有理数}\}$, 则不难看出 $S^\circ = \varnothing$, 而 $S' = \partial S = \mathbb{R}^2$. S 仅有边界点, 并且 S 是其边界点构成的集合的一个真子集.

例 3 令 $S = (a, b) \times (c, d) \subset \mathbb{R}^2$ 为 $\mathbb{R}^2$ 中的开矩形, 则

$$S^\circ = (a, b) \times (c, d), \quad \partial S = (a, b) \times \{c, d\} \cup \{a, b\} \times (c, d), \quad S' = [a, b] \times [c, d].$$

例 4 令

$$S = \left\{(x, y) \in \mathbb{R}^2 \,\middle|\, y = \sin \frac{1}{x}, \ x \in (0, 1)\right\},$$

则 $S^\circ = \varnothing$, 而 $\partial S = S' = S \cup \{\{0\} \times [-1, 1]\}$.

如果从开集和闭集的角度, 由于任意多个开集的并仍然是开集, 并且空集也是开集, 因此对于 $\mathbb{R}^n$ 中任意给定的集合 S, 将所有包含在 S 中的开集做并后, 得到的集合仍然是开集, 而这一开集显然是包含在 S 内的最大开集. 不难证明这一开集就是 S 的内点集 S°.

同样的, 由于任意多个闭集的交仍然是闭集, 并且 $\mathbb{R}^n$ 也是闭集, 因此对于 $\mathbb{R}^n$ 中任意给定的集合 S, 将所有包含 S 的闭集做交后, 得到的集合仍然是一个闭集, 而这一闭集显然是包含 S 的所有闭集中按照包含关系最小的闭集. 我们称这一闭集为 S 的**闭包**, 记为 $\overline{S}$. 不难证明,

$$\overline{S} = S \cup \partial S = S \cup S', \quad \partial S = \overline{S} - S^\circ,$$

而 $\mathbb{R}^n - \overline{S}$ 就是 S 的外点集.

关于 $\mathbb{R}^n$ 中集合的另一重要概念是连通, 这是实轴上的区间这一概念在高维的推广. 对此我们给出下面定义.

定义 3.1.7 $\mathbb{R}^n$ 中的一条曲线

$$L : [0,1] \to \mathbb{R}^n, \quad t \to (x^1(t), \cdots, x^n(t))$$

称为**连续曲线**, 如果对于 $i = 1, 2, \cdots, n$, $x^i(t)$ 都是 t 的连续函数. 称 $S \subset \mathbb{R}^n$ 为**道路连通**的集合, 如果对于 S 中的任意两点 $p, q \in S$, 都存在 $\mathbb{R}^n$ 中的连续曲线 $L : [0,1] \to \mathbb{R}^n$, $t \to (x^1(t), \cdots, x^n(t))$, 满足对于任意 $t \in [0,1]$, $L(t) = (x^1(t), \cdots, x^n(t)) \in S$, 而

$$L(0) = (x^1(0), \cdots, x^n(0)) = p, \quad L(1) = (x^1(1), \cdots, x^n(1)) = q.$$

直观地讲, 集合 S 称为道路连通的, 如果 S 中的任意两点都可以用一条包含在 S 内的连续曲线连接. 而利用连通的定义不难看出, $\mathbb{R}^n$ 中任意一个开集都可以分解为有限或者可数多个互不相交的连通开集的并. 对此有下面定义.

定义 3.1.8 $\mathbb{R}^n$ 中连通的开集称为**区域**, 区域的闭包则称为**闭区域**.

下面我们将主要在区域上讨论函数的微分和积分. 为了说明其中连通的意义, 我们先来看一个例题.

例 5 设 $S \subset \mathbb{R}^n$ 是给定的集合, $f : S \to \mathbb{R}$ 是定义在 S 上的函数, 如果 f 满足对于任意 $p \in S$, 存在 $\varepsilon > 0$, 使得 f 在 $S \cap B(p, \varepsilon)$ 上为常数, 则称 f 是局部为常数的函数. 证明: 如果 S 是开集, 则 S 上局部为常数的函数在整体上也是常数 (即在 S 上也为常数) 的充要条件是 S 是区域.

证明　设 S 是区域, f 是 S 上局部为常数的函数. 任取 $p, q \in S$, 取 S 中连接 p, q 的连续曲线 $t \to (x^1(t), \cdots, x^n(t))$, $t \in [0,1]$, 则 $f(x^1(t), \cdots, x^n(t))$ 是区间 $[0,1]$ 上局部为常数的函数, 因而在 $[0,1]$ 上也是常数, 特别的,

$$f(p) = f(x^1(0), \cdots, x^n(0)) = f(x^1(1), \cdots, x^n(1)) = f(q).$$

f 在 S 上为常数.

反之, 如果开集 S 不是道路连通的, 任取 $p \in S$, 令

$$S_1 = \{q \in S \,|\, \text{存在} S \text{中的连续曲线连接点} p, q\},$$

则不难看出 S_1 是道路连通的开集, 而由于 S 不是道路连通的, 因而 $S - S_1$ 也是不空的开集. 在 S 上定义函数 $f : S \to \mathbb{R}$ 为

$$f(p) = \begin{cases} 0, & \text{如果 } p \in S_1, \\ 1, & \text{如果 } p \in S - S_1, \end{cases}$$

则 f 局部是常数, 但整体不是常数. ∎

3.2　$\mathbb{R}^n$ 的完备性

上一节我们利用 $\mathbb{R}^n$ 上的距离 $d(p, q)$, 定义了 $\mathbb{R}^n$ 中的序列极限. 序列 $\{A_m\}$ 称为收敛序列, 如果存在 $A_0 \in \mathbb{R}^n$, 使得 $\{A_m\}$ 在 $m \to +\infty$ 时趋于 A_0, 即

$$\lim_{m \to +\infty} d(A_m, A_0) = \lim_{m \to +\infty} |A_m - A_0| = 0.$$

如同我们在实数空间上讨论极限理论时所反复强调的, 极限只是一种语言、一个工具, 并不能仅仅依靠这一工具来建立好的理论. 好的理论必须基于空间本身好的性质. 因为在大多数情况下, A_0 是不可能事先知道的. 要使得这一极限定义有意义, 或者说能够在 $\mathbb{R}^n$ 上利用这一定义建立一个好的极限理论, 必须要求取极限的空间 $\mathbb{R}^n$ 是一个好的空间, 使得我们能够利用 $\mathbb{R}^n$ 的性质, 通过序列 $\{A_m\}$ 自身来判断其是否收敛, 而不是将 $\{A_m\}$ 与一个已知的 A_0 进行比较.

在实数空间 $\mathbb{R}$ 上, 我们或者利用公理化方法, 或者利用公理空间的模型给出了实数的确界原理, 并利用确界原理建立了描述实数空间完备的七个相互等价的定理: 确界原理、单调有界收敛定理、区间套原理、开覆盖定理、聚点原理、Bolzano 定理和 Cauchy 准则. 这里, 我们希望以实数空间 $\mathbb{R}$ 的这些定理为基础, 来得到 n 维

欧氏空间 $\mathbb{R}^n$ 关于极限理论的完备性定理. 以此来保证 $\mathbb{R}^n$ 上能够利用极限建立起一套好的微积分理论.

首先注意到实数的确界原理和单调有界收敛定理都依赖实数空间上实数之间的大小关系, 或者说实数的序关系. 而 $\mathbb{R}^n$ 中的点之间没有序的关系, 所以 $\mathbb{R}^n$ 上不能够推广这两个定理. 但下面我们将证明与之等价的, 描述实数空间完备性的其余五个定理都可以推广到 $\mathbb{R}^n$ 上. 我们从描述一个收敛序列在接近其极限点的同时, 相互之间也必然越来越接近的 Cauchy 准则开始.

定义 3.2.1 $\mathbb{R}^n$ 中的序列 $\{A_m\}$ 称为 **Cauchy 列**, 如果对于任意给定的 $\varepsilon > 0$, 都存在 N, 使得只要 $m_1 > N$, $m_2 > N$, 就成立

$$|A_{m_1} - A_{m_2}| < \varepsilon.$$

Cauchy 列的条件给出了 $\mathbb{R}^n$ 中序列利用自身性质来判别其是否收敛的基本准则.

定理 3.2.1 (Cauchy 准则) $\mathbb{R}^n$ 中的序列 $\{A_m\}$ 为收敛序列的充要条件是 $\{A_m\}$ 为 Cauchy 列.

证明 必要性. 设 $\lim\limits_{m \to +\infty} A_m = A_0$, 按照定义, 对于任意给定的 $\varepsilon > 0$, 存在 N, 使得只要 $m > N$, 就成立 $|A_m - A_0| < \varepsilon$. 因此, 当 $m_1 > N$, $m_2 > N$ 时, 利用距离函数的三角不等式, 我们得到

$$|A_{m_1} - A_{m_2}| \leqslant |A_{m_1} - A_0| + |A_{m_2} - A_0| < 2\varepsilon.$$

序列 $\{A_m\}$ 是 Cauchy 列.

充分性. 设 $\{A_m\}$ 是 Cauchy 列. 将 A_m 表示为

$$A_m = (x_m^1, \cdots, x_m^n),$$

利用不等式

$$\max\{|x_{m_1}^i - x_{m_2}^i| \,|\, i = 1, 2, \cdots, n\} \leqslant |A_{m_1} - A_{m_2}|$$

可得, 对于 $i = 1, 2, \cdots, n$, 序列 $\{x_m^i\}$ 都是 Cauchy 列. 利用实数空间上的 Cauchy 准则, 我们知道对于 $i = 1, 2, \cdots, n$, 序列 $\{x_m^i\}$ 都是收敛序列. 另一方面, 在 3.1 节的定理 3.1.3 中, 我们证明了序列 $\{A_m = (x_m^1, \cdots, x_m^n)\}$ 收敛的充要条件是 $\{A_m\}$ 的每一个分量 x_m^i 构成的序列 $\{x_m^i\}$ 收敛. 由此得到 $\{A_m\}$ 是收敛序列. ∎

为了在 $\mathbb{R}^n$ 上推广实数的区间套原理, 我们先给出下面定义.

定义 3.2.2 设 $S \subset \mathbb{R}^n$ 是给定的集合, 令

$$\operatorname{diam}(S) = \sup\{|p - q| \,|\, p,\, q \in S\}.$$

$\operatorname{diam}(S)$ 称为**集合 S 的直径**.

定义 3.2.3 $\mathbb{R}^n$ 中的一列闭集 $\{S_m\}$ 称为一个**区间套**, 如果 $\{S_m\}$ 满足:

(1) 对于 $m = 1, 2, \cdots$, $S_m \neq \varnothing$, 而 $S_{m+1} \subset S_m$;

(2) $\lim\limits_{m \to +\infty} \operatorname{diam}(S_m) = 0$.

利用上面的定义, 实数轴上的区间套原理在 $\mathbb{R}^n$ 上推广为下面形式的定理.

定理 3.2.2 (区间套原理) 如果闭集序列 $\{S_m\}$ 是 $\mathbb{R}^n$ 中的一个区间套, 则存在唯一的一个点 A_0, 满足 $\{A_0\} = \bigcap\limits_{m=1}^{+\infty} S_m$.

证明 由区间套的条件: 对于 $m = 1, 2, \cdots$, $S_m \neq \varnothing$, 任取 $A_m \in S_m$, 我们得到一个序列 $\{A_m\}$. 而由区间套的另一个条件: $\lim\limits_{m \to +\infty} \operatorname{diam}(S_m) = 0$, 对于任意给定的 $\varepsilon > 0$, 存在 N, 使得只要 $m > N$, 就成立 $\operatorname{diam}(S_m) < \varepsilon$. 特别的, 当 $m_1 > N$, $m_2 > N$, 成立 $A_{m_1} \in S_{N+1}$, $A_{m_2} \in S_{N+1}$, 因此

$$|A_{m_1} - A_{m_2}| \leqslant \mathbf{diam}(S_{N+1}) < \varepsilon.$$

序列 $\{A_m\}$ 是 $\mathbb{R}^n$ 中的 Cauchy 列. 利用 $\mathbb{R}^n$ 的 Cauchy 准则, 序列 $\{A_m\}$ 收敛. 设 $\lim\limits_{m \to +\infty} A_m = A_0$. 由于 S_m 都是闭集, 因此, 必须 $A_0 \in S_m$, 即 $A_0 \in \bigcap\limits_{m=1}^{+\infty} S_m$.

另一方面, 由条件: $\lim\limits_{m \to +\infty} \operatorname{diam}(S_m) = 0$, $\bigcap\limits_{m=1}^{+\infty} S_m$ 的唯一性显然. ∎

在实数轴上, 我们利用区间套原理得到了开覆盖定理. 同样的方法在 $\mathbb{R}^n$ 上也成立. 下面先给出关于开覆盖和紧集的定义.

定义 3.2.4 设 $S \subset \mathbb{R}^n$ 是给定的集合, 以开集为元素构成的集合 $K = \{U_i\}_{i \in I}$ 称为 S 的**开覆盖**, 如果 $S \subset \bigcup\limits_{i \in I} U_i$. 集合 $S \subset \mathbb{R}^n$ 称为**紧集**, 如果对于 S 的任意一个开覆盖 $K = \{U_i\}_{i \in I}$, 都存在 K 中的有限个开集也覆盖 S.

定理 3.2.3 (开覆盖定理) $S \subset \mathbb{R}^n$ 为紧集的充要条件是 S 为有界闭集.

证明 为了符号简单, 下面以 $n = 2$ 为例.

首先设 $S \subset \mathbb{R}^2$ 是有界闭集, $K = \{U_i\}_{i \in I}$ 是 S 的一个开覆盖. 取一闭矩形 $D = [a, b] \times [c, d] \supset S$, 令 $U_0 = \mathbb{R}^2 - S$, $K_0 = K \cup \{U_0\}$, 则 K_0 是 $D = [a, b] \times [c, d]$ 的开覆盖. 我们只需证明存在 K_0 中有限多个元素也覆盖 D 即可.

反证法. 设不存在 K_0 中有限个元素也覆盖 D. 将 D 四等分为四个闭矩形, 则其中至少有一个不能被 K_0 中有限个元素覆盖, 取其为 D_1. 同样将 D_1 四等分为四个闭矩形, 则其中至少有一个不能被 K_0 中有限个元素覆盖, 取其为 D_2. 利用归纳法, 得一列闭矩形 $\{D_m\}$, D_m 是 D_{m-1} 四等分后得到的闭矩形, 不能被 K_0 中有限个元素覆盖. 利用区间套原理, 存在唯一的点 $A_0 \in \bigcap\limits_{m=1}^{+\infty} D_m$. 由于 K_0 是 D 的开覆盖, 因而存在 $U_i \in K_0$, 使得 $A_0 \in U_i$. 但 U_i 是开集, 而 $A_0 \in U_i$. $\lim\limits_{m \to +\infty} \mathrm{diam}(D_m) = 0$, 因此 m 充分大后, 成立 $D_m \subset U_i$, 与 D_m 不能被 K_0 中有限多个元素覆盖矛盾. 而矛盾的原因是我们开始时假定了不存在 K_0 中有限个元素也覆盖 D. 这一假定不能成立, D 是紧集.

下面假定 S 是紧集. 首先假定 S 有界, 如果 S 不是闭集, 则存在 S 的聚点 A_0, $A_0 \notin S$. 而由聚点的定义, 存在 S 中的序列 $\{A_m\}$, 满足 $\lim\limits_{m \to +\infty} A_m = A_0$. 不失一般性, 我们可以假定 $m_1 \neq m_2$ 时, $A_{m_1} \neq A_{m_2}$. 由于 $\lim\limits_{m \to +\infty} A_m = A_0$, 因此对于任意给定的 m, 存在 $\varepsilon_m > 0$, 使得序列 $\{A_m\}$ 中仅有 A_m 一个点在 $B(A_m, \varepsilon_m)$ 中. 令 $S_1 = \{A_m \,|\, m = 0, 1, \cdots\}$, 则由于 $S_1 \supset S_1' = \{A_0\}$, 因而 S_1 是闭集, 而 $U_0 = \mathbb{R}^2 - S_1$ 是开集. 如果令

$$K = \{U_0, B(A_m, \varepsilon_m) \,|\, m = 1, 2, \cdots\},$$

则 K 构成了 S 的一个开覆盖. 显然不能从 K 中选出有限个开集也覆盖 S, 这与 S 是紧集矛盾. 同样的方法不难得到, 如果集合 S 无界, 则 S 不能是紧集. ■

与实数的情况相同, 我们可以利用开覆盖定理在 $\mathbb{R}^n$ 上推广聚点原理.

定理 3.2.4 (聚点原理) $\mathbb{R}^n$ 中任意有界无穷集合都有聚点.

证明 同样以 $n = 2$ 的证明为例.

反证法. 设存在有界无穷集合 $S \subset \mathbb{R}^2$, S 没有聚点. 取 $D = [a, b] \times [c, d] \supset S$, 则任意点 $p \in D$ 都不是 S 的聚点. 由聚点的定义, 存在 $\varepsilon_p > 0$, 使得 $B(p, \varepsilon_p)$ 中最多包含 S 的有限个点. 而另一方面, 集合 $K = \{B(p, \varepsilon_p)\}_{p \in D}$ 构成了 D 的一个开覆盖, 但 D 是有界闭集, 因而是紧集. 存在 K 中有限个元素也覆盖 D, 而这其中每一个元素都仅含 S 的有限个点, 与 S 是无穷点集矛盾. 因此 S 必须有聚点. ■

而利用 $\mathbb{R}^n$ 的聚点原理就容易得到 $\mathbb{R}^n$ 的 Bolzano 定理.

定理 3.2.5 (Bolzano 定理) $\mathbb{R}^n$ 中任意有界序列必有收敛子列.

证明 设 $\{A_m\}$ 是 $\mathbb{R}^n$ 中的有界序列, 如果 $\{A_m\}$ 中有无穷多项是相互相等的点, 则这无穷多项构成了 $\{A_m\}$ 的一个收敛子列. 如果 $\{A_m\}$ 中没有无穷多项是同

一个点, 令 $S = \{A_m \mid m = 1, 2, \cdots\}$, 则 S 是 $\mathbb{R}^n$ 中一有界无穷集合. 利用 $\mathbb{R}^n$ 的聚点原理, S 有聚点. 设 A_0 为 S 的一个聚点, 任取 $A_{m_1} \in B(A_0, 1)$. 做归纳假设, 设已取 $m_1, \cdots, m_k$, 使得 $m_1 < \cdots < m_k$, 而 $A_{m_i} \in B\left(A_0, \dfrac{1}{i}\right)$. 由于 $B\left(A_0, \dfrac{1}{i+1}\right)$ 中包含 S 的无穷多个点, 因而存在 $m_{i+1} > m_i$, 使得 $A_{m_{i+1}} \in B\left(A_0, \dfrac{1}{i+1}\right)$. 利用归纳法, 得 $\{A_m\}$ 的一个子列 $\{A_{m_i}\}$, 满足 $|A_{m_i} - A_0| < \dfrac{1}{i}$, 因而 $\lim\limits_{i \to +\infty} A_{m_i} = A_0$. A_m 有收敛子列. ■

利用 Bolzano 定理, 按照实数中使用过的方法, 就不难重新证明 $\mathbb{R}^n$ 的 Cauchy 准则. 因此上面五个定理在 $\mathbb{R}^n$ 上是相互等价的. 当然也可以利用实轴 $\mathbb{R}$ 的 Bolzano 定理直接证明 $\mathbb{R}^n$ 的 Bolzano 定理, 并进一步得到其他几个定理.

3.3 多元函数的极限与多元连续函数

这一节我们希望将一元函数的极限和连续等概念推广到多元函数. 由于这些内容与一元函数没有本质差别, 下面将用 $p \in \mathbb{R}^n$ 作为变元.

定义 3.3.1 设 $S \subset \mathbb{R}^n$, $f : S \to \mathbb{R}$ 是定义在 S 上的函数. 设 p_0 是 S 的聚点, 如果存在 $A_0 \in \mathbb{R}$, 满足 $\forall \varepsilon > 0$, $\exists \delta > 0$, 使得只要 $p \in S$, 且 $0 < |p - p_0| < \delta$, 就成立 $|f(p) - A_0| < \varepsilon$, 则称 $p \in S$, $p \to p_0$ 时, $f(p) \to A_0$, 记为 $\lim\limits_{p \in S,\, p \to p_0} f(p) = A_0$.

利用同样方法, 可定义多元函数极限 $\lim\limits_{p \in S,\, p \to p_0} f(p) = +\infty$, $\lim\limits_{p \in S,\, p \to p_0} f(p) = \infty$.

另一方面, 如果 $S \subset \mathbb{R}^n$ 是一无界的集合, 将无穷远 ∞ 看作 S 的聚点, 则可以定义极限 $\lim\limits_{p \in S,\, p \to \infty} f(p) = A_0$, $\lim\limits_{p \in S,\, p \to \infty} f(p) = \infty$. 当然, 与一元函数的极限讨论相同, 如果函数极限 $\lim\limits_{p \in S,\, p \to p_0} f(p) = A_0 \in \mathbb{R}$ 为有限值, 则称函数 $f(x)$ 在 $p \in S$, $p \to p_0$ 时收敛. 而对于 $\lim\limits_{p \in S,\, p \to p_0} f(p) = \infty$, 虽然极限存在, 但不能称为收敛.

在多元函数的极限定义中, 聚点 $p_0 \in S'$ 可以是集合 S 中的点, 也可以不是 S 中的点. 讨论极限时不需要考虑函数在聚点 p_0 的情况.

与序列极限相同, 如果 $p \in S$, $p \to p_0$ 时 $f(x)$ 的极限存在, 则极限是唯一的, 而收敛的函数极限与函数的加、减、乘、除 (分母不为零) 等运算可以交换顺序, 与函数的复合不一定可交换顺序. 另一方面, 对于多元函数的函数极限, 不能推广单调有界收敛定理, 但可以推广判断极限是否收敛的 Cauchy 准则.

定理 3.3.1 (Cauchy 准则) 设 $S \subset \mathbb{R}^n$, $f : S \to \mathbb{R}$ 是定义在 S 上的函数, p_0

是 S 的聚点, 则 $p \in S$, $p \to p_0$ 时 $f(p)$ 收敛的充要条件是 $\forall \varepsilon > 0$, $\exists \delta > 0$, 使得只要 $p_1 \in S$, $p_2 \in S$, 满足 $0 < |p_1 - p_0| < \delta$, $0 < |p_2 - p_0| < \delta$, 就成立

$$|f(p_1) - f(p_2)| < \varepsilon.$$

定理的证明作为练习留给读者.

例 1 令 $S = \left\{ \left(\dfrac{1}{n}, 0 \right) \middle| n = 1, 2, \cdots \right\}$, $p_0 = (0, 0)$, 则 $p \in S$, $p \to p_0$ 时, S 上的函数极限与通常的序列极限相同. 特别的, 如果令 $f\left(\dfrac{1}{n}, 0 \right) = n$, 则 $\lim\limits_{p \in S, \, p \to p_0} f(p) = +\infty$, 极限存在, 但 $p \to p_0$ 时, $f(p)$ 并不满足 Cauchy 准则.

例 2 如果 $S = \{(a, b) \times \{0\}\} \subset \mathbb{R}^2$, 令 $p_0 = (u, 0)$, 则 $p \in S$, $p \to p_0$ 时 S 上的函数极限就是一元函数中的单侧极限.

作为上面极限的一个特殊情况, 如果对于集合 S 以及 S 的聚点 p_0, 存在 $\varepsilon > 0$, 使得空心圆盘 $B(p_0, \varepsilon) - \{p_0\} \subset S$, 则 $p \to p_0$ 时 S 上的函数极限 $\lim\limits_{p \in S, \, p \to p_0} f(p)$ 称为**全面极限**, 也称**重极限**, 直接表示为 $\lim\limits_{p \to p_0} f(p)$. 这一极限要求 p 在 $B(p_0, \varepsilon) - \{p_0\}$ 中以任意方式趋于 p_0 时, $f(p)$ 都趋于相同的值. 这一条件比在一元函数的极限讨论里, 只需考虑两个方向的单侧极限要强很多.

例 3 令 $S = (1, -1) \times (1, -1) - \{(0, 0)\}$, $f(x, y) = \dfrac{xy}{x^2 + y^2}$, 则沿任意直线 $y = kx$, $p = (x, kx) \to (0, 0)$ 时, $f(x, kx)$ 都收敛, 但 k 不同时, 极限值不同, 因而 $p = (x, y) \to (0, 0)$ 时, $f(x, y)$ 不收敛.

例 4 令 $S = (1, -1) \times (1, -1) - \{(0, 0)\}$, $f(x, y) = \dfrac{x^2 y}{x^4 + y^2}$, 则沿任意直线 $y = kx$, $p = (x, kx) \to (0, 0)$ 时, $f(x, kx)$ 都收敛于 0, 而沿不同的抛物线 $y = kx^2$, $p = (x, kx^2) \to (0, 0)$ 时, $f(x, kx^2)$ 都收敛, 但 k 不同时, 极限值不同, 因而 $p = (x, y) \to (0, 0)$ 时, $f(x, y)$ 不收敛.

在本书上册第九章中, 我们曾给出了函数序列一致收敛的概念.

设 $A \subset \mathbb{R}$, $B \subset \mathbb{R}$, x_0 和 y_0 分别是集合 A 和 B 的聚点, $f(x, y)$ 是定义在 $A \times B$ 上的函数, 如果单极限 $\lim\limits_{x \in A, \, x \to x_0} f(x, y) = g(y)$ 收敛, 并且对于任意 $\varepsilon > 0$, $\exists \delta > 0$, 使得只要 $x \in A$, 并且 $0 < |x - x_0| < \delta$, $\forall y \in B$, 都成立 $|f(x, y) - g(y)| < \varepsilon$, 则称 $x \in A$, $x \to x_0$ 时, $f(x, y)$ 在集合 B 上一致收敛到 $g(y)$.

将一致收敛作为条件, 我们证明了下面关于累次极限交换顺序的基本定理:

设 $A \subset \mathbb{R}$, $B \subset \mathbb{R}$, x_0 和 y_0 分别是集合 A 和 B 的聚点, $f(x, y)$ 是定义在 $A \times B$ 上的函数, 如果单极限 $\lim\limits_{x \in A, \, x \to x_0} f(x, y)$ 和单极限 $\lim\limits_{y \in B, \, y \to y_0} f(x, y)$ 都收敛, 并且其

中有一个是一致收敛的, 则累次极限

$$\lim_{y \in B, y \to y_0} \lim_{x \in A, x \to x_0} f(x,y) \quad \text{和} \quad \lim_{x \in A, x \to x_0} \lim_{y \in B, y \to y_0} f(x,y)$$

都收敛并且相等.

而在多元函数讨论中, 利用重极限代替一致收敛, 可以得到关于累次极限交换顺序的另一个重要的条件. 这一条件有时比一致收敛使用起来更方便.

定理 3.3.2 设 A 和 B 都是 $\mathbb{R}$ 中的子集, x_0 和 y_0 分别是集合 A 和 B 的聚点, $f(x,y)$ 是定义在 $A \times B$ 上的二元函数, 如果单极限 $\lim\limits_{x \in A, \, x \to x_0} f(x,y) = g(y)$ 收敛, 并且重极限 $\lim\limits_{(x,y) \in A \times B, (x,y) \to (x_0, y_0)} f(x,y) = A_0$ 也收敛, 则累次极限 $\lim\limits_{y \in B, y \to y_0} \lim\limits_{x \in A, x \to x_0} f(x,y) = A_0$ 收敛, 并与重极限相等.

证明 重极限 $\lim\limits_{(x,y) \in A \times B, (x,y) \to (x_0, y_0)} f(x,y) = A_0$ 收敛, 则按照定义, $\forall \varepsilon > 0$, $\exists \delta > 0$, 使得只要 $p = (x,y) \in A \times B$, 满足 $0 < \sqrt{(x-x_0)^2 + (y-y_0)^2} < \delta$, 就成立 $|f(x,y) - A_0| < \varepsilon$. 将其中 $y \in B$ 固定, 令 $x \to x_0$, 得只要 $0 < |y - y_0| < \delta$, 就成立 $|g(y) - A_0| \leqslant \varepsilon$. 即 $A_0 = \lim\limits_{y \to y_0} g(y) = \lim\limits_{y \to y_0} \lim\limits_{x \to x_0} f(x,y)$. ■

在上面定理中, 如果再加上条件: 单极限 $\lim\limits_{y \to y_0} f(x,y)$ 也收敛, 则得到累次极限 $\lim\limits_{y \to y_0} \lim\limits_{x \to x_0} f(x,y)$ 和 $\lim\limits_{x \to x_0} \lim\limits_{y \to y_0} f(x,y)$ 都收敛并且相等. 这样, 利用全面极限代替一致收敛, 就得到关于累次极限收敛并且可以交换顺序的另一个条件. 而前面我们用一致收敛讨论了极限与极限、极限与微分、极限与积分的顺序交换关系, 后面将应用重极限来讨论多元函数中求导与求导、积分与积分的顺序交换问题.

例 5 令 $S = (1, -1) \times (1, -1) - \{(0,0)\}$, $f(x,y) = \dfrac{x^2 - y^2}{x^2 + y^2}$, 则单极限 $\lim\limits_{x \to 0} f(x,y) = -1$, 而单极限 $\lim\limits_{y \to 0} f(x,y) = 1$. 因此累次极限 $\lim\limits_{y \to 0} \lim\limits_{x \to 0} f(x,y) = -1$, 而累次极限 $\lim\limits_{x \to 0} \lim\limits_{y \to 0} f(x,y) = 1$. 两个累次极限都收敛但并不相等.

例 6 令 $f(x,y) = x \sin \dfrac{1}{y} + y \sin \dfrac{1}{x}$, 则重极限 $\lim\limits_{(x,y) \to (0,0)} f(x,y) = 0$, 但单极限 $\lim\limits_{x \to 0} f(x,y)$ 和单极限 $\lim\limits_{x \to 0} f(x,y)$ 都发散.

利用多元函数的极限, 我们可以进一步定义多元连续函数.

定义 3.3.2 设 $S \subset \mathbb{R}^n$ 是任意集合, $f : S \to \mathbb{R}$ 是定义在 S 上的函数. $p_0 \in S$ 是给定的点. 称 f **在点 p_0 连续**, 如果 $\forall \varepsilon > 0$, $\exists \delta > 0$, 使得只要 $p \in S$, 且 $|p - p_0| < \delta$, 就成立 $|f(p) - f(p_0)| < \varepsilon$.

如果 f 在 S 的每一点都连续, 则称 f 为集合 S 上的**连续函数**.

由定义 3.3.2 不难看出, 如果 $p_0 \in S$ 是集合 S 的孤立点, 则 S 上的任意函数 $f(p)$ 在 p_0 总是连续的, 尽管这时我们不能讨论函数极限 $\lim\limits_{p \in S, p \to p_0} f(p)$. 而如果 $p_0 \in S$ 是 S 的聚点, 则 $f(p)$ 在 p_0 连续的充要条件是

$$\lim_{p \in S, p \to p_0} f(p) = f\left(\lim_{p \in S, p \to p_0} p \right) = f(p_0),$$

即极限与函数关系可以交换顺序. 连续表示对因变量取极限可以转换为对自变量取极限. 如果 p_0 是 S 的聚点, 但 $p_0 \notin S$, 这时虽然可以讨论函数极限 $\lim\limits_{p \in S, p \to p_0} f(p)$, 但不能讨论函数在 p_0 点的连续性.

如果 p_0 是集合 S 的聚点, 并且极限 $\lim\limits_{p \in S, p \to p_0} f(p)$ 收敛, 但 $\lim\limits_{p \in S, p \to p_0} f(p) \neq f(p_0)$, 或者 $p_0 \notin S$, 则称 p_0 是 $f(p)$ 的**可去间断点**. 如果极限 $\lim\limits_{p \in S, p \to p_0} f(p)$ 不收敛, 则称 p_0 是 $f(p)$ 的**第二类间断点**. 对于多元函数, 由于需要考虑全面极限, 因而不能类比一元函数讨论左、右极限都收敛但不相等的第一类间断点.

通常以 $C(S)$ 表示 S 上所有连续函数构成的向量空间.

为了讨论多元函数的复合运算, 我们需要考虑多元向量函数. 设 $S \subset \mathbb{R}^n$, 映射 $f : S \to \mathbb{R}^m$, $p \to f(p)$ 称为定义在 S 上的**多元向量函数**. 称 f 为 S 上的连续映射, 如果对于任意点 $p_0 \in S$, 以及 $f(p_0)$ 的任意 ε 邻域 $B(f(p_0), \varepsilon)$, 都存在 p_0 的 δ 邻域 $B(p_0, \delta)$, 满足 $f(B(p_0, \delta) \cap S) \subset B(f(p_0), \varepsilon))$. 对于多元函数, 这一关于连续的定义与上面定义 3.3.2 相同.

现设 $(y^1, \cdots, y^m)$ 是 $\mathbb{R}^m$ 的坐标, 将映射 $f : S \to \mathbb{R}^m$ 表示为

$$f : (x^1, \cdots, x^n) \to (y^1, \cdots, y^m),$$
$$f(x^1, \cdots, x^n) = (y^1(x^1, \cdots, x^n), \cdots, y^m(x^1, \cdots, x^n)),$$

则不难看出 f 在 S 上连续的充要条件是对于 $i = 1, 2, \cdots, m$, S 上的多元函数 $y^i(x^1, \cdots, x^n)$ 都是连续函数.

利用上面定义容易得到连续向量函数经过复合运算后仍然连续.

在 $\mathbb{R}^n$ 上, 设 $p = (x^1, \cdots, x^n)$ 是 $\mathbb{R}^n$ 的坐标. 对于 $i = 1, \cdots, n$, 定义函数 $f^i(p) = x^i$, $f^i(p)$ 称为坐标的分量函数. 将分量函数复合各种一元基本初等函数, 并做有限次加、减、乘、除和复合运算后, 我们就得到 $\mathbb{R}^n$ 中集合上各种各样的函数. 例如: $\sin x + \mathrm{e}^{xy}$, $\ln(x^2 + z^4)$. 这些函数也可以称为多元初等函数, 是我们能够具体表示和实际计算的最基本和最重要的多元函数. 不难看出多元初等函数在其定义域内都是连续函数.

3.4 一元连续函数的三大定理
对于多元函数的推广

在一元函数的讨论中, 利用实数理论, 我们给出了闭区间上连续函数的三大定理: 介值定理, 最大、最小值定理和一致连续定理. 实数理论正是通过这三个定理奠基了一元函数的微积分大厦. 例如, 我们通过介值定理来讨论连续函数的反函数并定义指数函数; 通过连续函数的最大、最小值定理得到了 Lagrange 微分中值定理, 进而给出了微分的许许多多的应用, 证明了 Newton-Leibniz 公式; 而利用闭区间上连续函数的一致连续定理, 我们证明了闭区间上的连续函数都是 Riemann 可积函数.

对于多元函数和多元向量函数, 则需要推广这三个基本定理, 并利用推广的结论来建立多元微积分的其他理论. 下面从介值定理开始.

一元函数的介值定理可以一般地表示为: 连续函数将实轴中的区间映射为区间. 这里的区间可以是开区间, 也可以是闭区间或者半开区间, 还可以是一个点. 将区间看作数轴上的连通集, 在 $\mathbb{R}^n$ 中, 用连通集代替区间, 就得到介值定理的推广.

定理 3.4.1 (介值定理)   多元连续函数将 $\mathbb{R}^n$ 中的连通集映为实轴中的区间.

定理 3.4.2 (介值定理)   多元连续向量函数将连通的集合映为连通的集合.

一元连续函数的最大、最小值定理可以表示为: 闭区间上的连续函数有界, 并且能够取到最大和最小值. 闭区间是数轴中的紧集, 因而在 $\mathbb{R}^n$ 中用紧集代替闭区间, 则可以将最大、最小值定理推广为下面的形式.

定理 3.4.3 (最大、最小值定理)   设 $S \subset \mathbb{R}^n$ 是紧集, $f: S \to \mathbb{R}$ 是 S 上的连续函数, 则 f 在 S 上有界, 并且能够取到最大和最小值.

证明   设 $M = \sup\{f(p) \,|\, p \in S\}$. 对于 $m = 1, 2, \cdots$, 如果 $M = +\infty$, 则存在 $A_m \in S$, 使得 $f(A_m) > m$; 而如果 $M < +\infty$, 则存在 $A_m \in S$, 使得 $f(A_m) > M - \dfrac{1}{m}$. 因而总存在 S 中的序列 $\{A_m\}$, 使得 $\lim\limits_{m \to +\infty} f(A_m) = M$. 由于 S 是紧集, 因而是有界闭集. 所以序列 $\{A_m\}$ 有界. 利用 Bolzano 定理, $\{A_m\}$ 中有收敛子列. 不妨设序列 $A_m \to A_0$, 由于 S 是闭集, 因而必须 $A_0 \in S$. 另一方面, f 在 A_0 点连续, 因此成立 $\lim\limits_{m \to +\infty} f(A_m) = f(\lim\limits_{m \to +\infty} A_m) = f(A_0)$. 而已知 $\lim\limits_{m \to +\infty} f(A_m) = M$, 极限是唯一的, 我们得到 $f(A_0) = M$. $M \neq +\infty$, f 在 S 上有上界 M, 并且在 A_0 点取到 f

在 S 上的最大值 M. ∎

如果用多元向量函数代替多元函数, 并且将一元函数的介值定理和最大、最小值定理结合为: 连续函数将闭区间映为闭区间. 而闭区间是紧集, 因而最大、最小值定理也可以等价地推广为下面的形式.

定理 3.4.4 (最大、最小值定理) 多元连续向量函数将紧集映为紧集.

同样用 $\mathbb{R}^n$ 中的紧集代替实数轴中的闭区间, 则一元连续函数中关于闭区间上连续函数的一致连续定理可以推广为下面的形式.

定理 3.4.5 (一致连续定理) 设 $S \subset \mathbb{R}^n$ 是紧集, 则 S 上的连续函数 f 一致连续. 即 $\forall \varepsilon > 0, \exists \delta > 0$, 使得只要 $p_1, p_2 \in S$, 满足 $|p_1 - p_2| < \delta$, 就成立

$$|f(p_1) - f(p_2)| < \varepsilon.$$

证明 反证法. 假设定理不成立, 以肯定的语气来表述, 我们得到: 存在 $\varepsilon_0 > 0$, 使得对于任意 $\delta > 0$, 都存在 $p_1 \in S, p_2 \in S$, 满足 $|p_1 - p_2| < \delta$, 但 $|f(p_1) - f(p_2)| \geqslant \varepsilon_0$. 对于 $m = 1, 2, \cdots$, 令 $\delta = \dfrac{1}{m}$, 则存在 $p_1^m \in S, p_2^m \in S$, 满足 $|p_1^m - p_2^m| < \dfrac{1}{m}$, 但 $|f(p_1^m) - f(p_2^m)| \geqslant \varepsilon_0$. 由此我们得到 S 中的两个序列 $\{p_1^m\}, \{p_2^m\}$. 另一方面, 我们知道 S 是紧集, 因而序列 $\{p_1^m\}$ 在 S 中有收敛子列, 不妨设 $\lim\limits_{m \to +\infty} p_1^m = A_0$, 则必须 $A_0 \in S$. 但由序列 $\{p_1^m\}, \{p_2^m\}$ 的选取方法, 对于 $m = 1, 2, \cdots$, 成立

$$|p_2^m - A_0| \leqslant |p_1^m - p_2^m| + |p_1^m - A_0| < \frac{1}{m} + |p_1^m - A_0|.$$

令 $m \to +\infty$, 得 $\lim\limits_{m \to +\infty} p_2^m = A_0 \in S$, 但已知 f 在 S 上连续, 特别的,

$$\lim_{m \to +\infty} (f(p_1^m) - f(p_2^m)) = f(A_0) - f(A_0) = 0,$$

这与 $|f(p_1^m) - f(p_2^m)| \geqslant \varepsilon_0 > 0$ 的条件矛盾. ∎

一致连续定理也可以用向量函数的形式来表示, 表述和证明与上面定理基本相同, 这里就不讨论了.

作为连续向量函数的应用, 我们最后来给出下面的不动点原理.

定理 3.4.6 (压缩映射原理) 设 $S \subset \mathbb{R}^n$ 是闭集, $f : S \to S$ 是 S 到 S 的映射, 如果存在 $\lambda \in \mathbb{R}$, 满足 $0 < \lambda < 1$, 使得对于任意 $p_1 \in S, p_2 \in S$, 都成立

$$|f(p_1) - f(p_2)| \leqslant \lambda |p_1 - p_2|,$$

则存在唯一的点 $p_0 \in S$, 使得 $f(p_0) = p_0$. 即 f 在 S 上有唯一的不动点.

证明 利用迭代法. 任取 $p_0 \in S$, 令 $p_1 = f(p_0), \cdots, p_m = f(p_{m-1})$. 我们得到 S 中的一个序列 $\{p_m\}$. 利用 f 的定义, 对于任意自然数 m, 成立

$$|p_m - p_{m-1}| = |f(p_{m-1}) - f(p_{m-2})| \leqslant \lambda|p_{m-1} - p_{m-2}| \leqslant \cdots \leqslant \lambda^{m-1}|p_1 - p_0|.$$

因此, 对于任意自然数 m, k, 成立

$$
\begin{aligned}
|p_{m+k} - p_m| &\leqslant |p_{m+k} - p_{m+k-1}| + |p_{m+k-1} - p_{m+k-2}| + \cdots + |p_{m+1} - p_m| \\
&\leqslant (\lambda^{m+k-1} + \cdots + \lambda^m)|p_1 - p_0| \\
&= \lambda^m \frac{1 - \lambda^k}{1 - \lambda}|p_1 - p_0| \\
&\leqslant \lambda^m \frac{1}{1 - \lambda}|p_1 - p_0|.
\end{aligned}
$$

由此我们得到序列 $\{p_m\}$ 是 $\mathbb{R}^n$ 中的 Cauchy 列. 而利用 $\mathbb{R}^n$ 上的 Cauchy 准则, 序列 $\{p_m\}$ 收敛. 设 $\lim\limits_{m \to +\infty} p_m = A_0$. S 是闭集, $A_0 \in S$. 在等式 $p_m = f(p_{m-1})$ 两边取极限, 利用 f 的连续性, 得

$$A_0 = \lim_{m \to +\infty} p_m = \lim_{m \to +\infty} f(p_{m-1}) = f(\lim_{m \to +\infty} p_{m-1}) = f(A_0).$$

我们证明了映射 f 存在不动点. 而唯一性显然.   ∎

通常将满足条件 $|f(p_1) - f(p_2)| \leqslant \lambda|p_1 - p_2|$ 的映射称为压缩映射, 其中 $0 < \lambda < 1$. 上面定理表明闭集到自身的压缩映射将整个集合向其唯一的不动点压缩. 压缩映射原理也因此称为不动点原理, 其在讨论方程的解的存在和唯一性时经常被用到.

习   题

1. 设 $\{e_1, \cdots, e_n\}$ 是 $\mathbb{R}^n$ 的一组单位正交基, $A \in \mathbb{R}^n$ 满足 $|A| = 1$, 是单位向量, 证明: $A = (\cos\theta_1, \cdots, \cos\theta_n)$, 其中 $\theta_i = (A, e_i)$ 是 A 与 e_i 之间的夹角.

2. 对于任意 $A, B \in \mathbb{R}^n$, 问:

(1) 在 Cauchy 不等式 $|(A, B)| \leqslant |A| \cdot |B|$ 中, 等式在什么条件下成立?

(2) 在三角不等式 $|A + B| \leqslant |A| + |B|$ 中, 等式在什么条件下成立?

(3) 如果 $\mathbb{R}^n$ 中有一个序列收敛, 其极限是否唯一, 并证明.

3. 给出下面集合 U 的边界点集 ∂U, 内点集 U° 和闭包 $\overline{U}$:

(1) $U = \{(x, y) \in \mathbb{R}^2 \,|\, x > -1, \, 0 < y < x + 1\}$;

(2) $U = \{(r\cos\theta, r\sin\theta) \in \mathbb{R}^2 \,|\, 0 < r < 1, \, 0 < \theta < 2\pi\}$;

(3) $U = \{(x,y) \in \mathbb{R}^2 \mid x \text{ 或者 } y \text{ 是无理数}\}$;

(4) $U = \{A \in \mathbb{R}^n \mid 0 < |A| < 1\}$;

(5) $U = \left\{ (x,y) \in \mathbb{R}^2 \mid 0 < x < 1, y = \sin \dfrac{1}{x} \right\}$.

4. 证明: (1) $(A \cap B)^\circ \supseteq A^\circ \cap B^\circ$; (2) $\overline{A \cap B} \subseteq \overline{A} \cap \overline{B}$. 举例说明在这些关系中, 等式可以不成立.

5. (1) 对于任意集合 $U \subset \mathbb{R}^n$, 证明: U 的边界点集 ∂U 和 U 的导集 U' 都是闭集;

(2) 证明: $\overline{S} = S \cup \partial S = S \cup S'$.

6. 证明: 紧集等价于有界闭集. 利用 $\mathbb{R}^n$ 的 Bolzano 定理证明 $\mathbb{R}^n$ 的 Cauchy 准则.

7. 证明: $S \subset \mathbb{R}^n$ 是紧集等价于对于 S 中的任意序列, 都存在收敛于 S 中的点的子列.

8. 对于 $\mathbb{R}^n$ 中的任意集合 U_1, U_2, 定义 $\operatorname{dist}(U_1, U_2) = \inf\{|p - q| \mid p \in U_1, q \in U_2\}$. $\operatorname{dist}(U_1, U_2)$ 称为集合 U_1, U_2 之间的距离. 证明: 如果 U_1 是紧集, U_2 是闭集, 则存在 $p \in U_1$, $q \in U_2$, 使得 $\operatorname{dist}(U_1, U_2) = |p - q|$.

9. 如果 $U \subset \mathbb{R}^n$ 和 $V \subset \mathbb{R}^m$ 都是开集, 证明: $U \times V \subset \mathbb{R}^{n+m}$ 也是开集; 如果 $U \subset \mathbb{R}^n$ 和 $V \subset \mathbb{R}^m$ 都是闭集, 问 $U \times V \subset \mathbb{R}^{n+m}$ 是否是闭集?

10. 设 $S \subset \mathbb{R}^n$ 是任意集合, $U \subset S$ 称为 S 的相对开集, 如果存在 $\mathbb{R}^n$ 中的开集 O, 使得 $U = S \cap O$, 证明: 集合 S 中的所有相对开集满足定理 3.1.4.

11. 设 U_1, U_2 是平面中的两个互不相交的开集, $r : [0,1] \to \mathbb{R}^2$ 是连接 $p \in U_1$, $q \in U_2$ 的连续曲线. 证明: 存在 $t \in (0,1)$, 使得 $r(t) \notin U_1 \cup U_2$.

12. 证明: 不相交的开集的并不是连通的. $\mathbb{R}^n$ 中的任意开集都可以分解为有限或者可数多个互不相交的、连通开集的并.

13. 设 D 是平面中的区域, 证明: 对于 D 中任意两点 p, q, 存在 D 中由有限条水平和垂直直线段组成的折线连接 p, q.

14. 证明: $\mathbb{R}^n$ 和空集是 $\mathbb{R}^n$ 中仅有的两个既开又闭的集合.

15. 给出下面极限的定义:

(1) $\displaystyle \lim_{x \to x_0, y \to +\infty} f(x,y) = A$; (2) $\displaystyle \lim_{x \to -\infty, y \to +\infty} f(x,y) = A$.

16. 用 ε-δ 语言, 以肯定的语气表述下面的极限不满足函数极限收敛的 Cauchy 准则:

(1) $\displaystyle \lim_{x \to x_0, y \to +\infty} f(x,y)$; (2) $\displaystyle \lim_{x \to -\infty, y \to +\infty} f(x,y)$.

17. 对下列函数 $f(x,y)$, 证明: 重极限 $\displaystyle \lim_{(x,y) \to (0,0)} f(x,y)$ 不收敛. 问累次极限 $\displaystyle \lim_{y \to 0} \lim_{x \to 0} f(x,y)$ 和 $\displaystyle \lim_{x \to 0} \lim_{y \to 0} f(x,y)$ 是否收敛? 是否可以交换顺序?

(1) $f(x,y) = \dfrac{x^2}{x^2 + y^2}$; (2) $f(x,y) = \dfrac{x^4 + 3x^2 y^2 + 2xy^3}{(x^2 + y^2)^2}$;

(3) $f(x,y) = \dfrac{x^2}{x^2 + y^2}$; (4) $f(x,y) = \dfrac{x^3 + y^3}{x^2 + y^2}$.

18. 表述并证明函数极限 $\displaystyle \lim_{x \to -\infty, y \to +\infty} f(x,y)$ 收敛的 Cauchy 准则.

19. 证明: 极限 $\displaystyle \lim_{x \to -\infty, y \to +\infty} [f(x) + g(y)]$ 收敛的充要条件是极限 $\displaystyle \lim_{x \to -\infty} f(x)$ 和 $\displaystyle \lim_{y \to +\infty} g(y)$ 同时收敛.

20. 指出下面函数的不连续点, 并说明理由:

(1) $f(x,y) = \dfrac{x^2 - y^2}{x^2 + y^2}$;　　　(2) $f(x,y) = \dfrac{x}{x + y}$;　　　(3) $f(x,y) = \dfrac{x + y}{x^3 + y^3}$.

21. 设 $S_1 \subset \mathbb{R}^n$, $S_2 \subset \mathbb{R}^m$, 证明: 向量函数 $f : S_1 \to S_2$ 连续的充要条件是对于 S_2 中的任意相对开集 U, $f^{-1}(U)$ 是 S_1 中的相对开集.(相对开集的定义参考第 10 题)

22. 证明: 连续的向量函数将紧集映为紧集.

23. 利用实数空间 $\mathbb{R}$ 的 Bolzano 定理直接证明 $\mathbb{R}^n$ 的 Bolzano 定理.

24. 设 A 是 $n \times n$ 的可逆矩阵, 证明: 存在 $a > 0$, 使得对于任意 $x \in \mathbb{R}^n$, 成立 $|Ax| \geqslant a|x|$.

25. 设函数 $f(x,y)$ 在圆周 $\partial B(0,1) = \{(x,y) \,|\, x^2 + y^2 = 1\}$ 上连续, M 和 m 分别是 $f(x,y)$ 的最大和最小值, 证明: 对于任意 $c \in (m, M)$, $f(x,y)$ 在圆周上至少取到 c 两次.

26. 设函数 $f(x,y)$ 定义在乘积 $(a,b) \times (c,d)$ 上, 如果 $f(x,y)$ 对变元 x 和 y 分别连续, 并且对 y 单调, 证明: $f(x,y)$ 是 $(a,b) \times (c,d)$ 上的连续函数.

27. 设 $S \subset \mathbb{R}^n$ 是有界集合, 证明: S 上的函数 $f(p)$ 一致连续的充要条件是存在 $\overline{S}$ 上的连续函数 $F(p)$, 使得在 S 上, 成立 $f(p) = F(p)$. 问 S 有界的条件是否必须?

28. 设函数 $f(x,y)$ 在乘积 $[a,b] \times [c,d]$ 上连续, 设 $\Delta : c = y_0 < y_1 < \cdots < y_k = d$ 是 $[c,d]$ 的分割, 任取 $t_i \in [y_{i-1}, y_i]$, 令 $\lambda = \max\{y_i - y_{i-1}\}$, 问下面两个累次极限是否收敛? 是否可以交换顺序?

(1) $\displaystyle\lim_{\lambda \to 0} \lim_{x \to x_0} \sum_{i=1}^{k} f(x, t_i)(y_i - y_{i-1})$;　　　(2) $\displaystyle\lim_{x \to x_0} \lim_{\lambda \to 0} \sum_{i=1}^{k} f(x, t_i)(y_i - y_{i-1})$.

29. 设 $f(x)$ 在 $(-\infty, +\infty)$ 上可导, 并且存在常数 $0 < k < 1$, 使得对于任意 x, 成立 $|f'(x)| \leqslant k$. 证明: $f(x)$ 在 $(-\infty, +\infty)$ 上有唯一的不动点.

30. 表述并证明向量函数的一致连续定理.

31. 表述并证明向量函数的最大、最小值定理.

第四章 多元函数微分学

这一章我们希望将一元函数的导数和微分等概念以及计算方法推广到多元函数, 并给出曲面的切面、多元函数的 Taylor 展开等应用. 在本章的学习中, 有一点需要特别注意, 一元函数关于连续、可导、可微等概念的许多相互关系对多元函数都不再成立. 例如, 对于多元函数, 有偏导数的函数可以不连续, 有偏导数的函数可以不可微. 所以在这部分内容的学习中, 比较一元函数与多元函数在连续、可导和微分等各方面的差异, 弄清楚这些差异产生的原因是非常重要的.

4.1 偏 导 数

与多元连续函数的讨论不同, 在多元函数微分学的讨论里, 由于我们必须考虑全面极限, 或者说重极限, 因而都将假定函数定义在 $\mathbb{R}^n$ 中的开区域上, 即定义在连通开集上. 设 $D \subset \mathbb{R}^n$ 是开区域, $f : D \to \mathbb{R}$ 是定义在 D 上的函数, 现在的问题是怎样将一元函数的导数推广到多元函数 $f(p)$.

对于一元函数, 我们知道导数是因变量相对于自变量的瞬时变化率, 即因变量相对于自变量的平均变化率 $\dfrac{f(x) - f(x_0)}{x - x_0}$ 在 $x \to x_0$ 时的极限. 要将这一概念推广到多元函数, 我们碰到的第一个困难是当 $n > 1$ 时, $\mathbb{R}^n$ 中的向量没有除法, 因变量相对于自变量的平均变化率 $\dfrac{f(p) - f(p_0)}{p - p_0}$ 是没有意义的. 同时, 由于多元函数往往需要考虑全面极限, 因而也不可能要求函数在一个点有一个统一的变化率, 即函数沿各种方向的变化率都相同. 因此, 从因变量相对于自变量变化率的角度, 我们只能先考虑函数的因变量对于自变量在某些特殊方向上的变化率, 或者说偏导数, 然后利用特殊方向的变化率讨论一般方向的变化率. 下面以 $n = 2$ 为例进行讨论, 一般的情况与此没有本质差异.

设 $D \subset \mathbb{R}^2$ 是开区域, $f : D \to \mathbb{R}$, $(x, y) \to f(x, y)$ 是定义在 D 上的函数, $(x_0, y_0) \in D$ 是一给定的点. 首先在 (x_0, y_0) 充分小的邻域上将变量 y 固定在 y_0, 则 $f(x, y_0)$ 是变量 x 在 x_0 充分小邻域上的一元函数, 如果这一函数在 x_0 可导, 则称函数 $f(x, y)$ 在 (x_0, y_0) 处关于变量 x 有**偏导**, 同时将 $f(x, y_0)$ 在 x_0 处的导数称为 $f(x, y)$ 在 (x_0, y_0) 处关于变量 x 的**偏导数**, 记为 $\dfrac{\partial f}{\partial x}(x_0, y_0)$, 也记为 $f_x(x_0, y_0)$, 即

$$\frac{\partial f}{\partial x}(x_0, y_0) = f_x(x_0, y_0) = \lim_{x \to x_0} \frac{f(x, y_0) - f(x_0, y_0)}{x - x_0}.$$

按照同样的方法, 我们可以定义 $f(x, y)$ 在 (x_0, y_0) 处关于变量 y 的偏导数

$$\frac{\partial f}{\partial y}(x_0, y_0) = f_y(x_0, y_0) = \lim_{y \to y_0} \frac{f(x_0, y) - f(x_0, y_0)}{y - y_0}.$$

如果极限 $\displaystyle\lim_{x \to x_0} \frac{f(x, y_0) - f(x_0, y_0)}{x - x_0}$ 或者 $\displaystyle\lim_{y \to y_0} \frac{f(x_0, y) - f(x_0, y_0)}{y - y_0}$ 不收敛, 函数 $f(x, y)$ 在 (x_0, y_0) 处关于变量 x 或者 y 没有偏导数.

例 1 令 $f(x, y) = xy \sin xy + \mathrm{e}^{x^2 y}$, 计算 $\dfrac{\partial f}{\partial x}$ 和 $\dfrac{\partial f}{\partial y}$.

解 计算 $\dfrac{\partial f}{\partial x}$ 时将变量 y 看成常数, 利用一元函数的求导公式, 得 $\dfrac{\partial f}{\partial x} = y \sin xy + xy^2 \cos xy + 2xy\mathrm{e}^{x^2 y}$. 同理 $\dfrac{\partial f}{\partial y} = x \sin xy + x^2 y \cos xy + x^2 \mathrm{e}^{x^2 y}$.

通过上例我们看到对于多元函数按照上面方法定义的偏导数, 它的优点是一元函数求导的各种规则和方法对于多元函数的偏导都成立. 对于多元函数, 我们不需要另外建立求导公式和求导规则, 只要掌握了一元函数的求导方法, 就能够进行多元函数偏导的求导运算. 特别的, 利用一元初等函数的求导公式就能够计算所有多元初等函数的偏导.

当然, 偏导的缺点也是非常显然的, 对此, 看一看下面的例子.

例 2 令

$$f(x, y) = \begin{cases} 0, & \text{如果 } x = 0 \text{ 或者 } y = 0, \\ 1, & \text{如果 } x \neq 0 \text{ 并且 } y \neq 0. \end{cases}$$

这时在 $(0, 0)$ 点, $f(x, 0) \equiv 0$, $f(0, y) \equiv 0$. 因此函数 $f(x, y)$ 在 $(0, 0)$ 点关于自变量 x 和 y 都有偏导数, 但显然 $f(x, y)$ 在 $(0, 0)$ 点是不连续的.

上例表明与一元微积分中函数的可导性要强于函数的连续性不同, 多元函数在一点存在偏导时不能保证函数在这点连续. 这一点通过偏导数的定义也容易看出.

一个多元函数在一点的偏导数仅仅反映了这个多元函数在这点水平方向和垂直方向的变化情况, 与函数在其他部分的取值方式无关. 另外, 函数在一点的偏导数的存在性也与表示函数的坐标选取有关, 在一个坐标下有偏导数的函数, 换一个坐标来考察这个函数就可能没有偏导了.

但是从另外一个角度, 我们知道对于一元函数, 如果其在一个区间上处处可导, 则其导函数在差一个常数的意义下唯一确定这个函数. 对于多元函数, 在一个区域上, 同样的结论也是成立的. 一个多元函数的偏导数仍然能够在差一个常数的意义下唯一确定这个多元函数. 对此读者可以自己试一试证明下面的定理.

定理 4.1.1　如果函数 $f(x,y)$ 和 $g(x,y)$ 都在区域 D 上处处有偏导, 并且在 D 上成立 $f_x \equiv g_x$, $f_y \equiv g_y$, 则存在常数 $c \in \mathbb{R}$, 使得 $f(x,y) \equiv g(x,y) + c$.

通过上面定理我们看到, 虽然多元函数的偏导在一个点上不能反映多元函数的性质, 但整体来看, 如果不计常数, 多元函数在区域上的偏导仍然唯一地确定了这个多元函数. 因此在区域上, 多元函数的性质是能够通过其偏导来反映的. 或者说与一元函数相同, 我们仍然能够通过研究多元函数偏导的性质来得到多元函数的性质.

利用同样的方法, 也可以将偏导数定义到多元向量函数. 例如, 设 $F(x,y) = (f^1(x,y), \cdots, f^m(x,y))$ 是定义在区域 $D \subset \mathbb{R}^2$ 上的二元向量函数, $(x_0, y_0) \in D$ 是给定的点, 定义

$$\frac{\partial F}{\partial x}(x_0, y_0) = \left(\frac{\partial f^1}{\partial x}(x_0, y_0), \cdots, \frac{\partial f^m}{\partial x}(x_0, y_0) \right) = \lim_{x \to x_0} \frac{F(x, y_0) - F(x_0, y_0)}{x - x_0}.$$

例 3　令 $F(x,y,z) = (xyz \sin xy + z^2, \sin z^2)$, 计算 $\dfrac{\partial F}{\partial x}, \dfrac{\partial F}{\partial z}$.

解　$\dfrac{\partial F}{\partial x} = (yz \sin xy + xy^2 z \cos xy, 0)$,　$\dfrac{\partial F}{\partial z} = (xy \sin xy + 2z, 2z \cos z^2)$.

多元向量函数偏导数的计算同样利用一元函数导数的计算方法和法则就能够得到, 不需要另外建立新的方法.

4.2　全　微　分

在一元微积分中, 我们按照下面方式来定义一元函数的微分: 设 $f(x)$ 是定义在点 x_0 邻域上的函数, 如果存在线性函数 $A(x - x_0)$, 使得 $x \to x_0$ 时,

$$f(x) - f(x_0) = A(x - x_0) + o(x - x_0),$$

则称 $f(x)$ 在 x_0 处可微, 称 $A\mathrm{d}x$ 为 $f(x)$ 在 x_0 处的微分, 记为 $\mathrm{d}f(x_0) = A\mathrm{d}x$. 这里 $\mathrm{d}x$ 表示 $x \to x_0$ 时, 标准的无穷小 $x - x_0$.

对于多元函数, 用距离 $|(x, y) - (x_0, y_0)|$ 代替 $x - x_0$, 我们按同样的方法来定义微分. 下面仍然以 $n = 2$ 为例.

定义 4.2.1　设 $f(x, y)$ 是定义在区域 D 上的二元函数, $(x_0, y_0) \in D$ 是给定的点, 如果存在线性函数 $A(x - x_0) + B(y - y_0)$, 使得 $(x, y) \to (x_0, y_0)$ 时,

$$f(x, y) - f(x_0, y_0) = A(x - x_0) + B(y - y_0) + o(|(x, y) - (x_0, y_0)|),$$

则称 $f(x, y)$ 在 (x_0, y_0) **可微**, 称 $A\mathrm{d}x + B\mathrm{d}y$ 为 $f(x, y)$ 在 (x_0, y_0) 的**微分**, 记为

$$\mathrm{d}f(x_0, y_0) = A\mathrm{d}x + B\mathrm{d}y.$$

在上面定义中, $\mathrm{d}x$ 和 $\mathrm{d}y$ 分别表示 $x \to x_0$ 以及 $y \to y_0$ 时, 标准的无穷小 $x - x_0$ 和 $y - y_0$. 而

$$f(x, y) - f(x_0, y_0) = A(x - x_0) + B(y - y_0) + o(|(x, y) - (x_0, y_0)|),$$

则表示

$$\lim_{(x, y) \to (x_0, y_0)} \frac{f(x, y) - f(x_0, y_0) - [A(x - x_0) + B(y - y_0)]}{\sqrt{(x - x_0)^2 + (y - y_0)^2}} = 0.$$

由于 $(x, y) \to (x_0, y_0)$ 是开集上定义的全面极限, 因此多元函数的微分称为**全微分**.

如果 $f(x, y)$ 在 (x_0, y_0) 处可微, 则 $(x, y) \to (x_0, y_0)$ 时必须成立

$$\lim_{(x, y) \to (x_0, y_0)} f(x, y) = f(x_0, y_0),$$

因而 $f(x, y)$ 在 (x_0, y_0) 处连续.

同样的, 如果函数 $f(x, y)$ 在点 (x_0, y_0) 可微, 设 $\mathrm{d}f(x_0, y_0) = A\mathrm{d}x + B\mathrm{d}y$ 是 $f(x, y)$ 在 (x_0, y_0) 处的微分. 将 y 固定在 y_0, 则成立

$$f(x, y_0) - f(x_0, y_0) = A(x - x_0) + o(x - x_0),$$

$f(x, y_0)$ 在 x_0 可导, 且 $f_x(x_0, y_0) = A$. 同理, $f(x_0, y)$ 在 y_0 可导, 且 $f_y(x_0, y_0) = B$. 因此, 如果函数 $f(x, y)$ 在点 (x_0, y_0) 可微, 则其在 (x_0, y_0) 有偏导数, 并成立

$$\mathrm{d}f(x_0, y_0) = \frac{\partial f}{\partial x}(x_0, y_0)\mathrm{d}x + \frac{\partial f}{\partial y}(x_0, y_0)\mathrm{d}y = f_x(x_0, y_0)\mathrm{d}x + f_y(x_0, y_0)\mathrm{d}y.$$

这一结论同时也表明如果一个函数可微, 则其微分是唯一的.

对于一元函数, 可微与可导是相互等价的. 函数在一个点可微的充要条件是函数在这点可导. 但前面我们已经看到有偏导数的多元函数可以不连续, 因而也不是可微的. 所以对于多元函数, 偏导数的存在仅仅是可微的必要条件, 而不是充分条件.

但是如果我们不是仅仅在一点处考虑多元函数的偏导数, 而是在一个点的邻域上应用偏导数, 则成立下面定理.

定理 4.2.1 设 $f(x, y)$ 在 (x_0, y_0) 的某个邻域上处处有偏导 f_x 和 f_y, 并且 f_x 和 f_y 在点 (x_0, y_0) 连续, 则 $f(x, y)$ 在 (x_0, y_0) 可微.

证明 不妨设 $f(x, y)$ 在 (x_0, y_0) 的矩形邻域 $D = (x_0 - 1, x_0 + 1) \times (y_0 - 1, y_0 + 1)$ 上处处有偏导数, 任取 $(x, y) \in D$, 利用 Lagrange 中值定理, 成立

$$
\begin{aligned}
f(x, y) - f(x_0, y_0) &= f(x, y) - f(x, y_0) + f(x, y_0) - f(x_0, y_0) \\
&= f_y(x_0, y_0)(y - y_0) + f_x(x_0, y_0)(x - x_0) \\
&\quad + [f_y(x, y_0 + \theta_1(y - y_0)) - f_y(x_0, y_0)](y - y_0) \\
&\quad + [f_x(x_0 + \theta_2(x - x_0), y_0) - f_x(x_0, y_0)](x - x_0),
\end{aligned}
$$

其中 $0 < \theta_1 < 1$, $0 < \theta_2 < 1$.

$f(x, y)$ 的偏导在点 (x_0, y_0) 连续, 因而 $(x, y) \to (x_0, y_0)$ 时, $[f_y(x, y_0 + \theta_1(y - y_0)) - f_y(x_0, y_0)]$ 和 $[f_x(x_0 + \theta_2(x - x_0), y_0) - f_x(x_0, y_0)]$ 都是无穷小, 而

$$
|x - x_0| \leqslant \sqrt{(x - x_0)^2 + (y - y_0)^2}, \quad |y - y_0| \leqslant \sqrt{(x - x_0)^2 + (y - y_0)^2}.
$$

我们得到

$$
f(x, y) - f(x_0, y_0) = f_y(x_0, y_0)(y - y_0) + f_x(x_0, y_0)(x - x_0) + o(|(x, y) - (x_0, y_0)|),
$$

因而 $f(x, y)$ 在 (x_0, y_0) 点可微. ■

推论 如果函数 $f(x, y)$ 在 (x_0, y_0) 邻域上处处有偏导 f_x 和 f_y, 并且偏导 f_x 和 f_y 在 (x_0, y_0) 连续, 则 $f(x, y)$ 在点 (x_0, y_0) 处连续.

上面定理 4.2.1 中偏导存在且连续的条件仅仅是多元函数可微的一个充分条件, 不是必要条件.

例 1 令

$$
f(x, y) = \begin{cases} xy \sin \dfrac{1}{x}, & \text{如果 } x \neq 0, \\ 0, & \text{如果 } x = 0. \end{cases}
$$

则 $f(x, y)$ 在 $(0,0)$ 的邻域上不是处处有偏导的, 但 $(x, y) \to (0,0)$ 时, $f(x, y) = o(\sqrt{x^2 + y^2})$, 因而 $f(x, y)$ 在 $(0,0)$ 处可微, 并且微分为零, 但其关于 x 的偏导并不连续.

对于开区域 $D \subset \mathbb{R}^n$, 通常用 $C^1(D)$ 表示在 D 上处处有连续偏导的函数全体. 由上面的讨论得 $C^1(D)$ 中的函数都是连续函数, 并且在 D 上处处可微.

另一方面, 与一元函数的微分运算相同, 多元函数的微分运算同样满足线性性和 Leibniz 法则. 如果 f 和 g 都是可微的多元函数, 则 $f + g$ 和 $f \cdot g$ 都可微, 并且成立

$$d(f + g) = df + dg, \quad d(fg) = g df + f dg.$$

如果在点 $p, f(p) \neq 0$, 则 $\dfrac{g}{f}$ 在 p 点可微, 并且

$$d\left(\frac{g}{f}\right) = \frac{f dg - g df}{f^2}.$$

4.3 高 阶 偏 导

在一元微积分中, 我们在函数导数的基础上还定义了函数的高阶导数, 并且利用高阶导数讨论了函数的极值问题、凸凹性和 Taylor 展开. 对于多元函数, 同样需要在偏导的基础上讨论函数的高阶偏导, 并应用高阶偏导来研究函数的性质.

设 $f(x, y)$ 在区域 $D \subset \mathbb{R}^2$ 上处处有关于变量 x 的偏导 f_x, 则偏导 f_x 也是 D 上的函数. 如果函数 f_x 在 $(x_0, y_0) \in D$ 处关于 x 有偏导数, 则称 $f(x, y)$ 在 (x_0, y_0) 处关于 x 有二阶偏导数, 记为

$$\frac{\partial}{\partial x}\left(\frac{\partial f}{\partial x}\right)(x_0, y_0) = \frac{\partial^2 f}{\partial x^2}(x_0, y_0).$$

也记为 $f_{x^2}(x_0, y_0)$. 同理, 可以定义 $f(x, y)$ 在 (x_0, y_0) 处关于变量 x 和 y 的其他二阶偏导数, 如 f_{y^2} 以及

$$f_{xy}(x_0, y_0) = \frac{\partial}{\partial y}\left(\frac{\partial f}{\partial x}\right)(x_0, y_0), \quad f_{yx}(x_0, y_0) = \frac{\partial}{\partial x}\left(\frac{\partial f}{\partial y}\right)(x_0, y_0).$$

更一般的, 可以定义函数 $f(x, y)$ 在区域 D 上关于变量 x 和 y 的各种高阶偏导.

多元函数高阶偏导的一个基本问题是函数对于不同变元的偏导数与求导顺序是否有关系? 或者说不同变量之间求导是否可交换顺序. 即如果 $f(x, y)$ 分别有偏导 f_{xy} 和 f_{yx}, 问等式 $f_{xy} = f_{yx}$ 是否成立? 先来看几个例子.

例 1 令 $f(x,y) = xy\sin x^2$, 则

$$f_x(x,y) = y\sin x^2 + 2x^2 y\cos x^2, \quad f_y(x,y) = x\sin x^2.$$

进一步计算得

$$f_{xy} = \sin x^2 + 2x^2\cos x^2, \quad f_{yx}(x,y) = \sin x^2 + 2x^2\cos x^2,$$

$f_{xy} = f_{yx}$. 这里不同变元的求导顺序可以交换.

例 2 令

$$f(x,y) = \begin{cases} xy\dfrac{x^2-y^2}{x^2+y^2}, & \text{如果 } (x,y) \neq (0,0), \\ 0, & \text{如果 } (x,y) = (0,0). \end{cases}$$

直接计算得

$$f_x(x,y) = \begin{cases} y\dfrac{x^2-y^2}{x^2+y^2} + xy\dfrac{\partial}{\partial x}\left(\dfrac{x^2-y^2}{x^2+y^2}\right), & \text{如果 } (x,y) \neq (0,0), \\ 0, & \text{如果 } (x,y) = (0,0); \end{cases}$$

$$f_y(x,y) = \begin{cases} x\dfrac{x^2-y^2}{x^2+y^2} + xy\dfrac{\partial}{\partial y}\left(\dfrac{x^2-y^2}{x^2+y^2}\right), & \text{如果 } (x,y) \neq (0,0), \\ 0, & \text{如果 } (x,y) = (0,0). \end{cases}$$

由此得到, $f_x(0,y) = -y$, $f_{xy}(0,0) = -1$; $f_y(x,0) = x$, $f_{yx}(0,0) = 1$. 因而 $f_{xy}(0,0) \neq f_{yx}(0,0)$.

通过例 2 我们看到, 与本书上册第九章讨论时曾经提到的, 极限与极限、极限与微分、极限与积分之间一般不能交换顺序相同, 不同变元的求导与求导之间也不是随便可以交换顺序的, 需要加上适当的条件.

现在回到偏导的定义, 看一看不同变元的求导顺序是什么关系. 按照定义,

$$\begin{aligned} f_{xy}(x_0,y_0) &= \lim_{y\to y_0} \frac{f_x(x_0,y) - f_x(x_0,y_0)}{y - y_0} \\ &= \lim_{y\to y_0} \frac{1}{y-y_0}\left[\lim_{x\to x_0}\frac{f(x,y)-f(x_0,y)}{x-x_0} - \lim_{x\to x_0}\frac{f(x,y_0)-f(x_0,y_0)}{x-x_0}\right] \\ &= \lim_{y\to y_0}\lim_{x\to x_0}\frac{1}{(y-y_0)(x-x_0)}\left[f(x,y)-f(x_0,y)-f(x,y_0)+f(x_0,y_0)\right], \end{aligned}$$

$$f_{yx}(x_0,y_0) = \lim_{x\to x_0}\lim_{y\to y_0}\frac{1}{(y-y_0)(x-x_0)}\left[f(x,y)-f(x_0,y)-f(x,y_0)+f(x_0,y_0)\right].$$

因此偏导数对于不同变元求导交换顺序的问题就等价于上面两个累次极限是否可以交换顺序. 而对累次极限交换顺序的问题, 前面我们在本书上册第九章中用一致

收敛作为条件, 而在本书下册第三章定理 3.3.2 中用重极限来给出条件. 利用重极限, 对于偏导数交换顺序的问题, 成立下面定理.

定理 4.3.1　设函数 $f(x,y)$ 在点 (x_0,y_0) 的邻域上有一阶偏导 $f_x(x,y),f_y(x,y)$ 和二阶偏导 $f_{xy}(x,y)$, 并且 $f_{xy}(x,y)$ 在点 (x_0,y_0) 连续, 则在点 (x_0,y_0) 处, $f(x,y)$ 的二阶偏导 $f_{yx}(x_0,y_0)$ 也存在, 并且成立 $f_{xy}(x_0,y_0)=f_{yx}(x_0,y_0)$.

证明　只需验证上面给出的两个累次极限满足定理 3.3.2 中给出的关于累次极限交换顺序的条件.

首先, $f_x(x,y)$, $f_y(x,y)$ 在 (x_0,y_0) 的邻域上存在表明下面两个单极限

$$\lim_{x\to x_0}\frac{1}{(x-x_0)}\left[f(x,y)-f(x_0,y)-f(x,y_0)+f(x_0,y_0)\right]=f_x(x_0,y)-f_x(x_0,y_0),$$

$$\lim_{y\to y_0}\frac{1}{(y-y_0)}\left[f(x,y)-f(x_0,y)-f(x,y_0)+f(x_0,y_0)\right]=f_y(x,y_0)-f_y(x_0,y_0)$$

都收敛. 由于二阶偏导 $f_{xy}(x,y)$ 在点 (x_0,y_0) 邻域上存在, 因而在下式中对函数 $g(x)=f(x,y)-f(x,y_0)$ 应用 Lagrange 中值定理, 我们得到

$$\frac{1}{(x-x_0)}\left[f(x,y)-f(x_0,y)-f(x,y_0)+f(x_0,y_0)\right]=\frac{1}{(x-x_0)}[g(x)-g(x_0)]$$
$$=g'(x_0+\theta_1(x-x_0))=f_x(x_0+\theta_1(x-x_0),y)-f_x(x_0+\theta_1(x-x_0),y_0).$$

上式中对 y 再一次应用 Lagrange 中值定理, 我们得到

$$\frac{1}{(x-x_0)(y-y_0)}\left[f(x,y)-f(x_0,y)-f(x,y_0)+f(x_0,y_0)\right]$$
$$=f_{xy}(x_0+\theta_1(x-x_0),y_0+\theta_2(y-y_0)).$$

另一方面, 由定理的条件: $f_{xy}(x,y)$ 在点 (x_0,y_0) 连续, 即重极限

$$\lim_{(x,y)\to(x_0,y_0)}\frac{1}{(x-x_0)(y-y_0)}\left[f(x,y)-f(x_0,y)-f(x,y_0)+f(x_0,y_0)\right]$$
$$=\lim_{(x,y)\to(x_0,y_0)}f_{xy}(x,y)=f_{xy}(x_0,y_0)$$

收敛. 应用定理 3.3.2, 我们得到上面两个累次极限都收敛并且相等, 即二阶偏导 $f_{yx}(x_0,y_0)$ 存在, 并与 $f_{xy}(x_0,y_0)$ 相等. ∎

通过上面定理我们看到, 与一元函数不同, 对于多元函数, 存在连续偏导的函数与仅仅存在偏导的函数, 在性质上差异非常大. 例如, 一阶偏导存在甚至不能保证多元函数连续, 而如果一阶偏导存在并且连续则能够保证多元函数连续并可微. 而高阶连续偏导的存在则保证了高阶偏导与不同变元求导的顺序无关. 对此, 设 $D\subset\mathbb{R}^n$

是给定的区域, 我们用 $C^r(D)$ 表示 D 上所有小于等于 r 阶的偏导都存在并且连续的函数全体构成的线性空间; 用 $C^\infty(D)$ 表示 D 上所有阶的偏导都存在并且连续的函数全体构成的线性空间. $C^r(D)$ 中的函数称为 D 上 r **阶光滑函数**, 而 $C^\infty(D)$ 中的函数则称为 D 上的**光滑函数**.

例 3 $\mathbb{R}^n$ 上的变元的分量函数以及这些分量函数与基本初等函数经过有限次加、减、乘、除和复合得到的多元基本初等函数在其定义域内都是光滑函数.

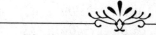

4.4 链法则以及微分的几何意义

对于一元函数的导数, 成立链法则: 如果 $y = f(x)$ 在 x_0 可导, 而 $z = g(y)$ 在 $y_0 = f(x_0)$ 可导, 则 $z = g(f(x))$ 在 x_0 可导, 并且成立 $\dfrac{\mathrm{d}z}{\mathrm{d}x} = \dfrac{\mathrm{d}z}{\mathrm{d}y}\dfrac{\mathrm{d}y}{\mathrm{d}x}$.

对于多元向量函数, 下面例子说明函数的复合运算不能保证存在偏导的向量函数经过复合运算后仍然有偏导. 这个例子也表明偏导的存在与坐标有关.

例 1 令

$$f(x,y) = \begin{cases} 1, & \text{如果 } x \neq 0, \text{并且 } y \neq 0, \\ 0, & \text{如果 } x = 0, \text{或者 } y = 0. \end{cases}$$

定义向量函数 $g : \mathbb{R}^2 \to \mathbb{R}^2$ 为

$$g(x,y) = (x + y, x - y).$$

$f(x,y)$ 在 $(0,0)$ 处有偏导, $g(x,y)$ 是 C^∞ 的向量函数. 但 $f(g(x,0))$ 和 $f(g(0,y))$ 在 $(0,0)$ 处甚至都不连续, 因而 $f(g(x,y))$ 在 $(0,0)$ 处关于 x 和 y 都没有偏导.

要保证有偏导的向量函数经过复合后仍然可导, 需要加上可微的条件.

定理 4.4.1 如果函数 $z = f(x,y)$ 在 (x_0, y_0) 可微, 而向量函数 $g : (u,v) \to (x,y)$ 在 (u_0, v_0) 存在偏导, 同时 $g(u_0, v_0) = (x_0, y_0)$, 则函数 $f(g(u,v))$ 在 (u_0, v_0) 存在偏导, 并且关于偏导计算成立下面的**链法则**:

$$\frac{\partial z}{\partial u} = \frac{\partial z}{\partial x}\frac{\partial x}{\partial u} + \frac{\partial z}{\partial y}\frac{\partial y}{\partial u}, \quad \frac{\partial z}{\partial v} = \frac{\partial z}{\partial x}\frac{\partial x}{\partial v} + \frac{\partial z}{\partial y}\frac{\partial y}{\partial v}.$$

证明 $z = f(x,y)$ 在 (x_0, y_0) 可微, 因而成立

$$f(x,y) - f(x_0, y_0) = \frac{\partial f}{\partial x}(x_0, y_0)(x - x_0) + \frac{\partial f}{\partial y}(x_0, y_0)(y - y_0)$$
$$+ o(\sqrt{(x - x_0)^2 + (y - y_0)^2}).$$

将 $(x,y) = g(u,v) = (x(u,v), y(u,v))$ 代入上式, 我们得到

$$f(x(u,v_0), y(u,v_0)) - f(x(u_0,v_0), y(u_0,v_0))$$
$$= \frac{\partial f}{\partial x}(x_0, y_0)(x(u,v_0) - x(u_0,v_0)) + \frac{\partial f}{\partial y}(x_0, y_0)(y(u,v_0) - y(u_0,v_0))$$
$$+ o(\sqrt{(x(u,v_0) - x(u_0,v_0))^2 + (y(u,v_0) - y(u_0,v_0))^2}).$$

等式两边同除 $u - u_0$, 并令 $u \to u_0$, 就得到

$$\frac{\partial z}{\partial u} = \frac{\partial z}{\partial x}\frac{\partial x}{\partial u} + \frac{\partial z}{\partial y}\frac{\partial y}{\partial u}.$$

同理得 $\dfrac{\partial z}{\partial v} = \dfrac{\partial z}{\partial x}\dfrac{\partial x}{\partial v} + \dfrac{\partial z}{\partial y}\dfrac{\partial y}{\partial v}.$ ∎

由于连续可导的函数一定可微, 通过上面定理我们得到 r 阶光滑的向量函数复合 r 阶光滑的向量函数后仍然是 r 阶光滑的向量函数.

作为链法则的应用, 下面我们对多元函数的微分进行放大, 给出由函数定义的空间曲面上的切面. 首先回顾一元函数相关的讨论.

对于一元函数, 我们知道函数在一个点的微分在几何上就代表这一函数的曲线在相应点切线的无穷小部分. 如果函数 $y = f(x)$ 在 x_0 处可微, 在微分 $\mathrm{d}y = f'(x_0)\mathrm{d}x$ 中用 $x - x_0$ 代替无穷小 $\mathrm{d}x$, 用 $y - y_0 = y - f(x_0)$ 代替无穷小 $\mathrm{d}y$, 将微分放大, 我们就得到了函数曲线在点 (x_0, y_0) 处的切线方程 $y - y_0 = f'(x_0)(x - x_0)$.

对于区域 $D \subset \mathbb{R}^2$ 上的二元函数 $z = f(x,y)$, 令

$$Q = \{(x, y, f(x,y)) \in \mathbb{R}^3 \,\big|\, (x,y) \in D\},$$

则 Q 称为由这一函数定义的曲面.

如果 $z = f(x,y)$ 在点 (x_0, y_0) 可微, 在微分 $\mathrm{d}z = f_x(x_0, y_0)\mathrm{d}x + f_y(x_0, y_0)\mathrm{d}y$ 中同样用 $z - z_0$ 代替 $\mathrm{d}z$, $x - x_0$ 代替 $\mathrm{d}x$, $y - y_0$ 代替 $\mathrm{d}y$, 将微分放大, 就得到了空间 $\mathbb{R}^3$ 中过曲面 Q 上的点 $(x_0, y_0, f(x_0, y_0)) = (x_0, y_0, z_0)$ 的一个平面方程

$$z - z_0 = f_x(x_0, y_0)(x - x_0) + f_y(x_0, y_0)(y - y_0).$$

与一元函数相同, 我们称这一平面为函数曲面在点 $(x_0, y_0, f(x_0, y_0))$ 处的**切面**.

从几何的角度, 我们知道对于一元函数 $y = f(x)$, 函数在点 (x_0, y_0) 处的切线 $y - y_0 = f'(x_0)(x - x_0)$ 是平面中所有过点 (x_0, y_0) 的直线 $y - y_0 = A(x - x_0)$ 里与曲线 $\{(x,y) \,\big|\, y = f(x)\}$ 最贴近的直线. 即当 $x \to x_0$ 时, 在所有无穷小构成的集合

$$\{f(x) - f(x_0) - A(x - x_0) \,\big|\, A \in \mathbb{R}\}$$

里, $f(x) - f(x_0) - f'(x_0)(x - x_0)$ 是其中唯一的一个最高阶的无穷小. 同样的几何结论对于曲面的切面也是成立的.

如果 $t \to (x(t), y(t))$, $t_0 \to (x_0, y_0)$ 是 xy 平面上过 (x_0, y_0) 的一条可微的曲线, 则 $t \to (x(t), y(t), f(x(t), y(t)))$ 是空间 $\mathbb{R}^3$ 中包含在曲面 Q 里, 过 $(x_0, y_0, f(x_0, y_0))$ 的曲线. 这一曲线在点 $(x_0, y_0, f(x_0, y_0))$ 处的切线为

$$(x, y, z) = (x(t_0), y(t_0), z(t_0)) + (t - t_0)(x'(t_0), y'(t_0), z'(t_0)),$$

其中按照复合函数求导, $z'(t) = f_x(x_0, y_0)x'(t) + f_y(x_0, y_0)y'(t)$. 代入曲面的切面方程, 我们得到方程左边为

$$z - z_0 = [f_x(x_0, y_0)x'(t_0) + f_y(x_0, y_0)y'(t_0)](t - t_0),$$

方程右边为

$$f_x(x_0, y_0)(x - x_0) + f_y(x_0, y_0)(y - y_0) = [f_x(x_0, y_0)x'(t_0) + f_y(x_0, y_0)y'(t_0)](t - t_0).$$

方程左右两边相等, 所以曲线 $t \to (x(t), y(t), f(x(t), y(t)))$ 的切线在曲面 Q 的切面内.

这一过程反过来也是对的. $\mathbb{R}^3$ 中任意一条过点 (x_0, y_0, z_0), 并且在曲面 Q 的切面 $z - z_0 = f_x(x_0, y_0)(x - x_0) + f_y(x_0, y_0)(y - y_0)$ 中的直线一定是包含在曲面 Q 里的某一条曲线的切线. 而前面我们已经说明对于可微函数 $y = f(x)$ 的曲线, 切线是所有过曲线上的点 $(x_0, f(x_0))$ 的直线中与曲线最贴近的直线. 而上面的讨论则表明对于多元可微函数 $z = f(x, y)$ 的曲面, 切面是所有过曲面上的点 $(x_0, y_0, f(x_0, y_0))$ 的平面中与曲面最贴近的平面. 或者说当 $\sqrt{(x - x_0)^2 + (y - y_0)^2} \to 0$ 时, 在所有过曲面上的点 $(x_0, y_0, f(x_0, y_0))$ 的平面产生的无穷小集合

$$\left\{ A(x - x_0) + B(y - y_0) + C(z - f(x_0, y_0)) \,\middle|\, A, B, C \in \mathbb{R} \right\}$$

中, 切面定义的无穷小

$$z - z_0 - [f_x(x_0, y_0)(x - x_0) + f_y(x_0, y_0)(y - y_0)]$$

是其中唯一的一个比其他无穷小都高阶的无穷小. 对于这一点, 读者也可以利用微分的定义自己尝试给一个证明.

4.5　方向导数和函数的梯度

　　上面我们是以偏导数的形式在多元函数上定义了函数关于坐标分量的偏导数，将一元函数的导数及其计算方法和法则推广到了多元函数. 而这样的偏导数显然依赖坐标的选取. 对于一个多元函数, 有可能其在某一个坐标下有偏导数, 换一个坐标系来考察这个函数时, 就可能没有偏导数了. 这一点显然不能令人满意. 怎样定义多元函数的一种偏导, 使之独立于空间坐标的选取, 或者说怎样找一个合适的条件, 使得多元函数的可导性与坐标的选取无关呢? 方向导数是解决这一问题的一个方法. 对此, 我们先给出下面定义.

　　定义 4.5.1　设 $S \subset \mathbb{R}^2$ 是一给定的集合, $f(x,y)$ 是定义在 S 上的函数. 如果存在 S 中一条过点 $p_0 = (x_0, y_0) \in S$ 的可微曲线 $(x(t), y(t))$, 使得 $(x(t_0), y(t_0)) = p_0 = (x_0, y_0)$, 并且 $f(x(t), y(t))$ 在 t_0 可导, 则称 $f(x, y)$ 沿曲线 $(x(t), y(t))$ 在 p_0 **可导**, 称 $f'(x(t_0), y(t_0))$ 为 $f(x, y)$ 沿曲线 $(x(t), y(t))$ 在 p_0 处的**偏导数**.

　　函数对变量 x 和 y 的偏导数是上面定义的沿曲线求偏导的特殊情况. 同样的, 也可以将其他关于函数导数的定义归纳到上面沿曲线求导的定义中. 这里我们关心的问题是怎样保证函数的可导性, 函数沿曲线的导数与曲线的哪些因素有关. 对这一问题, 我们有下面定理.

　　定理 4.5.1　设 $p_0 = (x_0, y_0)$ 是 S 的内点, $f(x, y)$ 在 p_0 处可微, 则 $f(x, y)$ 沿过 p_0 的任意可微曲线可导, 并且导数仅与曲线在 p_0 点的切向量有关.

　　证明　设 $t \to (x(t), y(t))$, $(x(t_0), y(t_0)) = (x_0, y_0)$ 是过 (x_0, y_0) 的可微曲线, 按照复合函数求导的链法则, 我们得到

$$f'(x(t_0), y(t_0)) = f_x(x_0, y_0)x'(t_0) + f_y(x_0, y_0)y'(t_0).$$

导数仅与曲线在 p_0 点的切向量 $(x'(t_0), y'(t_0))$ 有关. ∎

　　上面定理说明, 两条过 $p_0 = (x_0, y_0)$ 的曲线如果有相同的切向量, 则函数沿这两条曲线在 p_0 点的导数相等. 因此, 为了相互进行比较, 通常将切向量取为长度为 1 的单位向量. 对此, 有下面定义.

　　定义 4.5.2　设 (x_0, y_0) 是 $S \subset \mathbb{R}^2$ 的内点, $f(x, y)$ 是定义在 (x_0, y_0) 邻域上的函数, $l = (a, b)$ 是长度为 1 的单位向量, 如果 $f(x_0 + ta, y_0 + tb)$ 在 $t = 0$ 可导, 则称 $f(x, y)$ 在 (x_0, y_0) 处沿 $l = (a, b)$ **方向可导**, 称 $f'(x_0 + ta, y_0 + tb)\big|_{t=0}$ 为 $f(x, y)$

在 (x_0, y_0) 处沿 $l = (a, b)$ 方向的**方向导数**, 记为 $\dfrac{\partial f}{\partial l}$.

利用定理 4.5.1 同样的方法, 用多个变元函数来表示, 我们得到下面定理.

定理 4.5.2 设 $p_0 = (x_0^1, \cdots, x_0^n)$ 是 $S \subset \mathbb{R}^n$ 的内点, $f(x^1, \cdots, x^n)$ 在 p_0 处可微, 则对于任意给定的单位向量 $l = (a^1, \cdots, a^n)$, $f(x^1, \cdots, x^n)$ 在 p_0 处沿 l 的方向导数都存在, 并且可以表示为

$$\frac{\partial f}{\partial l} = \frac{\partial f}{\partial x^1}(x_0^1, \cdots, x_0^n)a^1 + \cdots + \frac{\partial f}{\partial x^n}(x_0^1, \cdots, x_0^n)a^n.$$

在上面方向导数的表示中, 通常令

$$\mathrm{grad}(f)(x_0^1, \cdots, x_0^n) - \left(\frac{\partial f}{\partial x^1}(x_0^1, \cdots, x_0^n), \cdots, \frac{\partial f}{\partial x^n}(x_0^1, \cdots, x_0^n) \right),$$

$\mathrm{grad}(f)(x_0^1, \cdots, x_0^n)$ 称为 $f(x^1, \cdots, x^n)$ 在 $(x_0^1, \cdots, x_0^n)$ 处的**梯度向量**. 利用梯度向量, $f(x^1, \cdots, x^n)$ 在 $p_0 = (x_0^1, \cdots, x_0^n)$ 处对于单位向量 $l = (a^1, \cdots, a^n)$ 的方向导数可以表示为内积的形式

$$\frac{\partial f}{\partial l} = (\mathrm{grad}(f)(p_0), l) = |\mathrm{grad}(f)(p_0)| \cos\theta,$$

其中 θ 是梯度向量 $\mathrm{grad}(f)(p_0)$ 与单位向量 l 之间的夹角. 利用这一表示我们看到, 当 $\theta = 0$ 时函数的方向导数最大, 而当 $\theta = \dfrac{\pi}{2}$ 时函数的方向导数为零. 因此函数 $f(x^1, \cdots, x^n)$ 在其梯度方向的变化率最大, 而在与梯度垂直的方向变化率为零. 或者说函数在曲面

$$\Sigma = \{(x^1, \cdots, x^n) \mid f(x^1, \cdots, x^n) = f(x_0^1, \cdots, x_0^n)\}$$

上由于是常数, 因而变化率为零. 而利用微分, 曲面 Σ 在 (x_0, y_0, z_0) 处的切面为

$$f_{x^1}(x_0^1, \cdots, x_0^n)(x^1 - x_0^1) + \cdots + f_{x^n}(x_0^1, \cdots, x_0^n)(x^n - x_0^n) = 0.$$

这时 $\mathrm{grad}(f)$ 是法向量. 也就是函数沿曲面的法线方向, 即梯度 $\mathrm{grad}(f)$ 确定的方向上变化率最大. 由于一个函数在某个方向变化率的大小与表示函数的坐标无关, 上面关系也表明映射关系 $f \to \mathrm{grad}(f)$ 与坐标 $(x^1, \cdots, x^n)$ 的选取无关.

4.6　高阶微分与多元函数的 Taylor 展开

前面我们定义了多元函数的微分, 设 $D \subset \mathbb{R}^n$ 是区域, 函数 $f(x^1, \cdots, x^n)$ 在 D 上处处可微, 则其微分可以表示为

$$\mathrm{d}f = f_{x^1}(x^1, \cdots, x^n)\mathrm{d}x^1 + \cdots + f_{x^n}(x^1, \cdots, x^n)\mathrm{d}x^n.$$

与一元函数相同, 在微分 $\mathrm{d}f$ 中将标准无穷小 $\mathrm{d}x^i$ 看作与变量 $(x^1, \cdots, x^n)$ 无关的常数, 则微分 $\mathrm{d}f$ 是 D 上的函数. 如果这一函数在 D 上也可微, 则称 $f(x^1, \cdots, x^n)$ 在 D 上二阶可微, 称 $\mathrm{d}(\mathrm{d}f)$ 为 $f(x^1, \cdots, x^n)$ 在 D 上的二阶微分, 表示为 $\mathrm{d}^2 f$.

同理, 可以定义多元函数的**高阶微分** $\mathrm{d}^r f = \mathrm{d}(\mathrm{d}^{r-1}f)$. 而如果 $f(x^1, \cdots, x^n)$ 在 D 上有处处连续的偏导, 则其在 D 上处处可微. 因而如果 $f(x^1, \cdots, x^n)$ 在 D 上有 r 阶连续偏导, 则 $f(x^1, \cdots, x^n)$ 在 D 上 r 阶可微.

下面为了给出高阶微分的计算公式, 我们对二项式定理的推广 —— 多项式定理做一点简单回顾. 在排列组合中, 如果一个由 n 个元素组成的集合里有 r 个元素是相同的, 其余互不相同, 则这 n 个元素所有的 n 元排列数为 $\dfrac{n!}{r!}$. 事实上, 首先将这 r 个相同的元素看成互不相同, 则 n 个元素的 n 元排列的个数为 $n!$. 而在其中, r 个相同的元素共产生 $r!$ 个相同的排列, 因而总的排列个数为 $\dfrac{n!}{r!}$. 同理, 设在由 k 个互不相同的元素 $\{a_1, \cdots, a_k\}$ 组成的 n 个元素的集合中, a_1 出现 r_1 次, a_2 出现 r_2 次, $\cdots$, a_k 出现 r_k 次, $r_1 + r_2 + \cdots + r_k = n$, 则这 n 个元素的 n 元排列的总数为

$$\frac{n!}{r_1! r_2! \cdots r_k!}.$$

利用上面的排列公式, 现在来给出多项式定理.

定理 4.6.1 (多项式定理)　对于 n 个元素和的乘积, 成立下面公式:

$$(a_1 + \cdots + a_n)^m = \sum_{r_1 + \cdots + r_n = m} \frac{m!}{r_1! \cdots r_n!} a_1^{r_1} \cdots a_n^{r_n}.$$

证明　将乘积 $a_1^{r_1} \cdots a_n^{r_n}$ 的系数看成由 r_1 个 a_1, $\cdots$, r_n 个 a_n 组成的 m 个元素的集合的所有 m 元排列的个数. 每一个排列对应于 m 次乘积

$$(a_1 + \cdots + a_n)^m = (a_1 + \cdots + a_n) \cdots (a_1 + \cdots + a_n)$$

中 $a_1^{r_1} \cdots a_n^{r_n}$ 的一个选取方法, 我们就得到多项式定理.

利用多项式定理以及对连续可导的多元函数, 求导可交换顺序, 得下面定理.

定理 4.6.2 将微分 d 表示为

$$\mathrm{d} = \frac{\partial}{\partial x^1}\mathrm{d}x^1 + \cdots + \frac{\partial}{\partial x^n}\mathrm{d}x^n = \sum_{i=1}^{n}\frac{\partial}{\partial x^i}\mathrm{d}x^i,$$

则高阶微分 d^m 可以表示为

$$\mathrm{d}^m = \left(\frac{\partial}{\partial x^1}\mathrm{d}x^1 + \cdots + \frac{\partial}{\partial x^n}\mathrm{d}x^n\right)^m$$

$$= \sum_{r_1 + \cdots + r_n = m} \frac{m!}{r_1! \cdots r_n!} \frac{\partial^m}{(\partial x^1)^{r_1} \cdots (\partial x^n)^{r_n}}(\mathrm{d}x^1)^{r_1} \cdots (\mathrm{d}x^n)^{r_n}$$

证明 将高阶微分 d^m 表示为

$$\mathrm{d}^m = \mathrm{d} \cdot \mathrm{d} \cdots \mathrm{d} = \left(\frac{\partial}{\partial x^1}\mathrm{d}x^1 + \cdots + \frac{\partial}{\partial x^n}\mathrm{d}x^n\right)^m,$$

按照多项式定理展开, 就得到定理中的公式. ∎

我们知道一元函数的一阶微分有形式不变性, 即对于函数 $f(x)$, 不论 x 是自变量或者 $x = x(t)$, x 仅仅是中间变量, 对于一阶微分 $\mathrm{d}f$, 形式上都成立 $\mathrm{d}f = f'(x)\mathrm{d}x$. 当然, 当 x 是自变量时, 成立 $\mathrm{d}x = \Delta x = x - x_0$, 而如果 $x = x(t)$, x 仅仅是中间变量时, 则只成立近似关系

$$\mathrm{d}x \approx \Delta x = x'(t)\mathrm{d}t + o(\Delta t) = \mathrm{d}x + o(\Delta t).$$

对于多元函数, 一阶微分同样有形式不变性, 即对于 $f(x^1, \cdots, x^n)$, 不论 $(x^1, \cdots, x^n)$ 是自变量, 或者

$$(x^1, \cdots, x^n) = (x^1(u^1, \cdots, u^k), \cdots, x^n(u^1, \cdots, u^k)),$$

$(x^1, \cdots, x^n)$ 仅仅是中间变量, 一阶微分的表示形式

$$\mathrm{d}f(x^1, \cdots, x^n) = \sum_{i=1}^{n}\frac{\partial f}{\partial x^i}\mathrm{d}x^i$$

都是相同的. 当然, 如果 $(x^1, \cdots, x^n)$ 是自变量, 则成立 $\mathrm{d}x^i = \Delta x^i$, 而如果 $x^i = x^i(u^1, \cdots, u^k)$ 是中间变量, 则仅仅成立

$$\mathrm{d}x^i \approx \Delta x^i = \mathrm{d}x^i + o\left(\sqrt{\sum_{j=1}^{k}(\Delta u^j)^2}\right).$$

利用求导的链法则, 多元函数一阶微分形式不变性的证明与一元函数相同.

二阶以及二阶以上的微分都没有形式不变性. 仍然以一元函数为例. 对于二阶可微函数 $f(x)$, 如果 x 是自变量, 则 $\mathrm{d}x$ 是常数, 因而 $\mathrm{d}^2 f = f''(x)\mathrm{d}x^2$. 而如果 $x = x(t)$, x 仅仅是中间变量, $\mathrm{d}x$ 就不再是常数了, 这时利用 Leibniz 法则,

$$\mathrm{d}^2 f = \mathrm{d}(\mathrm{d}f) = \mathrm{d}(f'\mathrm{d}x) = f''\mathrm{d}x^2 + f'\mathrm{d}^2 x,$$

与 x 为自变量时在形式上并不一样.

但是, 如果在上面讨论中成立 $\mathrm{d}^2 x \equiv 0$, 即 $x = at + b$ 是变量 t 的一次函数, 则二阶和二阶以上的微分仍然成立形式不变性, 虽然 f 是 t 的函数, 但形式上仍然成立 $\mathrm{d}^r f = f^{(r)}\mathrm{d}x^r$. 同样的结论对于多元函数也是成立的, 如果 $x^i = a_1^i u^1 + \cdots + a_k^i u^k + b^i$ 是变量 $(u^1, \cdots, u^k)$ 的一次函数, 则 f 作为 $(u^1, \cdots, u^k)$ 的函数, 其高阶微分 $\mathrm{d}^m f$ 形式上仍然成立

$$\mathrm{d}^m f = \sum_{r_1 + \cdots + r_n = m} \frac{m!}{r_1! \cdots r_n!} \frac{\partial^m f}{(\partial x^1)^{r_1} \cdots (\partial x^n)^{r_n}} (\mathrm{d}x^1)^{r_1} \cdots (\mathrm{d}x^n)^{r_n}.$$

利用上面这些讨论, 我们可以将一元函数的 Taylor 展开推广到多元函数. 我们首先回顾一下一元函数带 Lagrange 余项的 Taylor 展开. 设 $f(x)$ 在区间 (a, b) 上 $n + 1$ 阶可导, $x_0 \in (a, b)$ 是给定的点, 则对于任意 $x \in (a, b)$, 存在 $\theta \in (0, 1)$, 使得

$$f(x) = \sum_{k=0}^{n} \frac{1}{k!} f^{(k)}(x_0)(x - x_0)^k + \frac{1}{(n+1)!} f^{(n+1)}(x_0 + \theta(x - x_0))(x - x_0)^{n+1}.$$

如果在上面展开中, 我们约定形式上用 $\mathrm{d}x$ 代替 $x - x_0$, 则利用函数的高阶微分, 带 Lagrange 余项的 Taylor 展开也可以表示为下面的形式:

$$f(x) = \sum_{k=0}^{n} \frac{1}{k!} \mathrm{d}^k f(x_0) + \frac{1}{(n+1)!} \mathrm{d}^{(n+1)} f(x_0 + \theta(x - x_0)).$$

利用 $\mathrm{d}x$ 代替 $x - x_0$ 的约定, 由这一表示式以及上面给出的关于高阶微分对于一次函数形式不变性的讨论, 现在我们来给出多元函数的 Taylor 展开.

定理 4.6.3 设 $D \subset \mathbb{R}^n$ 是区域, $f(p)$ 是 D 上 $m + 1$ 阶连续可导的函数, $p_0 \in D$ 是给定的点. 如果对于点 $p \in D$, 连接 p_0, p 的直线段 $g(t) = p_0 + t(p - p_0)$, $t \in [0, 1]$ 也在 D 中, 则存在 $\theta \in (0, 1)$, 使得

$$f(p) = \sum_{k=0}^{m} \frac{1}{k!} \mathrm{d}^k f(p_0) + \frac{1}{(m+1)!} \mathrm{d}^{(m+1)} f(p_0 + \theta(p - p_0)).$$

证明　对于函数 $g(t) = f(p_0 + t(p - p_0))$, $t \in [0, 1]$, 则由定理假设, $g(t)$ 在 $[0, 1]$ 上 $m + 1$ 阶可导, 因而存在 $\theta \in (0, 1)$, 使得

$$g(1) = \sum_{k=0}^{m} \frac{1}{k!} \mathrm{d}^k g(0) + \frac{1}{(m+1)!} \mathrm{d}^{(m+1)} g(\theta).$$

另一方面, $g(t) = f(p_0 + t(p - p_0))$, 将 $p = (x^1, \cdots, x^n)$ 作为中间变量, 其是 t 的线性函数, 因而成立高阶微分的形式不变性, 即 $\mathrm{d}^k g = \mathrm{d}^k f$, 代入上式得

$$f(p) = \sum_{k=0}^{m} \frac{1}{k!} \mathrm{d}^k f(p_0) + \frac{1}{(m+1)!} \mathrm{d}^{(m+1)} f(p_0 + \theta(p - p_0)).$$ ■

在上面展开中, 按照约定总是将 $\mathrm{d}x^i$ 理解为 $x^i - x_0^i$, 不论在哪一点做微分.

在上面定理的条件中, 对于点 $p \in D$, 我们要求连接 p_0, p 的直线段 $p_0 + t(p - p_0)$, $t \in [0, 1]$ 也在 D 内, 这一条件显然不是对任意区域中的任意点都成立. 为了克服这一困难, 我们给出下面定义.

定义 4.6.1　设 $D \subset \mathbb{R}^n$ 是区域, 如果存在点 $p_0 \in D$, 使得 $\forall p \in D$, 连接 p_0, p 的直线段 $p_0 + t(p - p_0)$, $t \in [0, 1]$ 也在 D 内, 则称 D 是以 p_0 为心的**星形域**.

对于星形域, 多元函数的 Taylor 展开可以表示为

定理 4.6.4 (多元函数带 Lagrange 余项的 Taylor 展开)　设 $D \subset \mathbb{R}^n$ 是以 p_0 为心的星形域, $f(p) = f(x^1, \cdots, x^n)$ 是 D 上 $m + 1$ 阶连续可导的函数, 则对于任意点 $p = (x^1, \cdots, x^n) \in D$, 存在 $\theta \in (0, 1)$, 使得

$$f(p) = \sum_{k=0}^{m} \frac{1}{k!} \mathrm{d}^k f(p_0) + \frac{1}{(m+1)!} \mathrm{d}^{m+1} f(p_0 + \theta(p - p_0)).$$

由于对于任意开区域 $D \subset \mathbb{R}^n$, 以及任意点 $p_0 = (x_0^1, \cdots, x_0^n) \in D$, D 中总包含了以 p_0 为球心、半径充分小的球形邻域, 而球形邻域显然是星形域. 将函数在这样的邻域中做带 Lagrange 余项的 Taylor 展开, 我们就可以将一元函数带 Peano 余项的 Taylor 展开推广到多元函数.

定理 4.6.5 (多元函数带 Peano 余项的 Taylor 展开)　设 $D \subset \mathbb{R}^n$ 是区域, 则对 D 上 $m + 1$ 阶连续可导的函数 $f(p) = f(x^1, \cdots, x^n)$, 以及任意点 $p_0 \in D$, 当 $p \to p_0$ 时, $f(p) = f(x^1, \cdots, x^n)$ 在 p_0 点成立带 Peano 余项的 Taylor 展开

$$f(p) = \sum_{k=0}^{m+1} \frac{1}{k!} \mathrm{d}^k f(p_0) + o(|p - p_0|^{m+1}).$$

证明　取 p_0 的一个球形邻域 $B(p_0, \varepsilon) \subset D$, $B(p_0, \varepsilon)$ 是以 p_0 为心的星形域. 因而对于任意 $p \in B(p_0, \varepsilon)$, 成立带 Lagrange 余项的 Taylor 展开

$$f(p) = \sum_{k=0}^{m} \frac{1}{k!} \mathrm{d}^k f(p_0) + \frac{1}{(m+1)!} \mathrm{d}^{m+1} f(p_0 + \theta(p - p_0)).$$

利用此我们得到

$$f(p) = \sum_{k=0}^{m+1} \frac{1}{k!} \mathrm{d}^k f(p_0) + \frac{1}{(m+1)!} [\mathrm{d}^{m+1} f(p_0 + \theta(p - p_0)) - \mathrm{d}^{m+1} f(p_0)].$$

设 $p_0 = (x_0^1, \cdots, x_0^n)$, $p = (x^1, \cdots, x^n)$, 由 f 在 D 上 $m+1$ 阶连续可导, 对于

$$\frac{1}{(m+1)!} [\mathrm{d}^{m+1} f(p_0 + \theta(p - p_0)) - \mathrm{d}^{m+1} f(p_0)],$$

按照前面的约定, 用 $x^i - x_0^i$ 代替 $\mathrm{d}x^i$, 则 $p \to p_0$ 时, 上式可以表示为

$$\sum_{r_1 + \cdots + r_n = m+1} \frac{(m+1)!}{r_1! \cdots r_n!} \left[\frac{\partial^{m+1} f(p_0 + \theta(p - p_0))}{(\partial x^1)^{r_1} \cdots (\partial x^n)^{r_n}} - \frac{\partial^{m+1} f(p_0)}{(\partial x^1)^{r_1} \cdots (\partial x^n)^{r_n}} \right]$$

$$\times (x^1 - x_0^1)^{r_1} \cdots (x^n - x_0^n)^{r_n} = o \left(\sum_{r_1 + \cdots + r_n = m+1} (x^1 - x_0^1)^{r_1} \cdots (x^n - x_0^n)^{r_n} \right)$$

$$= o \left(\sum_{r_1 + \cdots + r_n = m+1} \left(\frac{(x^1 - x_0^1)^{r_1}}{|p - p_0|^{r_1}} \cdots \frac{(x^n - x_0^n)^{r_n}}{|p - p_0|^{r_n}} |p - p_0|^{m+1} \right) \right) = o(|p - p_0|^{m+1}).$$

对于多元函数 $f(p) = f(x^1, \cdots, x^n)$, 利用函数的梯度向量和矩阵, 函数在 $p_0 = (x_0^1, \cdots, x_0^n)$ 处二阶 Taylor 展开可以表示为

$$f(p) = f(p_0) + \sum_{i=1}^{n} f_{x^i}(p_0)(x^i - x_0^i) + \frac{1}{2} \sum_{i,j=1}^{n} f_{x^i x^j}(p_0)(x^i - x_0^i)(x^j - x_0^j) + o(|p - p_0|^2)$$

$$= f(p_0) + (\mathrm{grad}(f)(p_0), p - p_0) + \frac{1}{2}(p - p_0)[f_{x^i x^j}(p_0)](p - p_0)^{\mathrm{T}} + o(|p - p_0|^2).$$

其中 n 阶对称矩阵 $[f_{x^i x^j}(p_0)]$ 称为 $f(p)$ 在 p_0 处的 Hessian 矩阵, 记为 $H_f(p_0)$. 在后面讨论多元函数的极值问题时将给出 Hessian 矩阵的应用. 多元函数三阶或者三阶以上的 Taylor 展开由于难以表示, 不易给出条件, 一般很少用到.

下面我们给一个多元函数中高阶导数应用的例子.

在一元函数里, 我们利用函数的二阶导数讨论了函数的凸凹性. 作为这些讨论的推广, 下面我们利用多元函数的 Hessian 矩阵来讨论多元函数的凸凹性.

首先, 设 $D \subset \mathbb{R}^n$ 为区域, 如果对于任意两点 $p_1, p_2 \in D$, 连接 p_1, p_2 的直线段 $tp_1 + (1-t)p_2$, $t \in [0,1]$ 总也在 D 中, 则称 D 为**凸区域**. 凸区域 D 上的函数 $f(p)$ 称为**凸函数**, 如果对于任意点 $p_1, p_2 \in D$, 以及任意 $t \in [0,1]$, 恒成立

$$f(tp_1 + (1-t)p_2) \leqslant tf(p_1) + (1-t)f(p_2).$$

即函数 f 限制在 D 中的任意直线段上都是凸函数.

现假设 $f \in C^2(D)$, 对于任意点 $p_0, p \in D$, 以及任意 $t \in [0,1]$, 令

$$F(t) = f(p_0 + t(p - p_0)),$$

则 $f(p)$ 是凸函数等价于 $F(t)$ 是凸函数, 而我们知道这等价于 $F''(t) \geqslant 0$ 处处成立. 利用链法则直接计算得

$$F''(0) = \frac{1}{2}(p - p_0)H_f(p_0)(p - p_0)^{\mathrm{T}}.$$

由于上式中 p_0 及 p 都是任意的点, 因此 $f(p)$ 在 D 上为凸函数就等价于 $f(p)$ 的 Hessian 矩阵在 D 上处处是半正定的. 这样, 我们应用 Hessian 矩阵就将一元函数 凸凹性的判别法推广到了多元函数.

习 题

1. 求下面函数的偏导数:

(1) $u = \dfrac{1}{\sqrt{x^2 + y^2}}$;　　(2) $u = \tan\dfrac{x^2}{y}$;　　　　(3) $u = \sin(x\cos y)$;

(4) $u = \mathrm{e}^{\frac{y}{x}}$;　　　　(5) $u = \arctan\dfrac{x+y}{1-xy}$;　　(6) $u = \left(\dfrac{x}{y}\right)^x$;

(7) $u = x^{\frac{x}{y}}$;　　　　(8) $u = \dfrac{1}{\sqrt{(x^1)^2 + (x^2)^2 + \cdots + (x^n)^2}}$;

(9) $u = \arcsin\dfrac{x}{\sqrt{x^2 + y^2}}$.

2. 设 $f(x,y)$ 在点 (x_0, y_0) 的邻域上有偏导数 f_x, 证明:

(1) 如果 $\lim\limits_{x \to x_0} f_x = A$, 则 $f_x(x_0, y_0) = A$;

(2) 如果 $f(x,y)$ 在 (x_0, y_0) 的空心邻域上有偏导数 f_x, 而 $\lim\limits_{x \to x_0} f_x$ 发散, 问 $f(x,y)$ 在点 (x_0, y_0) 是否有偏导数 f_x?

3. 求下面函数在指定点的所有的偏导数:

(1) $u = \sqrt[z]{\dfrac{x}{y}}$, 在点 $(1,1,1)$ 处;

(2) $u = x + (y-1)\arcsin\dfrac{x}{y}$, 在点 $(0,1)$ 处;

(3) $u = \arctan\dfrac{x+y+z-xyz}{1-xy-xz-yz}$, 在点 $(0,0,0)$ 处.

4. 求下面函数的一阶偏导数:

(1) $f(x,y) = \begin{cases} \sqrt{x^2+y^2}\sin\dfrac{1}{x^2+y^2}, & \text{如果 } (x,y) \neq (0,0), \\ 0, & \text{如果 } (x,y) = (0,0); \end{cases}$

(2) $f(x,y) = \begin{cases} x\ln(x^2+y^2), & \text{如果 } (x,y) \neq (0,0), \\ 0, & \text{如果 } (x,y) = (0,0). \end{cases}$

5. 证明: 如果一个多元函数在区域 D 上处处有关于每个分量的偏导数, 且所有偏导数都恒为零, 则这个函数在 D 上为常数.

6. 设 $D = (a,b) \times (c,d)$, $f(x,y)$ 在 D 上可微且 $f_x \equiv 0$, 问 $f(x,y)$ 有什么特点?

7. 设 D 是平面上的区域, $u(x,y)$ 和 $v(x,y)$ 是 D 上有连续偏导的二元函数, 且其偏导满足 $u_x = v_y$, $u_y = -v_x$. 如果 $u^2(x,y) + v^2(x,y) = C$ 为常数, 证明: $u(x,y)$ 和 $v(x,y)$ 在 D 上都是常数函数.

8. 求给定函数的微分: (1) $u = \ln\sqrt{x^2+y^2}$; (2) $u = x^{yz}$; (3) $u = \dfrac{\cos xy}{x^2+y^2}$.

9. 设 D 是平面上的区域, $u(x,y)$ 和 $v(x,y)$ 是 D 上的可微函数, 按照定义证明: 两个可微函数的乘积 $u(x,y)v(x,y)$ 也是 D 上的可微函数, 并且 $\mathrm{d}(uv) = v\mathrm{d}u + u\mathrm{d}v$.

10. 设 f_x 在点 (x_0,y_0) 存在, f_y 在点 (x_0,y_0) 连续, 证明: $f(x,y)$ 在点 (x_0,y_0) 可微.

11. 设
$$f(x,y) = \begin{cases} \dfrac{x^2y^2}{x^2+y^2}, & \text{如果 } (x,y) \neq (0,0), \\ 0, & \text{如果 } (x,y) = (0,0). \end{cases}$$

求 $f(x,y)$ 的一阶偏导, 并证明: f_x, f_y 在 $(0,0)$ 点连续.

12. 设
$$f(x,y) = \begin{cases} \dfrac{x^2y}{x^2+y^2}, & \text{如果 } (x,y) \neq (0,0), \\ 0, & \text{如果 } (x,y) = (0,0). \end{cases}$$

证明: (1) $f(x,y)$ 在 $(0,0)$ 点连续;

(2) f_x, f_y 在 $(0,0)$ 点的邻域上存在, 但不连续.

13. 设
$$f(x,y) = \begin{cases} xy\sin\dfrac{1}{x^2+y^2}, & \text{如果 } (x,y) \neq (0,0), \\ 0, & \text{如果 } (x,y) = (0,0). \end{cases}$$

证明: (1) f_x, f_y 在 $(0,0)$ 点的邻域上存在, 但不连续.

(2) $f(x,y)$ 在 $(0,0)$ 点可微.

14. 设
$$f(x,y) = \begin{cases} \dfrac{x^3}{x^2+y^2}, & \text{如果 } (x,y) \neq (0,0), \\ 0, & \text{如果 } (x,y) = (0,0). \end{cases}$$

问 $f(x,y)$ 是否连续? 是否有偏导?

15. 利用全微分对下面数值进行近似计算:

(1) $\dfrac{1.03^2}{\sqrt[3]{0.98} \times \sqrt[4]{1.05^3}}$;　　　(2) $\sin 29°46'$.

16. 设 $u = f(x, y, z)$, $x = x(s, t)$, $y = y(s, t)$, $z = z(s, t)$ 都是可微函数, 给出函数 $u = f(x(s, t), y(s, t), z(s, t))$ 的偏导数的表示式.

17. 设 $u = f(x, y)$ 是可微函数, $x = r\cos\theta$, $y = r\sin\theta$ 是极坐标, 用极坐标表示 u_r, u_θ, 并证明: $(u_x)^2 + (u_y)^2 = (u_r)^2 + \dfrac{1}{r^2}(u_\theta)^2$.

18. 设 $u = f(x, y)$ 是二阶可微函数, $x = r\cos\theta$, $y = r\sin\theta$ 是极坐标, 将 $u_{xx} + u_{yy}$ 用极坐标来表示.

19. 设 $u = f(x, y)$ 是可微函数, 满足方程 $\dfrac{1}{x}f_x + \dfrac{1}{y}f_y = 0$, 代入极坐标 $x = r\cos\theta$, $y = r\sin\theta$, 证明: f 只是 θ 的函数.

20. 设 $u = f(x, y)$ 是可微函数, 满足方程 $\dfrac{1}{x}f_x - \dfrac{1}{y}f_y = 0$, 代入极坐标 $x = r\cos\theta$, $y = r\sin\theta$, 证明: f 只是 r 的函数.

21. 设 $f(x^1, \cdots, x^n)$ 在 $\mathbb{R}^n$ 上可微, 并且 $f(0, \cdots, 0) = 0$, 证明: $\forall (x^1, \cdots, x^n)$,

$$f(x^1, \cdots, x^n) = \sum_{i=1}^{n} x^i \int_0^1 f_{x^i}(tx^1, \cdots, tx^n)\mathrm{d}t.$$

22. 求下面函数在指定点 (x_0, y_0) 和指定方向 l 的方向导数:

(1) $f(x, y) = x^2 - y^2$, $(x_0, y_0) = (1, 1)$, $l = \left(\cos\dfrac{\pi}{3}, \cos\dfrac{\pi}{6}\right)$;

(2) $f(x, y) = \ln(x^2 + y^2)$, $(x_0, y_0) = (1, 1)$, $l = \left(\cos\dfrac{\pi}{3}, \cos\dfrac{\pi}{6}\right)$;

(3) $f(x, y) = x\mathrm{e}^{xy}$, $(x_0, y_0) = (1, 1)$, l 与 $(1, 1)$ 方向相同.

23. 设函数 $f(x, y)$ 在点 $(2, 0)$ 处可微, 并且指向 $(2, -2)$ 方向的方向导数为 1, 指向原点方向的方向导数为 -1, 求 $f(x, y)$ 在点 $(2, 0)$ 处指向 $(2, 1)$ 方向和 $(3, 2)$ 方向的方向导数.

24. 设 $f(x, y) = x^2 - xy + y^2$, 问 $f(x, y)$ 在点 $(1, 1)$ 处沿什么方向的方向导数最大、最小? 沿什么方向的方向导数为零?

25. 设函数 $f(x, y)$ 在 (x_0, y_0) 点可微, $\{l_1, \cdots, l_n\}$ 是给定的 n 个单位向量, 相邻两个向量之间的夹角为 $\dfrac{2\pi}{n}$, 证明: $\sum_{i=1}^{n} \dfrac{\partial f}{\partial l_i} = 0$.

26. 设 $\{l_1, \cdots, l_n\}$ 是 $\mathbb{R}^n$ 中给定的 n 个线性无关的单位向量, $f(x^1, \cdots, x^n)$ 是区域 $D \subset \mathbb{R}^n$ 上可微的函数, 如果 $\dfrac{\partial f}{\partial l_i} \equiv 0$ 对于 $i = 1, 2, \cdots, n$ 都成立, 证明: $f(x^1, \cdots, x^n)$ 在区域 D 上为常数.

27. 设 $\nabla = \left(\dfrac{\partial}{\partial x_1}, \cdots, \dfrac{\partial}{\partial x_n}\right)$ 为梯度算子, 证明:

$$\nabla(u + v) = \nabla u + \nabla v, \quad \nabla(uv) = v\nabla u + u\nabla v, \quad \nabla f(u) = f'(u)\nabla u.$$

28. 证明: 函数 $\ln(x^2 + y^2)$, $\mathrm{e}^x \cos y$ 都满足 Laplace 方程 $\Delta = \dfrac{\partial^2}{\partial x^2} + \dfrac{\partial^2}{\partial y^2} = 0$.

29. 求下面函数的所有二阶偏导:

(1) $u = f(x + y, x - y)$;　　　　　(2) $u = f(x + y + z, x^2 + y^2 + z^2)$;

(3) $u = f(x^2 + y^2 + z^2)$;　　　　(4) $u = f\left(\dfrac{x}{y}, \dfrac{y}{x}\right)$.

30. 在形式为 $f(\sqrt{x^2 + y^2})$ 的函数中求所有 Laplace 方程 $\dfrac{\partial^2 f}{\partial x^2} + \dfrac{\partial^2 f}{\partial y^2} = 0$ 的解.

31. 如果 $f(x,y)$, f_x, f_y 在 (x_0, y_0) 点都可微, 证明: $f_{xy}(x_0, y_0) = f_{yx}(x_0, y_0)$.

32. 证明多元函数 Taylor 展开的唯一性.

33. 求函数 $f(x,y) = x^2 + xy + y^2 + 3x - 2y + 4$ 在 $(-1, 1)$ 点的 Taylor 展开.

34. 求函数 $f(x,y) = x^3 + y^3 + z^3 - 3xyz$ 在 $(1,1,1)$ 点的 Taylor 展开.

35. 求函数 e^{x+y} 的 n 阶带 Lagrange 余项的 Taylor 展开.

36. 设
$$f(x,y) = \begin{cases} \dfrac{1 - e^{x(x^2+y^2)}}{x^2 + y^2}, & \text{如果 } (x,y) \neq (0,0), \\ 0, & \text{如果 } (x,y) = (0,0). \end{cases}$$

计算 $f(x,y)$ 在 $(0,0)$ 点的四阶 Taylor 展开, 并利用展开式计算 f_{xy}, f_{x^4}.

37. 如果 $f(x,y)$ 和 $f_x(x,y)$ 都在区域 $D = [a,b] \times [c,d]$ 上连续, 令 $g(x) = \displaystyle\int_a^b f(x,y)\mathrm{d}y$, 证明: $g(x)$ 可导, 并且 $g'(x) = \displaystyle\int_a^b f_x(x,y)\mathrm{d}y$.

38. 设 $f(x,y)$ 是区域 $D \subset \mathbb{R}^2$ 上二阶连续可微的函数, 在点 $p_0 = (x,y)$ 处满足 $f_x(p_0) = 0$, $f_y(p_0) = 0$. 如果 $f(x,y)$ 在 p_0 点的 Hessian 矩阵是正定的, 证明: 点 p_0 是函数 $f(x,y)$ 的极小值点. 如果 $f(x,y)$ 在 p_0 点的 Hessian 矩阵是不定的, 证明: 点 p_0 不是 $f(x,y)$ 的极值点.

第五章　隐函数定理

这一章我们将应用多元函数的微分将多元向量函数给出的映射局部线性化, 用微分来近似向量函数. 目标是将线性代数中关于线性映射讨论的问题和得到的结论, 局部推广到由多元向量函数给出的映射上. 利用这些结论, 我们将给出数学分析中非常重要的隐函数定理和逆变换定理. 这些定理是数学分析后续课程"微分流形"的基础. 下面将先回顾一下线性代数中关于线性映射的一些内容. 建议读者先通读一遍本章内容, 了解了基本思想和结论后, 再详细阅读定理的证明.

5.1　多元向量函数的 Jacobi 矩阵与 Jacobi 行列式

设 $D \subset \mathbb{R}^n$ 是区域, $F : D \to \mathbb{R}^m$ 是多元向量函数, 要研究 F, 首先需要明确要讨论什么样的问题, 应用什么方法, 以及希望得到什么结果. 为了解决这些问题, 先从我们熟悉的, 在线性代数中曾经详细研究过的线性映射开始. 看一看其中讨论了什么问题, 给出的是什么条件, 得到了怎样的结果.

设

$$F : (x^1, \cdots, x^n) \to (y^1, \cdots, y^m) = (x^1, \cdots, x^n) \begin{pmatrix} a_{11} & a_{12} & \cdots & a_{1m} \\ \vdots & \vdots & & \vdots \\ a_{n1} & a_{n2} & \cdots & a_{nm} \end{pmatrix}$$

是 $\mathbb{R}^n$ 到 $\mathbb{R}^m$ 的线性映射, 或者说是最简单的多元向量函数. 在线性代数中, 对于

映射 F, 通常定义映射的**核** $\mathrm{Ker}(F)$ 为

$$\mathrm{Ker}(F) = F^{-1}(0) = \left\{ X = (x^1, \cdots, x^n) \in \mathbb{R}^n \,\big|\, F(x^1, \cdots, x^n) = 0 \right\}.$$

这里 $0 = (0, \cdots, 0)$ 表示向量空间中的零元素. 而定义映射 F 的**像集** $\mathrm{Im}(F)$ 为

$$\mathrm{Im}(F) = F(\mathbb{R}^n) = \left\{ Y = (y^1, \cdots, y^m) \,\big|\, \exists X = (x^1, \cdots, x^n) \text{ s.t. } F(X) = Y \right\}.$$

利用 $\mathrm{Ker}(F)$ 和 $\mathrm{Im}(F)$, 线性代数证明了映射 $F : \mathbb{R}^n / \mathrm{Ker}(F) \to \mathrm{Im}(F)$ 是线性同构, 或者说空间 $\mathbb{R}^n / \mathrm{Ker}(F)$ 与 $\mathrm{Im}(F)$ 是同一个线性空间. 因此为了研究映射 F, 需要讨论线性空间 $\mathrm{Ker}(F)$ 和 $\mathrm{Im}(F)$. 我们先来回顾一下这一过程.

为了得到 $\mathrm{Ker}(F)$, 利用 F 的表示矩阵 $[a_{ij}]$, 则需要解齐次线性方程组

$$\begin{cases} a_{11}x^1 + a_{21}x^2 + \cdots + a_{n1}x^n = 0, \\ \cdots\cdots \\ a_{1m}x^1 + a_{2m}x^2 + \cdots + a_{nm}x^n = 0, \end{cases}$$

或者利用矩阵 $A = [a_{ij}]$ 将方程组表示为

$$(x^1, \cdots, x^n) \begin{pmatrix} a_{11} & a_{12} & \cdots & a_{1m} \\ \vdots & \vdots & & \vdots \\ a_{n1} & a_{n2} & \cdots & a_{nm} \end{pmatrix} = (x^1, \cdots, x^n) \cdot A = 0.$$

如果矩阵 A 的秩 $\mathrm{rank}(A) = r$, 并且假定 A 中由前 r 行 r 列组成的行列式

$$\begin{vmatrix} a_{11} & a_{12} & \cdots & a_{1r} \\ \vdots & \vdots & & \vdots \\ a_{r1} & a_{r2} & \cdots & a_{rr} \end{vmatrix} \neq 0,$$

则 A 中前 r 列表示的列向量线性独立, 而后面列的列向量都是前 r 个列向量的线性组合. 方程组

$$(x^1, \cdots, x^n) \begin{pmatrix} a_{11} & a_{12} & \cdots & a_{1r} \\ \vdots & \vdots & & \vdots \\ a_{n1} & a_{n2} & \cdots & a_{nr} \end{pmatrix} = 0$$

与上面方程组是同解方程组. 将后一个方程组分解为

$$(x^1, \cdots, x^r) \begin{pmatrix} a_{11} & \cdots & a_{1r} \\ \vdots & & \vdots \\ a_{r1} & \cdots & a_{rr} \end{pmatrix} + (x^{r+1}, \cdots, x^n) \begin{pmatrix} a_{r+1,1} & \cdots & a_{r+1,r} \\ \vdots & & \vdots \\ a_{n1} & \cdots & a_{nr} \end{pmatrix} = 0,$$

这时方程组的所有解可以表示为

$$(x^1, x^2, \cdots, x^r)$$

$$= -(x^{r+1}, \cdots, x^n) \begin{pmatrix} a_{r+1,1} & a_{r+1,2} & \cdots & a_{r+1,r} \\ \vdots & \vdots & & \vdots \\ a_{n1} & a_{n2} & \cdots & a_{nr} \end{pmatrix} \begin{pmatrix} a_{11} & a_{12} & \cdots & a_{1r} \\ \vdots & \vdots & & \vdots \\ a_{r1} & a_{r2} & \cdots & a_{rr} \end{pmatrix}^{-1}.$$

其中 $(x^{r+1}, \cdots, x^n) \in \mathbb{R}^{n-r}$ 是任意向量, 可以随意取值, 因此称为解空间的自由向量. 而 $(x^1, \cdots, x^r) \in \mathbb{R}^r$ 是自由向量的线性函数. 解空间 $\mathrm{Ker}(F)$ 是 $\mathbb{R}^n$ 中一个由 $(x^{r+1}, \cdots, x^n)$ 生成的 $n - r$ 维的线性子空间.

对于映射的像空间 $\mathrm{Im}(F)$, 与上面条件相同, 这时下面的 r 个函数

$$(y^1, \cdots, y^r) = (x^1, \cdots, x^n) \begin{pmatrix} a_{11} & a_{12} & \cdots & a_{1r} \\ \vdots & \vdots & & \vdots \\ a_{n1} & a_{n2} & \cdots & a_{nr} \end{pmatrix}$$

是线性独立的函数, 其余的函数 $y^{r+1}, \cdots, y^m$ 都可以表示为函数 $y^1, \cdots, y^r$ 的线性组合. 或者说在像空间 $\mathrm{Im}(F)$ 中, $(y^1, \cdots, y^r) \in \mathbb{R}^r$ 是可以任意选取的自由向量, 而 $(y^{r+1}, \cdots, y^m)$ 则由 $(y^1, \cdots, y^r)$ 确定. 因此, 像空间 $\mathrm{Im}(F)$ 是 $\mathbb{R}^m$ 中一 r 维的线性空间. 这时, 对于任意 $Y_0 = (y_0^1, \cdots, y_0^m) \in \mathrm{Im}(F)$, 任取 $X_0 = (x_0^1, \cdots, x_0^n) \in \mathbb{R}^n$, 使得 $F(X_0) = Y_0$, 则 $F^{-1}(Y_0) = X_0 + \mathrm{Ker}(F)$ 是 $\mathbb{R}^n$ 中的过 X_0 的 $n - r$ 维平面, 或者说对于线性映射 F, 得到下面的同构:

$$\mathrm{Im}(F) \cong \mathbb{R}^n / \mathrm{Ker}(F).$$

这一同构也可以表示为线性映射 F 将线性空间 $\mathbb{R}^n$ 分解为

$$\mathbb{R}^n = \mathrm{Ker}(F) \times \mathrm{Im}(F),$$

而线性映射 $F : \mathbb{R}^n \to \mathrm{Im}(F)$ 则是对于这一分解的投影. 通过上面讨论我们看到线性映射 F 可以化简为投影 $P : \mathrm{Ker}(F) \times \mathrm{Im}(F) \to \mathrm{Im}(F)$ 这样比较简单的形式了.

在下面讨论中, 我们希望按照类比的方法将上面关于线性映射所讨论的问题, 得到的结论, 以及用到的条件等局部都推广到可微的多元向量函数上. 我们将齐次线性方程组的求解问题推广到函数方程组, 将向量的线性相关推广为函数相关.

首先从需要讨论的问题开始. 设 $D \subset \mathbb{R}^n$ 是区域,

$$F : D \to \mathbb{R}^m,$$

$$F(x^1, \cdots, x^n) = (y^1, \cdots, y^m) = (f^1(x^1, \cdots, x^n), \cdots, f^m(x^1, \cdots, x^n))$$

是 D 上可微的向量函数. 类比于线性映射中考虑 $\mathrm{Im}(F)$, 我们的第一个问题是怎样描述映射 F 的像空间 $\mathrm{Im}(F)$? 这里类比于线性映射的结论, 我们需要了解相对于 $\mathrm{Im}(F)$, 在 m 个因变量 $(y^1, \cdots, y^m)$ 中, 哪些变量是自由变量, 可以在一个开集内任意选取, 哪些变量由自由变量来确定, 或者说是自由变量的函数.

同样类比于线性映射中讨论的 $F^{-1}(Y_0) = X_0 + \mathrm{Ker}(F)$, 当 $Y_0 \in \mathrm{Im}(F)$ 给定后, 我们需要知道映射 F 在 Y_0 点的逆像集 $F^{-1}(Y_0)$ 怎样描述? 或者说对于描述集合 $F^{-1}(Y_0)$, 在 n 个自变量 $(x^1, \cdots, x^n)$ 中, 哪些变量是自由变量, 可以在一个开集内任意选取, 哪些变量由自由变量来确定.

为了解决这些问题, 我们需要利用微分将映射 F 局部线性化. 利用由 F 的微分定义的线性映射局部代替 F, 然后将上面关于线性映射中, 哪些变量是自由变量, 哪些变量由自由变量确定的结论推广到 F. 并利用此来描述映射 F 的像空间和逆像空间的维数. 下面先来定义多元向量函数的微分.

设 $F: D \to \mathbb{R}^m$ 是区域 $D \subset \mathbb{R}^n$ 上的可微映射, 首先将映射 F 表示为

$$F: (x^1, \cdots, x^n) \to (y^1, \cdots, y^m) = (f^1(x^1, \cdots, x^n), \cdots, f^m(x^1, \cdots, x^n)),$$

则 $f^1(x^1, \cdots, x^n), \cdots, f^m(x^1, \cdots, x^n)$ 都是 D 上可微函数. 设 $X_0 = (x_0^1, \cdots, x_0^n) \in D$ 是任意给定的点, 利用多元函数的微分, 对于 $i = 1, 2, \cdots, m$, $f^i(x^1, \cdots, x^n)$ 在 $X_0 = (x_0^1, \cdots, x_0^n)$ 的邻域上可以展开为

$$f^i(x^1, \cdots, x^n) = f^i(x_0^1, \cdots, x_0^n) + \sum_{j=1}^{n} \frac{\partial f^i}{\partial x^j}(X_0)(x^j - x_0^j) + o_i(|X - X_0|).$$

用向量函数的形式来表示上面的展开, 我们得到

$$(y^1, \cdots, y^m) = (f^1(x^1, \cdots, x^n), \cdots, f^m(x^1, \cdots, x^n)) = F(X)$$

$$= F(X_0) + (x^1 - x_0^1, \cdots, x^n - x_0^n) \begin{pmatrix} \dfrac{\partial f^1}{\partial x^1} & \dfrac{\partial f^2}{\partial x^1} & \cdots & \dfrac{\partial f^m}{\partial x^1} \\ \vdots & \vdots & & \vdots \\ \dfrac{\partial f^1}{\partial x^n} & \dfrac{\partial f^2}{\partial x^n} & \cdots & \dfrac{\partial f^m}{\partial x^n} \end{pmatrix}(X_0)$$

$$+ o(|X - X_0|).$$

这里 $o = (o_1, \cdots, o_m)$ 表示 $X \to X_0$ 时, 趋于零的 m 维无穷小向量.

上式中如果用 $\mathrm{d}x^i$ 代替 $x^i - x_0^i$, 令 $\mathrm{d}X = (\mathrm{d}x^1, \cdots, \mathrm{d}x^n)$, 则其可以表示为

$$F(X) = F(X_0) + \mathrm{d}X \begin{pmatrix} \dfrac{\partial f^1}{\partial x^1} & \dfrac{\partial f^2}{\partial x^1} & \cdots & \dfrac{\partial f^m}{\partial x^1} \\ \vdots & \vdots & & \vdots \\ \dfrac{\partial f^1}{\partial x^n} & \dfrac{\partial f^2}{\partial x^n} & \cdots & \dfrac{\partial f^m}{\partial x^n} \end{pmatrix} (X_0) + o(|X - X_0|).$$

类比于可微函数的微分 $f(x) - f(x_0) = \mathrm{d}f(x_0) + o(|x - x_0|)$, 则有下面的定义.

定义 5.1.1　设 $F : D \to \mathbb{R}^m$,

$$F(X) = (y^1, \cdots, y^m) = (f^1(x^1, \cdots, x^n), \cdots, f^m(x^1, \cdots, x^n))$$

是区域 D 上的可微映射, $X_0 = (x_0^1, \cdots, x_0^n) \in D$ 是给定的点, 称

$$(\mathrm{d}x^1, \cdots, \mathrm{d}x^n) \begin{pmatrix} \dfrac{\partial f^1}{\partial x^1} & \dfrac{\partial f^2}{\partial x^1} & \cdots & \dfrac{\partial f^m}{\partial x^1} \\ \vdots & \vdots & & \vdots \\ \dfrac{\partial f^1}{\partial x^n} & \dfrac{\partial f^2}{\partial x^n} & \cdots & \dfrac{\partial f^m}{\partial x^n} \end{pmatrix} (X_0) = \mathrm{d}X \left[\dfrac{\partial f^i}{\partial x^j}(X_0) \right]$$

为 F 在点 X_0 处的**微分**, 记为 $\mathrm{D}F(X_0)$.

对于上面表示式中用到的矩阵 $\left[\dfrac{\partial f^i}{\partial x^j}(X_0) \right]$, 我们有下面的定义.

定义 5.1.2　设 $F : D \to \mathbb{R}^m$, $X \to Y = F(X)$ 是区域 $D \subset \mathbb{R}^n$ 上的可微向量函数, $X_0 = (x_0^1, \cdots, x_0^n) \in D$ 是给定的点, 称矩阵

$$\begin{pmatrix} \dfrac{\partial f^1}{\partial x^1} & \dfrac{\partial f^2}{\partial x^1} & \cdots & \dfrac{\partial f^m}{\partial x^1} \\ \vdots & \vdots & & \vdots \\ \dfrac{\partial f^1}{\partial x^n} & \dfrac{\partial f^2}{\partial x^n} & \cdots & \dfrac{\partial f^m}{\partial x^n} \end{pmatrix} (X_0)$$

为映射 F 在点 X_0 处的 **Jacobi 矩阵**, 记为 $\dfrac{\mathrm{D}(f^1, \cdots, f^m)}{\mathrm{D}(x^1, \cdots, x^n)}(X_0)$.

利用上面的定义, 可微向量函数及其微分的关系可以表示为

$$F(X) - F(X_0) = \mathrm{d}X \frac{\mathrm{D}(f^1, \cdots, f^m)}{\mathrm{D}(x^1, \cdots, x^n)}(X_0) + o(|X - X_0|) = \mathrm{D}F(X_0) + o(|X - X_0|).$$

因此类比于函数的导数, 向量函数的 Jacobi 矩阵也称为向量函数的导数.

我们知道导数和偏导数都满足链法则, 向量函数的导数同样满足链法则.

定理 5.1.1(链法则)　设 $F(x^1, \cdots, x^n) = (y^1, \cdots, y^m)$ 是区域 $D_1 \subset \mathbb{R}^n$ 到 $D_2 \subset \mathbb{R}^m$ 的可微映射, 满足 $F(D_1) \subset D_2$, 而 $G(y^1, \cdots, y^m) = (z^1, \cdots, z^l)$ 是定义在

D_2 上的可微映射, 则其 Jacobi 矩阵之间成立链法则

$$\frac{\mathrm{D}(z^1, \cdots, z^l)}{\mathrm{D}(x^1, \cdots, x^n)} = \frac{\mathrm{D}(z^1, \cdots, z^l)}{\mathrm{D}(y^1, \cdots, y^m)} \cdot \frac{\mathrm{D}(y^1, \cdots, y^m)}{\mathrm{D}(x^1, \cdots, x^n)}.$$

证明 利用多元函数偏导数的链法则直接计算. ∎

而利用近似关系 $F(X) \approx F(X_0) + \mathrm{D}F(X_0)$, 我们希望用微分定义的线性映射

$$\mathrm{D}F(X_0) : (x^1 - x_0^1, \cdots, x^n - x_0^n)$$

$$\to (x^1 - x_0^1, \cdots, x^n - x_0^n) \begin{pmatrix} \dfrac{\partial f^1}{\partial x^1} & \dfrac{\partial f^2}{\partial x^1} & \cdots & \dfrac{\partial f^m}{\partial x^1} \\ \vdots & \vdots & & \vdots \\ \dfrac{\partial f^1}{\partial x^n} & \dfrac{\partial f^2}{\partial x^n} & \cdots & \dfrac{\partial f^m}{\partial x^n} \end{pmatrix} (X_0)$$

在 X_0 充分小的邻域上代替可微映射 $X \to F(X) - F(X_0)$, 将上面关于线性映射的讨论成果局部推广到可微映射上. 在下面几节里我们将证明这样的想法是正确的, 线性映射中关于 $\mathrm{Im}(F)$ 和 $F^{-1}(Y_0)$ 的讨论里得到的结论以及所需的条件局部都可以利用微分 $\mathrm{D}F(X_0)$ 推广到可微映射上.

例 1 对于线性映射 $F : X \to XA = Y$, Jacobi 矩阵就是映射的表示矩阵 A.

例 2 对于可微函数 $f(x^1, \cdots, x^n)$, f 的 Jacobi 矩阵就是梯度向量 $\mathrm{grad}(f)$.

例 3 如果 f 是二阶连续可微函数, 将 f 的梯度向量 $\mathrm{grad}(f)$ 看作向量函数, 则这一函数的 Jacobi 矩阵就是函数 f 的二阶 Taylor 展开中的 Hessian 矩阵.

在线性映射中, 我们将讨论问题的条件加在了表示映射的矩阵的秩上. 同样的, 对于可微映射, 则需要将条件加在 Jacobi 矩阵的秩上. 而为了得到一个矩阵的秩, 需要讨论由这个矩阵的元素组成的子行列式. 因此, 对于可微映射

$$F : D \to \mathbb{R}^m,$$

$$(x^1, \cdots, x^n) \to (y^1, \cdots, y^m) = (f^1(x^1, \cdots, x^n), \cdots, f^m(x^1, \cdots, x^n)),$$

我们有下面定义.

定义 5.1.3 设 D 是 $\mathbb{R}^n$ 中的区域,

$$F : (x^1, \cdots, x^n) \to (y^1, \cdots, y^m) = (f^1(x^1, \cdots, x^n), \cdots, f^m(x^1, \cdots, x^n))$$

是区域 D 上的可微映射, $X_0 \in D$ 是给定的点, 则行列式

$$\begin{vmatrix} \dfrac{\partial f^{i_1}}{\partial x^{j_1}} & \dfrac{\partial f^{i_2}}{\partial x^{j_1}} & \cdots & \dfrac{\partial f^{i_r}}{\partial x^{j_1}} \\ \vdots & \vdots & & \vdots \\ \dfrac{\partial f^{i_1}}{\partial x^{j_r}} & \dfrac{\partial f^{i_2}}{\partial x^{j_r}} & \cdots & \dfrac{\partial f^{i_r}}{\partial x^{j_r}} \end{vmatrix} (X_0)$$

称为 F 中因变量 $f^{i_1}, \cdots, f^{i_r}$ 关于自变量 $x^{j_1}, \cdots, x^{j_r}$ 在 X_0 处的 **Jacobi 行列式**, 记为

$$\frac{\partial(f^{i_1}, f^{i_2}, \cdots, f^{i_r})}{\partial(x^{j_1}, x^{j_2}, \cdots, x^{j_r})}(X_0).$$

如果 F 是 $\mathbb{R}^n$ 中的区域到 $\mathbb{R}^n$ 自身的可微映射, 则 F 的 Jacobi 矩阵的行列式就直接称为 F 的 Jacobi 行列式.

Jacobi 行列式可以看作函数的偏导数对于向量函数的推广, 因而同样满足偏导数求导的链法则, 相关结论请读者自己来表述和证明.

5.2 隐函数定理

这一节我们讨论这样的问题: 设 D 是 $\mathbb{R}^n$ 中的区域,

$$F: D \to \mathbb{R}^m,$$

$$(x^1, \cdots, x^n) \to (y^1, \cdots, y^m) = (f^1(x^1, \cdots, x^n), \cdots, f^m(x^1, \cdots, x^n))$$

是定义在 D 上的可微映射, $Y_0 \in F(D)$ 是给定的点, 问怎样描述映射的逆像集 $F^{-1}(Y_0)$? 对于这一问题, 我们希望用 F 的微分近似 F, 将映射化为线性映射, 将上一节讨论线性映射时关于 $F^{-1}(Y_0) = X_0 + \mathrm{Ker}(F)$ 的结论局部推广到可微映射 F 上. 首先选取 $X_0 = (x_0^1, \cdots, x_0^n) \in D$, 使得 $F(X_0) = Y_0$, 则我们需要解函数方程组 $F(X) = F(X_0)$, 或者表示为

$$\begin{cases} f^1(x^1, \cdots, x^n) - f^1(x_0^1, \cdots, x_0^n) = 0, \\ \cdots\cdots \\ f^m(x^1, \cdots, x^n) - f^m(x_0^1, \cdots, x_0^n) = 0. \end{cases}$$

回顾上一节在讨论线性映射 $F: Y = XA$ 时, 考虑 $\mathrm{Ker}(F)$ 的情形, 对于那里的齐次线性方程组 $XA = 0$, 我们需要做的是确定在自变量 $X = (x^1, \cdots, x^n)$ 中, 哪些变量是自由变量, 可以在一个开集内任意取值, 哪些变量由自由变量来确定.

同样的, 对于上面的函数方程组, 一般情况下, 存在无穷多解. 我们不可能将所有的解罗列出来. 我们需要确定在所有解构成的空间中, 哪些变量是自由变量, 在一个开集内可以任意取值; 哪些变量由自由变量来确定, 或者说是自由变量的函数. 为此我们给出下面的定义.

定义 5.2.1 设

$$
\begin{cases}
F^1(x^1, \cdots, x^n) = 0, \\
\cdots\cdots \\
F^m(x^1, \cdots, x^n) = 0
\end{cases}
$$

是一函数方程组, 如果存在区域 $D' \subset \mathbb{R}^r$, 以及 D' 上的函数

$$
x^{r+1} = f^{r+1}(x^1, \cdots, x^r), \quad \cdots, \quad x^n = f^n(x^1, \cdots, x^r),
$$

使得

$$
\begin{cases}
F^1(x^1, \cdots, x^r, f^{r+1}(x^1, \cdots, x^r), \cdots, f^n(x^1, \cdots, x^r)) \equiv 0, \\
\cdots\cdots \\
F^m(x^1, \cdots, x^r, f^{r+1}(x^1, \cdots, x^r), \cdots, f^n(x^1, \cdots, x^r)) \equiv 0,
\end{cases}
$$

则称函数 $x^{r+1} = f^{r+1}(x^1, \cdots, x^r), \cdots, x^n = f^n(x^1, \cdots, x^r)$ 是由上面方程组确定的**隐函数**.

在上面定义中, 由于 $(x^1, \cdots, x^r)$ 在开集 D' 中任意取值, 因而是方程组解空间的自由变量, 其余变量 $(x^{r+1}, \cdots, x^n)$ 则是自由变量的函数, 由这些自由变量来确定. 方程组的解空间局部通过定义在开集 D' 上的映射

$$
(x^1, \cdots, x^r) \to (f^{r+1}(x^1, \cdots, x^r), \cdots, f^n(x^1, \cdots, x^r))
$$

给出, 表示为映射的图像. 求解函数方程组就是希望找到由方程组确定的隐函数.

例 1 对于平面上的函数方程 $x^2 - y^2 = 0$, 如果点 (x_0, y_0) 是方程的解, 则当 $(x_0, y_0) \neq (0, 0)$ 时, 方程在 (x_0, y_0) 充分小的邻域确定唯一的隐函数 $y = y(x)$. 而在点 $(0, 0)$ 的邻域上, 这一方程确定无穷多的隐函数. 但如果我们要求隐函数是连续的, 则这一方程确定四个隐函数, 如果我们进一步要求隐函数可导, 则这一方程确定了两个隐函数.

例 2 对于齐次线性方程组

$$
\begin{cases}
a_{11}x^1 + a_{21}x^2 + \cdots + a_{n1}x^n = 0, \\
\cdots\cdots \\
a_{1m}x^1 + a_{2m}x^2 + \cdots + a_{nm}x^n = 0.
\end{cases}
$$

如果系数矩阵

$$
A = \begin{pmatrix}
a_{11} & a_{12} & \cdots & a_{1m} \\
\vdots & \vdots & & \vdots \\
a_{n1} & a_{n2} & \cdots & a_{nm}
\end{pmatrix}
$$

的秩为 r, 并且行列式

$$\begin{vmatrix} a_{11} & a_{12} & \cdots & a_{1r} \\ \vdots & \vdots & & \vdots \\ a_{r1} & a_{r2} & \cdots & a_{rr} \end{vmatrix} \neq 0,$$

则方程组的解可以表示为

$$(x^1, x^2, \cdots, x^r)$$

$$= -(x^{r+1}, \cdots, x^n) \begin{pmatrix} a_{r+1,1} & a_{r+1,2} & \cdots & a_{r+1,r} \\ \vdots & \vdots & & \vdots \\ a_{n1} & a_{n2} & \cdots & a_{nr} \end{pmatrix} \begin{pmatrix} a_{11} & a_{12} & \cdots & a_{1r} \\ \vdots & \vdots & & \vdots \\ a_{r1} & a_{r2} & & a_{rr} \end{pmatrix}^{-1},$$

其中 $(x^1, x^2, \cdots, x^r)$ 分别是自由变量 $(x^{r+1}, \cdots, x^n) \in \mathbb{R}^{n-r}$ 由方程确定的隐函数.

在例 2 中我们利用隐函数给出了齐次线性方程组的所有解. 而对于上面需要讨论的映射 $F : D \to \mathbb{R}^m$ 中集合 $F^{-1}(Y_0)$ 的描述问题, 我们将其化为求解函数方程组

$$\begin{cases} f^1(x^1, \cdots, x^n) - f^1(x_0^1, \cdots, x_0^n) = 0, \\ \cdots\cdots \\ f^m(x^1, \cdots, x^n) - f^m(x_0^1, \cdots, x_0^n) = 0. \end{cases}$$

我们希望知道能否通过这一方程组, 在变量 $X = (x^1, \cdots, x^n)$ 中确定哪一些变量为另外一些变量的隐函数, 隐函数是否局部给出了方程组的所有解. 这样, 集合 $F^{-1}(Y_0)$ 的描述问题就化为了这些隐函数的讨论问题. 当然, 我们同时关心这些隐函数是否唯一? 是否连续? 是否可导? 导函数怎样计算?

下面从一个函数的函数方程开始. 首先看线性方程 $F(x, y) = a(x - x_0) + b(y - y_0) = 0$. 假定其中 $b \neq 0$, 则方程的解为 $y = -a(x - x_0)/b + y_0$, x 是自由变量, y 是 x 的函数. 而方程中 $b = F_y(x_0, y_0)$, 推广到一般函数上, 则成立下面的隐函数定理.

定理 5.2.1 (隐函数定理) 设 $F(x, y)$ 是区域 $D \subset \mathbb{R}^2$ 上连续可微的函数, 在点 $(x_0, y_0) \in D$ 处满足 $F(x_0, y_0) = 0$, $F_y(x_0, y_0) \neq 0$, 则存在 (x_0, y_0) 充分小的邻域 $U = (x_0 - \delta, x_0 + \delta) \times (y_0 - \varepsilon, y_0 + \varepsilon)$, 使得函数方程 $F(x, y) = 0$ 在 U 上确定唯一的隐函数 $y = f(x)$. $f(x)$ 连续可微, 并且成立

$$f'(x) = -\frac{F_x(x, f(x))}{F_y(x, f(x))}.$$

如果进一步假定 $F(x, y)$ 是 $D \subset \mathbb{R}^2$ 上 r 阶连续可微的函数, 则隐函数 $y = f(x)$ 在 $(x_0 - \varepsilon, x_0 + \varepsilon)$ 上也是 r 阶连续可微的函数.

证明   不妨设 $F_y(x_0, y_0) > 0$. 由于 $F_y(x, y)$ 连续, 因而可取 (x_0, y_0) 的邻域 U', 使得在 U' 上处处成立 $F_y(x, y) > 0$. 因此当 x 固定时, $F(x, y)$ 是变量 y 的严格单调上升的函数. 另一方面, 已知 $F(x_0, y_0) = 0$, 因此对于任意给定的 $\varepsilon > 0$, 满足 $(x_0, y_0 - \varepsilon) \in U'$, $(x_0, y_0 + \varepsilon) \in U'$, 成立 $F(x_0, y_0 - \varepsilon) < 0$, 而 $F(x_0, y_0 + \varepsilon) > 0$. $F(x, y)$ 连续可微, 因而是连续函数, 所以存在 $\delta > 0$, 使得对于任意 $x \in (x_0 - \delta, x_0 + \delta)$, 恒成立

$$F(x, y_0 - \varepsilon) < 0, \quad F(x, y_0 + \varepsilon) > 0.$$

取 ε 和 δ 充分小, 可以假设 $U = (x_0 - \delta, x_0 + \delta) \times (y_0 - \varepsilon, y_0 + \varepsilon) \subset U'$, 因此在 $(x_0 - \delta, x_0 + \delta) \times (y_0 - \varepsilon, y_0 + \varepsilon)$ 上, $F_y(x, y) > 0$ 处处成立. 特别的, 对于任意 $x \in (x_0 - \delta, x_0 + \delta)$, 将 x 固定后, $F(x, y)$ 是变量 y 的严格单调上升的连续函数. 但已知 $F(x, y_0 - \varepsilon) < 0$, $F(x, y_0 + \varepsilon) > 0$. 利用连续函数的介值定理, 存在唯一的 $y \in (y_0 - \varepsilon, y_0 + \varepsilon)$, 使得 $F(x, y) = 0$, 将 y 作为定义在 $(x_0 - \delta, x_0 + \delta)$ 上的函数, 记为 $y = f(x)$, 我们得到在 $U = (x_0 - \delta, x_0 + \delta) \times (y_0 - \varepsilon, y_0 + \varepsilon)$ 上, 函数方程 $F(x, y) = 0$ 确定的隐函数解 $y = f(x)$ 存在并且唯一.

在上面函数 $y = f(x)$ 存在唯一的证明过程中, 注意到 $\forall \varepsilon > 0, \exists \delta > 0$, 使得 $x \in (x_0 - \delta, x_0 + \delta)$ 时, $y = f(x) \in (y_0 - \varepsilon, y_0 + \varepsilon)$. 而这表明 $y = f(x)$ 在 x_0 连续. 另一方面, 对于任意 $x \in (x_0 - \delta, x_0 + \delta)$, 函数 $F(x, y)$ 在点 $(x, f(x))$ 处与 $F(x, y)$ 在 (x_0, y_0) 处满足同样的条件, 因此基于同样的理由, $y = f(x)$ 在 x 处也连续.

为了证明 $y = f(x)$ 在 x_0 处可导, 我们对 $F(x, y)$ 在 (x_0, y_0) 充分小的邻域做带 Lagrange 余项的一阶 Taylor 展开

$$F(x, y) = F(x_0, y_0) + F_x(x_0 + \theta(x - x_0), y_0 + \theta(y - y_0))(x - x_0)$$
$$+ F_y(x_0 + \theta(x - x_0), y_0 + \theta(y - y_0))(y - y_0).$$

将 $y = f(x)$ 代入上式, 利用条件 $F(x, f(x)) = F(x_0, y_0) = 0$, 我们得到

$$0 = F_x(x_0 + \theta(x - x_0), y_0 + \theta(f(x) - f(x_0)))(x - x_0)$$
$$+ F_y(x_0 + \theta(x - x_0), y_0 + \theta(f(x) - f(x_0)))(f(x) - f(x_0)),$$

因此

$$\frac{f(x) - f(x_0)}{x - x_0} = -\frac{F_x(x_0 + \theta(x - x_0), y_0 + \theta(f(x) - f(x_0)))}{F_y(x_0 + \theta(x - x_0), y_0 + \theta(f(x) - f(x_0)))}.$$

$F_x(x_0 + \theta(x - x_0), y_0 + \theta(f(x) - f(x_0)))$, $F_y(x_0 + \theta(x - x_0), y_0 + \theta(f(x) - f(x_0)))$ 和

$y = f(x)$ 都在 x_0 连续, 令 $x \to x_0$, 等式右边收敛. 得 $y = f(x)$ 在 x_0 处可导, 并且

$$f'(x_0) = -\frac{F_x(x_0, y_0)}{F_y(x_0, y_0)}.$$

而在 $(x_0 - \delta, x_0 + \delta) \times (y_0 - \varepsilon, y_0 + \varepsilon)$ 上, $F(x, y)$ 在点 (x_0, y_0) 满足的条件在其他点 $(x, f(x))$ 也同样满足, 因而对于任意 $x \in (x_0 - \delta, x_0 + \delta)$, $f(x)$ 在 x 可导, 并成立

$$f'(x) = -\frac{F_x(x, f(x))}{F_y(x, f(x))}.$$

如果 $F(x, y)$ 是 $D \subset \mathbb{R}^2$ 上 r 阶连续可微的函数, 则 $F_x(x, f(x))$, $F_y(x, f(x))$ 连续可导. 由此可得 $f'(x)$ 连续可导, 进而 $f(x)$ 二阶连续可导. 如果再一次回到上面 $f'(x)$ 的表示, 我们得到 $f'(x)$ 二阶连续可导. 以此类推, 我们得到 $f(x)$ 在定义域上 r 阶连续可导. 至此我们完成了一个函数的函数方程的隐函数定理的证明. ∎

设 $z = F(x, y)$ 是区域 $D \subset \mathbb{R}^2$ 上连续可微的函数, 在点 $(x_0, y_0) \in D$ 满足 $(F_x(x_0, y_0), F_y(x_0, y_0)) \neq 0$. 将上面的隐函数定理应用到函数方程 $F(x, y) - F(x_0, y_0) = 0$ 上, 我们得到存在 (x_0, y_0) 充分小的邻域 $U = (x_0 - \varepsilon, x_0 + \varepsilon) \times (y_0 - \delta, y_0 + \delta)$, 使得在 U 上, 集合 $F^{-1}(F(x_0, y_0))$ 可以表示为连续可微函数 $y = f(x)$ 或者 $x = g(y)$ 的函数曲线. 当然如果 $(F_x(x_0, y_0), F_y(x_0, y_0)) = 0$, 同样的结论不一定成立. 例如, 对例 1 中的函数 $F(x, y) = x^2 - y^2$, 函数方程 $x^2 - y^2 = 0$ 的解空间在 $(0, 0)$ 的邻域上并不能表示为连续可导函数的曲线.

例 3 条件如定理 5.2.1, 假定 $F(x, y)$ 在区域 $D \subset \mathbb{R}^2$ 上二阶连续可导, $f(x)$ 是方程 $F(x, y) = 0$ 确定的隐函数, 求 $f''(x)$.

解 在等式 $f'(x) = -\dfrac{F_x(x, y)}{F_y(x, y)}$ 中将 $y = f(x)$ 作为 x 的函数, 利用求导链法则得

$$\begin{aligned}
f''(x) &= -\frac{(F_x(x, y))' F_y(x, y) - F_x(x, y)(F_y(x, y))'}{F_y^2(x, y)} \\
&= -\frac{(F_{xx}(x, y) + F_{xy}(x, y)y') F_y(x, y) - F_x(x, y)(F_{xy}(x, y) + F_{yy}(x, y)y')}{F_y^2(x, y)},
\end{aligned}$$

将 $y' = -\dfrac{F_x}{F_y}$ 代入, 整理后得到

$$f''(x) = -\frac{F_{xx}F_y^2 - 2F_{xy}F_xF_y + F_{yy}F_x^2}{F_y^3}.$$

同理, 隐函数 $y = f(x)$ 的高阶导数也可通过函数 $F(x, y)$ 的高阶偏导数得到. 通过这一例子我们看到虽然函数方程确定的隐函数一般没有显式表示, 但仍然能够

利用函数方程中函数的各阶偏导函数来得到隐函数的导数, 并进而讨论隐函数的性质.

例 4   条件如定理 5.2.1, 求隐函数 $y = f(x)$ 给出的曲线在 (x_0, y_0) 处的切线.

解   法一   由隐函数定理, 我们知道 $f'(x_0) = -\dfrac{F_x(x_0, y_0)}{F_y(x_0, y_0)}$, 因此 $y = f(x)$ 确定的曲线在 (x_0, y_0) 处的切线方程为

$$y - y_0 = -\frac{F_x(x_0, y_0)}{F_y(x_0, y_0)}(x - x_0).$$

或者表示为 $F_x(x_0, y_0)(x - x_0) + F_y(x_0, y_0)(y - y_0) = 0$.

法二   隐函数定理保证了隐函数的存在, 而利用一次微分的形式不变性, 在等式 $F(x, y) = 0$ 中不论 x, y 是自变量或者因变量, 微分方式都是一样的. 直接微分得

$$F_x(x, y)\mathrm{d}x + F_y(x, y)\mathrm{d}y = 0.$$

用 $x - x_0$ 代替无穷小 $\mathrm{d}x$, $y - y_0$ 代替无穷小 $\mathrm{d}y$, 得切线方程为

$$F_x(x_0, y_0)(x - x_0) + F_y(x_0, y_0)(y - y_0) = 0.$$

对于多个变元的函数, 定理 5.2.1 也是成立的. 下面仅表述相关的结论.

定理 5.2.2 (隐函数定理)   设 $F(x^1, \cdots, x^n)$ 在点 $(x_0^1, \cdots, x_0^n)$ 邻域上连续可微, 满足 $F(x_0^1, \cdots, x_0^n) = 0$, $F_{x^i}(x_0^1, \cdots, x_0^n) \neq 0, i = 1, \cdots, n$, 则存在 $(x_0^1, \cdots, x_0^n)$ 的邻域 D', 以及 $(x_0^1, \cdots, x_0^{i-1}, x_0^{i+1}, \cdots, x_0^n) \in \mathbb{R}^{n-1}$ 的邻域 U, 使得函数方程 $F(x^1, \cdots, x^n) = 0$ 在 D' 上唯一地确定了定义在 U 上的隐函数 $x^i = f(x^1, \cdots, x^{i-1}, x^{i+1}, \cdots, x^n)$. 隐函数 $x^i = f(x^1, \cdots, x^{i-1}, x^{i+1}, \cdots, x^n)$ 也连续可导, 并且对于 $j = 1, \cdots, i-1, i+1, \cdots, n$, 成立

$$\frac{\partial x^i}{\partial x^j} = -\frac{F_{x^j}(x^1, \cdots, x^n)}{F_{x^i}(x^1, \cdots, x^n)}.$$

如果进一步假定 $F(x^1, \cdots, x^n)$ 在区域 $D \subset \mathbb{R}^n$ 上 r 阶连续可微, 则隐函数

$$x^i = f(x^1, \cdots, x^{i-1}, x^{i+1}, \cdots, x^n)$$

也是区域 $U \subset \mathbb{R}^{n-1}$ 上 r 阶连续可微的函数.

定理 5.2.2 表明, 如果 $z = F(x^1, \cdots, x^n)$ 是区域 $D \subset \mathbb{R}^n$ 上连续可微的函数, 在点 $(x_0^1, \cdots, x_0^n)$ 满足 $F_{x^i}(x_0^1, \cdots, x_0^n) \neq 0, i = 1, \cdots, n$, 则在其邻域上,

$F^{-1}(F(x_0^1, \cdots, x_0^n))$ 可以唯一地表示为连续可微函数 $x^i = f(x^1, \cdots, x^{i-1}, x^{i+1}, \cdots, x^n)$ 的图像

$$\{(x^1, \cdots, x^{i-1}, f(x^1, \cdots, x^{i-1}, x^{i+1}, \cdots, x^n), x^{i+1}, \cdots, x^n)\},$$

其中 $(x^1, \cdots, x^{i-1}, x^{i+1}, \cdots, x^n) \subset \mathbb{R}^{n-1}$ 在一个开集上取值, 因而是自由变量. 所以在点 $(x_0^1, \cdots, x_0^n)$ 的邻域上, $F^{-1}(F(x_0^1, \cdots, x_0^n))$ 是 $n-1$ 维的光滑曲面.

例 5 条件如定理 5.2.2, 求由隐函数 $x^i = f(x^1, \cdots, x^{i-1}, x^{i+1}, \cdots, x^n)$ 在 $\mathbb{R}^n$ 中确定的曲面在点 $(x_0^1, \cdots, x_0^n)$ 处的切面.

解 利用一次微分的形式不变性, 在 $F(x^1, \cdots, x^n) - F(x_0^1, \cdots, x_0^n) = 0$ 两边微分, 我们得到

$$F_{x^1}(x_0^1, \cdots, x_0^n)\mathrm{d}x^1 + \cdots + F_{x^n}(x_0^1, \cdots, x_0^n)\mathrm{d}x^n = 0.$$

用 $x^i - x_0^i$ 放大无穷小 $\mathrm{d}x^i$, 就得到 $x^i = f(x^1, \cdots, x^{i-1}, x^{i+1}, \cdots, x^n)$ 确定的曲面在点 $(x_0^1, \cdots, x_0^n)$ 处的切面方程为

$$F_{x^1}(x_0^1, \cdots, x_0^n)(x^1 - x_0^1) + \cdots + F_{x^n}(x_0^1, \cdots, x_0^n)(x^n - x_0^n) = 0.$$

如果用 $X - X_0$ 表示向量 $(x^1, \cdots, x^n) - (x_0^1, \cdots, x_0^n)$, 则在 $\mathrm{grad}(F)(X_0) \neq 0$ 的条件下, 对函数方程 $F(X) - F(X_0) = 0$ 在 X_0 邻域上确定的曲面, 其切面方程为

$$(\mathrm{grad}(F)(X_0), X - X_0) = 0.$$

在这一方程中, 我们看到梯度向量 $\mathrm{grad}(F)(X_0)$ 是曲面在 X_0 处切面的法向量.

如果 $\mathrm{grad}(F)(X_0) = 0$, 则方程 $F(x^1, \cdots, x^n) = 0$ 不一定确定光滑曲面.

下面来讨论多个函数的隐函数定理. 设 $F : D \to \mathbb{R}^m$ 是区域 $D \subset \mathbb{R}^n$ 上连续可导的向量函数, $X_0 = (x_0^1, \cdots, x_0^n) \in D$ 是给定的点, 我们希望讨论集合 $F^{-1}(F(X_0))$. 为此我们首先将 F 表示为 $F(x^1, \cdots, x^n) = (f^1(x^1, \cdots, x^n), \cdots, f^m(x^1, \cdots, x^n))$, 则需要解函数方程组

$$\begin{cases} f^1(x^1, \cdots, x^n) - f^1(x_0^1, \cdots, x_0^n) = 0, \\ \cdots\cdots \\ f^m(x^1, \cdots, x^n) - f^m(x_0^1, \cdots, x_0^n) = 0. \end{cases}$$

利用 Taylor 展开, 用 Jacobi 矩阵将上面方程组线性化, 我们得到齐次线性方程组

$$\begin{cases} \dfrac{\partial f^1(x_0^1,\cdots,x_0^n)}{\partial x^1}(x^1-x_0^1)+\cdots+\dfrac{\partial f^1(x_0^1,\cdots,x_0^n)}{\partial x^n}(x^n-x_0^n)=0, \\ \cdots\cdots \\ \dfrac{\partial f^m(x_0^1,\cdots,x_0^n)}{\partial x^1}(x^1-x_0^1)+\cdots+\dfrac{\partial f^m(x_0^1,\cdots,x_0^n)}{\partial x^n}(x^n-x_0^n)=0, \end{cases}$$

或者利用矩阵将方程组表示为

$$(x^1-x_0^1,\cdots,x^n-x_0^n)\frac{\mathrm{D}(f^1,f^2,\cdots,f^m)}{\mathrm{D}(x^1,x^2,\cdots,x^n)}(X_0)=(0,0,\cdots,0).$$

比照齐次线性方程组, 如果假定在上面方程组的系数矩阵 $\dfrac{\mathrm{D}(f^1,f^2,\cdots,f^m)}{\mathrm{D}(x^1,x^2,\cdots,x^n)}(X_0)$ 中, 成立 $\mathrm{rank}\dfrac{\mathrm{D}(f^1,f^2,\cdots,f^m)}{\mathrm{D}(x^1,x^2,\cdots,x^n)}(X_0)=r$, 并且

$$\begin{vmatrix} \dfrac{\partial f^1}{\partial x^1}(X_0) & \dfrac{\partial f^2}{\partial x^1}(X_0) & \cdots & \dfrac{\partial f^r}{\partial x^1}(X_0) \\ \vdots & \vdots & & \vdots \\ \dfrac{\partial f^1}{\partial x^r}(X_0) & \dfrac{\partial f^2}{\partial x^r}(X_0) & \cdots & \dfrac{\partial f^r}{\partial x^r}(X_0) \end{vmatrix}=\frac{\partial(f^1,f^2,\cdots,f^r)}{\partial(x^1,x^2,\cdots,x^r)}(X_0)\neq 0,$$

则通过上面的线性方程组, 可解出变量 $(x^1,\cdots,x^r)$ 为变量 $(x^{r+1},\cdots,x^n)$ 的线性函数. 其中变量 $(x^{r+1},\cdots,x^n)\in\mathbb{R}^{n-r}$ 可以任意选取, 因而方程组的解空间是由变量 $(x^{r+1},\cdots,x^n)$ 给出的 $n-r$ 维的线性空间.

用微分近似函数, 将上面结论局部应用到函数方程上, 我们有下面定理.

定理 5.2.3 (隐函数定理) 设 $(f^1(x^1,\cdots,x^n),\cdots,f^m(x^1,\cdots,x^n))$ 在 $\mathbb{R}^n$ 中点 $X_0=(x_0^1,\cdots,x_0^n)$ 的邻域上连续可微, 并且 $\mathrm{rank}\dfrac{\mathrm{D}(f^1,f^2,\cdots,f^m)}{\mathrm{D}(x^1,x^2,\cdots,x^n)}\equiv r$ 在 X_0 的邻域上处处成立, 假定其中

$$\begin{vmatrix} \dfrac{\partial f^1}{\partial x^1}(X_0) & \dfrac{\partial f^2}{\partial x^1}(X_0) & \cdots & \dfrac{\partial f^r}{\partial x^1}(X_0) \\ \vdots & \vdots & & \vdots \\ \dfrac{\partial f^1}{\partial x^r}(X_0) & \dfrac{\partial f^2}{\partial x^r}(X_0) & \cdots & \dfrac{\partial f^r}{\partial x^r}(X_0) \end{vmatrix}=\frac{\partial(f^1,f^2,\cdots,f^r)}{\partial(x^1,x^2,\cdots,x^r)}(X_0)\neq 0,$$

则函数方程组

$$\begin{cases} f^1(x^1,\cdots,x^n)-f^1(x_0^1,\cdots,x_0^n)=0, \\ \cdots\cdots \\ f^m(x^1,\cdots,x^n)-f^m(x_0^1,\cdots,x_0^n)=0 \end{cases}$$

在 X_0 的充分小邻域上可唯一地解出变量 $(x^1,\cdots,x^r)$ 为变量 $(x^{r+1},\cdots,x^n)$ 的连

续可导的隐函数

$$
\begin{cases}
x^1 = x^1(x^{r+1}, \cdots, x^n), \\
\cdots\cdots \\
x^r = x^r(x^{r+1}, \cdots, x^n),
\end{cases}
$$

其中变量 $(x^{r+1}, \cdots, x^n)$ 取值在 $(x_0^{r+1}, \cdots, x_0^n) \subset \mathbb{R}^{n-r}$ 的一个开邻域上. 如果进一步假定 $f^1(x^1, \cdots, x^n), \cdots, f^m(x^1, \cdots, x^n)$ 都是 k 阶连续可微的, 则隐函数

$$
x^1 = x^1(x^{r+1}, \cdots, x^n), \quad \cdots, \quad x^r = x^r(x^{r+1}, \cdots, x^n)
$$

也是 k 阶连续可微的.

证明 对 r 应用归纳法. 当 $r = 1$ 时, 由 $\dfrac{\partial f^1}{\partial x^1}(X_0) \neq 0$, 对方程

$$
f^1(x^1, \cdots, x^n) - f^1(x_0^1, \cdots, x_0^n) = 0,
$$

利用定理 5.2.2, 可在 X_0 的邻域上解出隐函数 $x^1 = x^1(x^2, \cdots, x^n)$. 将这一解代入 $f^2(x^1(x^2, \cdots, x^n), \cdots, x^n) - f^2(x_0^1, \cdots, x_0^n)$, 利用求导的链法则, 其关于变量 x^2 的偏导为

$$
\frac{\partial f^2(x^1(x^2, \cdots, x^n), \cdots, x^n)}{\partial x^2} = \frac{\partial f^2}{\partial x^1}\frac{\partial x^1}{\partial x^2} + \frac{\partial f^2}{\partial x^2}.
$$

另一方面, 利用定理 5.2.2, 我们知道 $\dfrac{\partial x^1}{\partial x^2} = -\dfrac{\dfrac{\partial f^1}{\partial x^2}}{\dfrac{\partial f^1}{\partial x^1}}$, 代入上式就得到

$$
\frac{\partial f^2(x^1(x^2, \cdots, x^n), \cdots, x^n)}{\partial x^2} = -\frac{1}{\dfrac{\partial f^1}{\partial x^1}}\frac{\partial(f^1, f^2)}{\partial(x^1, x^2)}.
$$

但由定理的条件, $\mathrm{rank}\dfrac{\mathrm{D}(f^1, f^2, \cdots, f^m)}{\mathrm{D}(x^1, x^2, \cdots, x^n)} \equiv 1$ 在 X_0 的邻域上处处成立, 因此必须

$$
\frac{\partial f^2(x^1(x^2, \cdots, x^n), \cdots, x^n)}{\partial x^2} = -\frac{1}{\dfrac{\partial f^1}{\partial x^1}}\frac{\partial(f^1, f^2)}{\partial(x^1, x^2)} \equiv 0.
$$

同理, 对于 $i = 2, \cdots, m, \ j = 2, \cdots, n$, 成立

$$
\frac{\partial f^i(x^1(x^2, \cdots, x^n), \cdots, x^n)}{\partial x^j} = -\frac{1}{\dfrac{\partial f^1}{\partial x^1}}\frac{\partial(f^1, f^i)}{\partial(x^1, x^j)} \equiv 0.
$$

而我们知道 $x_0^1 = x^1(x_0^2, \cdots, x_0^n)$, 因此对于 $i = 2, \cdots, m$,

$$
f^i(x^1(x_0^2, \cdots, x_0^n), x_0^2, \cdots, x_0^n) - f^i(x_0^1, \cdots, x_0^n) = 0,
$$

我们得到在 $X' = (x_0^2, \cdots, x_0^n)$ 的邻域上, 成立

$$f^i(x^1(x^2, \cdots, x^n), x^2, \cdots, x^n) - f^i(x_0^1, \cdots, x_0^n) \equiv 0.$$

$x^1 = x^1(x^2, \cdots, x^n)$ 是上面方程组唯一确定的隐函数, 定理对于 $r = 1$ 成立. 现在假定定理对 $r - 1$ 成立.

对于 r, 同样先假定其中 $\dfrac{\partial f^1}{\partial x^1}(X_0) \neq 0$. 对于方程

$$f^1(x^1, \cdots, x^n) - f^1(x_0^1, \cdots, x_0^n) = 0,$$

利用定理 5.2.2, 我们在 X_0 的邻域上解出隐函数 $x^1 = x^1(x^2, \cdots, x^n)$.

对于 $i = 2, 3, \cdots, m$, 令 $X_0' = (x_0^2, \cdots, x_0^n)$,

$$g^i(x^2, \cdots, x^n) = f^i(x^1(x^2, \cdots, x^n), x^2, \cdots, x^n) - f^i(x_0^1, \cdots, x_0^n),$$

利用求导的链法则, 我们得到

$$\frac{\partial(g^2, \cdots, g^r)}{\partial(x^2, \cdots, x^r)}(X_0') = \begin{vmatrix} \dfrac{\partial g^2}{\partial x^2}(X_0') & \dfrac{\partial g^3}{\partial x^2}(X_0') & \cdots & \dfrac{\partial g^r}{\partial x^2}(X_0') \\ \vdots & \vdots & & \vdots \\ \dfrac{\partial g^2}{\partial x^r}(X_0') & \dfrac{\partial g^3}{\partial x^r}(X_0') & \cdots & \dfrac{\partial g^r}{\partial x^r}(X_0') \end{vmatrix}$$

$$= \begin{vmatrix} \left(\dfrac{\partial f^2}{\partial x^1}\dfrac{\partial x^1}{\partial x^2} + \dfrac{\partial f^2}{\partial x^2}\right)(X_0) & \left(\dfrac{\partial f^3}{\partial x^1}\dfrac{\partial x^1}{\partial x^2} + \dfrac{\partial f^3}{\partial x^2}\right)(X_0) & \cdots & \left(\dfrac{\partial f^r}{\partial x^1}\dfrac{\partial x^1}{\partial x^2} + \dfrac{\partial f^r}{\partial x^2}\right)(X_0) \\ \vdots & \vdots & & \vdots \\ \left(\dfrac{\partial f^2}{\partial x^1}\dfrac{\partial x^1}{\partial x^r} + \dfrac{\partial f^2}{\partial x^r}\right)(X_0) & \left(\dfrac{\partial f^3}{\partial x^1}\dfrac{\partial x^1}{\partial x^r} + \dfrac{\partial f^3}{\partial x^r}\right)(X_0) & \cdots & \left(\dfrac{\partial f^r}{\partial x^1}\dfrac{\partial x^1}{\partial x^r} + \dfrac{\partial f^r}{\partial x^r}\right)(X_0) \end{vmatrix},$$

而对 Jacobi 行列式

$$\begin{vmatrix} \dfrac{\partial f^1}{\partial x^1}(X_0) & \dfrac{\partial f^2}{\partial x^1}(X_0) & \cdots & \dfrac{\partial f^r}{\partial x^1}(X_0) \\ \vdots & \vdots & & \vdots \\ \dfrac{\partial f^1}{\partial x^r}(X_0) & \dfrac{\partial f^2}{\partial x^r}(X_0) & \cdots & \dfrac{\partial f^r}{\partial x^r}(X_0) \end{vmatrix} = \frac{\partial(f^1, f^2, \cdots, f^r)}{\partial(x^1, x^2, \cdots, x^r)}(X_0),$$

当 $i = 2, 3, \cdots, m$, 将第一行分别乘 $\dfrac{\partial x^1}{\partial x^i}$ 后加到第 i 行上, 由于其中

$$f^1(x^1(x^2, \cdots, x^n), x^2, \cdots, x^n) \equiv 0,$$

因而

$$\left(\frac{\partial f^1}{\partial x^1}\frac{\partial x^1}{\partial x^i} + \frac{\partial f^1}{\partial x^i}\right)(X_0) = 0.$$

经过上面变换后, 所得行列式的第一列中, 除了第一项外, 其余的都为零, 得

$$\frac{\partial(g^2,\cdots,g^r)}{\partial(x^2,\cdots,x^r)}(X_0')\frac{\partial f^1}{\partial x^1}(X_0) = \frac{\partial(f^1,\cdots,f^r)}{\partial(x^1,\cdots,x^r)}(X_0) \neq 0.$$

利用归纳法, 由方程组

$$\begin{cases} g^2(x^2,\cdots,x^n) = 0, \\ \cdots\cdots \\ g^m(x^2,\cdots,x^n) = 0, \end{cases}$$

我们在 $X_0' = (x_0^2,\cdots,x_0^n)$ 的邻域上唯一地解出隐函数

$$x^2 = x^2(x^{r+1},\cdots,x^n), \quad \cdots, \quad x^r = x^r(x^{r+1},\cdots,x^n),$$

代入 $x^1 = x^1(x^2,\cdots,x^n)$, 就得到了隐函数定理. ■

从几何的角度, 上面定理表明映射 $F : D \to \mathbb{R}^m$ 在 $X_0 = (x_0^1,\cdots,x_0^n)$ 邻域上的逆像集 $F^{-1}(F(X_0))$ 与映射

$$(x^{r+1},\cdots,x^n) \to (x^1(x^{r+1},\cdots,x^n),\cdots,x^r(x^{r+1},\cdots,x^n))$$

的图像

$$(x^{r+1},\cdots,x^n) \to (x^1(x^{r+1},\cdots,x^n),\cdots,x^r(x^{r+1},\cdots,x^n),x^{r+1},\cdots,x^n)$$

相同. 而其中的变量 $(x^{r+1},\cdots,x^n)$ 在 $\mathbb{R}^{n-r}$ 中的一个开集内取值, 因而是自由变量. 这时在 $X_0 = (x_0^1,\cdots,x_0^n) \in D$ 的邻域上, 逆像集 $F^{-1}(F(X_0))$ 由上面可微映射给出, 与 $n-r$ 维开集一一对应, $F^{-1}(F(X_0))$ 在 $X_0 = (x_0^1,\cdots,x_0^n)$ 的邻域上是一 $n-r$ 维的光滑曲面.

下面是几个隐函数定理的应用, 我们首先来说明怎样求多个函数方程的隐函数的偏导数.

例 6 设函数 $f(y^1,y^2,x^1,x^2)$, $g(y^1,y^2,x^1,x^2)$ 都在 $(y_0^1,y_0^2,x_0^1,x_0^2)$ 邻域上连续可微, 在 $(y_0^1,y_0^2,x_0^1,x_0^2)$ 为零, 而 $\frac{\partial(f,g)}{\partial(y^1,y^2)}(y_0^1,y_0^2,x_0^1,x_0^2) \neq 0$. 设 $y^1 = y^1(x^1,x^2)$, $y^2 = y^2(x^1,x^2)$ 是在 $(y_0^1,y_0^2,x_0^1,x_0^2)$ 邻域上由方程组

$$\begin{cases} f(y^1,y^2,x^1,x^2) = 0, \\ g(y^1,y^2,x^1,x^2) = 0 \end{cases}$$

确定的隐函数, 求 $y^1 = y^1(x^1,x^2)$, $y^2 = y^2(x^1,x^2)$ 的偏导数.

解 利用一次微分的形式不变性, 在恒等式

$$\begin{cases} f(y^1(x^1,x^2),y^2(x^1,x^2),x^1,x^2)=0, \\ g(y^1(x^1,x^2),y^2(x^1,x^2),x^1,x^2)=0 \end{cases}$$

两边微分, 我们得到齐次线性方程组

$$\begin{cases} \left(f_{y^1}\dfrac{\partial y^1}{\partial x^1}+f_{y^2}\dfrac{\partial y^2}{\partial x^1}+f_{x^1}\right)\mathrm{d}x^1+\left(f_{y^1}\dfrac{\partial y^1}{\partial x^2}+f_{y^2}\dfrac{\partial y^2}{\partial x^2}+f_{x^2}\right)\mathrm{d}x^2=0, \\ \left(g_{y^1}\dfrac{\partial y^1}{\partial x^1}+g_{y^2}\dfrac{\partial y^2}{\partial x^1}+g_{x^1}\right)\mathrm{d}x^1+\left(g_{y^1}\dfrac{\partial y^1}{\partial x^2}+g_{y^2}\dfrac{\partial y^2}{\partial x^2}+g_{x^2}\right)\mathrm{d}x^2=0. \end{cases}$$

由于 x^1, x^2 在开集内取值, 因而是独立变量. 上面微分为零, 必须 $\mathrm{d}x^1$, $\mathrm{d}x^2$ 的系数都为零, 我们分别得到两个线性方程组

$$\begin{cases} f_{y^1}\dfrac{\partial y^1}{\partial x^1}+f_{y^2}\dfrac{\partial y^2}{\partial x^1}+f_{x^1}=0, \\ g_{y^1}\dfrac{\partial y^1}{\partial x^1}+g_{y^2}\dfrac{\partial y^2}{\partial x^1}+g_{x^1}=0, \end{cases}$$

$$\begin{cases} f_{y^1}\dfrac{\partial y^1}{\partial x^2}+f_{y^2}\dfrac{\partial y^2}{\partial x^2}+f_{x^2}=0, \\ g_{y^1}\dfrac{\partial y^1}{\partial x^2}+g_{y^2}\dfrac{\partial y^2}{\partial x^2}+g_{x^2}=0. \end{cases}$$

利用上面的方程组, 我们解得

$$\left(\frac{\partial y^1}{\partial x^1},\frac{\partial y^2}{\partial x^1}\right)=(-f_{x^1},-g_{x^1})\begin{pmatrix} f_{y^1} & g_{y^1} \\ f_{y^2} & g_{y^2} \end{pmatrix}^{-1},$$

$$\left(\frac{\partial y^1}{\partial x^2},\frac{\partial y^2}{\partial x^2}\right)=(-f_{x^2},-g_{x^2})\begin{pmatrix} f_{y^1} & g_{y^1} \\ f_{y^2} & g_{y^2} \end{pmatrix}^{-1},$$

而直接计算得

$$\begin{pmatrix} f_{y^1} & g_{y^1} \\ f_{y^2} & g_{y^2} \end{pmatrix}^{-1}=\frac{1}{\dfrac{\partial(f,g)}{\partial(y^1,y^2)}}\begin{pmatrix} g_{y^2} & -g_{y^1} \\ -f_{y^2} & f_{y^1} \end{pmatrix}.$$

因此我们得到

$$\frac{\partial y^1}{\partial x^1}=-\frac{\dfrac{\partial(f,g)}{\partial(x^1,y^2)}}{\dfrac{\partial(f,g)}{\partial(y^1,y^2)}},\quad \frac{\partial y^1}{\partial x^2}=-\frac{\dfrac{\partial(f,g)}{\partial(x^2,y^2)}}{\dfrac{\partial(f,g)}{\partial(y^1,y^2)}},$$

$$\frac{\partial y^2}{\partial x^1}=-\frac{\dfrac{\partial(f,g)}{\partial(y^1,x^1)}}{\dfrac{\partial(f,g)}{\partial(y^1,y^2)}},\quad \frac{\partial y^2}{\partial x^2}=-\frac{\dfrac{\partial(f,g)}{\partial(y^1,x^2)}}{\dfrac{\partial(f,g)}{\partial(y^1,y^2)}}.$$

上面隐函数的偏导公式是定理 5.2.1 和定理 5.2.2 中隐函数偏导公式的推广. 同样结论对于定理 5.2.3 中多个函数的函数方程给出的隐函数也成立. 而上面的求解过程告诉我们如果微分只是用线性方程组来近似函数方程组, 求偏导的过程则是实实在在地求解微分确定的线性方程组了.

例 7 (空间曲线的切线)　设 L 是由函数方程组

$$\begin{cases} F(x,y,z) = 0, \\ G(x,y,z) = 0 \end{cases}$$

在 $\mathbb{R}^3$ 中确定的曲线, $X_0 \in L$, 如果 $F(x,y,z)$ 和 $G(x,y,z)$ 都在 X_0 的邻域上连续可微, 并且

$$\operatorname{rank}\frac{\mathrm{D}(F,G)}{\mathrm{D}(x,y,z)}(X_0) = 2,$$

求 L 在 X_0 处的切线.

解　在恒等式 $F(x(z),y(z),z) \equiv 0$, $G(x(z),y(z),z) \equiv 0$ 两边微分, 得

$$\begin{cases} F_x(x,y,z)\mathrm{d}x + F_y(x,y,z)\mathrm{d}y + F_z(x,y,z)\mathrm{d}z = 0, \\ G_x(x,y,z)\mathrm{d}x + G_y(x,y,z)\mathrm{d}y + G_z(x,y,z)\mathrm{d}z = 0. \end{cases}$$

上式中用 $x - x_0$ 代替 $\mathrm{d}x$, $y - y_0$ 代替 $\mathrm{d}y$, $z - z_0$ 代替 $\mathrm{d}z$, 将微分放大, 就得到曲线 L 在 $X_0 = (x_0, y_0, z_0)$ 处的切线方程为

$$\begin{cases} F_x(x_0,y_0,z_0)(x - x_0) + F_y(x_0,y_0,z_0)(y - y_0) + F_z(x_0,y_0,z_0)(z - z_0) = 0, \\ G_x(x_0,y_0,z_0)(x - x_0) + G_y(x_0,y_0,z_0)(y - y_0) + G_z(x_0,y_0,z_0)(z - z_0) = 0. \end{cases}$$

上例中同样的结论对于由多个函数确定的曲面也是成立的.

例 8　设 $F^1(x^1, \cdots, x^n), \cdots, F^r(x^1, \cdots, x^n)$ 是 $X_0 = (x_0^1, \cdots, x_0^n) \in \mathbb{R}^n$ 邻域上连续可微的函数, 满足 $F^1(X_0) = 0, \cdots, F^r(X_0) = 0$, 在 X_0 的邻域上成立

$$\operatorname{rank}\frac{\mathrm{D}(F^1, \cdots, F^r)}{\mathrm{D}(x^1, \cdots, x^n)} = r,$$

则由隐函数定理, 在 X_0 的邻域上, 方程组

$$\begin{cases} F^1(x^1, \cdots, x^n) = 0, \\ \cdots\cdots \\ F^r(x^1, \cdots, x^n) = 0 \end{cases}$$

的解空间 Σ 是 $\mathbb{R}^n$ 中一光滑的 $n - r$ 维曲面, Σ 在 X_0 处的切面可以表示为

$$\begin{cases} F_{x^1}^1(X_0)(x^1 - x_0^1) + \cdots + F_{x^n}^1(X_0)(x^n - x_0^n) = 0, \\ \cdots\cdots \\ F_{x^1}^r(X_0)(x^1 - x_0^1) + \cdots + F_{x^n}^r(X_0)(x^n - x_0^n) = 0, \end{cases}$$

或者利用内积表示为

$$\begin{cases} (\mathrm{grad}(F^1)(X_0), X - X_0) = 0, \\ \cdots\cdots \\ (\mathrm{grad}(F^r)(X_0), X - X_0) = 0. \end{cases}$$

这时梯度向量 $\mathrm{grad}(F^1)(X_0), \cdots, \mathrm{grad}(F^r)(X_0)$ 都是曲面 Σ 在 X_0 处的法向量, 它们共同生成了 Σ 在 X_0 处的 r 维法空间.

下面的例子可以作为定理 5.2.3 中证明方法的补充说明.

例 9 设 $F(u,v,x,y)$, $G(u,v,x,y)$, $H(u,v,x,y)$ 是 $P_0 = (u_0, v_0, x_0, y_0)$ 邻域上连续可微的函数, 并且 P_0 是方程组

$$\begin{cases} F(u,v,x,y) = 0, \\ G(u,v,x,y) = 0, \\ H(u,v,x,y) = 0 \end{cases} \tag{1}$$

的解, 而在 P_0 的邻域上处处成立 $\mathrm{rank}\dfrac{\mathrm{D}(F,G,H)}{\mathrm{D}(u,v,x,y)} = 2$. 假定 $\dfrac{\partial(F,G)}{\partial(u,v)} \neq 0$, 证明: 在 P_0 的邻域上方程组 (1) 与方程组

$$\begin{cases} F(u,v,x,y) = 0, \\ G(u,v,x,y) = 0 \end{cases} \tag{2}$$

是同解方程组.

证明 方程组 (1) 的解显然是方程组 (2) 的解. 下面只须证明方程组 (2) 的解也是方程组 (1) 的解.

设 $u = u(x,y)$, $v = v(x,y)$ 是方程组 (2) 在 P_0 的邻域上确定的隐函数, 我们只须证明 $H(u(x,y), v(x,y), x, y) \equiv 0$ 在 P_0 的邻域上成立. 利用链法则以及上面我们在例 4 中给出的隐函数的求导公式, 直接计算得

$$H_x(u(x,y), v(x,y), x, y) = H_u u_x + H_v v_x + H_x$$

$$= H_u \left(-\frac{\dfrac{\partial(F,G)}{\partial(x,v)}}{\dfrac{\partial(F,G)}{\partial(u,v)}} \right) + H_v \left(-\frac{\dfrac{\partial(F,G)}{\partial(u,x)}}{\dfrac{\partial(F,G)}{\partial(u,v)}} \right) + H_x$$

$$= \frac{1}{\dfrac{\partial(F,G)}{\partial(u,v)}} \frac{\partial(F,G,H)}{\partial(u,v,x)} \equiv 0,$$

$$H_y(u(x,y), v(x,y), x, y) = \frac{1}{\dfrac{\partial(F,G)}{\partial(u,v)}} \frac{\partial(F,G,H)}{\partial(u,v,y)} \equiv 0.$$

而已知 $H(u_0, v_0, x_0, y_0) = 0$, 因此 $H(u(x,y), v(x,y), x, y) \equiv 0$. 方程组 (2) 与方程组 (1) 是同解方程组.

5.3 函数相关性

这一节我们来讨论向量函数的像集, 首先看一看线性映射的情况. 设

$$(y^1, \cdots, y^m) = (x^1, \cdots, x^n) \begin{pmatrix} a_{11} & \cdots & a_{1m} \\ \vdots & & \vdots \\ a_{n1} & \cdots & u_{nm} \end{pmatrix}$$

是 $\mathbb{R}^n$ 到 $\mathbb{R}^m$ 的线性映射, 假定映射矩阵的秩为 r, 并且其中前 r 列作为向量线性无关, 则矩阵中后 $r+1$ 列到 m 列作为向量, 是前 r 列的线性组合. 利用这些线性组合, 我们得到变量 $y^{r+1}, \cdots, y^m$ 是变量 $y^1, \cdots, y^r$ 的线性组合, 或者说是变量 $y^1, \cdots, y^r$ 的函数. 即在因变量 $y^1, \cdots, y^m$ 中, $y^1, \cdots, y^r$ 是独立变量, 而 $y^{r+1}, \cdots, y^m$ 是独立变量的函数, 映射的像集是 r 维线性空间.

现在设 $D \subset \mathbb{R}^n$ 是区域,

$$F : D \to \mathbb{R}^m,$$

$$(x^1, \cdots, x^n) \to (y^1, \cdots, y^m) = (f^1(x^1, \cdots, x^n), \cdots, f^m(x^1, \cdots, x^n))$$

是定义在 D 上连续可微的向量函数, 设 $X_0 = (x_0^1, \cdots, x_0^n) \in D$ 是给定的点, 我们关心的是对于描述像集 $F(D) \subset \mathbb{R}^m$, 在 $F(X_0)$ 的邻域上, 变量 $(y^1, \cdots, y^m)$ 中哪些是自由变量, 哪些是由自由变量确定. 为此, 类比于线性相关, 我们先给出下面定义.

定义 5.3.1 设 $f^1(x^1, \cdots, x^n), \cdots, f^m(x^1, \cdots, x^n)$ 都是 $X_0 = (x_0^1, \cdots, x_0^n)$ 邻域上连续可微的函数, 如果存在 $i \in \{1, \cdots, m\}$, 以及一个连续可微的函数 $y^i = G(y^1, \cdots, y^{i-1}, y^{i+1}, \cdots, y^m)$, 使得在 X_0 充分小的邻域上成立

$$f^i \equiv G(f^1, \cdots, f^{i-1}, f^{i+1}, \cdots, f^m),$$

则称函数集合 $\{f^1(x^1, \cdots, x^n), \cdots, f^m(x^1, \cdots, x^n)\}$ 在 X_0 邻域上**函数相关**. 反之, 则称函数集合 $\{f^1(x^1, \cdots, x^n), \cdots, f^m(x^1, \cdots, x^n)\}$ **函数无关**.

例如在上面关于线性映射的讨论中, 线性函数 $y^{r+1}, \cdots, y^m$ 都与线性函数 $y^1, \cdots, y^r$ 线性相关, 因而也是函数相关. 而 $y^1, \cdots, y^r$ 线性无关, 因而也是函数无关.

函数相关是线性相关的推广. 事实上, 假设定义 5.3.1 中函数相关的条件成立, 利用求导的链法则, 我们得到

$$\operatorname{grad}(f^i) = G_{y^1}\operatorname{grad}(f^1) + \cdots + G_{y^{i-1}}\operatorname{grad}(f^{i-1})$$
$$+ G_{y^{i+1}}\operatorname{grad}(f^{i+1}) + \cdots + G_{y^m}\operatorname{grad}(f^m).$$

函数相关必然得到相应的梯度向量线性相关. 当然, 如果函数

$$\{f^1(x^1, \cdots, x^n), \cdots, f^m(x^1, \cdots, x^n)\}$$

的梯度向量线性独立, 则这组函数必须函数独立.

反之, 利用向量函数 Jacobi 矩阵中梯度向量的线性独立或者相关的关系, 线性映射中关于像集的结论可以推广到向量函数上, 对此成立下面的定理.

定理 5.3.1   设 $D \subset \mathbb{R}^n$ 是区域,

$$F : D \to \mathbb{R}^m,$$

$$(x^1, \cdots, x^n) \to (y^1, \cdots, y^m) = (f^1(x^1, \cdots, x^n), \cdots, f^m(x^1, \cdots, x^n))$$

是定义在 D 上连续可微的向量函数, $X_0 \in D$ 是给定的点, 如果在 X_0 的邻域上, $\operatorname{rank}\dfrac{D(f^1, \cdots, f^m)}{D(x^1, \cdots, x^n)} \equiv r$, 并且 $\dfrac{\partial(f^1, \cdots, f^r)}{\partial(x^1, \cdots, x^r)}(X_0) \neq 0$, 则存在 X_0 的邻域 U, 使得在 U 上, $\{f^1, \cdots, f^r\}$ 函数独立, 而 $\{f^{r+1}, \cdots, f^m\}$ 都与 $\{f^1, \cdots, f^r\}$ 函数相关.

证明   由于 $\dfrac{\partial(f^1, \cdots, f^r)}{\partial(x^1, \cdots, x^r)}(X_0) \neq 0$, 因而梯度向量 $\operatorname{grad}(f^1), \cdots, \operatorname{grad}(f^r)$ 在 X_0 的邻域上线性独立, 我们得到 $\{f^1, \cdots, f^r\}$ 函数独立.

对于定理的其余部分, 这里为了符号简单, 我们只讨论 $m = 2$, $n = 3$, $r = 1$ 的情况, 一般形式的定理证明可以用归纳法得到.

设 $u = f(x, y, z)$, $v = g(x, y, z)$ 是 $P_0 = (x_0, y_0, z_0)$ 邻域上连续可微的函数, $\operatorname{grad}(f)(P_0) \neq 0$, 而 $\operatorname{rank}\dfrac{D(f, g)}{D(x, y, z)} \equiv 1$, 我们希望证明在 P_0 的邻域上, $g(x, y, z)$ 是 $f(x, y, z)$ 的函数.

不妨设 $f_x(P_0) \neq 0$, 而 $u_0 = f(x_0, y_0, z_0)$, 利用隐函数定理, 由方程 $u - f(x, y, z) = 0$, 我们在 (u_0, x_0, y_0, z_0) 的邻域上解出连续可微的隐函数 $x = x(u, y, z)$. 将这一函数代入 $v = g(x, y, z)$, 得到函数 $v = g(x(u, y, z), y, z)$. 希望证明这一函数与变量 y 和 z 无关, 仅仅是变量 u 的函数, 为此, 需要证明

$$g_y(x(u, y, z), y, z) \equiv 0, \quad g_z(x(u, y, z), y, z) \equiv 0.$$

而利用隐函数的偏导数公式来计算相关的偏导数, 得

$$g_y(x(u,y,z),y,z) = g_x x_y + g_y = g_x\left(-\frac{f_y}{f_x}\right) + g_y = -\frac{1}{f_x}\frac{\partial(f,g)}{\partial(x,y)}.$$

由条件 $\text{rank}\dfrac{D(f,g)}{D(x,y,z)} \equiv 1$, 上式恒为零, 即 $g_y(x(u,y,z),y,z) \equiv 0$. 同理得

$$g_z(x(u,y,z),y,z) = g_x x_z + g_z = g_x\left(-\frac{f_z}{f_x}\right) + g_z = -\frac{1}{f_x}\frac{\partial(f,g)}{\partial(x,z)} \equiv 0.$$

$v = g(x(u,y,z),y,z)$ 是变量 u 的函数, 即 $g(x,y,z)$ 是 $f(x,y,z)$ 的函数. ∎

从几何的角度, 假定

$$(x^1,\cdots,x^n) \to (y^1,\cdots,y^m) = (f^1(x^1,\cdots,x^n),\cdots,f^m(x^1,\cdots,x^n))$$

是定义在 $X_0 = (x_0^1,\cdots,x_0^n)$ 的邻域上、满足上面定理条件的向量函数. 设 $y_0^i = f^i(x_0^1,\cdots,x_0^n)$, $Y_0 = (y_0^1,\cdots,y_0^r)$. 在 (X_0,Y_0) 邻域上考虑函数方程组

$$\begin{cases} F^1(y^1,\cdots,y^r;x^1,\cdots,x^n) = y^1 - f^1(x^1,\cdots,x^n) = 0, \\ \cdots\cdots \\ F^r(y^1,\cdots,y^r;x^1,\cdots,x^n) = y^r - f^r(x^1,\cdots,x^n) = 0, \end{cases}$$

将 $(y^1,\cdots,y^r)$ 看作自变量. 由 $\dfrac{\partial(f^1,\cdots,f^r)}{\partial(x^1,\cdots,x^r)}(X_0)\neq 0$, 得 $\dfrac{\partial(F^1,\cdots,F^r)}{\partial(x^1,\cdots,x^r)}(X_0,Y_0)\neq 0$, 利用隐函数定理, 从上面方程组解出隐函数

$$\begin{cases} x^1 = x^1(y^1,\cdots,y^r;x^{r+1},\cdots,x^n), \\ \cdots\cdots \\ x^r = x^r(y^1,\cdots,y^r;x^{r+1},\cdots,x^n). \end{cases}$$

按照隐函数定理, 这时变量 $(y^1,\cdots,y^r;x^{r+1},\cdots,x^n)$ 在一个开集上取值, 因而是自由变量. 特别的, 其中变量 $(y^1,\cdots,y^r)$ 在一个开集上任意取值. 而当其中 $Y_0 = (y_0^1,\cdots,y_0^r)$ 固定时, $(x^{r+1},\cdots,x^n)$ 在一个开集上取值, 我们得到映射的原像集 $F^{-1}(Y_0)$, 其是 $n-r$ 维的光滑曲面. 而另一方面, 按照函数相关性的讨论, 因变量函数 $y^{r+1} = f^{r+1}(x^1,\cdots,x^n),\cdots,y^m = f^m(x^1,\cdots,x^n)$ 都是因变量函数 $y^1 = f^1(x^1,\cdots,x^n),\cdots,y^r = f^r(x^1,\cdots,x^n)$ 的函数, 表示为

$$y^{r+1} = G^{r+1}(y^1,\cdots,y^r), \quad \cdots, \quad y^m = G^m(y^1,\cdots,y^r),$$

则在 X_0 的邻域上, 映射

$$(x^1,\cdots,x^n) \to (f^1(x^1,\cdots,x^n),\cdots,f^m(x^1,\cdots,x^n))$$

可以分解为

$$(x^1, \cdots, x^n) \to (y^1, \cdots, y^r) = (f^1(x^1, \cdots, x^n), \cdots, f^r(x^1, \cdots, x^n))$$
$$\to (y^1, \cdots, y^r; G^{r+1}(y^1, \cdots, y^r), \cdots, G^m(y^1, \cdots, y^r)).$$

上面的讨论表明变量 $(y^1, \cdots, y^r)$ 在一个开集上任意取值, 是自由变量. 因而映射

$$(y^1, \cdots, y^r) \to (y^1, \cdots, y^r; G^{r+1}(y^1, \cdots, y^r), \cdots, G^m(y^1, \cdots, y^r))$$

的像集是 r 维的光滑曲面. 我们得到下面的定理.

定理 5.3.2　设映射

$$F : (x^1, \cdots, x^n) \to (y^1, \cdots, y^m) = (f^1(x^1, \cdots, x^n), \cdots, f^m(x^1, \cdots, x^n))$$

是定义在 $X_0 = (x_0^1, \cdots, x_0^n)$ 的邻域上、满足定理 5.3.1 条件的向量函数, 则存在 X_0 的邻域 U, 使得 $F(U)$ 是 r 维的光滑曲面.

利用向量函数的 Jacobi 矩阵, 定理 5.3.2 将线性映射中相应的结论推广到了可微的多元向量函数上.

5.4　逆变换定理

如果 $\mathbb{R}^n$ 到 $\mathbb{R}^n$ 的线性映射 $Y = XA$ 满足 $\det(A) \neq 0$, 则映射 $Y = XA$ 有逆映射 $X = YA^{-1}, Y = XA$ 是 $\mathbb{R}^n$ 到自身的线性同胚. 类比于此, 本节应用定理 5.2.3 中函数方程组的讨论方法, 来考虑 $\mathbb{R}^n$ 中的区域到 $\mathbb{R}^n$ 中的区域的可微映射. 首先给出下面定义.

定义 5.4.1　设 D_1, D_2 都是 $\mathbb{R}^n$ 中的区域, 连续映射 $F : D_1 \to D_2$ 称为**拓扑同胚**, 如果 F 是单射, $F(D_1) = D_2$, 同时 F 的逆映射 $F^{-1} : D_2 \to D_1$ 连续.

如果 $F : D_1 \to D_2$ 是拓扑同胚, 则 D_2 上的函数 $f : D_2 \to \mathbb{R}$ 为连续函数的充要条件是 $f(F) : D_1 \to \mathbb{R}$ 是 D_1 上的连续函数. 因此, 在拓扑同胚的区域上, 连续函数的理论都是相同的. 通过拓扑同胚, 我们可以将不同的区域等同起来. 而如果要讨论函数的微分, 我们需要在连续的基础上加上可微的条件.

定义 5.4.2　拓扑同胚 $F : D_1 \to D_2$ 称为 r **阶微分同胚**, 如果 F 及其逆映射 F^{-1} 都是 r 阶连续可微的映射.

本节中, 我们的问题是什么样的映射是微分同胚? 首先, 如果映射

$$F : D_1 \to D_2, \ (x^1, \cdots, x^n) \to (y^1, \cdots, y^n)$$

是微分同胚, 则 $F(F^{-1}) : D_2 \to D_2$ 是恒等映射. 利用 Jacobi 矩阵的链法则, 成立

$$\frac{\mathrm{D}(y^1, \cdots, y^n)}{\mathrm{D}(x^1, \cdots, x^n)} \cdot \frac{\mathrm{D}(x^1, \cdots, x^n)}{\mathrm{D}(y^1, \cdots, y^n)} = I_{n \times n},$$

这里 $I_{n \times n}$ 表示 n 阶单位矩阵. 对上式取行列式, 我们得到

$$\frac{\partial(y^1, \cdots, y^n)}{\partial(x^1, \cdots, x^n)} \cdot \frac{\partial(x^1, \cdots, x^n)}{\partial(y^1, \cdots, y^n)} = 1.$$

因此 $\dfrac{\partial(y^1, \cdots, y^n)}{\partial(x^1, \cdots, x^n)} \neq 0$ 在 D 上处处成立. 所以 $\dfrac{\partial(y^1, \cdots, y^n)}{\partial(x^1, \cdots, x^n)} \neq 0$ 是映射 $F :$ $D_1 \to D_2, \ (x^1, \cdots, x^n) \to (y^1, \cdots, y^n)$ 为微分同胚的必要条件.

当 $n = 1$ 时, 设 $f(x)$ 是区间 (a, b) 上连续可微的函数, 如果 $f'(x)$ 在 (a, b) 上处处不为零, 则 $f(x)$ 在 (a, b) 上严格单调, 有连续可微的反函数, 因而 $f : (a, b) \to f((a, b))$ 是微分同胚. $f'(x)$ 处处不为零是 $f(x)$ 为微分同胚的充要条件. 进一步的问题是这一结论对于 $n > 1$ 是否也成立? 对此, 我们有下面的反例.

例 1 设 $D = \{(x, y) \mid 0 < x^2 + y^2 < 1\}$, 令

$$F : D \to D, \ (x, y) \to (u, v); \quad F(x, y) = (x^2 - y^2, 2xy) = (u, v),$$

则

$$\frac{\partial(u, v)}{\partial(x, y)} = \begin{vmatrix} 2x & -2y \\ 2y & 2x \end{vmatrix} = 4(x^2 + y^2).$$

因此 $\dfrac{\partial(u, v)}{\partial(x, y)}$ 在 D 上处处不为零. 但如果用复数 $z = x + \mathrm{i}y = r\mathrm{e}^{\mathrm{i}\theta}$, $w = u + \mathrm{i}v$ 表示 F, 则 $w = F(z) = z^2 = r^2 \mathrm{e}^{2\mathrm{i}\theta}$, $F : D \to D$ 是二对一的映射, 不是微分同胚.

对于映射 $(x^1, \cdots, x^n) \to (y^1, \cdots, y^n)$, 虽然 $\dfrac{\partial(y^1, \cdots, y^n)}{\partial(x^1, \cdots, x^n)} \neq 0$ 处处成立不能保证其在 D 上整体是微分同胚, 但是, 利用隐函数定理, 我们能够得到 Jacobi 行列式 $\dfrac{\partial(y^1, \cdots, y^n)}{\partial(x^1, \cdots, x^n)} \neq 0$ 是一个映射局部为微分同胚的充要条件.

定理 5.4.1 (逆变换定理) 设 $F : D_1 \to D_2$,

$$(x^1, \cdots, x^n) \to (y^1, \cdots, y^n) = (f^1(x^1, \cdots, x^n), \cdots, f^n(x^1, \cdots, x^n))$$

是 r 阶连续可微的映射, 在点 $X_0 \in D$ 处成立 $\dfrac{\partial(y^1, \cdots, y^n)}{\partial(x^1, \cdots, x^n)}(X_0) \neq 0$, 则存在 X_0 的邻域 U, 使得映射 $F : U \to F(U)$ 是 r 阶微分同胚.

证明   设 $Y_0 = F(X_0)$, 对于 $i = 1, 2, \cdots, n$, 令

$$F^i(x^1, \cdots, x^n; y^1, \cdots, y^n) = y^i - f^i(x^1, \cdots, x^n),$$

其中 $(y^1, \cdots, y^n)$ 看作自变量. 在 (X_0, Y_0) 邻域上考虑函数方程组

$$\begin{cases} F^1(y^1, \cdots, y^n; x^1, \cdots, x^n) = y^1 - f^1(x^1, \cdots, x^n) = 0, \\ \cdots\cdots \\ F^n(y^1, \cdots, y^n; x^1, \cdots, x^n) = y^n - f^n(x^1, \cdots, x^n) = 0. \end{cases}$$

由条件 $\dfrac{\partial(y^1, \cdots, y^n)}{\partial(x^1, \cdots, x^n)}(X_0) \neq 0$, 利用隐函数定理, 通过上面方程组解出 r 阶连续可微的隐函数 $x^1 = x^1(y^1, \cdots, y^n), \cdots, x^n = x^n(y^1, \cdots, y^n)$. 由此得到 F 有逆映射 $F^{-1} : (y^1, \cdots, y^n) \to (x^1, \cdots, x^n)$, F 局部是 r 阶微分同胚. ∎

通过上面定理, 我们得到下面两个有意义的结论.

定理 5.4.2   如果 $F : D_1 \to D_2, (x^1, \cdots, x^n) \to (y^1, \cdots, y^n)$ 是 r 阶连续可微的单射, 并且 F 的 Jacobi 行列式处处不为零, 则 F 是 r 阶微分同胚.

定理 5.4.3 (开映射定理)   如果 $F : D_1 \to D_2, (x^1, \cdots, x^n) \to (y^1, \cdots, y^n)$ 是连续可微的映射, 且 F 的 Jacobi 行列式处处不为零, 则 F 将开集映为开集.

定理的证明留给读者作为练习.

习   题

1. 求下面向量函数的 Jacobi 矩阵:

(1) $f(x, y) = \begin{pmatrix} x^2 - 2y \\ x^2 - 2xy \\ 3x^2y - 2y \end{pmatrix}$;   (2) $f(x, y) = \begin{pmatrix} \ln(x^2 + y^2) \\ \arctan \dfrac{y}{x} \\ x^2y \end{pmatrix}$;

(3) $f(x, y) = \begin{pmatrix} \mathrm{e}^{x+2y} \\ \sin(y + 2x) \\ \ln x^2 y \end{pmatrix}$;   (4) $f(x, y, z) = \begin{pmatrix} x^2 + 2y^3 + z^3 \\ \sin(x + 2y + z^2) \\ x^2\mathrm{e}^y \end{pmatrix}$.

2. 设 A 是 $n \times m$ 矩阵, 令

$$\|A\| = \max\{AX \mid X \in \mathbb{R}^m, |X| = 1\}.$$

证明: (1) $\|A\| \geqslant 0$, 并且 $\|A\| = 0$, 当且仅当 A 为零矩阵;

   (2) $\|rA\| = |r|\|A\|$, 其中 r 为任意实数;

(3) $\|A+B\| \leqslant \|A\| + \|B\|$ 对于任意 $n \times m$ 的矩阵 A 和 B 成立.

3. 符号与第 2 题相同.

(1) 设 $\mathbb{R}^{n \times m}$ 是所有 $n \times m$ 的矩阵构成的线性空间, 在 $\mathbb{R}^{n \times m}$ 上定义函数 $F: \mathbb{R}^{n \times m} \to \mathbb{R}$ 为 $F(A) = \|A\|$, 证明: F 是 $\mathbb{R}^{n \times m}$ 上的连续函数.

(2) 对可微向量函数, 表述和证明其 Jacobi 行列式的链法则.

4. 设 $F(X)$ 是 $X_0 \in \mathbb{R}^n$ 邻域上连续可微的向量函数, 证明: 对于任意 $\varepsilon > 0$, 存在 $\delta > 0$, 使得对于任意 $X \in B(X_0, \delta) = \{X \in \mathbb{R}^n \mid |X - X_0| < \delta\}$, 成立

$$|F(X) - F(X_0)| \leqslant \left(\left\| \frac{\mathrm{D}F}{\mathrm{D}X}(X_0) \right\| + \varepsilon \right) |X - X_0|,$$

其中 $\dfrac{\mathrm{D}F}{\mathrm{D}X}$ 表示映射 F 的 Jacobi 矩阵.

5. 设 F 和 G 都是 $\mathbb{R}^n$ 中区域 D 到 $\mathbb{R}^m$ 的映射, 如果 F 和 G 都在点 X_0 可微, 按定义证明 $F + G$, (F, G) 都在点 $X_0 \in D$ 可微, 并求其 Jacobi 矩阵.

6. 设 F 是 $\mathbb{R}^n$ 中区域 D 到 $\mathbb{R}^m$ 的连续可微的映射, 如果 F 的 Jacobi 矩阵是常数矩阵, 证明: F 可以表示为 $F(X) = AX + X_0$.

7. 设 $F: \mathbb{R}^3 \to \mathbb{R}^3$ 是连续可微的向量函数.

(1) 如果 $\dfrac{\mathrm{D}F}{\mathrm{D}X} = \begin{pmatrix} 1 & 0 & 0 \\ 0 & 1 & 0 \\ 0 & 0 & 1 \end{pmatrix}$, 求 F 的表示式.

(2) 如果 $\dfrac{\mathrm{D}F}{\mathrm{D}X} = \begin{pmatrix} f(x) & 0 & 0 \\ 0 & g(y) & 0 \\ 0 & 0 & h(z) \end{pmatrix}$, 求 F 的表示式.

8. 设 $F: \mathbb{R}^n \to \mathbb{R}^n$ 是连续可微的向量函数, 设 $\forall X$, $\det\left(\dfrac{\mathrm{D}F}{\mathrm{D}X}\right)(X) \neq 0$, 证明: 对于 $\mathbb{R}^n$ 中任意有界区域 D, F 在 D 中最多有有限个零点.

9. 求下面映射的 Jacobi 行列式:

(1) 极坐标: $(r, \theta) \to (r \cos\theta, r \sin\theta) = (x, y)$;

(2) 球坐标: $(r, \theta, \varphi) \to (r \sin\varphi \cos\theta, r \sin\varphi \sin\theta, r \cos\varphi)$;

(3) 设对于 $i = 1, \cdots, n$, $f^i(y^1, \cdots, y^n)$ 和 $h^i(x)$ 都是可微的函数, 令 F 为

$$F: (x^1, \cdots, x^n) \to (f^1(h^1(x^1), \cdots, h^n(x^n)), \cdots, f^n(h^1(x^1), \cdots, h^n(x^n))),$$

求 F 的 Jacobi 行列式.

10. 设 F 和 G 都是 $\mathbb{R}^n$ 中区域 D 到 $\mathbb{R}^m$ 的连续可微的映射, 利用链法则给出内积 $(F(x), G(x))$ 的 Jacobi 矩阵.

11. 令

$$f(x) = \begin{cases} x + x^2 \sin\dfrac{1}{x}, & x \neq 0, \\ 0, & x = 0. \end{cases}$$

证明: $f(x)$ 在 $x = 0$ 可导, $f'(0) \neq 0$, 但 $f(x)$ 在 $x = 0$ 的任意邻域上没有反函数.

12. 设 $D \subset \mathbb{R}^n$ 是有界闭区域, $F: D \to \mathbb{R}^n$ 连续, 并且是单射, 证明: F^{-1} 连续.

13. 对下面的函数方程组表述和证明隐函数定理:
$$\begin{cases} F^1(x,y,z) = 0, \\ F^2(x,y,z) = 0. \end{cases}$$

14. 设 $y = y(x)$ 和 $z = z(x)$ 是由下面方程组确定的隐函数:

(1) $\begin{cases} x + y + z = 0, \\ x^2 + y^2 + z^2 = 0; \end{cases}$ (2) $\begin{cases} x + y + z = 0, \\ x^3 + y^3 + z^3 = 3xyz. \end{cases}$

求 $y'(x), z''(x)$.

15. 设 $z = z(x,y)$ 是由函数方程组
$$\begin{cases} x = u\cos v, \\ y = u\sin v, \\ z = v \end{cases}$$

确定的隐函数, 求 $z = z(x,y)$ 关于 x 和 y 的所有二阶偏导.

16. 问在什么条件下, 函数方程组
$$\begin{cases} u = f(x,y,z,t), \\ g(y,z,t) = 0, \\ h(z,t) = 0 \end{cases}$$

确定 u 是 x, y 的函数, 并求 u_x, u_y.

17. 设 $u = u(x)$ 是由下面方程组确定的隐函数:
$$\begin{cases} u = f(x,y,z), \\ g(x,y,z) = 0, \\ h(x,y,z) = 0. \end{cases}$$

求 $u'(x), u''(x)$.

18. 设 $u = u(x,y), v = v(x,y)$ 是由方程组
$$\begin{cases} f(x,y,u,v) = 0, \\ g(x,y,u,v) = 0 \end{cases}$$

确定的隐函数, 求 $u_x(x,y), u_y(x,y), v_x(x,y), v_y(x,y)$.

19. 设 $u = u(x,y)$ 满足下面方程组:
$$\begin{cases} f(x,y,u,v) = 0, \\ g(x,y,u,v) = 0. \end{cases}$$

求 du.

20. 设在 $(X_0, Y_0) = (x_0^1, \cdots, x_0^n; y_0^1, \cdots, y_0^m)$ 的邻域上, 对于 $i = 1, 2, \cdots, m$, 函数 $f^i(x^1, \cdots, x^n; y^1, \cdots, y^m)$ 连续可微, 在 (X_0, Y_0) 为零. $\dfrac{\partial(f^1, \cdots, f^m)}{\partial(y^1, \cdots, y^m)}(X_0, Y_0) \neq 0$, 而 $y^1 =$

$y^1(x^1, \cdots, x^n), \cdots, y^m = y^m(x^1, \cdots, x^n)$ 是由方程组

$$
\begin{cases}
f^1(x^1, \cdots, x^n; y^1, \cdots, y^m) = 0, \\
\cdots\cdots \\
f^m(x^1, \cdots, x^n; y^1, \cdots, y^m) = 0
\end{cases}
$$

确定的隐函数, 证明:

$$
\frac{\mathrm{D}(y^1, \cdots, y^m)}{\mathrm{D}(x^1, \cdots, x^n)} = (-1)^n \left[\frac{\mathrm{D}(f^1, \cdots, f^m)}{\mathrm{D}(y^1, \cdots, y^m)} \right]^{-1} \frac{\mathrm{D}(f^1, \cdots, f^m)}{\mathrm{D}(x^1, \cdots, x^n)}.
$$

特别的, 如果 $n = m$, 则成立

$$
\frac{\partial(y^1, \cdots, y^m)}{\partial(x^1, \cdots, x^n)} = (-1)^n \left[\frac{\partial(f^1, \cdots, f^m)}{\partial(y^1, \cdots, y^m)} \right]^{-1} \frac{\partial(f^1, \cdots, f^m)}{\partial(x^1, \cdots, x^n)}.
$$

21. 设 $f'(x)$ 在区间 (a, b) 上处处不为零, 证明: (a, b) 上的任意函数都与 $f(x)$ 在 (a, b) 上函数相关.

22. 设 $f(x, y, z) = x^2 + y^2 + z^2$, $g(x, y, z) = x + y + z$, 问这两个函数是否函数相关? $f(x, y, z)$ 与 $g(x, y, z)$ 能否相互表示?

23. 设 $u = f(x, y)$, $v = g(x, y)$, $w = h(x, y)$ 在区域 D 上连续可微, 且 $\dfrac{\partial(f, g)}{\partial(x, y)} \neq 0$ 在 D 上处处成立, 证明: 局部上 w 都可以表示为 u, v 的函数. 问: 在 D 上 w 是否可以表示为 u, v 的函数?

24. 设 D 是 $\mathbb{R}^2$ 中的开区域, $F : (x, y) \to (f(x, y), g(x, y))$ 在 D 上连续可微, $\dfrac{\partial(f, g)}{\partial(x, y)} \neq 0$ 在 D 上处处成立. 设 $U \subset D$ 是闭区域, F 在 U 上是单射.

(1) 证明: $F(U)$ 是闭区域, 并且 $F(\partial U) = \partial F(U)$.

(2) 如果 D 是一般区域, F 仅在 D 的内点集上连续可微, 且是单射, 问 $F(\partial D) = \partial F(D)$ 是否成立?

25. 设 $u = f(x, y)$, $v = g(x, y)$ 在区域 D 上连续可微, 如果 $\dfrac{\partial(f, g)}{\partial(x, y)}$ 处处不为零, 证明: 函数 u 和 v 在 D 上局部相关的充要条件是 $\dfrac{\partial(f, g)}{\partial(x, y)} \equiv 0$.

26. 设 $\mathbb{R}^3$ 中曲线 L 由函数 $y = y(x)$, $z = z(x)$ 给出, 求 L 在 $p_0 = (x_0, y(x_0), z(x_0))$ 处的切线方程和法平面方程.

27. 在指定点给出下面曲线的切线和法平面方程:

(1) $x = a \sin^2 t$, $y = \sin t \cos t$, $z = \cos^2 t$, $t = \dfrac{\pi}{4}$;

(2) $x = t - \cos t$, $y = 3 + \sin^2 t$, $z = 1 + \cos 3t$, $t = \dfrac{\pi}{2}$.

28. 求下面曲面在指定点 p_0 的切面和法线方程:

(1) $x^2 + y^2 + x^2 = 169$, $p_0 = (3, 4, 12)$;

(2) $z = \arctan \dfrac{x}{y}$, $p_0 = \left(1, 1, \dfrac{\pi}{4}\right)$;

29. 证明: 连续可微函数 $F(x, y, z)$ 在点 $p_0 = (x_0, y_0, z_0)$ 的梯度向量是曲面 $F(x, y, z) = F(x_0, y_0, z_0)$ 在点 (x_0, y_0, z_0) 的切面的法向量.

30. 求曲面 $x^2 + 2y^2 + 3z^2 = 21$ 平行于平面 $x + 4y + 6z = 0$ 的所有切面.

31. 证明: 曲面 $z = x e^{\frac{x}{y}}$ 的每一个切面都过原点.

32. 求下面曲线在给定点 p_0 的切线方程:

(1) $x^2 + y^2 + z^2 = 6,\ x + y + z = 0,\ p_0 = (1, -2, 1)$;

(2) $x^2 + z^2 = 10,\ y^2 + z^2 = 10,\ p_0 = (1, 1, 3)$;

(3) $z = x^2 + y^2,\ 2x^2 + 2y^2 - z^2 = 0,\ p_0 = (1, 1, 2)$.

33. 试求 $\displaystyle\sum_{n=1}^{+\infty} \frac{n 2^n}{3^n}$.(提示: 先计算 $\displaystyle\sum_{n=1}^{+\infty} n x^n$.)

34. 求曲面 $F(x, y, z) = 0,\ G(x, y, z) = 0$ 的交线在 xy 平面投影曲线的切线方程.

35. 设 $z = z(x, y)$ 是由方程 $x^2 + y^2 + z^2 - 3xyz = 0$ 确定的隐函数, 对于函数 $f(x, y, z) = xy^2 z^3$, 求 $f_x(x, y, z(x, y))$.

36. 设 $z = z(x, y)$ 是由方程 $xy + yz + zx - 1 = 0$ 确定的隐函数, 求 $z = z(x, y)$ 在点 $(1, 1)$ 处的二阶 Taylor 展开.

37. 设 $m \neq n$, 证明: 不存在 $\mathbb{R}^n$ 中开集到 $\mathbb{R}^m$ 中开集的微分同胚.

38. 设 $F(x, y) = y^3 x^2 + e^x y + y - 5$, 证明: $F(x, y) = 0$ 在 $(-\infty, +\infty)$ 上确定唯一的隐函数. 问: 这一结论与隐函数定理有什么相同和不同的地方?

第六章　多元函数的极值问题

在一元函数的讨论中, 应用函数的导数, 我们研究了不定式的极限, 函数的 Taylor 展开, 函数的单调性、凸凹性, 还研究了函数的极值问题. 对于多元函数, 我们同样希望利用函数的偏导数来了解函数的性质. 当然, 与一元函数不同, 多元函数没有单调性的问题. 而前面利用函数 Taylor 展开的 Hessian 矩阵, 我们讨论了多元函数的凸凹性. 这一章希望利用偏导数来讨论多元函数的极值问题. 这里由于 n 维空间中集合的复杂性, 对于多元函数, 需要考虑两类不同形式的函数的极值. 一类是在开集上讨论函数的极值. 这一类问题称为普通极值问题, 将利用函数的 Taylor 展开来讨论. 另一类则是限制在空间某一个集合, 例如曲面上讨论函数的极值, 称为相对极值, 或者说条件极值问题. 这样的极值问题将利用隐函数定理来讨论.

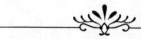

6.1　多元函数的普通极值问题

对于多元函数的极值问题, 我们首先给出下面定义.

定义 6.1.1　设 $f(x^1, \cdots, x^n)$ 是 $\mathbb{R}^n$ 中开区域 D 上的函数, 如果对于 $X_0 \in D$, 存在 X_0 的一个邻域 $U \subset D$, 使得对于任意 $X \in U$, 都成立

$$f(X) \geqslant f(X_0) \quad (\text{或 } f(X) \leqslant f(X_0)),$$

则称 X_0 为 $f(x^1, \cdots, x^n)$ 的**普通极小** (或 **极大**) **值点**, $f(X_0)$ 为**极小** (或**极大**) **值**.

在上面定义中, 由于变量 $X = (x^1, \cdots, x^n)$ 在一个开集上任意取值, 或者说 X 是自由变量, 所以在开集上讨论的极值问题称为**普通极值问题**.

与一元函数相同, 我们需要利用多元函数的一阶偏导数来寻找函数可能的极值点, 用多元函数的高阶偏导数来判断寻找到的点是否是极值点, 以及是什么样的极值点. 所以首先假定函数有偏导数. 对此成立下面的 Fermat 定理.

定理 6.1.1 (Fermat 定理)　如果 $X_0 = (x_0^1, \cdots, x_0^n)$ 是函数 $f(x^1, \cdots, x^n)$ 的极值点, 并且 $f(x^1, \cdots, x^n)$ 在 X_0 处存在偏导, 则对于 $i = 1, 2, \cdots, n$, 成立

$$f_{x^i}(x_0^1, \cdots, x_0^n) = 0.$$

证明　由于 D 是开集, 如果 $X_0 = (x_0^1, \cdots, x_0^n) \in D$ 是函数 $f(x^1, \cdots, x^n)$ 的极值点, 则对于 $i = 1, 2, \cdots, n$, 当 t 充分小时, $t = 0$ 是一元函数

$$g(t) = f(x_0^1, \cdots, x_0^{i-1}, x_0^i + t, x_0^{i+1}, \cdots, x_0^n)$$

的极值点, 利用一元函数的 Fermat 定理, $g'(0) = 0$. 而 $g'(0) = f_{x^i}(x_0^1, \cdots, x_0^n)$. ∎

与一元函数相同, Fermat 定理仅给出了一个点成为函数极值点的必要条件. 例如, 令 $f(x, y) = x^2 - y^2$, 则 $f_x(0, 0) = f_y(0, 0) = 0$, 但是 $X_0 = (0, 0)$ 并不是 $f(x, y)$ 的极值点. 尽管如此, Fermat 定理仍然为我们寻找可能的极值点提供了很好的方法. 为此我们给出下面定义.

定义 6.1.2　设 $f(x^1, \cdots, x^n)$ 在点 $X_0 = (x_0^1, \cdots, x_0^n)$ 可微, 如果

$$\mathrm{d}f(X_0) = \sum_{i=1}^{n} f_{x^i}(x_0^1, \cdots, x_0^n)\mathrm{d}x^i = 0,$$

则称 X_0 为 $f(x^1, \cdots, x^n)$ 的**判别点**.

利用一阶偏导数, 我们可以得到函数的判别点. 进一步的问题是对于给定的判别点, 怎样判断其是否是极值点, 以及是什么样的极值点. 对此需要利用函数的二阶偏导数. 这里首先回顾一下线性代数中关于对称矩阵的正定问题.

一个 $n \times n$ 的矩阵 E 称为对称矩阵, 如果 $E^{\mathrm{T}} = E$, 这里 E^{T} 表示 E 的转置矩阵. 现在设 E 是 $n \times n$ 的对称矩阵, 如果对于任意向量 $X \in \mathbb{R}^n$, 成立 $XEX^{\mathrm{T}} \geqslant 0$, 并且 $XEX^{\mathrm{T}} = 0$, 当且仅当 $X = 0$, 则称 E 为正定矩阵. 如果对于任意向量 $X \in \mathbb{R}^n$, 成立 $XEX^{\mathrm{T}} \geqslant 0$, 但存在 $X \neq 0$, 使得 $XEX^{\mathrm{T}} = 0$, 则称 E 为半正定矩阵. 而如果矩阵 $-E$ 是正定 (半正定) 的, 则称 E 为负定 (半负定) 矩阵. 对于正定矩阵, 成立下面定理.

定理 6.1.2　如果 E 是正定的 n 阶对称矩阵, 则存在常数 $c > 0$, 使得对于任意 $X \in \mathbb{R}^n$, 成立 $XEX^{\mathrm{T}} \geqslant c|X|^2$.

证明　令 $S^n = \{X \in \mathbb{R}^n \mid |X| = 1\}$, S^n 是 $\mathbb{R}^n$ 中的单位球面. 由于 S^n 是有界闭集, 因而是紧集. 而函数 $f(X) = XEX^{\mathrm{T}}$ 在 S^n 上连续. 利用紧集上连续函数的最大、最小值定理, 存在 $X_0 \in S^n$, 使得 $f(X_0)$ 是函数 $f(X) = XEX^{\mathrm{T}}$ 在 S^n 上的最小值.

另一方面, E 是正定矩阵, 因而 $c = f(X_0) > 0$. 而对于任意 $X \in \mathbb{R}^n$, $X \neq 0$, 则 $\dfrac{X}{|X|} \in S^n$, 因而

$$f\left(\frac{X}{|X|}\right) = \frac{X}{|X|}E\frac{X^{\mathrm{T}}}{|X|} \geqslant f(X_0) = c,$$

由此得 $XEX^{\mathrm{T}} \geqslant c|X|^2$. ∎

我们知道在多元函数的二阶 Taylor 展开中, Hessian 矩阵是对称矩阵. 利用上面关于正定矩阵的定理, 对于多元函数的普通极值问题, 有下面判别法.

定理 6.1.3　设 $X_0 = (x_0^1, \cdots, x_0^n)$ 是区域 $D \subset \mathbb{R}^n$ 上函数 $f(X)$ 的极值判别点, 并且 $f(X)$ 在 X_0 的邻域上二阶连续可微, 则当 $f(X)$ 在 X_0 点的 Hessian 矩阵正定时, X_0 是 $f(X)$ 的极小值点; 当 $f(X)$ 在 X_0 点的 Hessian 矩阵负定时, X_0 是 $f(X)$ 的极大值点; 当 $f(X)$ 在 X_0 点的 Hessian 矩阵既非半正定, 又非半负定时, X_0 不是 $f(X)$ 的极值点.

证明　X_0 是 $f(X)$ 的判别点, 利用 Fermat 定理, $\mathrm{grad}(f)(X_0) = 0$, 因而 $f(X)$ 在 X_0 的邻域上带 Peano 余项的二阶 Taylor 展开为

$$f(X) - f(X_0) = \frac{1}{2}(X - X_0)H_f(X_0)(X - X_0)^{\mathrm{T}} + o|X - X_0|^2,$$

其中 $H_f(X_0)$ 是 $f(X)$ 的 Hessian 矩阵. 如果 $H_f(X_0)$ 是正定矩阵, 利用定理 6.1.2, 存在 $c > 0$, 使得对于任意 $(X - X_0) \in \mathbb{R}^n$, 成立

$$(X - X_0)H_f(X_0)(X - X_0)^{\mathrm{T}} \geqslant c|X - X_0|^2.$$

我们得到 $|X - X_0|$ 充分小时,

$$f(X) - f(X_0) \geqslant \left(\frac{1}{2}c + o\right)|X - X_0|^2 > 0,$$

X_0 是 $f(X)$ 的极小值点.

同理, 如果 $H_f(X_0)$ 是负定矩阵, 则 X_0 是 $f(X)$ 的极大值点.

如果 $H_f(X_0)$ 既非半正定, 又非半负定, 则存在向量 $X_1 \neq 0$, $X_2 \neq 0$, 使得

$$X_1 H_f(X_0)X_1^{\mathrm{T}} > 0, \quad X_2 H_f(X_0)X_2^{\mathrm{T}} < 0.$$

此时, 同样利用函数 $f(X)$ 在 X_0 处有带 Peano 余项的二阶 Taylor 展开, 当 $t \in \mathbb{R}$ 充分小时, 成立

$$f(X_0 + tX_1) - f(X_0) = t^2 \left(\frac{1}{2} X_1 H_f(X_0) X_1^{\mathrm{T}} + o(|X_1|^2) \right) > 0,$$

$$f(X_0 + tX_2) - f(X_0) = t^2 \left(\frac{1}{2} X_2 H_f(X_0) X_2^{\mathrm{T}} + o(|X_2|^2) \right) < 0,$$

则 X_0 不是 $f(X)$ 的极限值点.

当 $f(x^1, \cdots, x^n)$ 在判别点 X_0 点处的 Hessian 矩阵半正定或者半负定时, 下面的例子表明我们这时不能判断 X_0 是否是 $f(x^1, \cdots, x^n)$ 的极值点.

例 1　令 $f(x, y, z) = x^2 + y^2 + z^4$, 这时 $f(x, y, z)$ 在点 $X_0 = (0, 0, 0)$ 的 Hessian 矩阵半正定, 而 X_0 是 $f(x, y, z)$ 的极小值点. 而如果令 $f(x, y, z) = x^2 + y^2 + z^3$, 这时 $f(x, y, z)$ 在 X_0 的 Hessian 矩阵也是半正定的, 但 X_0 不是 $f(x, y, z)$ 的极值点.

利用定理 6.1.3, 在函数的判别点处需要讨论函数的 Hessian 矩阵是否是正定矩阵或者负定矩阵. 对于如何判断一个对称矩阵是否正定, 线性代数中给出了下面定理.

定理 6.1.4　设

$$E = \begin{pmatrix} a_{11} & a_{12} & \cdots & a_{1n} \\ a_{12} & a_{22} & \cdots & a_{2n} \\ \vdots & \vdots & & \vdots \\ a_{1n} & a_{2n} & \cdots & a_{nn} \end{pmatrix}$$

是 $n \times n$ 的对称矩阵, 则 E 为正定矩阵的充要条件是对于 $i = 1, 2, \cdots, n$, E 的 n 个主子行列式都满足

$$\det(E_i) = \begin{vmatrix} a_{11} & a_{12} & \cdots & a_{1i} \\ a_{12} & a_{22} & \cdots & a_{2i} \\ \vdots & \vdots & & \vdots \\ a_{1i} & a_{2i} & \cdots & a_{ii} \end{vmatrix} > 0.$$

定理的证明可以在线性代数的书里找到, 这里就不讨论了.

例 2　求函数 $f(x, y) = x^2 - xy + y^2 - 2x + y$ 的极值点.

解　先求函数关于极值的判别点, 为此我们需要求解方程组

$$\begin{cases} f_x(x, y) = 2x - y - 2 = 0, \\ f_y(x, y) = 2y - x + 1 = 0. \end{cases}$$

利用方程组求得判别点为 $p_0 = (1, 0)$. 进一步需要求出函数的 Hessian 矩阵

$$H_f(p_0) = \begin{pmatrix} f_{xx} & f_{xy} \\ f_{yx} & f_{yy} \end{pmatrix} = \begin{pmatrix} 2 & -1 \\ -1 & 2 \end{pmatrix}.$$

利用定理 6.1.3, $H_f(p_0)$ 的主子式分别为

$$\det(H_f(p_0))_1 = 2 > 0, \quad \det(H_f(p_0))_2 = \begin{vmatrix} 2 & -1 \\ -1 & 2 \end{vmatrix} = 3 > 0,$$

因此, $H_f(p_0)$ 是正定矩阵, p_0 是函数 $f(x, y)$ 的极小值点.

下面一个例子则告诉我们怎样讨论多元隐函数的普通极值问题.

例 3 设 $z = f(x, y)$ 是由函数方程

$$F(x, y, z) = x^2 + y^2 - (\sin z)xy + z = 0$$

在点 $(0, 0, 0)$ 的邻域上确定的隐函数, 证明: 点 $(0, 0)$ 是 $z = f(x, y)$ 的极小值点.

证明 直接计算得 $F(0, 0, 0) = 0$, 而 $F_z(0, 0, 0) \neq 0$, 利用隐函数定理, $F(x, y, z) = 0$ 在点 $(0, 0, 0)$ 的邻域上确定了任意阶可微的隐函数 $z = f(x, y)$.

而利用隐函数的求导公式我们得到 $f_x(0, 0) = f_y(0, 0) = 0$, 同时

$$H_f(0, 0) = \begin{pmatrix} f_{xx} & f_{xy} \\ f_{yx} & f_{yy} \end{pmatrix} = \begin{pmatrix} 1 & 0 \\ 0 & 1 \end{pmatrix}$$

是正定矩阵, 因而 $(0, 0)$ 是 $z = f(x, y)$ 的极小值点. ∎

6.2 多元函数的条件极值问题

与一元函数不同, 对于多元函数, 除了需要讨论普通极值的问题外, 由于变元增加, 我们往往需要讨论条件极值的问题. 或者说在对自变量加了约束条件后的极值问题. 为此, 我们先给出下面的定义.

定义 6.2.1 设 $S \subset \mathbb{R}^n$ 是一给定的集合, $f(X)$ 是定义在 S 上的函数, 如果对于点 $X_0 \in S$, 存在 X_0 在 $\mathbb{R}^n$ 中的邻域 U, 使得只要 $X \in S \cap U$, 就成立

$$f(X) \geqslant f(X_0), \quad \text{或} \quad f(X) \leqslant f(X_0),$$

则称 X_0 为函数 $f(X)$ 相对于集合 S 的**条件极小值点**或**条件极大值点**, $f(X_0)$ 为 $f(X)$ 相对于集合 S 的**条件极小值**或**条件极大值**.

如果 $U \cap S$ 是开集, 则 X 在 X_0 的邻域上可以任意取值, 或者说 X 是自由变量, 这时的极值问题就是上一节讨论的普通极值问题. 如果 $U \cap S$ 不是开集, 则自变量 X 受到条件 $X \in S$ 的约束, 这时的极值问题就是真正的条件极值问题.

先来看两个例子.

例 1　证明: 在所有周长相同的三角形中, 等边三角形的面积最大.

证明　设三角形的边长分别为 x, y, z, 将三角形的周长表示为 $x + y + z = 2p$. 这时在解析几何中证明了三角形的面积为

$$s = \sqrt{p(p-x)(p-y)(p-z)}.$$

我们需要求函数 $f(x, y, z) = p(p-x)(p-y)(p-z)$ 的极值问题. 而由假设我们需要考虑所有周长相同的三角形, 因此 p 为常数, (x, y, z) 并不是自由变量, 受条件 $x + y + z = 2p$ 的约束. 我们的问题是一个条件极值的问题.

在方程 $x + y + z = 2p$ 中解出 $z = 2p - x - y$, 代入 $f(x, y, z)$, 得到函数

$$g(x, y) = f(x, y, 2p - x - y) = p(p-x)(p-y)(x+y-p).$$

这时 (x, y) 在开集 $(0, p) \times (0, p)$ 中可以任意取值, 我们的问题化为函数 $g(x, y)$ 的普通极值问题. 求偏导得方程组

$$g_x(x, y) = p(p-y)(2p-2x-y) = 0, \quad g_y(x, y) = p(p-x)(2p-x-2y) = 0,$$

解出 $x = \dfrac{2p}{3}$, $y = \dfrac{2p}{3}$. 由于 $g(x, y)$ 在开集 $(0, p) \times (0, p)$ 中仅有这一个极值判别点, 而问题的几何背景告诉我们极大值点一定存在, 因此 $\left(\dfrac{2p}{3}, \dfrac{2p}{3}\right)$ 必须是极大值点, 三角形的面积在 $x = \dfrac{2p}{3}$, $y = \dfrac{2p}{3}$, $z = \dfrac{2p}{3}$ 时取得极大值. 因此等边三角形的面积最大. ■

例 2　设光在空气和水中的速度分别是 v_1, v_2, 而光由空气射入水中时入射角为 α, 折射角为 β(见图 6.1), 假定光总是以最短时间由一个点到另一个点, 证明:

$$\frac{\sin \alpha}{v_1} = \frac{\sin \beta}{v_2}.$$

证明　如图 6.1 所示, 设 p 为光源, q 为光要到达的点, a 和 b 分别为 p 点和 q 点到水面的距离, c 是水面上任取的一个光的入射点. 问题可以表示为 c 在什么位置时, 光由 p 点到 q 点所需时间最短. 光在空气和水中总是以直线传播, 因此, c 确定后, 入射角 α 和折射角 β 因而确定, 这时所需时间为

$$t = \frac{a}{v_1 \cos \alpha} + \frac{b}{v_2 \cos \beta}.$$

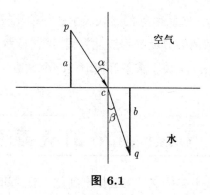

图 6.1

需要求 t 对于变量 α 和 β 的最小值. 然而 α 和 β 不是独立变量, 需满足 $a\tan\alpha +$ $b\tan\beta = h$, 其中 h 是 p 和 q 在水面投影点之间的距离. 这是一个条件极值问题.

下面我们用微分来求极值的判别点. 利用一阶微分的形式不变性, 不论 α 或者 β 是自变量或者因变量, 都成立

$$\mathrm{d}t = \frac{a\sin\alpha}{v_1\cos^2\alpha}\mathrm{d}\alpha + \frac{b\sin\beta}{v_2\cos^2\beta}\mathrm{d}\beta.$$

同时, 对 α 和 β 的约束方程 $a\tan\alpha + b\tan\beta = h$ 微分, 我们得到

$$0 = \frac{a}{\cos^2\alpha}\mathrm{d}\alpha + \frac{b}{\cos^2\beta}\mathrm{d}\beta,$$

解得 $\mathrm{d}\beta = -\dfrac{a\cos^2\beta}{b\cos^2\alpha}\mathrm{d}\alpha$, 代入 $\mathrm{d}t$, 我们得到

$$\begin{aligned}
\mathrm{d}t &= \frac{a\sin\alpha}{v_1\cos^2\alpha}\mathrm{d}\alpha + \frac{b\sin\beta}{v_2\cos^2\beta}\left(-\frac{a\cos^2\beta}{b\cos^2\alpha}\mathrm{d}\alpha\right) \\
&= \frac{a}{\cos^2\alpha}\left(\frac{\sin\alpha}{v_1} - \frac{\sin\beta}{v_2}\right)\mathrm{d}\alpha.
\end{aligned}$$

而在 $t(\alpha,\beta)$ 极值判别点处, 由 Fermat 定理, 必须 $\mathrm{d}t = 0$, 解得 $\dfrac{\sin\alpha}{v_1} = \dfrac{\sin\beta}{v_2}$.

另一方面, 由于判别点是唯一的, 而问题的物理背景表明极小值点一定存在, 我们得到判别点就是极小值点. ■

上面两个例子都是讨论条件极值的问题, 但解决问题的方法完全不同. 在例 1 中, 我们从变量约束条件的方程里解出隐函数的显式表示, 再代入求极值的函数, 从而将条件极值化为了普通极值. 而在例 2 中, 基于隐函数定理, 利用一阶微分的形式不变性, 我们通过约束条件的方程解出隐函数的微分, 再代入求极值的函数的微分, 从而得到了条件极值的判别点. 后一种方法显然在许多情况下更加简单、实

用. 因为对于函数方程组, 求隐函数的显式表示式往往比较困难. 而微分之间都是线性关系, 所以求隐函数的微分就是解线性方程组, 这显然更容易一些. 下面将推广例 2 的做法, 给出 Lagrange 关于求条件极值的一个方法 —— λ 乘子法.

6.3　Lagrange 的 λ 乘子法

本节我们希望将 6.2 节中例 2 的方法推广到更一般的问题上. 为了说明方法的几何意义, 我们先考虑下面的特殊情况.

假定我们需要求函数 $f(x,y,z)$ 在条件 $\varphi(x,y,z)=0$ 下的极值问题. 设

$$\Sigma = \{(x,y,z) \mid \varphi(x,y,z)=0\}$$

是由方程 $\varphi(x,y,z)=0$ 定义的曲面, 则我们需要在曲面 Σ 上求 $f(x,y,z)$ 的条件极值. 假设 $p_0=(x_0,y_0,z_0)$ 是 $f(x,y,z)$ 在 Σ 上的条件极值点, $\gamma(t)=(x(t),y(t),z(t))$ 是曲面 Σ 上一条过 p_0 点的曲线. 设 $\gamma(t_0)=p_0$. 由于曲线在 Σ 内, 将函数限制在曲线 γ 上, 即考虑 $f(x(t),y(t),z(t))$, 则 t_0 是 $f(x(t),y(t),z(t))$ 的极值点. 假定所有的函数都是连续可微的, 则由 Fermat 定理, 成立

$$\frac{\mathrm{d}f(x(t),y(t),z(t))}{\mathrm{d}t}(t_0) = f_x(p_0)x'(t_0)+f_y(p_0)y'(t_0)+f_z(p_0)z'(t_0)$$
$$= (\mathrm{grad}(f)(p_0), \gamma'(t_0)) = 0,$$

即 $f(x,y,z)$ 在 p_0 点的梯度向量与 $\gamma'(t_0)$ 垂直. 而我们知道 $\gamma'(t_0)$ 是曲线 $\gamma(t)=(x(t),y(t),z(t))$ 在 p_0 处的切向量. 而对于曲面 Σ, Σ 上所有过 p_0 点的曲线的切向量全体就是 Σ 在 p_0 点的切面. 由此我们得到, 如果 p_0 是函数 $f(x,y,z)$ 在 Σ 上的条件极值点, 则必须 $\mathrm{grad}(f)(p_0)$ 与 Σ 在 p_0 点的切面垂直, 或者说必须与 Σ 在 p_0 点切面的法向量平行.

而同样利用一次微分的形式不变性, 对 $\varphi(x,y,z)=0$ 在 p_0 点微分, 得

$$0 = \varphi_x(p_0)\mathrm{d}x + \varphi_y(p_0)\mathrm{d}y + \varphi_z(p_0)\mathrm{d}z.$$

在上式中用 $x-x_0$ 代替 $\mathrm{d}x$, 用 $y-y_0$ 代替 $\mathrm{d}y$, 用 $z-z_0$ 代替 $\mathrm{d}z$, 将微分放大, 我们就得到曲面 Σ 在 p_0 点的切面方程

$$\varphi_x(p_0)(x-x_0) + \varphi_y(p_0)(y-y_0) + \varphi_z(p_0)(z-z_0) = 0,$$

或者表示为 $(\mathrm{grad}(\varphi)(p_0), X - X_0) = 0$. 当然, 这里我们需要假定 $\mathrm{grad}(\varphi)(p_0) \neq 0$.
由切面方程, 我们看到 $\mathrm{grad}(\varphi)(p_0)$ 就是切面 Σ 在 p_0 点的法向量. 因此我们得到,
如果 p_0 是函数 $f(x,y,z)$ 在条件 $\varphi(x,y,z) = 0$ 下的极值点, 并且 $\mathrm{grad}(\varphi)(p_0) \neq 0$,
则存在 $\lambda \in \mathbb{R}$, 使得

$$\mathrm{grad}(f)(p_0) = \lambda \mathrm{grad}(\varphi)(p_0).$$

现假定存在 $\lambda \in \mathbb{R}$, 使得 $\mathrm{grad}(f)(p_0) = \lambda \mathrm{grad}(\varphi)(p_0)$ 成立, 则对曲面 Σ 上过
p_0 点的任意可微曲线 $\gamma(t) = (x(t), y(t), z(t))$, p_0 都是 $f(x(t), y(t), z(t))$ 关于极值的
判别点. 对此, 我们称 p_0 是 $f(x,y,z)$ 在 Σ 上关于条件极值的判别点.

综合上面的讨论, 对于给定的函数 $f(x,y,z)$ 和 $\varphi(x,y,z)$, 要求 $f(x,y,z)$ 对于
$\varphi(x,y,z) = 0$ 的条件极值判别点, 我们需要解函数方程组

$$\begin{cases} \varphi(x,y,z) = 0, \\ \mathrm{grad}(f)(x,y,z) = \lambda \mathrm{grad}(\varphi)(x,y,z), \end{cases}$$

其中 (x,y,z) 和 λ 都是未知量.

对于这一方程组, Lagrange 提出了下面的方法. 首先定义一个新的函数

$$F(x,y,z,\lambda) = f(x,y,z) + \lambda \varphi(x,y,z),$$

其中的变量 λ 称为乘子. 将 λ 也看成自变量, 对这一函数微分得

$$\mathrm{d}F(x,y,z,\lambda) = (f_x(x,y,z) + \lambda \varphi_x(x,y,z))\mathrm{d}x + (f_y(x,y,z) + \lambda \varphi_y(x,y,z))\mathrm{d}y$$
$$+ (f_z(x,y,z) + \lambda \varphi_z(x,y,z))\mathrm{d}z + \varphi(x,y,z)\mathrm{d}\lambda.$$

不难看出上面的函数方程组就等价于方程 $\mathrm{d}F = 0$. 而方程 $\mathrm{d}F = 0$ 就是求函数
$F(x,y,z,\lambda)$ 对于普通极值判别点的方程. 因此通过引入新的变量 λ, 我们利用函数
$F(x,y,z,\lambda)$, 将寻找条件极值判别点的问题化为了寻找普通极值判别点的问题.

为了推广上面的方法, 我们首先将条件极值的问题规范为下面的形式. 设
$\varphi^1(x^1, \cdots, x^n), \cdots, \varphi^m(x^1, \cdots, x^n)$ 都是连续可微的函数, 令

$$\Sigma = \{(x^1, \cdots, x^n) \mid \varphi^1(x^1, \cdots, x^n) = \cdots = \varphi^m(x^1, \cdots, x^n) = 0\}.$$

设 $f(x^1, \cdots, x^n)$ 也是连续可微的函数, 我们希望讨论函数 $f(x^1, \cdots, x^n)$ 对于集合
Σ 的条件极值. 而为了能够应用上一章的隐函数定理, 我们进一步假定

$$\mathrm{rank} \frac{\mathrm{D}(\varphi^1, \cdots, \varphi^m)}{\mathrm{D}(x^1, \cdots, x^n)} = m$$

在 Σ 上处处成立. 现在的问题是如何利用隐函数定理得到函数 $f(x^1, \cdots, x^n)$ 对于集合 Σ 的条件极值判别点. 对此, 局部的, 我们假设行列式

$$\frac{\partial(\varphi^1, \cdots, \varphi^m)}{\partial(x^1, \cdots, x^m)} \neq 0,$$

而 $x^1 = x^1(x^{m+1}, \cdots, x^n), \cdots, x^m = x^m(x^{m+1}, \cdots, x^n)$ 是由函数方程组

$$\begin{cases} \varphi^1(x^1, \cdots, x^n) = 0, \\ \cdots\cdots \\ \varphi^m(x^1, \cdots, x^n) = 0 \end{cases}$$

确定的隐函数, 这时, 集合 Σ 可以表示为映射

$$(x^{m+1}, \cdots, x^n) \to \left(x^1(x^{m+1}, \cdots, x^n), \cdots, x^m(x^{m+1}, \cdots, x^n) \right)$$

的图像, 其中变量 $(x^{m+1}, \cdots, x^m)$ 在开集内取值, 因而是自由变量. 将其代入函数 $f(x^1, \cdots, x^n)$, 条件极值的问题就化为函数

$$f\left(x^1(x^{m+1}, \cdots, x^n), \cdots, x^m(x^{m+1}, \cdots, x^n); x^{m+1}, \cdots, x^n\right)$$

的普通极值问题. 为此, 我们先给出下面的定义.

定义 6.3.1　条件与上面相同, 如果点 $(x_0^{m+1}, \cdots, x_0^n)$ 是函数

$$f\left(x^1(x^{m+1}, \cdots, x^n), \cdots, x^m(x^{m+1}, \cdots, x^n); x^{m+1}, \cdots, x^n\right)$$

关于普通极值的判别点, 则

$$(x_0^1, \cdots, x_0^m, x_0^{m+1}, \cdots, x_0^n)$$
$$= (x^1(x_0^{m+1}, \cdots, x_0^n), \cdots, x^m(x_0^{m+1}, \cdots, x_0^n); x_0^{m+1}, \cdots, x_0^n)$$

称为函数 $f(x^1, \cdots, x^n)$ 对于集合 Σ 关于**条件极值的判别点**.

怎样求条件极值的判别点呢? 由于上面定义中的变量相互之间并不对称, 条件 $\dfrac{\partial(\varphi^1, \cdots, \varphi^m)}{\partial(x^1, \cdots, x^m)} \neq 0$ 的假设不是在整个 Σ 上都成立的. 为了克服这一困难, 需要将条件极值的判别点用更一般的形式来表示, 为此, 我们先给出下面定理.

定理 6.3.1　Σ 的条件与上面相同, 则点 $P_0 \in \Sigma$ 是函数 $f(x^1, \cdots, x^n)$ 对于 Σ 关于条件极值的判别点的充要条件是存在唯一的实向量 $(\lambda_1, \cdots, \lambda_m)$, 使得

$$\mathrm{grad}(f(P_0)) = \lambda_1 \mathrm{grad}(\varphi^1(P_0)) + \cdots + \lambda_m \mathrm{grad}(\varphi^m(P_0)).$$

在给出定理的证明以前, 我们先给定理一个几何说明.

在上一章隐函数定理中, 我们已经说明了如果条件 $\operatorname{rank} \dfrac{\mathrm{D}(\varphi^1, \cdots, \varphi^m)}{\mathrm{D}(x^1, \cdots, x^n)} = m$ 在 Σ 上成立, 则对于任意 $P_0 \in \Sigma$, 向量 $\{\operatorname{grad}(\varphi^1(P_0)), \cdots, \operatorname{grad}(\varphi^m(P_0))\}$ 是 $m - r$ 维曲面 Σ 在 P_0 点法向量空间的线性基. 而 P_0 是 $f(x^1, \cdots, x^n)$ 对于集合 Σ 关于条件极值的判别点等价于对于 Σ 中过 P_0 点的任意曲线 L, 将 $f(x^1, \cdots, x^n)$ 限制在 L 上后, P_0 都是 $f(x^1, \cdots, x^n)$ 在曲线 L 上对于普通极值的判别点. 直接计算容易得到这等价于 $\operatorname{grad}(f(P_0))$ 与 L 在 P_0 点的切线垂直. 另一方面, 我们知道曲面 Σ 在 P_0 点的切面由曲面上所有过 P_0 点的曲线的切线组成, 因此 P_0 是 $f(x^1, \cdots, x^n)$ 对于集合 Σ 关于条件极值的判别点的充要条件是 $\operatorname{grad}(f(P_0))$ 与 Σ 在 P_0 点的切面垂直, 即 $\operatorname{grad}(f(P_0))$ 是 $\{\operatorname{grad}(\varphi^1(P_0)), \cdots, \operatorname{grad}(\varphi^m(P_0))\}$ 的线性组合.

证明 首先假设 $P_0 = (x_0^1, \cdots, x_0^n)$ 是函数 $f(x^1, \cdots, x^n)$ 对于集合 Σ 关于条件极值的判别点. 不失一般性, 设 $\dfrac{\partial(\varphi^1, \cdots, \varphi^m)}{\partial(x^1, \cdots, x^m)}(P_0) \neq 0$, 而

$$x^1 = x^1(x^{m+1}, \cdots, x^n), \quad \cdots, \quad x^m = x^m(x^{m+1}, \cdots, x^n)$$

是由函数方程组

$$\begin{cases} \varphi^1(x^1, \cdots, x^n) = 0, \\ \cdots\cdots \\ \varphi^m(x^1, \cdots, x^n) = 0 \end{cases}$$

确定的隐函数, 则 $Q_0 = (x_0^{m+1}, \cdots, x_0^n)$ 是函数

$$f(x^1(x^{m+1}, \cdots, x^n), \cdots, x^m(x^{m+1}, \cdots, x^n); x^{m+1}, \cdots, x^n)$$

关于普通极值的判别点, 因此对于 $i = m + 1, \cdots, n$, 成立

$$\sum_{k=1}^m f_{x^k}(P_0) \frac{\partial x^k}{\partial x^i}(Q_0) + f_{x^i}(P_0) = 0.$$

表示为矩阵的形式, 则成立

$$(f_{x^1}(P_0), \cdots, f_{x^m}(P_0)) \frac{\mathrm{D}(x^1, \cdots, x^m)}{\mathrm{D}(x^{m+1}, \cdots, x^n)}(Q_0) + (f_{x^{m+1}}(P_0), \cdots, f_{x^n}(P_0)) = 0.$$

而利用隐函数的关系, 对恒等式

$$\varphi^i(x^1(x^{m+1}, \cdots, x^n), \cdots, x^m(x^{m+1}, \cdots, x^n); x^{m+1}, \cdots, x^n) \equiv 0$$

求偏导, 同样的计算得

$$\sum_{k=1}^m \varphi_{x^k}^j(P_0) \frac{\partial x^k}{\partial x^i}(Q_0) + \varphi_{x^i}^j(P_0) = 0,$$

其中 $j = 1, 2, \cdots, m; i = m+1, \cdots, n$. 表示为矩阵的形式, 就得到

$$\frac{\mathrm{D}(\varphi^1, \cdots, \varphi^m)}{\mathrm{D}(x^1, \cdots, x^m)} \cdot \frac{\mathrm{D}(x^1, \cdots, x^m)}{\mathrm{D}(x^{m+1}, \cdots, x^n)} + \frac{\mathrm{D}(\varphi^1, \cdots, \varphi^m)}{\mathrm{D}(x^{m+1}, \cdots, x^n)} = 0.$$

而由定理的假设 $\dfrac{\partial(\varphi^1, \cdots, \varphi^m)}{\partial(x^1, \cdots, x^m)}(P_0) \neq 0$, 解得

$$\frac{\mathrm{D}(x^1, \cdots, x^m)}{\mathrm{D}(x^{m+1}, \cdots, x^n)} = (-1)\left[\frac{\mathrm{D}(\varphi^1, \cdots, \varphi^m)}{\mathrm{D}(x^1, \cdots, x^m)}(P_0)\right]^{-1} \frac{\mathrm{D}(\varphi^1, \cdots, \varphi^m)}{\mathrm{D}(x^{m+1}, \cdots, x^n)} = 0.$$

将这一结论代入前一式, 我们得到 $P_0 = (x_0^1, \cdots, x_0^n)$ 是函数 $f(x^1, \cdots, x^n)$ 对于集合 Σ 关于条件极值的判别点就等价于

$$(f_{x^1}(P_0), \cdots, f_{x^m}(P_0)) \cdot (-1)\left[\frac{\mathrm{D}(\varphi^1, \cdots, \varphi^m)}{\mathrm{D}(x^1, \cdots, x^m)}(P_0)\right]^{-1} \frac{\mathrm{D}(\varphi^1, \cdots, \varphi^m)}{\mathrm{D}(x^{m+1}, \cdots, x^n)}$$

$$+ (f_{x^{m+1}}(P_0), \cdots, f_{x^n}(P_0)) = 0.$$

将上面等式与等式

$$(f_{x^1}(P_0), \cdots, f_{x^m}(P_0)) \cdot \left[\frac{\mathrm{D}(\varphi^1, \cdots, \varphi^m)}{\mathrm{D}(x^1, \cdots, x^m)}(P_0)\right]^{-1}\left[\frac{\mathrm{D}(\varphi^1, \cdots, \varphi^m)}{\mathrm{D}(x^1, \cdots, x^m)}(P_0)\right]$$

$$- (f_{x^1}(P_0), \cdots, f_{x^m}(P_0)) = 0$$

结合在一起, 我们就得到等式

$$(f_{x^1}(P_0), \cdots, f_{x^m}(P_0)) \cdot \left[\frac{\mathrm{D}(\varphi^1, \cdots, \varphi^m)}{\mathrm{D}(x^1, \cdots, x^m)}(P_0)\right]^{-1}$$

$$\times \left[\left[\frac{\mathrm{D}(\varphi^1, \cdots, \varphi^m)}{\mathrm{D}(x^1, \cdots, x^m)}(P_0)\right]; \left[\frac{\mathrm{D}(\varphi^1, \cdots, \varphi^m)}{\mathrm{D}(x^1, \cdots, x^m)}(P_0)\right]\right]$$

$$- (f_{x^1}(P_0), \cdots, f_{x^m}(P_0); f_{x^{m+1}}(P_0), \cdots, f_{x^n}(P_0)) = 0,$$

这里

$$\left[\left[\frac{\mathrm{D}(\varphi^1, \cdots, \varphi^m)}{\mathrm{D}(x^1, \cdots, x^m)}(P_0)\right]; \left[\frac{\mathrm{D}(\varphi^1, \cdots, \varphi^m)}{\mathrm{D}(x^1, \cdots, x^m)}(P_0)\right]\right]$$

表示由矩阵 $\left[\dfrac{\mathrm{D}(\varphi^1, \cdots, \varphi^m)}{\mathrm{D}(x^1, \cdots, x^m)}(P_0)\right]$ 与矩阵 $\left[\dfrac{\mathrm{D}(\varphi^1, \cdots, \varphi^m)}{\mathrm{D}(x^1, \cdots, x^m)}(P_0)\right]$ 放在一起组成的

$m \times n$ 矩阵 $\left[\dfrac{\mathrm{D}(\varphi^1, \cdots, \varphi^m)}{\mathrm{D}(x^1, \cdots, x^n)}(P_0)\right]$, 即

$$(f_{x^1}(P_0), \cdots, f_{x^m}(P_0)) \cdot (-1)\left[\frac{\mathrm{D}(\varphi^1, \cdots, \varphi^m)}{\mathrm{D}(x^1, \cdots, x^m)}(P_0)\right]^{-1}\left[\frac{\mathrm{D}(\varphi^1, \cdots, \varphi^m)}{\mathrm{D}(x^1, \cdots, x^n)}(P_0)\right]$$

$$+ (f_{x^1}(P_0), \cdots, f_{x^m}(P_0); f_{x^{m+1}}(P_0), \cdots, f_{x^n}(P_0)) = 0.$$

在上式中令 $(\lambda_1,\cdots,\lambda_m) = (f_{x^1}(P_0),\cdots,f_{x^m}(P_0)) \cdot \left[\dfrac{\mathrm{D}(\varphi^1,\cdots,\varphi^m)}{\mathrm{D}(x^1,\cdots,x^m)}(P_0)\right]^{-1}$, 得

$$(\lambda_1,\cdots,\lambda_m)\begin{pmatrix}\mathrm{grad}\varphi^1(P_0)\\ \vdots \\ \mathrm{grad}\varphi^m(P_0)\end{pmatrix} = \mathrm{grad}f(P_0).$$

反过来, 如果存在 $(\lambda_1,\cdots,\lambda_m)$, 使得上面等式成立, 则 $(\lambda_1,\cdots,\lambda_m)$ 必然由上面等式给出. 将上面的推导反回去, 我们就得到 $P_0 = (x_0^1,\cdots,x_0^n)$ 是函数 $f(x^1,\cdots,x^n)$ 对于集合 Σ 关于条件极值的判别点. ■

利用定理 6.3.1, 将 $(\lambda_1,\cdots,\lambda_m)$ 作为未知变量, 与上一节中的例 2 相同, 我们定义一个新的函数

$$F(x^1,\cdots,x^n;\lambda_1,\cdots,\lambda_m)$$
$$= f(x^1,\cdots,x^n) + \lambda_1\varphi^1(x^1,\cdots,x^n) + \cdots + \lambda_m\varphi^m(x^1,\cdots,x^n),$$

则定理 6.3.1 就可以等价地表示为下面的定理.

定理 6.3.2　条件与定理 6.3.1 相同, 则点 $P_0 = (x_0^1,\cdots,x_0^n)$ 是 $f(x^1,\cdots,x^n)$ 对于集合 Σ 关于条件极值判别点的充要条件是存在唯一的一组实数 $(\lambda_1^0,\cdots,\lambda_m^0)$, 使得 $(x_0^1,\cdots,x_0^n;\lambda_1^0,\cdots,\lambda_m^0)$ 是 $F(x^1,\cdots,x^n;\lambda_1,\cdots,\lambda_m)$ 关于普通极值的判别点.

在定理 6.3.2 中我们引入新的变量 $(\lambda_1,\cdots,\lambda_m)$, 将寻找函数 $f(x^1,\cdots,x^n)$ 的条件极值判别点的问题转换为寻找函数 $F(x^1,\cdots,x^n;\lambda_1,\cdots,\lambda_m)$ 的普通极值判别点的问题. 这一方法称为 **Lagrange 乘子法**, 变量 $(\lambda_1,\cdots,\lambda_m)$ 称为 **Lagrange 乘子**. Lagrange 乘子法的优点是其关于变量 $(x^1,\cdots,x^n)$ 是对称的, 不需要事先知道在限制条件下, 哪些变量是自由变量, 哪些变量是自由变量的函数. 这一点克服了定义 6.3.1 中首先需要假定关于 $(x^1,\cdots,x^n)$ 中某些变量的 Jacobi 行列式不为零, 因而变量 $(x^1,\cdots,x^n)$ 之间不对称带来的困难.

当然 Lagrange 乘子法仅仅给出了函数关于条件极值的判别点, 我们还需要通过进一步讨论来确定得到的判别点是否是极值点, 以及是什么样的极值点. 对此, 有两个方法: 一个是根据问题的性质来判断求出的判别点是否是极值点, 例如我们在本章上一节给出的两个例子就应用了这样的方法; 另一个方法是求得判别点 $P_0 = (x_0^1,\cdots,x_0^n)$ 后, 可以利用 P_0 点的 Jacobi 矩阵 $\dfrac{\mathrm{D}(\varphi^1,\cdots,\varphi^m)}{\mathrm{D}(x^1,\cdots,x^n)}(P_0)$ 来判断在点 P_0 的邻域上, 变量 $(x^1,\cdots,x^m)$ 中哪些是自变量, 哪些是因变量. 例如, 如果假设 $\dfrac{\partial(\varphi^1,\cdots,\varphi^m)}{\partial(x^1,\cdots,x^m)}(P_0) \neq 0$, 则可解出

$$\begin{pmatrix} \mathrm{d}x^1 \\ \vdots \\ \mathrm{d}x^m \end{pmatrix} = (-1) \left[\frac{\mathrm{D}(\varphi^1, \cdots, \varphi^m)}{\mathrm{D}(x^1, \cdots, x^m)} \right]^{-1} \frac{\mathrm{D}(\varphi^1, \cdots, \varphi^m)}{\mathrm{D}(x^{m+1}, \cdots, x^n)} \begin{pmatrix} \mathrm{d}x^{m+1} \\ \vdots \\ \mathrm{d}x^n \end{pmatrix}. \tag{1}$$

并且可以利用上面等式求出 $\mathrm{d}^2 x^1, \cdots, \mathrm{d}^2 x^m$ 对于 $\mathrm{d}x^{m+1}, \cdots, \mathrm{d}x^m$ 的一次和二次表示式. 利用这些关系, 对 $\mathrm{d}f(P_0) = f_{x^1}\mathrm{d}x^1 + \cdots + f_{x^n}\mathrm{d}x^n$ 再一次微分, 在点 P_0 处得到

$$\mathrm{d}^2 f(P_0) = \sum_{i,j=1}^{n} f_{x^1}(P_0)\mathrm{d}x^i\mathrm{d}x^j + f_{x^1}(P_0)\mathrm{d}^2 x^1 \cdots + f_{x^m}(P_0)\mathrm{d}^2 x^m.$$

代入 $\mathrm{d}x^1, \cdots, \mathrm{d}x^m$ 和 $\mathrm{d}^2 x^1, \cdots, \mathrm{d}^2 x^m$ 对于 $\mathrm{d}x^{m+1}, \cdots, \mathrm{d}x^m$ 的一次和二次表示式, 我们就得到函数 $f(x^1, \cdots, x^m)$ 对于自由变量 $(x^{m+1}, \cdots, x^n)$ 的 Hessian 矩阵. 而按照普通极值的判别方法, 利用 Hessian 矩阵我们就能够进一步判断 P_0 是否是极值点, 以及是什么样的极值点.

下面先来看一个例子.

例 1　求 $f(x,y,z) = x + y + z$ 在条件 $xyz = c^3 \neq 0$ 下的条件极值.

解　应用 Lagrange 乘子法, 令 $F(x,y,z) = x + y + z + \lambda(xyz - c^3)$, 由方程 $\mathrm{d}F = 0$, 解得 $x = y = z = c$, $\lambda = -\dfrac{1}{c}$. 因此 $P_0 = (c,c,c)$ 是判别点. 这时对限制条件 $xyz - c^3 = 0$ 微分, 得

$$yz\mathrm{d}x + zx\mathrm{d}y + xy\mathrm{d}z = 0.$$

将其中变量 z 看作变量 x, y 的函数, 进一步微分, 我们得到

$$2z\mathrm{d}x\mathrm{d}y + 2x\mathrm{d}y\mathrm{d}z + 2y\mathrm{d}x\mathrm{d}z + xy\mathrm{d}^2 z = 0.$$

在 $P_0 = (c,c,c)$ 点解得

$$\mathrm{d}z = -\mathrm{d}x - \mathrm{d}y,$$
$$c\mathrm{d}^2 z = -2\mathrm{d}x\mathrm{d}y - 2\mathrm{d}y(-\mathrm{d}x - \mathrm{d}y) - 2\mathrm{d}x(-\mathrm{d}x - \mathrm{d}y)$$
$$= 2\mathrm{d}x^2 + 2\mathrm{d}x\mathrm{d}y + 2\mathrm{d}y^2.$$

另一方面, 对 $f(x,y,z) = x + y + z$ 微分, 我们得到 $\mathrm{d}f = \mathrm{d}x + \mathrm{d}y + \mathrm{d}z$, 同样将 z 看作 x, y 的函数, 进一步微分, 得

$$\mathrm{d}^2 f = \mathrm{d}^2 z = \frac{1}{c}(2\mathrm{d}x^2 + 2\mathrm{d}x\mathrm{d}y + 2\mathrm{d}y^2) = (\mathrm{d}x, \mathrm{d}y)\begin{pmatrix} 2/c & 1/c \\ 1/c & 2/c \end{pmatrix}\begin{pmatrix} \mathrm{d}x \\ \mathrm{d}y \end{pmatrix}.$$

因此, 加上限制条件后, $f(x, y, z)$ 在 P_0 点的 Hessian 矩阵为

$$\begin{pmatrix} 2/c & 1/c \\ 1/c & 2/c \end{pmatrix}.$$

当 $c > 0$ 时, 这一矩阵是正定矩阵, 因而 P_0 是 $f(x, y, z)$ 的条件极小值点. 当 $c < 0$ 时, 这一矩阵是负定矩阵, 因而 P_0 是 $f(x, y, z)$ 的条件极大值点.

在 $f(x^1, \cdots, x^n)$ 关于函数方程组

$$\begin{cases} \varphi^1(x^1, \cdots, x^n) = 0, \\ \cdots\cdots \\ \varphi^m(x^1, \cdots, x^n) = 0 \end{cases}$$

的条件极值问题中, 为了利用隐函数定理, 总是假定 $\mathrm{rank}\dfrac{\mathrm{D}(\varphi^1, \cdots, \varphi^m)}{\mathrm{D}(x^1, \cdots, x^n)} = m$. 在定义 6.3.1 和定理 6.3.1 以及定理 6.3.2 中, 这一条件都是不能缺少的. 通常将满足条件 $\mathrm{rank}\dfrac{\mathrm{D}(\varphi^1, \cdots, \varphi^m)}{\mathrm{D}(x^1, \cdots, x^n)} < m$ 的点称为曲面

$$\Sigma = \left\{ (x^1, \cdots, x^n) \mid \varphi^1(x^1, \cdots, x^n) = \cdots = \varphi^m(x^1, \cdots, x^n) = 0 \right\}$$

的奇点. 在奇点处, Lagrange 的 λ 乘子法可能成立, 也可能不成立. 对此, 可以看下面的例子.

例 2 令 $\varphi(x, y, z) = [x^2 + (y-1)^2 - 1](x^2 - y)$, Σ 是由 $\varphi(x, y) = 0$ 定义的曲线, $f(x, y)$ 是 Σ 邻域上连续可微的函数. 证明:

(1) 当 $P_0 = (1, 1)$ 或者 $P_0 = (-1, 1)$ 时, 如果 P_0 是 $f(x, y)$ 在 Σ 上的条件极值点时, 则对于任意 $\lambda \in \mathbb{R}$, 都成立 $\mathrm{grad} f(P_0) = \lambda \mathrm{grad} \varphi(P_0)$.

(2) 当 $P_0 = (0, 0)$ 时, 如果 P_0 是 $f(x, y)$ 在 Σ 上的条件极值点时, 则可能不存在 $\lambda \in \mathbb{R}$, 使得 $\mathrm{grad} f(P_0) = \lambda \mathrm{grad} \varphi(P_0)$.

(3) 当 $P_0 \in \Sigma$, 并且 $P_0 \neq (1, 1)$, $P_0 \neq (0, 0)$, 或者 $P_0 \neq (-1, 1)$ 时, 如果 P_0 是函数 $f(x, y)$ 的条件极值点, 则存在唯一的 $\lambda \in \mathbb{R}$, 使得 $\mathrm{grad} f(P_0) = \lambda \mathrm{grad} \varphi(P_0)$.

证明 见图 6.2. 当 $P_0 = (1, 1)$ 或者 $P_0 = (-1, 1)$ 时, 如果 P_0 是 $f(x, y)$ 的条件极值点, 则 $\mathrm{grad} f(P_0)$ 必须同时与曲线 $x^2 + (y-1)^2 - 1 = 0$ 和曲线 $x^2 - y = 0$ 在 P_0 点的切线垂直. 而由于曲线 $x^2 + (y-1)^2 - 1 = 0$ 和曲线 $x^2 - y = 0$ 在 P_0 点的切向量相互线性独立, 因此, 必须 $\mathrm{grad} f(P_0) = 0$, 但 $\mathrm{grad} \varphi(P_0) = 0$ 也成立. 因此对于任意 $\lambda \in \mathbb{R}$, 都成立 $\mathrm{grad} f(P_0) = \lambda \mathrm{grad} \varphi(P_0)$.

当 $P_0 = (0, 0)$ 时, 如果 P_0 是函数 $f(x, y)$ 的条件极值点, 则只须 $\mathrm{grad} f(P_0)$ 与 x 轴垂直. 而这时 $\mathrm{grad} \varphi(P_0) = 0$, 因此, 如果 $\mathrm{grad} f(P_0) \neq 0$, 则不存在 $\lambda \in \mathbb{R}$, 使得

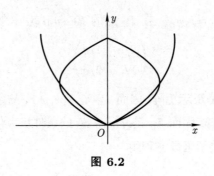

图 6.2

$\mathrm{grad}f(P_0) = \lambda\mathrm{grad}\varphi(P_0)$. 例如, 如果令 $f(x,y) = y$, 则 $P_0 = (0,0)$ 是函数 $f(x,y)$ 在 Σ 上的条件极小值点, 而 $\mathrm{grad}f(P_0) = (0,1)$.

当 $P_0 \in \Sigma$, 并且 $P_0 \neq (1,1)$, $P_0 \neq (0,0)$, 或者 $P_0 \neq (-1,1)$ 时, 曲线 Σ 满足定理 6.3.1 的条件, 因而如果 P_0 是函数 $f(x,y)$ 的条件极值点, 则存在唯一的 $\lambda \in \mathbb{R}$, 使得 $\mathrm{grad}f(P_0) = \lambda\mathrm{grad}\varphi(P_0)$. ∎

6.4   最小二乘法

作为多元函数极值理论的应用, 这一节我们给一个在实际问题中求解未知函数时经常用到的方法 —— **最小二乘法**.

考虑这样一个问题: 假设我们知道一个函数关系 $y = f(x)$, 并且通过采样、试验等方法, 已经知道了这个函数在 $n + 1$ 个点 $x_0, x_1, \cdots, x_n$ 的函数值

$$y_0 = f(x_0),\ y_1 = f(x_1),\ \cdots,\ y_n = f(x_n),$$

需要求出这个函数.

显然满足条件的函数有无穷多, 因而问题没有意义. 将问题改为找一个 m 次多项式来近似地代替 $f(x)$. 这里假设由于计算量等原因, m 比较小, 而 n 可能很大. 由于 $m < n$, 所以问题的精确解不一定存在. 只能找一个近似解, 使得误差尽可能小.

将上面问题用数学分析的语言来表示. 设

$$y = a_0 + a_1 x + \cdots + a_m x^m$$

是一待定的 m 次多项式, 其中 $a_0, a_1, \cdots, a_m$ 是待定系数. 令

$$\begin{cases} \delta_0 = a_0 + a_1 x_0 + \cdots + a_m x_0^m - y_0, \\ \delta_1 = a_0 + a_1 x_1 + \cdots + a_m x_1^m - y_1, \\ \cdots\cdots \\ \delta_n = a_0 + a_1 x_n + \cdots + a_m x_n^m - y_n. \end{cases}$$

我们用 $\displaystyle\sum_{i=0}^{n} \delta_i^2$ 表示均方误差, 则得到以待定系数 $a_0, a_1, \cdots, a_m$ 为自变量的一个函数

$$f(a_0, a_1, \cdots, a_m) = \sum_{i=0}^{n} \delta_i^2.$$

现在的问题变为求函数 $f(a_0, a_1, \cdots, a_m)$ 的普通极小值点.

下面我们将证明在条件 $x_0 < x_1 < \cdots < x_n$ 的假设下, 存在唯一的点 $P_0 = (a_0^0, a_1^0, \cdots, a_m^0)$, 使得 $f(a_0, a_1, \cdots, a_m)$ 在 P_0 点取到严格极小值. 由于这里的解满足存在唯一性, 因而条件是合适的, 问题的设定和求出的解都是有意义的.

首先令 $y = (y_0, y_1, \cdots, y_n), a = (a_0, a_1, \cdots, a_n), \delta = (\delta_0, \delta_1, \cdots, \delta_n),$

$$G = \begin{pmatrix} 1 & 1 & \cdots & 1 \\ x_0 & x_1 & \cdots & x_n \\ x_0^2 & x_1^2 & \cdots & x_n^2 \\ \vdots & \vdots & & \vdots \\ x_0^n & x_1^n & \cdots & x_n^n \end{pmatrix}.$$

以 $(\cdot, \cdot)$ 表示向量的内积, 利用矩阵的形式, 函数 $f(a_0, a_1, \cdots, a_m)$ 可以表示为

$$\begin{aligned} f(a_0, a_1, \cdots, a_m) &= (\delta, \delta) = (aG - y, aG - y) \\ &= (aG, aG) - (aG, y) - (y, aG) + (y, y) \\ &= aGG^{\mathrm{T}}a^{\mathrm{T}} - aGy^{\mathrm{T}} - yG^{\mathrm{T}}a^{\mathrm{T}} + yy^{\mathrm{T}}. \end{aligned}$$

对上式直接求微分, 我们得到

$$\begin{aligned} \mathrm{d}f(a_0, a_1, \cdots, a_m) &= \mathrm{d}aGG^{\mathrm{T}}a^{\mathrm{T}} + aGG^{\mathrm{T}}(\mathrm{d}a)^{\mathrm{T}} - \mathrm{d}aGy^{\mathrm{T}} - yG^{\mathrm{T}}(\mathrm{d}a)^{\mathrm{T}} \\ &= \mathrm{d}a(GG^{\mathrm{T}}a^{\mathrm{T}} + GG^{\mathrm{T}}a^{\mathrm{T}} - Gy^{\mathrm{T}} - Gy^{\mathrm{T}}) \\ &= 2\mathrm{d}a(GG^{\mathrm{T}}a^{\mathrm{T}} - Gy^{\mathrm{T}}). \end{aligned}$$

因而由方程 $\mathrm{d}f(a_0, a_1, \cdots, a_m) = 0$ 得到 $f(a_0, a_1, \cdots, a_m)$ 的极值判别点 a 需满足

$$GG^{\mathrm{T}}a^{\mathrm{T}} - Gy^{\mathrm{T}} = 0.$$

为了得到解的存在和唯一性, 我们先来证明下面的引理.

引理 6.4.1　符号与上面讨论相同. 如果条件 $x_0 < x_1 < \cdots < x_n$ 成立, 并且 $m \leqslant n$, 则 GG^{T} 是可逆矩阵, 因而 GG^{T} 也是正定矩阵.

证明　对于任意向量 $c \in \mathbb{R}^{m+1}$, 由于 $cGG^{\mathrm{T}}c^{\mathrm{T}} = (cG, cG) \geqslant 0$, 因而 GG^{T} 总是半正定的, 只须证明 $\det(GG^{\mathrm{T}}) \neq 0$. 假设不成立, 则存在 $c = (c_0, c_1, \cdots, c_m) \in \mathbb{R}^m$, 使得 $c \neq 0$, 但 $cG = 0$. 利用 G 的定义得对于 $i = 0, 1, \cdots, n, c_0 + c_1 x_i + \cdots + c_m x_i^m = 0$, 即 $x_0, x_1, \cdots, x_n$ 都是多项式方程

$$c_0 + c_1 x + \cdots + c_m x^m = 0$$

的根. 而定理假设了 $m \leqslant n$, m 次多项式最多有 m 个实根, 矛盾. ■

利用引理 6.4.1, 现在来讨论函数 $f(a_0, a_1, \cdots, a_m)$ 在其判别点的 Hessian 矩阵. 对 $\mathrm{d}f(a_0, a_1, \cdots, a_m) = 2\mathrm{d}a(GG^{\mathrm{T}}a^{\mathrm{T}} - Gy^{\mathrm{T}})$ 再微分, 我们得到

$$\mathrm{d}^2 f(a_0, a_1, \cdots, a_m) = 2\mathrm{d}a(GG^{\mathrm{T}})(\mathrm{d}a)^{\mathrm{T}},$$

其中 f 的 Hessian 矩阵 GG^{T} 是正定矩阵, 因此 f 的唯一判别点 $a^{\mathrm{T}} = (GG^{\mathrm{T}})^{-1}Gy^{\mathrm{T}}$ 是 $f(a_0, a_1, \cdots, a_m)$ 的极小值点. 问题的解存在并且唯一.

习　题

1. 设函数 $f(x^1, \cdots, x^n)$ 在点 $P_0 = (a^1, \cdots, a^n)$ 取到最小值, 并且二阶偏导 $\dfrac{\partial^2 f}{(\partial x^i)^2}(P_0)$ 存在. 证明: $\dfrac{\partial^2 f}{(\partial x^i)^2}(P_0) \geqslant 0$.

2. 求下面函数的最大值点和最小值点:

(1) $f(x, y) = x^2(y - 1)$;　　　　　　(2) $f(x, y) = xy(x^2 + y^2 - 1)$;

(3) $f(x, y) = (\sqrt{x^2 + y^2} - 1)^2$;　　(4) $f(x, y) = 3x^2 y - x^4 - 2y^2$.

3. 利用对隐函数微分求下面方程确定的隐函数 $z = z(x, y)$ 的极大和极小值点:

(1) $x^2 + y^2 + z^2 - 2x - 2y - 4z - 10 = 0$;　　(2) $(x+y)^2 + (y+z)^2 + (z+x)^2 = 3$.

4. 设 $f(x, y) = 3x^2 y - x^4 - 2y^2$. 证明: $(0, 0)$ 点不是 $f(x, y)$ 的极值点, 但对于过 $(0, 0)$ 点的任意一条直线, $(0, 0)$ 点都是 $f(x, y)$ 限制在直线上以后的极大值点.

5. 在容积为 V 的开口长方形容器中, 问尺寸怎样设计时, 用料最省?

6. 求包含在椭球面 $\dfrac{x^2}{a^2} + \dfrac{y^2}{b^2} + \dfrac{z^2}{c^2} = 1$ 里体积最大的内接长方体.

7. 设 $f(x^1, \cdots, x^n)$ 在 $\mathbb{R}^n$ 上连续, $A = (a^1, \cdots, a^n)$ 是给定向量, 满足 $a^i > 0$, $i = 1, \cdots, n$. 证明: 在 $\mathbb{R}^n$ 中的集合 $S = \{X = (x^1, \cdots, x^n) \mid (A, X) = 1; x^i \geqslant 0, i = 1, \cdots, n\}$ 上, $f(x^1, \cdots, x^n)$ 有最大和最小值.

8. (1) 求 $f(x,y) = ax^2 + 2hxy + by^2$ 对于条件 $x^2 + y^2 = 1$ 的条件极值.

(2) 求 $f(x,y,z) = x^l y^m z^n$ 对于条件 $ax + by + cz = k$ 的条件极值, 其中 l, m, n 为正整数.

9. 求 $f(x,y,z) = x^3 + y^3 + z^3 - 2xyz$ 对于条件 $x^2 + y^2 + z^2 \leqslant 1$ 的条件极值.

10. 求 $f(x^1, \cdots, x^n) = x^1 \cdots x^n$ 对于条件 $\dfrac{1}{x^1} + \cdots + \dfrac{1}{x^n} = \dfrac{1}{a}$ 的条件极值, 其中 $x^i > 0, i = 1, \cdots, n, a > 0$. 证明: 当 $a^i > 0,\ i = 1, \cdots, n$ 时, $n\left(\dfrac{1}{a^1} + \cdots + \dfrac{1}{a^n}\right)^{-1} \leqslant (a^1 \cdots a^n)^{\frac{1}{n}}$.

11. 求给定圆的所有外切三角形和内接三角形中面积最小和最大者.

12. 将长为 a 的铁丝分为两段, 一段围成正方形, 一段围成圆. 问怎样分才能使得正方形和圆的面积和最大?

13. 在一个凸四边形内求一点, 使得这点到四边形四个顶点的距离的和最小.

14. 设映射 $F \cdot \mathbb{R}^m \to \mathbb{R}^m$ 连续可微, 并且满足: 存在常数 $c > 0$, 使得对于任意 $x, y \in \mathbb{R}^m$, 成立 $|F(x) - F(y)| \geqslant c|x - y|$. 证明:

(1) F 的 Jacobi 行列式处处不为零;

(2) 设 $y \in \mathbb{R}^m$ 给定, 如果令 $\varphi(x) = |F(x) - y|^2$, 则 $\varphi(x)$ 在 $\mathbb{R}^m$ 上有极小值, 但是没有极大值;

(3) $F(\mathbb{R}^m) = \mathbb{R}^m$.

15. 平面 $x + y + z = 1$ 截圆柱 $x^2 + y^2 = 1$ 得一椭圆, 求此椭圆到原点最远和最近的点.

16. 求椭圆 $\dfrac{x^2}{a^2} + \dfrac{y^2}{b^2} = 1$ 的切线与坐标轴相截所得三角形面积最小的点.

17. 设 $f(x,y)$ 和 $g(x,y)$ 都在 $\mathbb{R}^2$ 上连续可微, 并且 $\mathrm{grad}(g)$ 处处不为零. 设

$$L = \{(x,y) \mid g(x,y) = 0\} \neq \varnothing.$$

给出 $f(x,y)$ 在 L 上沿 $\mathrm{grad}(g)$ 方向的方向导数的计算公式. 证明: 如果 p_0 是 $f(x,y)$ 在 L 上的条件极值点, 则 $\mathrm{grad}(f)(p_0)$ 与 $\mathrm{grad}(g)(p_0)$ 平行.

18. 设 $g(x,y) = x^2 - y^3$, L 是由 $g(x,y) = 0$ 给出的曲线, 如果 $p_0 \in L$ 是函数 $f(x,y)$ 在 L 上的条件极值点, 问是否总存在 λ, 使得 $\mathrm{grad}(f)(p_0) = \lambda \mathrm{grad}(g)(p_0)$?

19. 设 $g(x,y) = x^2 - y^2$, L 是由 $g(x,y) = 0$ 给出的曲线, 如果 p_0 是 $f(x,y)$ 在 L 上的条件极值点, 证明: 存在 λ, 使得 $\mathrm{grad}(f)(p_0) = \lambda \mathrm{grad}(g)(p_0)$. 问 λ 是否唯一?

20. 求函数 $u = x + y + z + t$ 对于条件 $xyzt = c^4$ 的条件极值点.

21. 设 $D \subset \mathbb{R}^2$ 是有界闭区域, $u(x,y)$ 是在 D 上连续、在 D° 内二阶连续可导的函数, 如果 $u(x,y)$ 满足 $\dfrac{\partial^2 u}{\partial x^2} + \dfrac{\partial^2 u}{\partial y^2} + cu = 0$, 其中 $c < 0$ 是常数. 证明: $u(x,y)$ 在 D° 内没有正的最大值, 也没有负的最小值.

22. 设 y 是 x 的一次函数, 已知这一函数的 $n + 1$ 个数对的值 $(x_i, y_i), i = 0, 1, \cdots, n$. 利用最小二乘法近似地求出这一函数的系数.

第七章 重 积 分

前面几章讨论了多元函数的微分学. 我们将一元函数的导数以及导数应用等相关问题和方法推广到了多元函数. 在下面三章中, 我们将讨论多元函数的积分学. 希望将一元函数的 Riemann 积分和 Newton-Leibniz 公式推广到多元函数. 这里首先需要说明由于多元函数的变元增加, 所以多元函数的定义域可以是多种多样的, 因此需要考虑多种形式的积分. 例如, 多元函数在区域上的积分 —— 重积分; 多元函数在曲线或者曲面上的积分 —— 曲线积分或者曲面积分. 而在多元函数微分学讨论时, 我们先讨论的是多元函数对于自变量各个分量的偏导数, 这样就能够将一元函数求导的各种方法和公式推广到多元函数, 不需要再另外建立新的计算方法. 同样对于多元函数的积分, 需要先考虑对自变量中每一个分量积分, 称为含参变量积分. 我们希望将多元函数各种积分的计算化为对其各个分量的一元函数的积分, 这样就有可能利用 Newton-Leibniz 公式给出多元函数的积分计算.

7.1 含参变量积分

设 $f(x,y)$ 是定义在矩形 $[a,b] \times [c,d] \subset \mathbb{R}^2$ 上的函数, 假定当 $x \in [a,b]$ 固定时, $f(x,y)$ 作为变量 $y \in [c,d]$ 的一元函数, 对 y 在 $[c,d]$ 上可积, 通过积分, 我们就得到了一个定义在 $[a,b]$ 上的函数

$$F(x) = \int_c^d f(x,y)\mathrm{d}y.$$

$\int_c^d f(x,y)\mathrm{d}y$ 称为**含参变量积分**, 其中 x 是这一积分的**参变量**.

对于含参变量积分, 我们的问题是 $f(x,y)$ 关于变量 x 的性质经过积分后, 哪些对 $F(x)$ 仍然成立. 例如, 如果 $f(x,y)$ 连续, 问 $F(x)$ 是否也连续? 如果 $f(x,y)$ 关于变量 x 可微、可积, 问 $F(x)$ 是否也可微、可积? 并且是否成立微分与积分, 以及积分与积分的顺序交换关系, 即

$$F'(x) = \left(\int_c^d f(x,y)\mathrm{d}y \right)' = \int_c^d f_x(x,y)\mathrm{d}y,$$

$$\int_a^b F(x)\mathrm{d}x = \int_a^b \left(\int_c^d f(x,y)\mathrm{d}y \right)\mathrm{d}x = \int_c^d \left(\int_a^b f(x,y)\mathrm{d}x \right)\mathrm{d}y.$$

在讨论这些问题之前, 先回顾一下前面学习过的关于函数级数的相关问题. 对于函数级数

$$F(x) = \sum_{n=1}^{+\infty} u_n(x),$$

我们知道函数序列 $\{u_n(x)\}$ 连续、可微或者可积时, 一般不能保证 $F(x)$ 连续、可微或者可积. 也不能保证微分、积分与求和可以交换顺序. 对此通常需要对函数级数加上一致收敛的条件. 例如, 如果 $\{u_n(x)\}$ 是连续函数序列, 并且函数级数 $\sum_{n=1}^{+\infty} u_n(x)$ 一致收敛, 则 $F(x) = \sum_{n=1}^{+\infty} u_n(x)$ 也连续, 即

$$\lim_{x \to x_0} \sum_{n=1}^{+\infty} u_n(x) = \sum_{n=1}^{+\infty} \lim_{x \to x_0} u_n(x) = \sum_{n=1}^{+\infty} u_n(x_0),$$

极限与求和可以交换顺序.

将积分也看作无穷和, 或者看作极限, 上面关于含参变量积分连续、求导和求积分的问题都是累次极限交换顺序的问题. 在含参变量积分中, 通常用函数的一致连续性代替函数级数中的一致收敛. 例如, 如果 $f(x,y)$ 是区域 $[a,b] \times [c,d] \subset \mathbb{R}^2$ 上的连续函数, 则 $f(x,y)$ 在 $[a,b] \times [c,d]$ 上一致连续. 即对于任意 $\varepsilon > 0$, 存在 $\delta > 0$, 使得只要 $(x_1,y_1) \in [a,b] \times [c,d]$, $(x_2,y_2) \in [a,b] \times [c,d]$, 满足 $|x_1 - x_2| < \delta$, $|y_1 - y_2| < \delta$, 就成立 $|f(x_1,y_1) - f(x_2,y_2)| < \varepsilon$. 特别的, 对于任意 $\varepsilon > 0$, 存在 $\delta > 0$, 使得只要 $|x_1 - x_2| < \delta$, 对于任意 $y \in [c,d]$, 都成立

$$|f(x_1,y) - f(x_2,y)| < \varepsilon.$$

或者说对于任意 $x_0 \in [a,b]$, 当 $x \to x_0$ 时, $f(x,y)$ 对 y 在 $[c,d]$ 上一致收敛于 $f(x_0,y)$, 利用此, 就可以将函数级数的相关定理推广到含参变量积分.

定理 7.1.1 如果 $f(x,y)$ 在 $[a,b] \times [c,d]$ 上连续, 则 $F(x) = \int_c^d f(x,y)\mathrm{d}y$ 在 $[a,b]$ 上连续.

证明 对于任意 $x_0 \in [a,b]$,

$$|F(x) - F(x_0)| = \left| \int_c^d f(x,y)\mathrm{d}y - \int_c^d f(x_0,y)\mathrm{d}y \right| \leqslant \int_c^d |f(x,y) - f(x_0,y)|\mathrm{d}y.$$

由于 $f(x,y)$ 一致连续, 因而对于任意 $\varepsilon > 0$, 存在 $\delta > 0$, 使得只要 $|x - x_0| < \delta$, 对于任意 $y \in [c,d]$, 都成立 $|f(x,y) - f(x_0,y)| < \varepsilon$. 因而当 $|x - x_0| < \delta$ 时,

$$|F(x) - F(x_0)| \leqslant \int_c^d |f(x,y) - f(x_0,y)|\mathrm{d}y < \varepsilon(d-c).$$

$F(x)$ 在 x_0 处连续. ∎

在 Riemann 积分中, 我们曾经证明了这样的定理: 如果 $f(x)$ 是区间 $[a,b]$ 上的可积函数, 则变上限积分 $F(x) = \int_a^x f(t)\mathrm{d}t$ 在 $[a,b]$ 上连续; 而如果 $f(x)$ 在 $x_0 \in [a,b]$ 处连续, 则 $F(x)$ 在 x_0 处可导, 并且成立 $F'(x_0) = f(x_0)$.

将上面这些结论推广到含参变量积分, 则有下面定理.

定理 7.1.2 如果 $f(x,y)$ 在 $[a,b] \times [c,d]$ 上连续, 令

$$F(x,y) = \int_c^y f(x,t)\mathrm{d}t.$$

则 $F(x,y)$ 在 $[a,b] \times [c,d]$ 上连续. $F(x,y)$ 关于 y 可导, 并且成立 $F_y(x,y) = f(x,y)$.

证明 首先对积分成立不等式

$$|F(x,y) - F(x_0,y_0)| = \left| \int_c^y f(x,t)\mathrm{d}t - \int_c^{y_0} f(x_0,t)\mathrm{d}t \right|$$

$$\leqslant \left| \int_c^{y_0} f(x,t)\mathrm{d}t - \int_c^{y_0} f(x_0,t)\mathrm{d}t \right| + \left| \int_{y_0}^y f(x,t)\mathrm{d}t \right|.$$

由于 $f(x,y)$ 在 $[a,b] \times [c,d] \subset \mathbb{R}^2$ 上一致连续, 因而对于任意 $\varepsilon > 0$, 存在 $\delta > 0$, 使得只要 $|x - x_0| < \delta$, 对于任意 $y \in [c,d]$, 都成立 $|f(x,y) - f(x_0,y)| < \varepsilon$. 另一方面, $f(x,y)$ 在 $[a,b] \times [c,d] \subset \mathbb{R}^2$ 上有界, 设 $|f(x,y| \leqslant M$, 我们得到只要 $|x - x_0| < \delta$, $|y - y_0| < \dfrac{\varepsilon}{M}$, 就成立

$$|F(x,y) - F(x_0,y_0)| \leqslant \varepsilon(d-c) + M\frac{\varepsilon}{M}.$$

因此 $F(x,y)$ 在 $[a,b] \times [c,d]$ 上连续. $F(x,y)$ 关于 y 的可导性是一元函数 Riemann 积分的直接推广. ∎

上面结论还可以推广到更一般的形式. 设 $\varphi(x),\psi(x)$ 都是区间 $[a,b]$ 上的连续函数, 对于任意 $x \in [a,b]$, 成立 $\varphi(x) < \psi(x)$. 令

$$D = \left\{ (x,y) \in \mathbb{R}^2 \mid x \in [a,b],\ \varphi(x) \leqslant y \leqslant \psi(x) \right\}.$$

如果 $f(x,y)$ 是闭区域 D 上的连续函数, 定义含参变量积分为

$$F(x) = \int_{\varphi(x)}^{\psi(x)} f(x,y)\mathrm{d}y,$$

则成立下面定理.

定理 7.1.3　$F(x)$ 是 $[a,b]$ 上的连续函数.

证明　对于任意 $x \in [a,b]$, 取 $c \in [\varphi(x),\psi(x)]$, 令

$$G(x,y) = \int_c^y f(x,t)\mathrm{d}t,$$

则 $G(x,y)$ 是连续函数, 而局部 $F(x)$ 可以表示为

$$F(x) = \int_c^{\psi(x)} f(x,t)\mathrm{d}t - \int_c^{\varphi(x)} f(x,t)\mathrm{d}t = G(x,\psi(x)) - G(x,\varphi(x)).$$

连续函数复合连续函数仍然是连续函数, 因而 $F(x)$ 是连续函数. ∎

下面来讨论含参变量积分的可导性. 首先回顾函数级数的相关结论. 在函数级数中, 我们证明了下面的定理: 如果 $\{u_n(x)\}$ 是 $[a,b]$ 上可导的函数序列, 并且导函数 $\{u_n'(x)\}$ 的函数级数 $\displaystyle\sum_{n=1}^{+\infty} u_n'(x)$ 在 $[a,b]$ 上一致收敛, 而函数级数 $\displaystyle\sum_{n=1}^{+\infty} u_n(x)$ 在 $[a,b]$ 中的一点 x_0 处收敛, 则 $\displaystyle\sum_{n=1}^{+\infty} u_n(x)$ 在 $[a,b]$ 上一致收敛, 其和函数可导, 并且成立

$$\left(\sum_{n=1}^{+\infty} u_n(x) \right)' = \sum_{n=1}^{+\infty} u_n'(x).$$

将上面定理转换到含参变量积分, 同样用一致连续代替一致收敛, 就得到下面定理.

定理 7.1.4　设 $f(x,y)$ 是区域 $[a,b] \times [c,d]$ 上的连续函数, 关于变量 x 有偏导, 并且偏导 $f_x(x,y)$ 在 $[a,b] \times [c,d]$ 上也连续, 则 $F(x) = \displaystyle\int_c^d f(x,y)\mathrm{d}y$ 在 $[a,b]$ 上可导, 并且成立

$$F'(x) = \left(\int_c^d f(x,y)\mathrm{d}y \right)' = \int_c^d f_x(x,y)\mathrm{d}y.$$

证明　任取 $x_0 \in [a,b]$, 利用 Lagrange 中值定理, 存在 $\theta_y \in (0,1)$, 使得

$$\frac{F(x)-F(x_0)}{x-x_0} = \int_c^d \frac{f(x,y)-f(x_0,y)}{x-x_0}\mathrm{d}y = \int_c^d f_x(x_0+\theta_y(x-x_0),y)\mathrm{d}y$$

$$= \int_c^d f_x(x_0,y)\mathrm{d}y + \int_c^d (f_x(x_0+\theta_y(x-x_0),y)-f_x(x_0,y))\mathrm{d}y.$$

由于 $f_x(x,y)$ 在 $[a,b]\times[c,d]$ 上一致连续, 因而 $x \to x_0$ 时,

$$\int_c^d (f_x(x_0+\theta_y(x-x_0),y)-f_x(x_0,y))\mathrm{d}y \to 0,$$

因此 $F(x)$ 可导, 并且成立 $F'(x) = \left(\int_c^d f(x,y)\mathrm{d}y\right)' = \int_c^d f_x(x,y)\mathrm{d}y.$ ■

回到定理 7.1.3, 在这一定理的基础上, 我们进一步假定 $\varphi(x)$, $\psi(x)$ 都是区间 $[a,b]$ 上连续可导的函数, $f(x,y)$ 和 $f_x(x,y)$ 都在 D 上连续, 则有下面定理.

定理 7.1.5　设 $\varphi(x)$, $\psi(x)$ 在 $[a,b]$ 上连续可导, 而 $f(x,y)$ 和 $f_x(x,y)$ 都在 D 上连续, 则 $F(x) = \int_{\varphi(x)}^{\psi(x)} f(x,y)\mathrm{d}y$ 在 $[a,b]$ 上可导, 并且成立

$$F'(x) = \int_{\varphi(x)}^{\psi(x)} f_x(x,y)\mathrm{d}y + f(x,\psi(x))\psi'(x) - f(x,\varphi(x))\varphi'(x).$$

证明　事实上, 首先考虑变上限积分 $G(x,y) = \int_c^y f(x,t)\mathrm{d}t$, 则 $G(x,y)$ 连续可微, 并且 $G_y(x,y) = f(x,y)$. 与定理 7.1.3 的证明相同, 局部将 $F(x)$ 表示为

$$F(x) = \int_c^{\psi(x)} f(x,t)\mathrm{d}t - \int_c^{\varphi(x)} f(x,t)\mathrm{d}t = G(x,\psi(x)) - G(x,\varphi(x)).$$

连续可导函数的复合函数仍然可导, 利用链法则, 我们得到

$$F'(x) = G_x(x,\psi(x)) + G_y(x,\psi(x))\psi'(x) - G_x(x,\varphi(x)) - G_y(x,\varphi(x))\varphi'(x)$$

$$= \int_{\varphi(x)}^{\psi(x)} f_x(x,y)\mathrm{d}y + f(x,\psi(x))\psi'(x) - f(x,\varphi(x))\varphi'(x). ■$$

例 1　设 $F(x) = \int_x^{x^2} \frac{\sin(xy)}{y}\mathrm{d}y$, 计算 $F'(x)$.

解　利用上面给出的含参变量积分的求导公式, 直接计算得

$$F'(x) = \int_x^{x^2} \frac{\cos(xy)}{y}y\mathrm{d}y + \frac{\sin x^3}{x^2}2x - \frac{\sin x^2}{x}$$

$$= \int_x^{x^2} \cos(xy)\mathrm{d}y + 2\frac{\sin x^3}{x} - \frac{\sin x^2}{x}$$

$$= \frac{\sin x^3}{x} - \frac{\sin x^2}{x} + 2\frac{\sin x^3}{x} - \frac{\sin x^2}{x} = \frac{3\sin x^3 - 2\sin x^2}{x}.$$

下面我们来讨论含参变量积分的可积性和积分的顺序交换关系. 首先回顾一下函数级数的情况. 在函数级数的讨论中, 我们证明了下面的定理:

如果 $\{u_n(x)\}$ 是 $[a,b]$ 上可积的函数序列, 并且函数级数 $\sum\limits_{n=1}^{+\infty} u_n(x)$ 在 $[a,b]$ 上一致收敛, 则和函数 $h(x) = \sum\limits_{n=1}^{+\infty} u_n(x)$ 在 $[a,b]$ 上可积, 并且成立

$$\int_a^b \left(\sum_{n=1}^{+\infty} u_n(x) \right) \mathrm{d}x = \sum_{n=1}^{+\infty} \int_a^b u_n(x) \mathrm{d}x.$$

用函数的一致连续代替函数级数的一致收敛, 对含参变量积分成立下面的定理.

定理 7.1.6 设 $f(x,y)$ 是区域 $[a,b] \times [c,d]$ 上的连续函数, 则成立

$$\int_a^b \left(\int_c^d f(x,y) \mathrm{d}y \right) \mathrm{d}x = \int_c^d \left(\int_a^b f(x,y) \mathrm{d}x \right) \mathrm{d}y,$$

即积分可以交换顺序.

证明 如果令 $F(x) = \int_a^x \left(\int_c^d f(t,y) \mathrm{d}y \right) \mathrm{d}t$, 利用变上限积分的求导公式, 我们得到 $F'(x) = \int_c^d f(x,y) \mathrm{d}y$. 而如果令 $G(x) = \int_c^d \left(\int_a^x f(t,y) \mathrm{d}t \right) \mathrm{d}y$, 利用定理 7.1.2 中给出的关于含参变量积分的求导公式, 我们得到

$$G'(x) = \int_c^d \left(\frac{\mathrm{d}}{\mathrm{d}x} \int_a^x f(t,y) \mathrm{d}t \right) \mathrm{d}y = \int_c^d f(x,y) \mathrm{d}y.$$

因此 $F'(x) = G'(x)$. 而 $F(a) = G(a) = 0$, 所以 $F(x) \equiv G(x)$, $F(b) = G(b)$. ∎

例 2 计算积分 $I(r) = \int_0^\pi \ln(1 - 2r\cos\theta + r^2) \mathrm{d}\theta$, 其中 $|r| < 1$.

解 取 $\delta > 0$, $1 - \delta < 1$, 则在 $(-1+\delta, 1-\delta)$ 内, $\ln(1 - 2r\cos\theta + r^2)$ 是 r 的连续可导的函数. 积分号下求导, 我们得到

$$I'(r) = \int_0^\pi \frac{2r - 2\cos\theta}{1 - 2r\cos\theta + r^2} \mathrm{d}\theta.$$

特别的, $I'(0) = \int_0^\pi (-2\cos\theta) \mathrm{d}\theta = 0$. 而当 $r \neq 0$ 时,

$$I'(r) = \int_0^\pi \left(1 - \frac{1 - r^2}{1 - 2r\cos\theta + r^2} \right) \frac{\mathrm{d}\theta}{r} = \frac{1}{r} \left[\theta - 2\arctan\left(\frac{1+r}{1-r} \tan\frac{\theta}{2} \right) \right] \Big|_0^\pi = 0.$$

因此, $I(r)$ 是常数函数, 我们得到 $I(r) = I(0) = 0$.

7.2 Jordan 可测集与 Jordan 测度

下面我们希望定义多元函数的积分, 为了符号简单, 我们将以平面上二元函数的积分 —— 二重积分的讨论为主, 建立相关的定义、定理和计算方法. 理解了二重积分之后, 就不难利用类推的方法理解多元函数的积分 —— 多重积分.

首先类比于在一元函数积分中我们考虑曲边梯形的面积问题, 这里我们考虑曲面柱体的体积问题. 设 $f(x,y) > 0$ 是定义在平面中的集合 S 上的函数, 令

$$D = \{(x,y,z) \mid (x,y) \in S, \, 0 \leqslant z \leqslant f(x,y)\},$$

称 D 为由函数 $f(x,y)$ 定义的曲面柱体. 我们需要通过 $f(x,y)$ 在集合 S 上的积分来得到 D 的体积. 对此与一元函数相同, 这是一个分割、求和、取极限的过程. 简单地说, 首先对 S 进行分割, 即将 S 分割为更小的子集的并 $\Delta : S_1, \cdots, S_n$. 其中要求 $S = \bigcup_{i=1}^{n} S_i$, 而 $i \neq j$ 时, $S_i^\circ \cap S_j^\circ = \varnothing$. 令

$$\lambda(\Delta) = \max\{\operatorname{diam}(S_i) \mid i = 1, \cdots, n\},$$

这里 $\operatorname{diam}(S_i) = \sup\{|P - Q| \mid P, Q \in S_i\}$ 是集合 S_i 的直径. 任取 $(x_i, y_i) \in S_i$, 做和

$$\sum_{i=1}^{n} f(x_i, y_i) m(S_i),$$

$m(S_i)$ 表示集合 S_i 的面积. 最后取极限

$$\lim_{\lambda(\Delta) \to 0} \sum_{i=1}^{n} f(x_i, y_i) m(S_i) =: \iint_S f(x,y) \mathrm{d}x \mathrm{d}y,$$

就得到 $f(x,y)$ 在 S 上的积分, 或者说曲面柱体 D 的体积.

如果在上面的讨论中, 集合 S 以及 S 的分割都仅限于矩形, 则整个定义过程没有任何问题. 然而与一元函数定义积分时, 仅在区间上讨论不同. 对于多元函数, 函数的定义域不能只限制在矩形上, 需要讨论定义在各种不同集合上的函数, 考虑对集合的各种不同分割. 对此我们碰到的第一个困难是对于那些不规则的集合, 怎样定义集合的面积? 怎样计算集合的面积?

在一元函数的 Riemann 积分中, 我们曾经将曲边梯形的面积表示为函数的积分. 设 $f(x) \geqslant 0$ 是定义在 $[a, b]$ 上的函数, 令

$$D = \{(x,y) \mid x \in [a,b], \, 0 \leqslant y \leqslant f(x)\}.$$

如果 $f(x)$ 在 $[a,b]$ 上可积, 则称曲边梯形 D 有面积, 并将 D 的面积定义为 $\displaystyle\int_a^b f(x)\mathrm{d}x$.
如果 $f(x)$ 在 $[a,b]$ 上不可积, 则称曲边梯形 D 是没有面积的集合. 例如由 Dirichlet 函数给出的曲边梯形就没有面积.

　　将曲边梯形作为平面中集合的特殊情况, 则一般集合的面积就应该是曲边梯形面积的推广. 因此我们需要按照一元函数 Riemann 积分的方法来定义平面中其他集合的面积, 同时将 Riemann 积分作为计算面积的基本工具.

　　首先回顾一下 Riemann 积分中利用 Darboux 上、下和给出的函数可积的条件. 设 $f(x)$ 是定义在区间 $[a,b]$ 上的有界函数,

$$\Delta : a = x_0 < x_1 < \cdots < x_n = b$$

是 $[a,b]$ 的一个分割. 对于 $i = 1,\cdots,n$, 设

$$m_i = \inf\{f(x) \mid x \in [x_{i-1}, x_i]\}, \quad M_i = \sup\{f(x) \mid x \in [x_{i-1}, x_i]\}.$$

令

$$s(\Delta, f) = \sum_{i=1}^n m_i(x_i - x_{i-1}), \quad S(\Delta, f) = \sum_{i=1}^n M_i(x_i - x_{i-1}),$$

$s(\Delta, f)$ 和 $S(\Delta, f)$ 分别称为 $f(x)$ 对于分割 Δ 的 **Darboux 下和**和 **Darboux 上和**. 它们分别是 $f(x)$ 对于给定的分割 Δ 的所有 Riemann 和的上、下确界. Darboux 上、下和对于分割的加细关系满足单调性. 因此, 类比于极限的单调有界收敛定理, 令

$$\underline{\int_a^b} f(x)\mathrm{d}x = \sup\{s(\Delta, f)\}, \quad \overline{\int_a^b} f(x)\mathrm{d}x = \inf\{S(\Delta, f)\},$$

$\underline{\displaystyle\int_a^b} f(x)\mathrm{d}x$ 和 $\overline{\displaystyle\int_a^b} f(x)\mathrm{d}x$ 分别称为 $f(x)$ 在 $[a,b]$ 上的下积分和上积分. 在一元微积分中我们证明了这样的结论: $f(x)$ 在 $[a,b]$ 上可积的充要条件是 $\underline{\displaystyle\int_a^b} f(x)\mathrm{d}x = \overline{\displaystyle\int_a^b} f(x)\mathrm{d}x$. 而如果 $f(x)$ 在 $[a,b]$ 上可积, 则

$$\underline{\int_a^b} f(x)\mathrm{d}x = \overline{\int_a^b} f(x)\mathrm{d}x = \int_a^b f(x)\mathrm{d}x$$

就是 $f(x)$ 在 $[a,b]$ 上的积分, 或者说由 $f(x)$ 定义的曲边梯形的面积.

　　若将上面利用 Darboux 和给出的函数可积的充要条件和积分作为依据, 将其中的判别条件转换为定义, 就可以利用此来讨论平面上一般集合的面积了. 我们首先来推广 Darboux 和.

定义 7.2.1　平面中由有限个以水平或者垂直直线段为边, 并且除边界外, 没有公共内点的矩形构成的集合称为**多边矩形**. 如果 S 是一个多边矩形, 定义 S 的面积 $m(S)$ 为构成 S 的矩形的面积和.

这里, 我们特别假定空集 $\varnothing$ 也是多边矩形, 并定义空集的面积 $m(\varnothing) = 0$.

对于由函数 $f(x)$ 定义的曲边梯形 D, Darboux 上、下和分别是包含 D, 以及包含在 D 内的多边矩形的面积. 而 $f(x)$ 的上、下积分则分别是这些多边矩形面积的下确界和上确界. 用多边矩形代替 Riemann 积分中函数的 Darboux 和, 对于平面上任意给定的有界集合 D, 我们可以在 D 上推广上积分和下积分.

定义 7.2.2　设 D 是平面上给定的有界集合, 令

$$m_*(D) = \sup\{m(S) \mid S \subset D \text{是多边矩形}\},$$
$$m^*(D) = \inf\{m(S) \mid S \supset D \text{是多边矩形}\}.$$

$m_*(D)$ 和 $m^*(D)$ 分别称为集合 D 的**内面积**和**外面积**.

由于假定了空集是多边矩形, 集合 D 有界, 所以上面取上、下确界的集合都不是空集, 因而内面积和外面积对于任意有界集合都是有意义的. 其分别是曲边梯形下积分和上积分的推广. 而将函数可积等价于上积分与下积分相等这一条件转换为定义, 则对于平面上任意有界集合的面积, 有下面定义.

定义 7.2.3　设 D 是平面上的有界集合, 如果 $m_*(D) = m^*(D)$, 则称 D 为 **Jordan 可测**的集合, 称 $m_*(D) = m^*(D)$ 为 D 的 **Jordan 面积**, 记为 $m(D)$.

Jordan 面积也称为 **Jordan 测度**, 其是曲边梯形上的 Riemann 积分对于平面中一般有界集合的推广.

对于 Jordan 测度, 进一步的问题是怎样将我们前面利用实数理论得到的连续函数、单调函数、仅有有限个间断点的有界函数都是 Riemann 可积函数等结论转换为判别一个集合是否 Jordan 可测的方法. 为此, 我们先对 Jordan 可测的集合做一些简单的讨论, 给出下面关于怎样判别一个集合是否可测的基本定理.

定理 7.2.1　有界集合 D 为 Jordan 可测集的充要条件是 $m(\partial D) = 0$.

证明　如果 D 是 Jordan 可测的, 则由定义 $m_*(D) = m^*(D)$. 因此对于任意 $\varepsilon > 0$, 存在多边矩形 S_1 和 S_2, 使得 $S_1 \subset D \subset S_2$, 而 $m(S_2) - m(S_1) < \varepsilon$. 这时成立 $D^\circ \supset S_1^\circ$. 这里 D° 和 S_1° 分别表示 D 和 S_1 的内点集. 利用上面关系, 我们得到 $\partial D \subset S_2 - S_1^\circ$. 但 $S_2 - S_1^\circ$ 也是多边矩形, 而 $0 \leqslant m^*(\partial D) \leqslant m(S_2 - S_1^\circ) < \varepsilon$. 因此必须 $m^*(\partial D) = 0$, 即 $m(\partial D) = 0$.

反之, 设 $m(\partial D) = 0$, 则对于任意 $\varepsilon > 0$, 存在多边矩形 $S \supset \partial D$, 使得 $m(S) < \varepsilon$. 由于多边矩形的边界是有限条水平或者垂直的直线段, 因而可以适当平移 S 的边界, 使得 $\partial D \cap \partial S = \varnothing$. 另一方面, 有界集合的边界都是有界闭集, 因而是紧集, 所以 $\mathrm{dist}(\partial D, \partial S) = r > 0$, $\partial D \subset S^\circ$.

令 $S_1 = \overline{D - D \cap S}$, $S_2 = S \cup D$, 我们希望证明 S_1 和 S_2 都是多边矩形. 设 $p \in \partial S_1$, 则存在 $D - D \cap S$ 中序列 $\{p_n\}$, 使得 $p_n \to p$. 但 $\mathrm{dist}(\partial D, \partial S) = r > 0$, 而 $p_n \notin S$, 因此必须 $\mathrm{dist}(p_n, \partial D) \geqslant r > 0$, 特别的, $\mathrm{dist}(p, \partial D) = \lim\limits_{n \to \infty} \mathrm{dist}(p_n, \partial D) \geqslant r$. 必须 $p \in \partial S$. 我们得到 $\partial S_1 \subset \partial S$. 由此得到 ∂S_1 由有限条水平或者垂直的直线段组成, 因而是多边矩形.

由 $S_2 = S \cup D$, 而 $\partial D \subset S^\circ$, 所以 $\partial S_2 \subset \partial S$ 也是由有限条水平或者垂直的直线段组成, 因而也是多边矩形. 另一方面 $S_1 \subset D \subset S_2$,

$$m^*(D) - m_*(D) \leqslant m(S_2) - m(S_1) = m(S_2 - S_1) \leqslant m(S) < \varepsilon,$$

$m^*(D) = m_*(D)$. D 是 Jordan 可测的. ■

显然面积为零的集合, 其任意子集的面积也为零, 而有限个面积为零的集合的并, 其面积仍为零. 对于 Jordan 可测的集合, 相对于集合运算, 容易得到下面定理.

定理 7.2.2 如果 S_1, S_2 都是 Jordan 可测集, 则 $S_1 \cup S_2$ 也 Jordan 可测. 并且如果 $S_1^\circ \cap S_2^\circ = \varnothing$, 则

$$m(S_1 \cup S_2) = m(S_1) + m(S_2).$$

证明 由于 $\overline{S_1 \cup S_2} \subset \overline{S_1} \cup \overline{S_2}$, 而 $S_1^\circ \cup S_2^\circ \subset (S_1 \cup S_2)^\circ$, 因此,

$$\partial(S_1 \cup S_2) = \overline{S_1 \cup S_2} - (S_1 \cup S_2)^\circ \subset (\overline{S_1} \cup \overline{S_2}) - (S_1^\circ \cup S_2^\circ)$$
$$\subset (\overline{S_1} - S_1^\circ) \cup (\overline{S_2} - S_2^\circ) = \partial S_1 \cup \partial S_2.$$

由此得到

$$m^*(\partial(S_1 \cup S_2)) \leqslant m(\partial S_1 \cup \partial S_2) \leqslant m(\partial S_1) + m(\partial S_2) = 0.$$

故 $S_1 \cup S_2$ 是 Jordan 可测的.

对于定理的另一部分, 首先设 $S_1 \cap S_2 = \varnothing$. 如果 D_1 和 D_2 分别是包含在 S_1 和 S_2 中的多边矩形, 则 $D_1 \cup D_2$ 是包含在 $S_1 \cup S_2$ 中的多边矩形. 同样的, 如果 D_1 和 D_2 分别是包含 S_1 和 S_2 的多边矩形, 则 $D_1 \cup D_2$ 是包含 $S_1 \cup S_2$ 的多边矩形. 利用多边矩形对于面积的可加性, 我们得到

$$m_*(S_1) + m_*(S_2) \leqslant m_*(S_1 \cup S_2) \leqslant m^*(S_1 \cup S_2) \leqslant m^*(S_1) + m^*(S_2).$$

而其中, $m_*(S_1) = m^*(S_1)$, $m_*(S_2) = m^*(S_2)$, 因而必须等式成立.

如果仅仅成立 $S_1^\circ \cap S_2^\circ = \varnothing$, 则由于 $m(\partial S_1) = 0$, 因此 $m(S) = m(S^\circ)$, 等式也是显然的. ■

定理 7.2.2 也可以表示为: 如果 $S_1, S_2, \cdots, S_n$ 都是 Jordan 可测集, 则 $\displaystyle\bigcup_{i=1}^{n} S_i$ 也是 Joedan 可测集; 如果进一步假设 $i \neq j$ 时, $S_i^\circ \cap S_j^\circ = \varnothing$, 则成立

$$m\left(\bigcup_{i=1}^{n} S_i\right) = \sum_{i=1}^{n} m(S_i).$$

上面等式称为 Jordan 测度的有限可加性.

利用与定理 7.2.2 相同的方法, 容易得到下面定理.

定理 7.2.3　如果 S_1, S_2 都是可测集, 则 $S_1 \cap S_2$, $S_1 - S_2$ 也是可测集.

在一元函数积分的讨论中, 我们证明了连续函数、单调函数、仅有有限个间断点的有界函数都是可积函数, 因而由这些函数定义的曲边梯形都 Jordan 可测. 利用这一点, 结合定理 7.2.1, 可得下面关于判别一个集合是否 Jordan 可测的基本定理.

定理 7.2.4　由连续函数、单调函数以及仅有有限个间断点的有界函数 $y = f(x)$ 或者 $x = g(y)$ 给出的曲线都是面积为零的集合. 如果一个集合的边界能够分解为有限条由这样的函数给出的曲线, 则这一集合 Jordan 可测.

一般的, 平面上一条曲线 $t \to (x(t), y(t))$ 称为**光滑曲线**, 如果 $x(t)$ 和 $y(t)$ 都连续可导, 并且对于任意 t, $(x'(t), y'(t)) \neq 0$. 称平面中区域 D 为**以分段光滑曲线为边界的区域**, 如果 ∂D 可分解为有限条光滑曲线. 对于光滑曲线 $t \to (x(t), y(t))$ 以及任意 t, $(x'(t), y'(t)) \neq 0$. 假定其中 $x'(t) \neq 0$, 则局部 $x = x(t)$ 有连续可导的反函数 $t = t(x)$, 因此, 曲线可以表示为 $y = y(t(x))$ 的形式, 所以曲线面积为零. 由于 ∂D 是紧集, 因此得下面定理.

定理 7.2.5　平面中以分段光滑曲线为边界的有界区域都是 Jordan 可测集.

另外, 如果一个区域的边界由函数方程 $F(x, y) = 0$ 给出, 假定 $F(x, y)$ 连续可微, 并且在边界上除去有限个点外, 处处成立 $\mathrm{grad}(F)(x, y) \neq 0$. 则利用隐函数定理, 由 $F(x, y) = 0$ 局部可解出变量 x 是 y 的连续函数, 或者变量 y 是 x 的连续函数, 因而面积为零. 我们得到, 由 $F(x, y) \leqslant 0$ 定义的有界区域是 Jordan 可测集.

7.3 二 重 积 分

设 D 是平面中的 Jordan 可测集, $f(x,y)$ 是定义在 D 上的函数, 下面我们希望利用分割、求和、取极限来定义 $f(x,y)$ 在 D 上的积分. 由于这一过程与一元函数的 Riemann 积分相似, 因此我们以 p 作为变元来进行讨论. 读者不难将相关的讨论用到 $p = x$, 即一元函数的情况. 也可以推广到 $p = (x,y)$, 或者 $p = (x^1, \cdots, x^n)$, 即多元函数的形式.

我们从 D 的分割开始. 首先将 D 分解为有限个可测集, 或者说有面积的集合

$$\Delta : D_1, \cdots, D_n,$$

满足 $D = D_1 \cup \cdots \cup D_n$, 并且 $i \neq j$ 时, $D_i^\circ \cap D_j^\circ = \varnothing$, Δ 称为 D 的一个分割. 例如, 可以用形式为 $y = f(x)$ 或者 $x = g(y)$ 的连续函数的曲线将 D 分割开.

对于分割 Δ, 令

$$\lambda(\Delta) = \max\{\mathrm{diam}(D_i) \mid i = 1, \cdots, n\},$$

$\lambda(\Delta)$ 称为**分割 Δ 的直径**.

设 $f(p)$ 是定义在 D 上的函数, 对于分割 Δ, 任取 $p_i \in D_i$, 做和

$$\sum_{i=1}^{n} f(p_i) m(D_i).$$

$\sum_{i=1}^{n} f(p_i) m(D_i)$ 称为 $f(p)$ 对于分割 Δ 的 **Riemann 和**.

如果 $\lambda(\Delta) \to 0$ 时, $f(p)$ 的 Riemann 和收敛. 即 $\exists A \in \mathbb{R}$, 使得 $\forall \varepsilon > 0$, 都 $\exists \delta > 0$, 使得只要 D 的分割 Δ 满足 $\lambda(\Delta) < \delta$, 对任意选取的 $p_i \in D_i$, 都成立

$$\left| \sum_{i=1}^{n} f(p_i) m(D_i) - A \right| < \varepsilon,$$

则称 $f(p)$ 在 D 上 Riemann 可积, 称 A 为 $f(p)$ 在 D 上的 Riemann **二重积分**, 记为

$$\lim_{\lambda(\Delta) \to 0} \sum_{i=1}^{n} f(p_i) m(D_i) = A = \iint_D f(x,y) \mathrm{d}x \mathrm{d}y.$$

下面我们先利用积分定义直接给出二重积分的一些基本性质. 然后与一元函数相同, 基于实数理论, 我们将建立函数可积的一些判别法则, 并证明连续函数等都是可积函数.

定理 7.3.1 如果 D 是测度为零的集合 (简称**零测集**), 则 D 上任意函数 $f(p)$ 都可积, 并且 $\iint_D f(p)\mathrm{d}x\mathrm{d}y = 0$.

上面定理展示了二重积分与一元函数定积分的一个明显差异. 对于一元函数, 我们总是在区间上讨论函数的积分, 因而函数有界是可积的一个必要条件. 而对于多元函数, 由于需要考虑零测集, 所以函数可积时可以无界. 例如, 令 $D_1 = [0,1] \times [0,1]$, $D_2 = [1,2] \times \{0\}$, $D = D_1 \cup D_2$, 对于定义在 D 上的函数 $f(p)$, 由于 D_2 是零测集, 因此无论 $f(p)$ 在 D_2 上如何取值, 对于函数的可积性和积分都没有影响. 特别的, $f(p)$ 可积时可以在 D_2 上无界.

定理 7.3.2 如果 $f(p)$ 和 $g(p)$ 都在 D 上可积, 则对于任意常数 a 和 b, $af(p) + bg(p)$ 在 D 上也可积, 并且成立

$$\iint_D (af(p) + bg(p))\mathrm{d}x\mathrm{d}y = a \iint_D f(p)\mathrm{d}x\mathrm{d}y + b \iint_D g(p)\mathrm{d}x\mathrm{d}y.$$

定理 7.3.3 设 $f(p)$ 和 $g(p)$ 在 D 上可积, 且对任意 $p \in D$, $f(p) \leqslant g(p)$, 则

$$\iint_D f(p)\mathrm{d}x\mathrm{d}y \leqslant \iint_D g(p)\mathrm{d}x\mathrm{d}y.$$

与其他极限问题相同, 除了很少的特殊情况外, 一般不能直接利用二重积分的定义来讨论函数的可积性、计算函数的积分. 必须建立一些判别法则, 使得我们能够通过函数自身的性质, 例如连续性等来判别函数是否可积. 下面将类比于一元函数, 对二重积分建立函数可积的判别准则, 并给出可积函数类.

首先, 如果 $f(p)$ 在 D 上可积, 则 $f(p)$ 对于 D 的充分细的分割的 Riemann 和有界. 因此如果 $f(p)$ 无界, 则在这些分割中, 含 $f(p)$ 无界的部分必须面积为零. 这部分对 Riemann 和没有影响, 可以不考虑. 下面我们可以仅讨论有界函数.

设 $f(p)$ 在可测集 D 上有界, 类比于一元函数按照实数的单调有界收敛定理, 我们应用 Darboux 和来给出函数可积的判别方法. 对于 D 的分割 $\Delta: D_1, \cdots, D_n$, 令

$$m_i = \inf\{f(p) \mid p \in D_i\}, \quad M_i = \sup\{f(p) \mid p \in D_i\},$$
$$s(f, \Delta) = \sum_{i=1}^n m_i m(D_i), \quad S(f, \Delta) = \sum_{i=1}^n M_i m(D_i),$$

$s(f, \Delta), S(f, \Delta)$ 分别称为 $f(p)$ 对于分割 Δ 的 Darboux 下和和 Darboux 上和.

设 $\Delta_1: D_1, \cdots, D_n$ 和 $\Delta_2: D_1', \cdots, D_m'$ 都是 D 的分割, 如果对于任意 Δ_1 的元素 D_i, 都存在 Δ_2 中的元素 D_j', 使得 $D_i \subset D_j'$, 则称分割 Δ_1 是分割 Δ_2 的加细

分割. 对于分割的加细关系, 容易看出 Darboux 下和单调上升, 而 Darboux 上和则单调下降. 因此应用单调有界收敛定理, 令

$$\underline{\iint_D} f(p)\mathrm{d}x\mathrm{d}y = \sup\{s(f,\Delta)\}, \qquad \overline{\iint_D} f(p)\mathrm{d}x\mathrm{d}y = \inf\{S(f,\Delta)\},$$

$\underline{\iint_D} f(p)\mathrm{d}x\mathrm{d}y$ 和 $\overline{\iint_D} f(p)\mathrm{d}x\mathrm{d}y$ 分别称为 $f(p)$ 在 D 上的下积分和上积分. 下积分和上积分可以分别看作 $f(p)$ 在 D 上的 Riemann 和的下极限和上极限.

对于上、下积分, 与一元函数相同, 有下面与单调有界收敛定理相同的结论.

定理 7.3.4 设 D 是平面中可测的集合, $f(p)$ 是 D 上有界的函数, 则

$$\lim_{\lambda(\Delta)\to 0} s(f,\Delta) = \underline{\iint_D} f(p)\mathrm{d}x\mathrm{d}y, \qquad \lim_{\lambda(\Delta)\to 0} S(f,\Delta) = \overline{\iint_D} f(p)\mathrm{d}x\mathrm{d}y.$$

证明 以 $\displaystyle\lim_{\lambda(\Delta)\to 0} s(f,\Delta) = \underline{\iint_D} f(p)\mathrm{d}x\mathrm{d}y$ 的证明为例.

设 $M = \sup\{|f(p)|\}$. 对于任意给定的 $\varepsilon > 0$, 按照下确界定义, 存在 D 的一个分割 $\widetilde{\Delta}: U_1, \cdots, U_n$, 使得

$$\underline{\iint_D} f(p)\mathrm{d}x\mathrm{d}y - \varepsilon < s(f,\widetilde{\Delta}).$$

设 $L = \displaystyle\bigcup_{i=1}^{n} \partial U_i$, 则 $m(L) = 0$, 因此存在多边矩形 $\widetilde{S}$, 使得 $L \subset \widetilde{S}$, 而 $m(\widetilde{S}) < \varepsilon$. 不失一般性, 可以假设 $L \cap \partial\widetilde{S} = \varnothing$. 而由于 L 和 $\partial\widetilde{S}$ 都是紧集, 所以成立 $\mathrm{dist}(L, \partial\widetilde{S}) = \delta > 0$.

现在设 $\Delta: D_1, \cdots, D_n$ 是 D 的任意分割, 满足 $\lambda(\Delta) < \delta$. 我们将 Δ 中的元素分为两类,

$$\Delta_1 = \{D_i \mid D_i \subset \widetilde{S}\}, \quad \Delta_2 = \Delta - \Delta_1.$$

如果 $D_i \in \Delta_2$, 则存在 $p \in D_i - \widetilde{S}$. 假设 $p \in U_j$, 由于 $\mathrm{diam}(D_i) < \delta$, 而 $\mathrm{dist}(L, \partial\widetilde{S}) = \delta > 0$, 所以 $D_i \cap L = \varnothing$, 必须 $D_i \subset U_j$. 特别的,

$$m_i = \inf\{f(p) \mid p \in D_i\} \geqslant m_j = \inf\{f(p) \mid p \in U_j\}.$$

现在令

$$\Delta' = \{D_i \cap U_j \mid D_i \in \Delta, \ U_j \in \widetilde{\Delta}\},$$

Δ' 是 $\widetilde{\Delta}$ 和 Δ 的公共加细. 利用 Darboux 下和对分割加细关系的单调性, 得

$$\underline{\iint_D} f(p)\mathrm{d}x\mathrm{d}y \geqslant s(f,\Delta') \geqslant s(f,\widetilde{\Delta}) > \underline{\iint_D} f(p)\mathrm{d}x\mathrm{d}y - \varepsilon.$$

另一方面,

$$s(f, \Delta') = \sum_{j=1}^{k} \sum_{i=1}^{n} m_{ij} m(U_j \cap D_i)$$

$$= \sum_{j=1}^{k} \sum_{D_i \in \Delta_1} m_{ij} m(U_j \cap D_i) + \sum_{j=1}^{k} \sum_{D_i \in \Delta_2} m_{ij} m(U_j \cap D_i).$$

而由 Δ_2 的定义, 成立 $\displaystyle\sum_{j=1}^{k} \sum_{D_i \in \Delta_2} m_{ij} m(U_j \cap D_i) = \sum_{D_i \in \Delta_2} m_i m(D_i).$ 而

$$\left| \sum_{j=1}^{k} \sum_{D_i \in \Delta_1} m_{ij} m(U_j \cap D_i) \right| \leqslant M m(\widetilde{S}) < M\varepsilon.$$

因此

$$\sum_{D_i \in \Delta_2} m_i m(D_i) = s(f, \Delta') - \sum_{j=1}^{k} \sum_{D_i \in \Delta_1} m_{ij} m(U_j \cap D_i) \geqslant \underline{\iint_D} f(p)\mathrm{d}x\mathrm{d}y - \varepsilon - M\varepsilon.$$

我们得到

$$s(f, \Delta) = \sum_{D_i \in \Delta_1} m_i m(D_i) + \sum_{D_i \in \Delta_2} m_i m(D_i) > \underline{\iint_D} f(p)\mathrm{d}x\mathrm{d}y - \varepsilon - M\varepsilon - M\varepsilon.$$

即只要 $\lambda(\Delta) < \delta$, 就成立

$$\underline{\iint_D} f(p)\mathrm{d}x\mathrm{d}y \geqslant s(f, \Delta) > \underline{\iint_D} f(p)\mathrm{d}x\mathrm{d}y - (1 + 2M)\varepsilon.$$

由此得 $\displaystyle\lim_{\lambda(\Delta) \to 0} s(f, \Delta) = \underline{\iint_D} f(p)\mathrm{d}x\mathrm{d}y.$ ∎

利用上面定理, 对二重积分成立下面与一元函数可积判断方法相同的结论.

定理 7.3.5 设 D 是平面上的可测集合, $f(p)$ 在 D 上有界, 则下面命题等价:

(1) $f(p)$ 在 D 上可积;

(2) $\displaystyle\lim_{\lambda(\Delta) \to 0} [S(f, \Delta) - s(f, \Delta)] = 0$;

(3) $\underline{\displaystyle\iint_D} f(p)\mathrm{d}x\mathrm{d}y = \overline{\displaystyle\iint_D} f(p)\mathrm{d}x\mathrm{d}y$;

(4) 对于任意 $\varepsilon > 0$, 存在 D 的分割 Δ, 使得 $S(f, \Delta) - s(f, \Delta) < \varepsilon$.

证明 (1)⇒(2) 设 $f(p)$ 在 D 上可积, 按照定义, 存在 $A \in \mathbb{R}$, 使得对于任意 $\varepsilon > 0$, 都存在 $\delta > 0$, 只要 D 的分割 $\Delta : D = D_1 \cup \cdots \cup D_n$ 满足 $\lambda(\Delta) < \delta$, 对于任

意选取的 $p_i \in D_i$, 都成立 $\left| \sum_{i=1}^{n} f(p_i)m(D_i) - A \right| < \varepsilon$, 即

$$A - \varepsilon < \sum_{i=1}^{n} f(p_i)m(D_i) < A + \varepsilon.$$

上式中对 $\sum_{i=1}^{n} f(p_i)m(D_i)$ 分别取上、下确界, 可得只要 $\lambda(\Delta) < \delta$, 就成立

$$A - \varepsilon \leqslant s(f, \Delta) \leqslant S(f, \Delta) \leqslant A + \varepsilon,$$

因而 $\lim\limits_{\lambda(\Delta) \to 0} [S(f, \Delta) - s(f, \Delta)] = 0.$

(2)$\Rightarrow$(3)　利用定理 7.3.4, 结论显然.

(3)$\Rightarrow$(4)　对于任意 $\varepsilon > 0$, 按照定义, 存在 D 的分割 Δ_1 和 Δ_2, 使得

$$\underline{\iint_D} f(p)\mathrm{d}x\mathrm{d}y - \frac{\varepsilon}{2} < s(f, \Delta_1) \leqslant S(f, \Delta_2) < \overline{\iint_D} f(p)\mathrm{d}x\mathrm{d}y + \frac{\varepsilon}{2}.$$

取分割 Δ 为 Δ_1 和 Δ_2 的公共加细, 利用 Darboux 和对于加细关系的单调性, 分割 Δ 满足 (4) 的条件.

(4)$\Rightarrow$(3)　利用 Darboux 上、下和的定义, 结论显然.

(3)$\Rightarrow$(1)　设

$$A = \underline{\iint_D} f(p)\mathrm{d}x\mathrm{d}y = \overline{\iint_D} f(p)\mathrm{d}x\mathrm{d}y,$$

利用定理 7.3.4,

$$\lim\limits_{\lambda(\Delta) \to 0} S(f, \Delta) = \lim\limits_{\lambda(\Delta) \to 0} s(f, \Delta) = A,$$

而对于分割 Δ 的 Riemann 和, 成立

$$s(f, \Delta) \leqslant \sum_{i=1}^{n} f(p_i)m(D_i) < S(f, \Delta).$$

$\lambda(\Delta) \to 0$ 时应用极限的夹逼定理, 我们得到 $\lim\limits_{\lambda(\Delta) \to 0} \sum_{i=1}^{n} f(p_i)m(D_i) = A.$ ∎

如果 D 是可测集, $f(p)$ 是 D 上有界的函数, $\Delta : D_1, \cdots, D_n$ 是 D 的分割, 对于 $i = 1, \cdots, n$, 令

$$w_i = \sup\{f(p) \mid p \in D_i\} - \inf\{f(p) \mid p \in D_i\} = M_i - m_i,$$

则上面定理中的 (2) 可以表示为

$$\lim\limits_{\lambda(\Delta) \to 0} \sum_{i=1}^{n} w_i m(D_i) = 0.$$

而 (4) 可以表示为: $f(p)$ 在 D 上可积的充要条件是 $\forall \varepsilon > 0, \exists D$ 的分割 Δ, 使得 $\sum_{i=1}^{n} w_i m(D_i) < \varepsilon$. 由此不难得到下面关于可积函数类判别方法的基本定理.

定理 7.3.6 设 D 是可测集, $f(p)$ 是 D 上有界的函数, 如果 $f(p)$ 在 D 中所有不连续点构成的集合是零测集, 则 $f(p)$ 在 D 上可积. 特别的, 如果 $f(p)$ 是 D 上有界的连续函数, 则 $f(p)$ 可积.

证明 设 $W > 0$ 为 $f(p)$ 在 D 上的振幅. 以 F 表示 $f(p)$ 在 D 中所有不连续点构成的集合. 对于任意 $\varepsilon > 0$, 由于 $F \cup \partial D$ 是零测集, 因而存在多边矩形 S, 使得 $(F \cup \partial D) \subset S$, 而 $m(S) < \dfrac{\varepsilon}{2W}$. 不失一般性, 可设 $(F \cup \partial D) \cap \partial S = \varnothing$. 这时 $f(p)$ 在 $\overline{D} - S^{\circ}$ 上连续. 而 $\overline{D} - S^{\circ}$ 是有界闭集, 因而 $f(p)$ 在 $\overline{D} - S^{\circ}$ 上一致连续. 对 $\varepsilon > 0$, 存在 $\delta > 0$, 使得只要 $p_1, p_2 \in \overline{D} - S^{\circ}$, 满足 $|p_1 - p_2| < \delta$, 就成立 $|f(p_1) - f(p_2)| < \dfrac{\varepsilon}{2m(D)}$. 取 $\overline{D} - S^{\circ}$ 的分割 $\Delta_1 : D_1, \cdots, D_n$ 满足 $\lambda(\Delta_1) < \delta$, 令 $D' = D \cap S$, 则 $\Delta : D_1, \cdots, D_n, D'$ 构成 D 的分割, 而

$$\sum_{i=1}^{n} w_i m(D_i) + w' m(D') \leqslant \sum_{i=1}^{n} \frac{\varepsilon}{2m(D)} m(D_i) + W m(S)$$
$$\leqslant \frac{\varepsilon}{2m(D)} m(D) + W \frac{\varepsilon}{2W} = \varepsilon.$$

利用定理 7.3.5 中的 (4), $f(p)$ 在 D 上可积. ∎

我们知道紧集上的连续函数都有界, 因此如果一个紧集可测, 利用定理 7.3.5, 则其上的连续函数都是可积函数. 同样利用定理 7.3.5, 容易得下面定理.

定理 7.3.7 设 D 是可测集.

(1) 如果 $f(p)$ 在 D 上可积, 则 $f(p)$ 在 D 中任意可测的子集上可积.

(2) 如果 $f(p)$ 在 D 上可积, 则 $|f(p)|$ 在 D 上也可积, 并且成立

$$\left| \iint_{D} f(p) \mathrm{d}x\mathrm{d}y \right| \leqslant \iint_{D} |f(p)| \mathrm{d}x\mathrm{d}y.$$

(3) 如果 $f(p)$ 和 $g(p)$ 都在 D 上可积, 则 $f(p)g(p)$ 在 D 上也可积. 如果 $f(p)$ 在 D 上可积, 并且存在 $c > 0$, 使得 $\forall p \in D, f(p) \geqslant c$, 则 $\dfrac{1}{f(p)}$ 也可积.

定理 7.3.8 (第一积分中值定理) 设 D 是连通的可测闭集, 如果 $f(p)$ 在 D 上连续, 则存在 $p_0 \in D$, 使得

$$\iint_{D} f(p) \mathrm{d}x\mathrm{d}y = f(p_0) m(D).$$

定理 7.3.9 设 D_1 和 D_2 都是可测集, 并且 $D_1^\circ \cap D_2^\circ = \varnothing$, 则 $D_1 \cup D_2$ 上的函数 $f(p)$ 可积的充要条件是 $f(p)$ 在 D_1 和 D_2 上都可积, 可积时,

$$\iint_{D_1 \cup D_2} f(p)\mathrm{d}x\mathrm{d}y = \iint_{D_1} f(p)\mathrm{d}x\mathrm{d}y + \iint_{D_2} f(p)\mathrm{d}x\mathrm{d}y.$$

定理 7.3.9 可以推广到有限个可测集的并上, 因此称为二重积分对于积分区域的有限可加性, 是 Jordan 测度有限可加性的推广. 定理的证明留给读者作为练习.

7.4 二重积分的计算

二重积分的计算一般需要将积分化为对变量的每个分量分别积分, 然后再利用一元函数定积分的 Newton-Leibniz 公式. 我们先从最简单的矩形区域开始讨论.

设 $z = f(x,y) > 0$ 是定义在矩形 $D = [a,b] \times [c,d]$ 上的可积函数, 令

$$U = \{(x,y,z) \mid (x,y) \in D, \ 0 \leqslant z \leqslant f(x,y)\}.$$

U 称为由 $z = f(x,y)$ 在 $D = [a,b] \times [c,d]$ 上定义的曲面柱体. 几何上二重积分

$$\iint_D f(x,y)\mathrm{d}x\mathrm{d}y = v(U)$$

是 U 的体积. 另一方面, 将 $x_0 \in [a,b]$ 固定, 含参变量的积分 $\int_c^d f(x_0,y)\mathrm{d}y = h(x_0)$ 则是 U 被平面 $x = x_0$ 所截得到的曲边梯形的面积. 利用微元法, U 的体积可以表示为

$$v(U) = \sum_{x \in [a,b]} h(x)\mathrm{d}x = \int_a^b h(x)\mathrm{d}x = \int_a^b \left(\int_c^d f(x,y)\mathrm{d}y \right)\mathrm{d}x.$$

与二重积分比较, 我们得到

$$\iint_D f(x,y)\mathrm{d}x\mathrm{d}y = \int_a^b \left(\int_c^d f(x,y)\mathrm{d}y \right)\mathrm{d}x,$$

重积分化为对每个分量的累次积分. 下面定理是实现这一想法的条件和结论.

定理 7.4.1 设 $f(x,y)$ 是定义在矩形 $D = [a,b] \times [c,d]$ 上的可积函数, 如果对于任意 $x \in [a,b]$, x 固定后, $f(x,y)$ 对 y 在 $[c,d]$ 上可积, 则含参变量的积分 $\int_c^d f(x,y)\mathrm{d}y = h(x)$ 在 $[a,b]$ 上可积, 并且成立

$$\iint_D f(x,y)\mathrm{d}x\mathrm{d}y = \int_a^b h(x)\mathrm{d}x = \int_a^b \left(\int_c^d f(x,y)\mathrm{d}y \right)\mathrm{d}x.$$

证明 设

$$\Delta_1 : a = x_0 < x_1 < \cdots < x_n = b, \quad \Delta_2 : c = y_0 < y_1 < \cdots < y_m = d$$

分别是区间 $[a,b]$ 和 $[c,d]$ 的分割, 则

$$\Delta : \{[x_{i-1}, x_i] \times [y_{j-1}, y_j] \mid i = 1, \cdots, n; \; j = 1, \cdots, m\}$$

是 $D = [a,b] \times [c,d]$ 的分割.

对于 $i = 1, \cdots, n; \; j = 1, \cdots, m$, 任取 $t_i \in [x_{i-1}, x_i]$, $s_j \in [y_{j-1}, y_j]$, 做和

$$\sum_{i=1}^{n} \sum_{j=1}^{m} f(t_i, s_j)(x_i - x_{i-1})(y_j - y_{j-1}).$$

当 $\lambda(\Delta_1) \to 0$, $\lambda(\Delta_2) \to 0$ 时, $\lambda(\Delta) \to 0$. 而由定理的条件: $f(x,y)$ 在 $[a,b] \times [c,d]$ 上可积, 因而存在 $A = \iint_D f(x,y)\mathrm{d}x\mathrm{d}y \in \mathbb{R}$, 使得对于任意 $\varepsilon > 0$, 存在 $\delta > 0$, 只要 $\lambda(\Delta_1) < \delta$, $\lambda(\Delta_2) < \delta$, 就成立

$$\left| \sum_{i=1}^{n} \sum_{j=1}^{m} f(t_i, s_j)(x_i - x_{i-1})(y_j - y_{j-1}) - A \right| < \varepsilon.$$

另一方面, 同样由定理的条件: 对于任意 $x \in [a,b]$, x 固定后, $f(x,y)$ 作为变量 y 的函数在 $[c,d]$ 上可积. 在上面不等式中令 $\lambda(\Delta_2) \to 0$, 我们得到

$$\left| \sum_{i=1}^{n} \left(\int_c^d f(t_i, y)\mathrm{d}y \right)(x_i - x_{i-1}) - A \right| = \left| \sum_{i=1}^{n} h(t_i)(x_i - x_{i-1}) - A \right| \leqslant \varepsilon.$$

$h(x)$ 在 $[a,b]$ 上可积, 并且

$$\int_a^b h(x)\mathrm{d}x = \int_a^b \left(\int_c^d f(x,y)\mathrm{d}y \right)\mathrm{d}x = A = \iint_D f(x,y)\mathrm{d}x\mathrm{d}y. \quad \blacksquare$$

上面定理是重极限与累次极限关系的一个应用. 如果在定理中同时假定对于任意 $y \in [c,d]$, y 固定后, $f(x,y)$ 作为 x 的函数在 $[a,b]$ 上可积, 则成立

$$\iint_D f(x,y)\mathrm{d}x\mathrm{d}y = \int_a^b \left(\int_c^d f(x,y)\mathrm{d}y \right)\mathrm{d}x = \int_c^d \left(\int_a^b f(x,y)\mathrm{d}x \right)\mathrm{d}y.$$

累次积分可以交换顺序. 对不同函数, 采用不同的积分顺序可简化积分计算.

现在我们有可能通过 Newton-Leibniz 公式计算矩形上的一些二重积分.

例 1 设 $D = [0,1] \times [0,1]$, 计算二重积分 $\iint_D 2xy \sin xy^2 \mathrm{d}x\mathrm{d}y$.

解 我们先对变量 y 积分, 得 $\int_0^1 2xy\sin xy^2 \mathrm{d}y = -\cos xy^2 \Big|_0^1 = 1 - \cos x$. 再对变量 x 积分, 得到

$$\iint_D 2xy\sin xy^2 \mathrm{d}x\mathrm{d}y = \int_0^1 \left(\int_0^1 2xy\sin xy^2 \mathrm{d}y \right)\mathrm{d}x = \int_0^1 (1 - \cos x)\mathrm{d}x = 1 - \sin 1.$$

在定理 7.4.1 中, 定理的条件: $f(x,y)$ 在矩形 $D = [a,b] \times [c,d]$ 上可积, 以及条件: x 固定后, $f(x,y)$ 作为变量 y 的函数在 $[c,d]$ 上可积, 是相互独立的. 对此, 可以看一看下面的例子.

例 2 设 $D = [0,1] \times [0,1]$, 令

$$f(x,y) = \begin{cases} \dfrac{1}{p} + \dfrac{1}{q}, & \text{如果 } x = \dfrac{s}{p},\ y = \dfrac{t}{q}\ \text{均为有理数}, \\ 0, & \text{其他的点}. \end{cases}$$

容易看出, 对于任意 $\varepsilon > 0$, $f(x,y)$ 除去有限个点外, 处处成立 $f(x,y) < \varepsilon$, 因此 $\overline{\iint_D} f(x,y)\mathrm{d}x\mathrm{d}y \leqslant \varepsilon$, 得 $\overline{\iint_D} f(x,y)\mathrm{d}x\mathrm{d}y = 0$. 另一方面, $f(x,y) \geqslant 0$, 所以 $\underline{\iint_D} f(x,y)\mathrm{d}x\mathrm{d}y \geqslant 0$, 得 $\iint_D f(x,y)\mathrm{d}x\mathrm{d}y = 0$. $f(x,y)$ 在 D 上可积.

而当 $x = \dfrac{s}{p}$ 为有理数时, x 固定, 则

$$f(x,y) = \begin{cases} \dfrac{1}{p} + \dfrac{1}{q}, & \text{如果 } y = \dfrac{t}{q} \text{为有理数}, \\ 0, & \text{如果 } y \text{ 为无理数}. \end{cases}$$

故 $f(x,y)$ 对 y 不可积.

同理, 当 y 为有理数, 并给定时, $f(x,y)$ 对 x 在 $[0,1]$ 上不可积. 因此二重积分 $\iint_D f(x,y)\mathrm{d}x\mathrm{d}y$ 不能化为累次积分.

而如果令

$$f(x,y) = \begin{cases} 1, & \text{如果 } x \text{为有理数}, \\ 0, & \text{如果 } x \text{为无理数}, \end{cases}$$

则 $f(x,y)$ 在 D 上不可积, 但当 x 固定后, $f(x,y)$ 对 y 可积.

对于一般可测区域上的二重积分的计算, 我们先考虑下面的特殊情况.

定义 7.4.1 参考图 7.1. 设 $\varphi_1(x)$, $\varphi_2(x)$ 都是区间 $[a,b]$ 上的连续函数, 并且对于任意 $x \in [a,b]$, 成立不等式 $\varphi_1(x) < \varphi_2(x)$, 定义曲边矩形 D 为

$$D = \big\{ (x,y) \mid x \in [a,b],\ \varphi_1(x) \leqslant y \leqslant \varphi_2(x) \big\}.$$

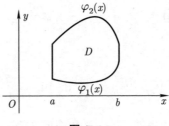

图 7.1

对于曲边矩形, 由于假定了 $\varphi_1(x)$ 和 $\varphi_2(x)$ 都是区间 $[a,b]$ 上的连续函数, 利用定理 7.2.4, D 总是可测的. 而对于曲边矩形上二重积分的计算, 我们有下面定理.

定理 7.4.2 设 $f(x,y)$ 是曲边矩形 D 上的可积函数, 且对于任意 $x \in [a,b]$, x 固定后, $f(x,y)$ 对 y 在区间 $[\varphi_1(x), \varphi_2(x)]$ 上可积, 则含参变量的积分

$$\int_{\varphi_1(x)}^{\varphi_2(x)} f(x,y)\mathrm{d}y = h(x)$$

在 $[a,b]$ 上可积, 并且成立

$$\iint_D f(x,y)\mathrm{d}x\mathrm{d}y = \int_b^a h(x)\mathrm{d}x = \int_a^b \left(\int_{\varphi_1(x)}^{\varphi_2(x)} f(x,y)\mathrm{d}y \right)\mathrm{d}x.$$

证明 设 $d = \max\{\varphi_2(x)\}$, $c = \min\{\varphi_1(x)\}$, 令 $\widetilde{D} = [a,b] \times [c,d]$. 在 $\widetilde{D}$ 上定义函数 $F(x,y)$ 为

$$F(x,y) = \begin{cases} f(x,y), & \text{如果 } (x,y) \in D, \\ 0, & \text{如果 } (x,y) \in \widetilde{D} - D, \end{cases}$$

则按照二重积分对于积分区域的可加性, $F(x,y)$ 在 $\widetilde{D} = [a,b] \times [c,d]$ 上可积, 并且重积分可以化为累次积分, 即

$$\iint_D f(x,y)\mathrm{d}x\mathrm{d}y = \iint_{\widetilde{D}} F(x,y)\mathrm{d}x\mathrm{d}y = \int_a^b \left(\int_c^d F(x,y)\mathrm{d}y \right)\mathrm{d}x$$

$$= \int_a^b \left(\int_c^{\varphi_1(x)} F(x,y)\mathrm{d}y \right)\mathrm{d}x + \int_a^b \left(\int_{\varphi_1(x)}^{\varphi_2(x)} F(x,y)\mathrm{d}y \right)\mathrm{d}x$$

$$+ \int_a^b \left(\int_{\varphi_2(x)}^d F(x,y)\mathrm{d}y \right)\mathrm{d}x = \int_a^b \left(\int_{\varphi_1(x)}^{\varphi_2(x)} f(x,y)\mathrm{d}y \right)\mathrm{d}x. \quad \blacksquare$$

同样参考图 7.2, 设 $\psi_1(y)$, $\psi_2(y)$ 都是区间 $[c,d]$ 上的连续函数, 并且对于任意 $y \in [c,d]$, 成立 $\psi_1(y) < \psi_2(x)$, 定义曲边矩形 D 为

$$D = \{(x,y) \mid y \in [c,d], \ \varphi_1(y) \leqslant x \leqslant \varphi_2(y)\}.$$

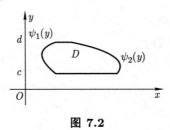

图 7.2

与定理 7.4.2 的条件类似, D 上的二重积分可以化为下面形式的累次积分, 即成立等式

$$\iint_D f(x,y)\mathrm{d}x\mathrm{d}y = \int_c^d \left(\int_{\psi_1(y)}^{\psi_2(y)} f(x,y)\mathrm{d}x \right)\mathrm{d}y.$$

般的, 如果 D 是以有限条光滑曲线为边界的区域, 利用隐函数定理, 我们已经知道 D 是可测的. 而同样利用隐函数定理, 我们可以将 D 分割为 $D = D_1 \cup \cdots \cup D_n$, 使得每一个 D_i 都是上面两类曲边矩形中的一种, 而 D_i 之间相互没有公共内点. 这时, 利用二重积分对于积分区域的可加性, 我们可以将 D 上二重积分的计算化到 D_i 上, 并进一步化为累次积分, 再利用 Newton-Leibniz 公式, 就得到了积分的计算. 下面先来看几个例子.

例 3 设 D 是由 $y = 0$, $y = x$, $x = 1$ 围成的区域, 计算 $\iint_D \sqrt{4x^2 - y^2}\mathrm{d}x\mathrm{d}y$.

解 首先作图 (图 7.3):

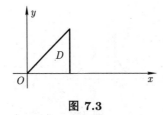

图 7.3

应用分部积分, 移项后化简, 按照公式, 我们得到

$$\iint_D \sqrt{4x^2 - y^2}\mathrm{d}x\mathrm{d}y = \int_0^1 \left(\int_0^x \sqrt{4x^2 - y^2}\mathrm{d}y \right)\mathrm{d}x$$

$$= \int_0^1 \left(\frac{y}{2}\sqrt{4x^2 - y^2} + 2x^2 \arcsin\frac{y}{2x} \right)\Bigg|_{y=0}^{y=x} \mathrm{d}x$$

$$= \int_0^1 \left(\frac{\sqrt{3}}{2} + \frac{\pi}{3} \right)x^2\mathrm{d}x = \frac{1}{3}\left(\frac{\sqrt{3}}{2} + \frac{\pi}{3} \right).$$

当然, 所求积分也可化为 $\int_0^1 \left(\int_y^1 \sqrt{4x^2 - y^2}\mathrm{d}x \right)\mathrm{d}y$ 的形式. 但读者不难发现,

如果采用这样的积分顺序, 积分的计算就比较复杂了. 由此可见, 积分顺序的选取对于积分的实际计算有很大影响.

例 4 设 V 由 $z = xy$, $z = x + y$, $x + y = 1$, $x = 0$, $y = 0$ 围成, 求 V 的体积.

解 设 D 是由 $x + y = 1$, $x = 0$, $y = 0$ 在平面上围成的区域, 作图如下 (图 7.4), 则 V 是由 D 上函数 $z = xy$ 和 $z = x + y$ 所围曲面梯形的体积的差, 因此 V 的体积可以表示为 $\iint_D [(x+y) - xy] \mathrm{d}x \mathrm{d}y$. 化为累次积分, 我们得到 V 的体积为

$$\iint_D [(x+y) - xy] \mathrm{d}x \mathrm{d}y = \int_0^1 \left[\int_0^{1-x} ((x+y) - xy) \mathrm{d}y \right] \mathrm{d}x = \frac{7}{24}.$$

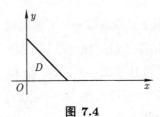

图 7.4

例 5 设 D 是由 $y = 0$, $y = x^3$, $x + y = 2$ 围成的区域, 用两种不同的积分顺序将二重积分 $\iint_D f(x,y) \mathrm{d}x \mathrm{d}y$ 化为累次积分.

解 首先作图 (图 7.5):

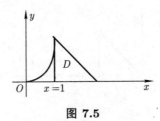

图 7.5

如果先对 y 积分, 则需将 D 分为两部分, 积分化为

$$\iint_D f(x,y) \mathrm{d}x \mathrm{d}y = \int_0^1 \left(\int_0^{x^3} f(x,y) \mathrm{d}y \right) \mathrm{d}x + \int_1^2 \left(\int_0^{2-x} f(x,y) \mathrm{d}y \right) \mathrm{d}x.$$

如果先对 x 积分, 则积分化为

$$\iint_D f(x,y) \mathrm{d}x \mathrm{d}y = \int_0^1 \left(\int_{\sqrt[3]{y}}^{2-y} f(x,y) \mathrm{d}x \right) \mathrm{d}y.$$

例 6 计算累次积分 $I = \int_0^1 \left(\int_x^{\sqrt{x}} \frac{\sin y}{y} \mathrm{d}y \right) \mathrm{d}x.$

解 由于不定积分 $\displaystyle\int \frac{\sin y}{y}\mathrm{d}y$ 不是初等函数, 因此上面的积分不能通过 Newton-Leibniz 公式直接计算. 但我们可以先将这一积分化为由曲线 $y = x$, $y = \sqrt{x}$ 在第一象限内围成的区域 D 上的二重积分, 然后将二重积分化为先对 x 积分, 再对 y 积分的累次积分, 交换积分顺序后就有可能得到积分的计算.

首先作图 (见图 7.6):

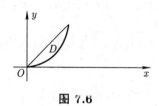

图 7.6

交换积分顺序后我们得到

$$\int_0^1 \left(\int_x^{\sqrt{x}} \frac{\sin y}{y}\mathrm{d}y \right)\mathrm{d}x = \int_0^1 \left(\int_{y^2}^y \frac{\sin y}{y}\mathrm{d}x \right)\mathrm{d}y = \int_0^1 \frac{\sin y}{y}(y - y^2)\mathrm{d}y = 1 - \sin 1.$$

7.5 二重积分的变元代换

在一元函数定积分的讨论中, 我们分别给出了积分第一换元法和积分第二换元法. 积分第一换元法由于依赖于 Newton-Leibniz 公式, 因此不能推广到二重积分. 而积分第二换元法依赖于 Lagrange 中值定理, 这一定理也可以表示为积分第一中值定理. 而积分第一中值定理对于二重积分也是成立的, 因此积分第二换元法可以推广到二重积分. 下面先对一元函数定积分的第二换元法做一点简单回顾.

积分第二换元法 设 $x = \varphi(t)$ 是区间 $[c, d]$ 上连续可导的函数, $\varphi'(t)$ 在 $[c, d]$ 上处处不为零. 设 $\varphi(c) = a$, $\varphi(d) = b$, 则区间 $[a, b]$ 上的有界函数 $f(x)$ Riemann 可积的充要条件是函数 $f(\varphi(t))$ 在 $[c, d]$ 上可积, 可积时成立

$$\int_a^b f(x)\mathrm{d}x = \int_c^d f(\varphi(t))\varphi'(t)\mathrm{d}t.$$

证明 不妨设 $\varphi'(t) > 0$, 这时 $x = \varphi(t)$ 有连续可导的反函数 $t = t(x)$. 设

$$\Delta : c = t_0 < t_1 < \cdots < t_n = d$$

是 $[c, d]$ 的分割, $x_i = \varphi(t_i)$, 则

$$\Delta' : a = x_0 < x_1 < \cdots < x_n = b$$

是 $[a, b]$ 的分割. 这时由函数 $x = \varphi(t)$ 及其反函数的一致连续性, $\lambda(\Delta') = \max\{x_i - x_{i-1}\} \to 0$ 等价于 $\lambda(\Delta) = \max\{t_i - t_{i-1}\} \to 0$. 利用 Lagrange 中值定理, 对于 $i = 1, \cdots, n$, 存在 $t_i' \in [t_{i-1}, t_i]$, 使得

$$x_i - x_{i-1} = \varphi(t_i) - \varphi(t_{i-1}) = \varphi'(t_i')(t_i - t_{i-1}).$$

现任取 $s_i \in [t_{i-1}, t_i]$, 则对于函数 $f(\varphi(t))$ 的 Riemann 和, 成立关系

$$\sum_{i=1}^{n} f(\varphi(s_i))(x_i - x_{i-1}) = \sum_{i=1}^{n} f(\varphi(s_i))\varphi'(t_i')(t_i - t_{i-1}).$$

与函数 $f(\varphi(t))\varphi'(t)$ 在 $[c, d]$ 上的 Riemann 和 $\sum_{i=1}^{n} f(\varphi(s_i))\varphi'(s_i)(t_i - t_{i-1})$ 进行比较, 得

$$\left| \sum_{i=1}^{n} f(\varphi(s_i))\varphi'(t_i')(t_i - t_{i-1}) - \sum_{i=1}^{n} f(\varphi(s_i))\varphi'(s_i)(t_i - t_{i-1}) \right|$$

$$\leqslant M \sum_{i=1}^{n} |\varphi'(t_i') - \varphi'(s_i)|(t_i - t_{i-1}),$$

其中 $M = \sup\{|f(x)|\}$. 由于 $\varphi'(t)$ 在 $[c, d]$ 上一致连续, 因此对于任意 $\varepsilon > 0$, 存在 $\delta > 0$, 只要 $|t - t'| < \delta$, 就成立 $|\varphi'(t) - \varphi'(t')| < \varepsilon$. 所以, 只要 $\lambda(\Delta) < \delta$, 则

$$\left| \sum_{i=1}^{n} f(\varphi(s_i))\varphi'(t_i')(t_i - t_{i-1}) - \sum_{i=1}^{n} f(\varphi(s_i))\varphi'(s_i)(t_i - t_{i-1}) \right| \leqslant \varepsilon M(b - a).$$

我们得到

$$\lim_{\lambda(\Delta) \to 0} \left[\sum_{i=1}^{n} f(\varphi(s_i))(x_i - x_{i-1}) - \sum_{i=1}^{n} f(\varphi(s_i))\varphi'(s_i)(t_i - t_{i-1}) \right] = 0.$$

$f(x)$ 与 $f(\varphi(t))\varphi'(t)$ 同时可积, 或者同时不可积, 并且可积时成立

$$\int_a^b f(x)\mathrm{d}x = \int_c^d f(\varphi(t))\varphi'(t)\mathrm{d}t.$$

另一方面, $\varphi'(t) \neq 0$ 且连续, 所以 $\dfrac{1}{\varphi'(t)}$ 可积, 而 $f(\varphi(t)) = f(\varphi(t))\varphi'(t)\dfrac{1}{\varphi'(t)}$, $f(\varphi(t))$ 与 $f(\varphi(t))\varphi'(t)$ 同时可积, 或者同时不可积. ∎

　　我们希望将积分第二换元法推广到二重积分. 从上面证明容易看出其中关键是利用 Lagrange 中值定理给出的区间长度对于变换 $x = \varphi(t)$ 的关系式

$$x_i - x_{i-1} = \varphi(t_i) - \varphi(t_{i-1}) = \varphi'(t_i')(t_i - t_{i-1}).$$

要在二重积分上推广换元法, 需要先讨论区域面积在变换下的关系. 为此, 我们先给出下面的定义.

定义 7.5.1　设 G, D 都是平面中的开区域, r 阶连续可微的映射

$$\varphi : G \to D, \quad (u,v) \to (x(u,v), y(u,v))$$

称为 C^r 的**微分同胚**, 如果 φ 有 r 阶连续可微的逆映射

$$\varphi^{-1} : D \to G, \quad (x,y) \to (u(x,y), v(x,y)).$$

如果 G, D 分别是 uv 平面和 xy 平面中的闭区域, 称 r 阶连续可微的一一映射

$$\varphi : G \to D, \quad (u,v) \to (x(u,v), y(u,v))$$

为闭区域 C^r 的**微分同胚**, 如果映射 $\varphi : G \to D$ 可以延拓为一个包含 G 的开区域到包含 D 的开区域的 r 阶微分同胚.

设 $\varphi : \overline{G} \mapsto \overline{D}$, $(u,v) \to (x(u,v), y(u,v))$ 是 C^2 的微分同胚, 而

$$J(\varphi) = \frac{\partial(x,y)}{\partial(u,v)} = \begin{vmatrix} x_u & y_u \\ x_v & y_v \end{vmatrix}$$

是映射 φ 的 Jacobi 行列式. 由于 $\mathrm{Id} = \varphi(\varphi^{-1})$, 利用 Jacobi 行列式的链法则, 得

$$1 = J(\varphi) J(\varphi^{-1}) = \frac{\partial(x,y)}{\partial(u,v)} \cdot \frac{\partial(u,v)}{\partial(x,y)}.$$

特别的, $J(\varphi)$ 在 G 上处处不为零. 利用我们在本书上册第五章中给出的逆变换定理, 我们知道 φ 将 G 的内点映为 D 的内点, 将 G 的边界点映为 D 的边界点. 如果 λ 是 G 中的一条光滑曲线, 则 $\varphi(\lambda)$ 是 D 中的光滑曲线. 因此在考虑区域的面积在变换 φ 下的关系时, 利用 Jordan 面积的有限可加性, 用光滑曲线将 G 和 D 分别进行分割, 则不失一般性, 我们可以假设 G 和 D 是形式如图 7.7 所示的区域, 其中特别假定 G 是以光滑曲线 $v = v_1(u)$ 和 $v = v_2(u)$ 为边界给出的区域, 这里 $u \in [a,b]$. 而这时 D 则是由分段光滑曲线 $(x(u,v_1(u)), y(u,v_1(u)))$ 和 $x(u,v_2(u)), y(u,v_2(u)))$ 为边界给出的区域. 另外, 同样不失一般性, 我们特别假定 G 的边界按照图 7.7 中取定了方向后, D 的边界则按照图 7.8 中的方向取定.

在上面的假设下, 对于区域 G 和 D 的面积关系, 我们有下面在数学分析中非常重要的一个定理.

图 7.7　　　　　　　　　　　　　　　图 7.8

定理 7.5.1 (面积变换公式) 在上面的假设下成立关系式:

$$m(D) = \iint_G \frac{\partial(x,y)}{\partial(u,v)} \mathrm{d}u\mathrm{d}v.$$

证明 利用一元函数定积分的几何意义中区域面积与定积分的关系, 成立

$$m(D) = \int_c^d y_2 \mathrm{d}x - \int_c^d y_1 \mathrm{d}x.$$

而利用一元函数定积分的变元代换公式, 我们得到

$$m(D) = \int_a^b y(u, v_2(u)) \mathrm{d}x(u, v_2(u)) - \int_a^b y(u, v_1(u)) \mathrm{d}x(u, v_1(u))$$

$$= \int_a^b y(u, v_2(u)) \big[x_u(u, v_2(u)) + x_v(u, v_2(u)) v_2'(u) \big] \mathrm{d}u$$

$$- \int_a^b y(u, v_1(u)) \big[x_u(u, v_1(u)) + x_v(u, v_1(u)) v_1'(u) \big] \mathrm{d}u$$

$$= \int_a^b \big[y(u, v_2(u)) x_u(u, v_2(u)) - y(u, v_1(u)) x_u(u, v_1(u)) \big] \mathrm{d}u$$

$$+ \int_a^b \big[y(u, v_2(u)) x_v(u, v_2(u)) v_2'(u) - y(u, v_1(u)) x_v(u, v_1(u)) v_1'(u) \big] \mathrm{d}u$$

$$= [1] + [2],$$

其中

$$[1] = \int_a^b \big[y(u, v_2(u)) x_u(u, v_2(u)) - y(u, v_1(u)) x_u(u, v_1(u)) \big] \mathrm{d}u,$$

$$[2] = \int_a^b \big[y(u, v_2(u)) x_v(u, v_2(u)) v_2'(u) - y(u, v_1(u)) x_v(u, v_1(u)) v_1'(u) \big] \mathrm{d}u.$$

对于 [1] 式, 应用 Newton-Leibniz 公式, 成立

$$[1] = \int_a^b \big[y(u, v_2(u)) x_u(u, v_2(u)) - y(u, v_1(u)) x_u(u, v_1(u)) \big] \mathrm{d}u$$

$$= \int_a^b \left[\int_{v_1(u)}^{v_2(u)} \frac{\mathrm{d}[y(u, t) x_u(u, t)]}{\mathrm{d}t} \mathrm{d}t \right] \mathrm{d}u$$

$$= \int_a^b \left[\int_{v_1(u)}^{v_2(u)} (y_v(u, t) x_u(u, t) + y(u, t) x_{uv}(u, t)) \mathrm{d}t \right] \mathrm{d}u.$$

利用 7.1 节中定理 7.1.5 给出的关于变限含参变量积分的求导公式, 则有下面等式:

$$\frac{\mathrm{d}}{\mathrm{d}u}\left(\int_{v_1(u)}^{v_2(u)} y(u,t)x_v(u,t)\mathrm{d}t\right) = \int_{v_1(u)}^{v_2(u)}\left[y_u(u,t)x_v(u,t)+y(u,t)x_{uv}(u,t)\right]\mathrm{d}t$$
$$+y(u,v_2(u))x_v(u,v_2(u))v_2'(u)-y(u,v_1(u))x_v(u,v_1(u))v_1'(u).$$

因此, 对于上面 [2] 式中的被积函数, 成立

$$y(u,v_2(u))x_v(u,v_2(u))v_2'(u)-y(u,v_1(u))x_v(u,v_1(u))v_1'(u)$$
$$=\frac{\mathrm{d}}{\mathrm{d}u}\left(\int_{v_1(u)}^{v_2(u)} y(u,t)x_v(u,t)\mathrm{d}t\right)-\int_{v_1(u)}^{v_2(u)}\left[y_u(u,t)x_v(u,t)+y(u,t)x_{uv}(u,t)\right]\mathrm{d}t.$$

注意到,

$$\int_a^b\left[\frac{\mathrm{d}}{\mathrm{d}u}\left(\int_{v_1(u)}^{v_2(u)} y(u,t)x_v(u,t)\mathrm{d}t\right)\right]\mathrm{d}u$$
$$=\int_{v_1(b)}^{v_2(b)} y(b,t)x_v(b,t)\mathrm{d}t-\int_{v_1(a)}^{v_2(a)} y(a,t)x_v(a,t)\mathrm{d}t,$$

利用条件 $v_1(a)=v_2(a)$, $v_1(b)=v_2(b)$, 所以上面积分为零, [2] 可以表示为

$$[2]=\int_a^b\left[y(u,v_2(u))x_v(u,v_2(u))v_2'(u)-y(u,v_1(u))x_v(u,v_1(u))v_1'(u)\right]\mathrm{d}u$$
$$=-\int_a^b\left[\int_{v_1(u)}^{v_2(u)}\left(y_u(u,t)x_v(u,t)+y(u,t)x_{uv}(u,t)\right)\mathrm{d}t\right]\mathrm{d}u.$$

将上式代入 $m(D)=[1]+[2]$, 利用 G 上累次积分与重积分的关系, 我们就得到

$$m(D)=\int_a^b\left[\int_{v_1(u)}^{v_2(u)}\left(x_u(u,t)y_v(u,t)-y_u(u,t)x_v(u,t)\right)\mathrm{d}t\right]\mathrm{d}u=\iint_G\frac{\partial(x,y)}{\partial(u,v)}\mathrm{d}u\mathrm{d}v.$$

至此我们完成了定理的证明. ∎

定理 7.5.1 是研究高维空间以及多重积分的重要关系式, 在后面第九章中利用 Green 公式, 我们还会给这一关系一个更加清楚、简洁, 并且可以推广到高维的证明. 读者可以重点参考那个证明. 下面先利用定理 7.5.1 给出几个在以后讨论中经常用到的推论.

首先, 我们在前面曾经提到过对于微分同胚

$$\varphi:G\to D,\quad (u,v)\to(x(u,v),y(u,v)),$$

其 Jacobi 行列式 $J(\varphi)$ 或者恒大于零, 或者恒小于零. 而在定理 7.5.1 里的面积关系中, 面积 $m(D)$ 总是大于零的, 因此这时必须 Jacobi 行列式 $J(\varphi)$ 恒大于零. 通过

上面的证明过程不难看出, 这是因为这里我们特别假定了映射 φ 将 G 的边界 ∂G 取定的方向映为 D 的边界 ∂D 相应的方向, 从而保证了从 a 到 b 的积分转换为从 c 到 d 的积分. 为了说明这一关系, 我们先给出下面定义.

定义 7.5.2　设 $D \subset \mathbb{R}^2$ 是以有限条光滑闭曲线为边界的区域. 在边界 ∂D 曲线上取定一方向, 使得站在平面上沿这一方向走时, D 总在边界的左手边, 则边界的这一方向称为**边界的正向** (见图 7.7). 如果对于边界 ∂D 取定方向, 使得沿这一方向走时, D 总在右手边, 则称边界的这一方向为**边界的逆向**.

例如图 7.7 和图 7.8 中两个区域都是取边界的正向. 对于平面上的圆盘, 圆周的逆时针方向是正向. 而对于平面上的圆环 $D = \{(x, y) \mid r^2 \leqslant x^2 + y^2 \leqslant R^2\}$, 外圈逆时针方向是正向, 内圈则顺时针方向是正向.

通过定理 7.5.1 的证明我们看到, 如果映射 φ 将 ∂G 的正向映为 ∂D 的正向, 则 $J(\varphi)$ 恒大于零; 反之, 如果映射 φ 将 ∂G 的正向映为 ∂D 的逆向, 则必须 $J(\varphi)$ 恒小于零. 由此我们得到一个后面将反复用到的重要定理.

定理 7.5.2　设 $\varphi : \overline{G} \to \overline{D}$ 是微分同胚, 则 φ 将 G 中区域边界的正向映为其像区域 D 边界的正向的充要条件是 Jacobi 行列式 $J(\varphi)$ 恒大于零. 而 φ 将正向映为逆向的充要条件是 Jacobi 行列式 $J(\varphi)$ 恒小于零.

保持边界方向的映射通常称为**保向映射**, 而改变边界方向的映射称为**逆向映射**. 定理 7.5.2 表明 Jacobi 行列式大于零是保向映射的充要条件. 这是一元函数中导函数大于等于零等价于函数单调递增, 保持了区间的方向这一结论的推广.

不论微分同胚 $\varphi : G \to D$ 是保向映射, 还是逆向映射, 对 Jacobi 行列式取绝对值后区域面积在微分同胚下的关系总可以表示为

$$m(D) = \iint_G \left| \frac{\partial(x, y)}{\partial(u, v)} \right| \mathrm{d}u \mathrm{d}v.$$

另一方面, 由于假定了微分同胚 $\varphi : G \to D$ 在包含 $\overline{G}$ 的开集上二阶连续可微, 特别的, Jacobi 行列式 $\dfrac{\partial(x, y)}{\partial(u, v)}$ 在 G 上有界. 因此, 如果 G_n 是 G 中一列以光滑曲线为边界的区域, 满足 $\lim\limits_{n \to +\infty} m(G_n) = 0$, 则 $D_n = \varphi(G_n)$ 是 D 中一列以光滑曲线为边界的区域, 满足 $\lim\limits_{n \to +\infty} m(\varphi(G_n)) = 0$. 利用此, 我们看到微分同胚一定将零测集映为零测集. 而一个集合有面积的充要条件是其边界为零测集, 微分同胚将集合的内点映为内点, 将边界映为边界. 因此成立下面定理.

定理 7.5.3　微分同胚 $\varphi : \overline{G} \to \overline{D}$ 将有面积的集合映为有面积的集合.

定理 7.5.3 表明集合的可测性在微分同胚下保持不变. 另外, 如果对定理 7.5.1 中的公式应用积分第一中值定理, 则得到下面 Lagrange 中值定理的推广.

定理 7.5.4 设 $\varphi : \overline{G} \to \overline{D}$ 是 C^2 微分同胚, 则存在 $(u', v') \in G$, 使得

$$m(D) = \left| \frac{\partial(x,y)}{\partial(u,v)}(u', v') \right| m(G).$$

利用这一关系, 与一元函数定积分的第二换元法的结论和证明方法基本相同, 对于二重积分, 成立下面的换元公式.

定理 7.5.5 设 $\varphi : \overline{G} \to \overline{D}$, $(u,v) \to (x,y)$ 是可测闭区域 G 到 D 的微分同胚, 则 D 上函数 $f(x,y)$ 可积等价于 $f(x(u,v), y(u,v))$ 在 G 上可积. 可积时,

$$\iint_D f(x,y)\mathrm{d}x\mathrm{d}y = \iint_G f(x(u,v), y(u,v)) \left| \frac{\partial(x,y)}{\partial(u,v)} \right| \mathrm{d}u\mathrm{d}v.$$

证明 设 $f(x,y)$ 在 D 上可积, $\Delta : G_1, \cdots, G_n$ 是 G 的分割, 假定其中 G_i 都是以光滑曲线为边界的闭区域, 则 $\varphi(\Delta) : \varphi(G_1), \cdots\cdots, \varphi(G_n)$ 是 D 的分割. 利用上面定理 7.5.4, 对于 $i = 1, 2, \cdots, n$, 存在 $(\tilde{u}_i, \tilde{v}_i) \in G_i$, 使得

$$m(\varphi(G_i)) = \left| \frac{\partial(x,y)}{\partial(u,v)}(\tilde{u}_i, \tilde{v}_i) \right| m(G_i).$$

现任取 $(u_i, v_i) \in G_i$, 设 $(x_i, y_i) = (x(u_i, v_i), y(u_i, v_i))$, 我们得到下面等式:

$$\sum_{i=1}^n f(x_i, y_i) m(\varphi(G_i)) = \sum_{i=1}^n f(x(u_i, v_i), y(u_i, v_i)) \left| \frac{\partial(x,y)}{\partial(u,v)}(\tilde{u}_i, \tilde{v}_i) \right| m(G_i).$$

由于 $f(x,y)$ 在 D 上可积, 而当 $\lambda(\Delta) \to 0$ 时, $\lambda(\varphi(\Delta)) \to 0$, 因此上面的等式两边都趋于 $\iint_D f(x,y)\mathrm{d}x\mathrm{d}y$. 这时, 利用 $\left| \frac{\partial(x,y)}{\partial(u,v)} \right|$ 在 G 上一致连续, 因而当 $\lambda(\Delta) \to 0$ 时,

$$\left| \sum_{i=1}^n f(x(u_i, v_i), y(u_i, v_i)) \left| \frac{\partial(x,y)}{\partial(u,v)}(u_i, v_i) \right| m(G_i) \right.$$
$$\left. - \sum_{i=1}^n f(x(u_i, v_i), y(u_i, v_i)) \left| \frac{\partial(x,y)}{\partial(u,v)}(\tilde{u}_i, \tilde{v}_i) \right| m(G_i) \right| \to 0.$$

即 $f(x(u,v), y(u,v)) \left| \frac{\partial(x,y)}{\partial(u,v)}(u,v) \right|$ 在 G 上可积, 其积分也为 $\iint_D f(x,y)\mathrm{d}x\mathrm{d}y$.

而如果令 $g(u,v) = \left| \frac{\partial(x,y)}{\partial(u,v)}(u,v) \right|$, 注意到其在 G 上连续且处处不为零, 因此 $\frac{1}{g(u,v)}$ 在 G 上可积. 我们得到函数 $f(x(u,v), y(u,v))$ 在 G 上可积.

反之, 如果 $f(x(u,v), y(u,v))$ 在 G 上可积, 则其乘上 $\left| \dfrac{\partial(x,y)}{\partial(u,v)}(u,v) \right|$ 后, 也在 G 上可积. 上面的推导返回去, 就得到 $f(x,y)$ 在 D 上可积, 并且成立换元公式. ∎

定理 7.5.5 表明函数的可积性在微分同胚下保持不变. 另外由于面积为零的集合在微分同胚下的像集仍然是面积为零的集合. 而一个面积为零的集合对于积分没有影响, 因而在定理 7.5.5 的换元公式中, 可以将条件放宽一点, 仅仅假定映射 $T : G \to D$ 在一个面积为零的集合以外是微分同胚. 这时定理仍然成立. 例如对于平面的极坐标变换

$$x = r\cos\theta, y = r\sin\theta : [0, +\infty) \times [0, 2\pi] \to \mathbb{R}^2,$$

其并不是一一对应, 但不是同胚的部分面积为零, 因此对积分的换元公式没有影响.

下面来看几个例子.

例 1　计算二重积分 $I = \iint_D (x^2 + y^2)\mathrm{d}x\mathrm{d}y$, 其中 D 是由双纽线

$$(x^2 + y^2)^2 = a^2(x^2 - y^2), \quad x \geqslant 0$$

在右半平面围成的区域.

解　首先作图 (图 7.9):

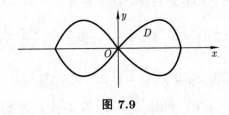

图 7.9

利用极坐标变换 $x = r\cos\theta$, $y = r\sin\theta$, 双纽线方程化为

$$r = a\sqrt{\cos 2\theta}, \quad -\frac{\pi}{4} \leqslant \theta \leqslant \frac{\pi}{4}.$$

由于区域和被积函数关于 x 轴对称, 因此,

$$I = 2\int_0^{\frac{\pi}{4}} \mathrm{d}\theta \int_0^{a\sqrt{\cos 2\theta}} r^3 \mathrm{d}r = \frac{a^4}{2} \int_0^{\frac{\pi}{4}} \cos^2 2\theta \mathrm{d}\theta = \frac{a^4}{4} \int_0^{\frac{\pi}{2}} \cos^2 \theta \mathrm{d}\theta = \frac{a^4}{16}\pi.$$

例 2　计算二重积分 $I = \iint_D xy\mathrm{d}x\mathrm{d}y$, 其中 D 是由抛物线

$$y^2 = x, \quad y^2 = 4x; \quad x^2 = y, \quad x^2 = 4y$$

围成的区域.

解 首先作图 (图 7.10):

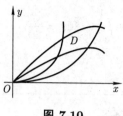

图 7.10

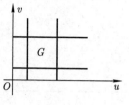

图 7.11

作变换 $T^{-1} : u = \dfrac{y^2}{x}$, $v = \dfrac{x^2}{y}$, 则 T^{-1} 将 D 同胚地映为正方形区域 $G - T^{-1}(D) = \{(u,v) \mid (u,v) \in [1,4] \times [1,4]\}$, 参考图 7.11. 由于

$$\frac{\partial(u,v)}{\partial(x,y)} = \begin{vmatrix} -\dfrac{y^2}{x^2} & \dfrac{2y}{x} \\ \dfrac{2x}{y} & -\dfrac{x^2}{y^2} \end{vmatrix} = -3,$$

而 $\dfrac{\partial(u,v)}{\partial(x,y)} \cdot \dfrac{\partial(x,y)}{\partial(u,v)} = 1$, 因此 $\left| \dfrac{\partial(x,y)}{\partial(u,v)} \right| = \dfrac{1}{3}$. 又由于 $uv = \dfrac{y^2}{x} \cdot \dfrac{x^2}{y} = xy$, 所以

$$I = \iint_D xy \mathrm{d}x\mathrm{d}y = I = \iint_{T^{-1}(D)} uv \mathrm{d}u\mathrm{d}v = \frac{1}{3} \int_1^4 u\mathrm{d}u \int_1^4 v\mathrm{d}v = \frac{75}{4}.$$

例 3 计算二重积分 $\displaystyle\iint_D \sqrt{\dfrac{xy}{x+y}} \mathrm{d}x\mathrm{d}y$, 其中 D 是由 $x = 0$, $y = 0$, $x + y = 1$ 围成的区域.

解 首先作图 (图 7.12):

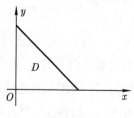

图 7.12

作变换 $T : x = r\cos^2\theta$, $y = r\sin^2\theta$. 这一变换将区域 $G : \left(0, \dfrac{\pi}{2}\right) \times (0,1)$ 同胚地映到区域 D 的内点集 D°, 而

$$\frac{\partial(x,y)}{\partial(r,\theta)} = \begin{vmatrix} \cos^2\theta & \sin^2\theta \\ -2r\cos\theta\sin\theta & 2r\cos\theta\sin\theta \end{vmatrix} = 2r\cos\theta\sin\theta,$$

因此

$$\iint_D \sqrt{\frac{xy}{x+y}}\mathrm{d}x\mathrm{d}y = \iint_G \sqrt{r\cos\theta\sin\theta}\cdot 2r\cos\theta\sin\theta\mathrm{d}r\mathrm{d}\theta$$

$$= 2\int_0^{\frac{\pi}{2}}\cos^2\theta\sin^2\theta\mathrm{d}\theta\int_0^1\sqrt{r^3}\mathrm{d}r = \frac{\pi}{20}.$$

7.6 n 重 积 分

在空间 $\mathbb{R}^3$ 中利用立方体代替平面的矩形, 则可将上面几节的讨论进一步推广: 定义 $\mathbb{R}^3$ 中的 Jordan 可测集, 给出函数的可积条件. 而类比于平面中以有限条光滑曲线为边界的区域 Jordan 可测, 对于 $\mathbb{R}^3$ 中区域的边界, 有下面定义.

定义 7.6.1 $\mathbb{R}^3$ 中的曲面 $\Sigma: (u,v) \to (x(u,v), y(u,v), z(u,v))$ 称为**光滑曲面**, 如果 $x(u,v)$, $y(u,v)$ 和 $z(u,v)$ 都是平面区域 D 上连续可微的函数, 并且对于任意 $(u,v) \in D$, 都成立

$$\mathrm{rank}\frac{\mathrm{D}(x,y,z)}{\mathrm{D}(u,v)}(u,v) = 2.$$

例 1 设 $f(x,y,z)$ 是区域 $D \subset \mathbb{R}^3$ 上连续可微的函数, Σ 是由 $f(x,y,z) = 0$ 定义的曲面, 如果 $\Sigma \neq \varnothing$, 并且 $\mathrm{grad}(f) = (f_x, f_y, f_z)$ 在 Σ 上处处不为零, 则利用隐函数定理不难看出 Σ 是光滑曲面.

如果 $\Sigma: (u,v) \to (x(u,v), y(u,v), z(u,v))$ 是光滑曲面, (u_0, v_0) 是给定的点, 设在 (u_0, v_0),

$$\frac{\partial(x,y)}{\partial(u,v)}(u_0, v_0) \neq 0,$$

利用逆变换定理, 局部可解出 (u,v) 为 (x,y) 的连续可微的函数 $u = u(x,y)$, $v = v(x,y)$. 因此 Σ 局部可以表示为连续可微函数 $z = z(u(x,y), v(x,y))$ 的图像.

类比于平面上可测集的判定方法, 利用二元连续函数可积, 我们得到对于一个定义在有界可测闭集上的连续函数 $z = f(x,y)$, 其在 $\mathbb{R}^3$ 中定义的曲面

$$\Sigma = \{(x, y, f(x,y))\}$$

的 Jordan 测度为零. 特别的, 光滑曲面由于局部都可以表示为上面的形式, 因此光滑曲面的 Jordan 测度为零. 利用此, 我们得到下面定理.

定理 7.6.1 $\mathbb{R}^3$ 中以有限块光滑曲面为边界的有界区域都是 Jordan 可测集.

$\mathbb{R}^3$ 中 Jordan 可测集 D 上的函数 $f(x, y, z)$ 的积分称为**三重积分**, 表示为

$$\iiint_D f(x, y, z)\mathrm{d}x\mathrm{d}y\mathrm{d}z.$$

同样的方法和结论也完全适用于 n 维欧氏空间 $\mathbb{R}^n$ 中以有限块 $n-1$ 维光滑曲面为边界的区域 D, 以及 D 上的函数 $f(x^1, \cdots, x^n)$. 由此可以定义 n 重积分

$$\iint \cdots \int_D f(x^1, \cdots, x^n)\mathrm{d}x^1 \cdots \mathrm{d}x^n.$$

具体的表述和证明过程, 我们留给读者作为练习.

下面将以例子的形式给出三重积分以及某些 n 重积分的计算过程, 说明怎样将这些积分化为累次积分, 并给出 n 重积分的变元代换公式.

类似于二重积分的计算, 三重积分也需要化为累次积分来进行计算. 但是这里与平面区域不同, 三维空间中区域上的三重积分我们有两种方法将其化为累次积分.

设 $\phi_1(x, y) \leqslant \phi_2(x, y)$ 都是定义在平面可测区域 D (见图 7.13) 上的连续函数, 令

$$V = \left\{ (x, y, z) \mid (x, y) \in D, \phi_1(x, y) \leqslant z \leqslant \phi_2(x, y) \right\}.$$

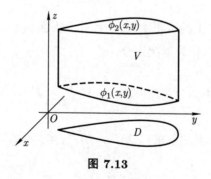

图 7.13

现设函数 $f(x, y, z)$ 在 V 上可积, 并且对于任意 $(x, y) \in D$, 含参变量积分

$$I(x, y) = \int_{\phi_1(x, y)}^{\phi_2(x, y)} f(x, y, z)\mathrm{d}z$$

存在, 则 $I(x, y)$ 在 D 上可积, 并且三重积分可以化为累次积分

$$\iiint_V f(x, y, z)\mathrm{d}x\mathrm{d}y\mathrm{d}z = \iint_D \mathrm{d}x\mathrm{d}y \int_{\phi_1(x, y)}^{\phi_2(x, y)} f(x, y, z)\mathrm{d}z = \iint_D I(x, y)\mathrm{d}x\mathrm{d}y.$$

利用此, 我们就可以再进一步将平面区域上的二重积分 $\iint_D I(x,y)\mathrm{d}x\mathrm{d}y$ 化为累次积分, 例如 $\iint_D I(x,y)\mathrm{d}x\mathrm{d}y = \int_a^b \left(\int_{\varphi_1(x)}^{\varphi_2(x)} f(x,y,z)\mathrm{d}y \right)\mathrm{d}x$, 则

$$\iiint_D f(x,y,z)\mathrm{d}x\mathrm{d}y\mathrm{d}z = \int_a^b \left[\int_{\varphi_1(x)}^{\varphi_2(x)} \left(\int_{\phi_1(x,y)}^{\phi_2(x,y)} f(x,y,z)\mathrm{d}z \right)\mathrm{d}y \right]\mathrm{d}x.$$

三重积分化为了累次积分, 从而有可能利用 Newton-Leibniz 公式得到积分的计算.

将三重积分化为累次积分的另一个方法是设空间中的 Jordan 可测区域 V 位于两个平面 $z = c$, $z = d$ 之间, 设 $z_0 \in [c,d]$ 给定, $D(z_0)$ 是平面 $z = z_0$ 与 V 相交得到的平面区域, 见图 7.14.

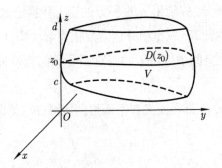

图 7.14

如果 $f(x,y,z)$ 是 V 上的可积函数, 并且对于任意 $z_0 \in [c,d]$, $f(x,y,z_0)$ 在 $D(z_0)$ 上可积, 则三重积分可以化为累次积分

$$\iiint_V f(x,y,z)\mathrm{d}x\mathrm{d}y\mathrm{d}z = \int_c^d \mathrm{d}z \iint_{D(z)} f(x,y,z)\mathrm{d}x\mathrm{d}y.$$

例 2 计算椭球 V 上的三重积分 $I = \iiint_V (x+y+z)^2\mathrm{d}x\mathrm{d}y\mathrm{d}z$, 其中

$$V = \left\{ (x,y,z) \,\middle|\, \frac{x^2}{a^2} + \frac{y^2}{b^2} + \frac{z^2}{c^2} \leqslant 1 \right\}.$$

解 首先从积分区域的对称性以及函数的奇偶性容易看出

$$\iiint_V xy\mathrm{d}x\mathrm{d}y\mathrm{d}z = \iiint_V yz\mathrm{d}x\mathrm{d}y\mathrm{d}z = \iiint_V xz\mathrm{d}x\mathrm{d}y\mathrm{d}z = 0,$$

因此

$$I = \iiint_V (x^2 + y^2 + z^2)\mathrm{d}x\mathrm{d}y\mathrm{d}z.$$

以 $\iiint_V x^2 \mathrm{d}x\mathrm{d}y\mathrm{d}z$ 的计算为例. 对于任意 $x_0 \in [-a,a]$, V 与平面 $x = x_0$ 相交的平面区域 $D(x_0)$ 可以表示为 $\dfrac{y^2}{b^2\left(1 - \frac{x_0^2}{a^2}\right)} + \dfrac{z^2}{c^2\left(1 - \frac{x_0^2}{a^2}\right)} \leqslant 1$. 利用二重积分容易

得到椭圆 $D(x_0)$ 的面积为 $\pi bc\left(1 - \dfrac{x_0^2}{a^2}\right)$, 因此

$$\iiint_V x^2 \mathrm{d}x\mathrm{d}y\mathrm{d}z = \int_{-a}^a x^2 \mathrm{d}x \iint_{D(x)} \mathrm{d}y\mathrm{d}z$$
$$= \int_{-a}^a x^2 \pi bc\left(1 - \frac{x^2}{a^2}\right)\mathrm{d}x = \frac{4}{15}\pi a^3 bc.$$

同理得

$$\iiint_V y^2 \mathrm{d}x\mathrm{d}y\mathrm{d}z = \frac{4}{15}\pi ab^3 c, \qquad \iiint_V z^2 \mathrm{d}x\mathrm{d}y\mathrm{d}z = \frac{4}{15}\pi abc^3.$$

我们得到

$$\iiint_V (x + y + z)^2 \mathrm{d}x\mathrm{d}y\mathrm{d}z = \frac{4}{15}\pi abc(a^2 + b^2 + c^2).$$

例 3 计算积分 $I = \iiint_V (x + y + z)\mathrm{d}x\mathrm{d}y\mathrm{d}z$, 其中 V 是由抛物面 $2z = x^2 + y^2$ 与球面 $x^2 + y^2 + z^2 = 3$ 围成的区域.

解 首先作图 (图 7.15):

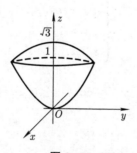

图 7.15

两个曲面的交线为 $z = 1$ 平面上的圆 $x^2 + y^2 = 2$, 由对称性得

$$\iiint_V x\mathrm{d}x\mathrm{d}y\mathrm{d}z = 0, \qquad \iiint_V y\mathrm{d}x\mathrm{d}y\mathrm{d}z = 0,$$

因此

$$I = \iiint_V z\mathrm{d}x\mathrm{d}y\mathrm{d}z = \int_0^1 z\mathrm{d}z \iint_{D(z)} \mathrm{d}x\mathrm{d}y + \int_1^{\sqrt{3}} z\mathrm{d}z \iint_{D(z)} \mathrm{d}x\mathrm{d}y$$
$$= \int_0^1 \pi z^2 \mathrm{d}z + \int_1^{\sqrt{3}} \pi z(3 - z^2)\mathrm{d}z = \frac{5}{3}\pi.$$

在给出更多例子之前, 先来讨论 n 重积分的变元代换问题. 对于 n 重积分, 与一元函数和二元函数相同, 我们也需要知道函数的可积性在怎样的变换下不变, 积分在变换下满足什么关系式, 怎样通过变元代换来简化积分计算.

设 U 和 V 是 $\mathbb{R}^n$ 中以有限块光滑曲面为边界的区域,

$$T : U \to V, \quad (x^1, \cdots, x^n) \to (y^1(x^1, \cdots, x^n), \cdots, y^n(x^1, \cdots, x^n))$$

是 $\overline{U}$ 邻域到 $\overline{V}$ 邻域的 C^2 微分同胚, 则成立下面 n 重积分的变元代换公式.

定理 7.6.2　映射 T, 以及区域 U 和 V 均如上假设, $f(y^1, \cdots, y^n)$ 是 V 上的连续函数, 则成立下面的积分变元代换公式:

$$\iint \cdots \int_V f(y^1, \cdots, y^n) \mathrm{d}y^1 \cdots \mathrm{d}y^n$$
$$= \iint \cdots \int_U f(y^1(x^1, \cdots, x^n), \cdots, y^n(x^1, \cdots, x^n)) \left| \frac{\partial(y^1, \cdots, y^n)}{\partial(x^1, \cdots, x^n)} \right| \mathrm{d}x^1 \cdots \mathrm{d}x^n.$$

这一定理的证明这里就不讨论了, 读者可参考本书第九章 Gauss 公式的应用.

作为平面极坐标的推广, 在三维空间 $\mathbb{R}^3$ 上有下面两个常用的坐标变换.

柱坐标　令

$$\begin{cases} x = r\cos\theta, \\ y = r\sin\theta, \\ z = z. \end{cases}$$

其中 $r \in [0, +\infty)$, $\theta \in \left[0, \dfrac{\pi}{2}\right)$, $z \in (-\infty, +\infty)$, (r, θ, z) 称为空间柱坐标, 见图 7.16.

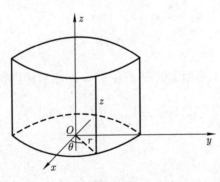

图 7.16

对于柱坐标变换 $(r, \theta, z) \to (x, y, z)$, 其 Jacobi 行列式为 $\dfrac{\partial(x, y, z)}{\partial(r, \theta, z)} = r$.

球坐标 令

$$\begin{cases} x = r \sin \phi \cos \theta, \\ y = r \sin \phi \sin \theta, \\ z = r \cos \phi. \end{cases}$$

其中 $r \in [0, +\infty)$, $\theta \in \left[0, \dfrac{\pi}{2}\right)$, $\phi \in (-\pi, \pi)$, (r, θ, ϕ) 称为空间球坐标, 见图 7.17:

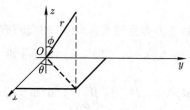

图 7.17

对于球坐标, 其 Jacobi 行列式为 $\dfrac{\partial(x, y, z)}{\partial(r, \theta, \phi)} = r^2 \sin \phi$.

例 4 计算三重积分 $I = \iiint_V z \mathrm{d}x\mathrm{d}y\mathrm{d}z$, 其中 V 是由抛物面 $3z = x^2 + y^2$ 与球面 $x^2 + y^2 + z^2 = 4$ 围成的区域.

解 首先作图 (图 7.18):

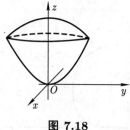

图 7.18

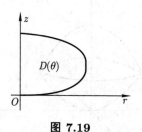

图 7.19

考虑柱坐标. 设 $D(\theta)$ 是由 θ 为常数的平面与 V 相交的截面, 见图 7.19. 将 V 的边界方程在截面上化为柱坐标方程 $r^2 + z^2 = 4$, $r^2 = 3z$, 我们得到

$$I = \iiint_V z\mathrm{d}x\mathrm{d}y\mathrm{d}z = \int_0^{2\pi} \mathrm{d}\theta \iint_{D(\theta)} zr\mathrm{d}z\mathrm{d}r$$

$$= \int_0^{2\pi} \mathrm{d}\theta \int_0^{\sqrt{3}} \mathrm{d}r \int_{\frac{r^2}{3}}^{\sqrt{4-r^2}} rz\mathrm{d}z = 2\pi \int_0^{\sqrt{3}} \frac{r}{2}\left(4 - r^2 - \frac{r^4}{9}\right)\mathrm{d}r = \frac{13}{4}\pi.$$

例 5 计算三重积分 $I = \iiint_V \sqrt{x^2 + y^2}\mathrm{d}x\mathrm{d}y\mathrm{d}z$, 其中 V 是由锥面 $z^2 = x^2 + y^2$ 与平面 $z = 1$ 围成的区域.

解 首先作图 (图 7.20):

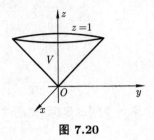

图 7.20

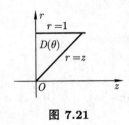

图 7.21

考虑柱坐标. 设 $D(\theta)$ 是由 θ 为方程的平面与 V 相交的截面, 见图 7.21. 将 V 的边界方程在截面上化为柱坐标方程 $r = z$, $z = 1$, 我们得到

$$I = \iiint_V \sqrt{x^2 + y^2}\mathrm{d}x\mathrm{d}y\mathrm{d}z = \int_0^{2\pi} \mathrm{d}\theta \iint_{D(\theta)} r^2\mathrm{d}z\mathrm{d}r = 2\pi \int_0^1 \mathrm{d}z \int_0^z r^2\mathrm{d}r = \frac{\pi}{6}.$$

例 6　设 V 是由球面 $x^2 + y^2 + z^2 = 2z$ 围成的区域, 计算三重积分

$$\iiint_V (x^2 + y^2 + z^2)\mathrm{d}x\mathrm{d}y\mathrm{d}z.$$

解　首先作图 7.22, 考虑球坐标. 设 $D(\theta)$ 是由 θ 为方程的平面与 V 相交的截面, 见图 7.23.

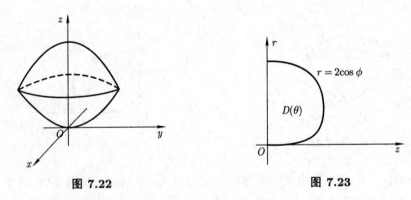

图 7.22

图 7.23

将 V 的边界方程在截面上化为球坐标方程 $r = 2\cos\theta$, 我们得到

$$I = \iiint_V (x^2 + y^2 + z^2)\mathrm{d}x\mathrm{d}y\mathrm{d}z = \int_0^{2\pi} \mathrm{d}\theta \iint_{D(\theta)} r^2 \cdot r^2 \sin\phi\mathrm{d}\phi\mathrm{d}r$$

$$= 2\pi \int_0^{\frac{\pi}{2}} \sin\phi\mathrm{d}\phi \int_0^{2\cos\phi} r^4\mathrm{d}r = 2\pi \int_0^{\frac{\pi}{2}} \frac{32}{5}\cos^5\phi\sin\phi\mathrm{d}\phi = \frac{32}{15}\pi.$$

例 7　计算三重积分

$$I = \iiint_V (x^2 + y^2 + z^2)\mathrm{d}x\mathrm{d}y\mathrm{d}z,$$

其中 V 是由椭球面 $\dfrac{x^2}{a^2} + \dfrac{y^2}{b^2} + \dfrac{z^2}{c^2} = 1$ 围成的区域.

解 作广义球坐标变换:

$$\begin{cases} x = ar\sin\phi\cos\theta, \\ y = br\sin\phi\sin\theta, \\ z = cr\cos\phi. \end{cases}$$

变换的 Jacobi 行列式为 $\dfrac{\partial(x,y,z)}{\partial(r,\theta,\phi)} = abcr^2\sin\phi$, 上面积分化为

$$\begin{aligned} I &= \iiint_V (x^2 + y^2 + z^2)\mathrm{d}x\mathrm{d}y\mathrm{d}z \\ &= \int_0^{2\pi} \mathrm{d}\theta \int_0^{\pi} \mathrm{d}\phi \int_0^1 (a^2\sin^2\phi\cos^2\theta + b^2\sin^2\phi\sin^2\theta + c^2\cos^2\phi)abcr^4\sin\phi\mathrm{d}r \\ &= \frac{2}{15}abc \int_0^{2\pi} \mathrm{d}\theta \int_0^{\pi} (a^2\sin^2\phi\cos^2\theta + b^2\sin^2\phi\sin^2\theta + c^2\cos^2\phi)\sin\phi\mathrm{d}\phi \\ &= \frac{2}{15}abc \int_0^{2\pi} (2a^2\cos^2\theta + 2b^2\sin^2\theta + c^2)\mathrm{d}\theta = \frac{2}{15}abc(a^2 + b^2 + c^2). \end{aligned}$$

对于 n 维空间的柱坐标和球坐标, 读者可以参考本章后面的习题.

例 8 计算 V_h 的体积, 其中

$$V_h = \left\{ (x^1, \cdots, x^n) \in \mathbb{R}^n \,\middle|\, x^1 \geqslant 0, \cdots, x^n \geqslant 0; x^1 + \cdots + x^n \leqslant h \right\}.$$

解 设 V_h 的体积为 $T_n(h)$, 则

$$T_n(h) = \int \cdots \iint_{V_h} \mathrm{d}x^1 \cdots \mathrm{d}x^n.$$

如果作变量代换 $hy^1 = x^1, \cdots, hy^n = x^n$, 则得 $T_n(h) = h^n T_n(1)$. 另一方面, 如果将上面的积分化为累次积分, 则我们得到

$$T_n(h) = \int_0^h \mathrm{d}x^1 \int \cdots \iint_{\tilde{V}} \mathrm{d}x^2 \cdots \mathrm{d}x^n,$$

这里

$$\tilde{V} = \left\{ (x^2, \cdots, x^n) \in \mathbb{R}^{n-1} \,\middle|\, x^2 \geqslant 0, \cdots, x^n \geqslant 0; x^2 + \cdots + x^n \leqslant h - x^1 \right\},$$

因此我们得到 $T_{n-1}(h - x^1) = (h - x^1)^{n-1} T_{n-1}(1)$, 则

$$T_n(h) = T_{n-1}(1) \int_0^h (h - x^1)^{n-1}\mathrm{d}x^1 = T_{n-1}(1)\frac{h^n}{n}.$$

利用归纳法就得到 $T_n(1) = \dfrac{T_{n-1}(1)}{n} = \dfrac{1}{n!}$. 由此得到 $T_n(h) = \dfrac{h^n}{n!}$.

例 9 计算 n 维空间中半径为 R 的球 $B(n, R)$ 的体积. 这里 $B(n, R)$ 为

$$B(n, R) = \Big\{ (x^1, \cdots, x^n) \in \mathbb{R}^n \,\big|\, (x^1)^2 + \cdots + (x^n)^2 \leqslant R^2 \Big\}.$$

解 设球 $B(n, R)$ 的体积为 $B_n(R)$, 利用 n 重积分化为累次积分,

$$
\begin{aligned}
B_n(R) &= \int \cdots \iint_{B(n, R)} \mathrm{d}x^1 \cdots \mathrm{d}x^n \\
&= \int_{-R}^{R} \mathrm{d}x^1 \int \cdots \iint_{B(n-1, \sqrt{R^2 - (x^1)^2})} \mathrm{d}x^2 \cdots \mathrm{d}x^n \\
&= \int_{-R}^{R} B_{n-1}\big(\sqrt{R^2 - (x^1)^2}\big) \mathrm{d}x^1,
\end{aligned}
$$

其中 $B_{n-1}\big(\sqrt{R^2 - (x^1)^2}\big)$ 表示 $\mathbb{R}^{n-1}$ 中半径为 $\sqrt{R^2 - (x^1)^2}$ 的球的体积. 现在归纳假设, 设在 $n-1$ 维空间中, 半径为 R 的 $n-1$ 维球的体积与 R^{n-1} 成正比关系. 当 $n = 1, 2$ 时, 这一假设成立. 假定 $n-1$ 时成立, 则

$$B_{n-1}\big(\sqrt{R^2 - (x^1)^2}\big) = B_{n-1}(1) \big(\sqrt{R^2 - (x^1)^2}\big)^{n-1}.$$

代入上面的积分, 我们得到

$$B_n(R) = B_{n-1}(1) \int_{-R}^{R} \big(\sqrt{R^2 - (x^1)^2}\big)^{n-1} \mathrm{d}x^1.$$

利用变元代换 $x^1 = R \sin t$, 得

$$B_n(R) = 2 B_{n-1}(1) R^n \int_0^{\frac{\pi}{2}} \cos^n t \, \mathrm{d}t.$$

这一等式首先表明, 我们关于半径为 R 的 $n-1$ 维球的体积与 R^{n-1} 成正比关系的归纳假设是成立的. 而对于积分 $\displaystyle\int_0^{\frac{\pi}{2}} \cos^n t \, \mathrm{d}t$, 利用递推的方法, 不难得到

$$
\int_0^{\frac{\pi}{2}} \cos^n t \, \mathrm{d}t =
\begin{cases}
\dfrac{(n-1)!!}{n!!}, & \text{如果 } n \text{ 为奇数}, \\[2mm]
\dfrac{(n-1)!!}{n!!} \dfrac{\pi}{2}, & \text{如果 } n \text{ 为偶数}.
\end{cases}
$$

由此我们得到

$$
B_n(R) =
\begin{cases}
2 B_{n-1}(1) R^n \dfrac{(n-1)!!}{n!!}, & \text{如果 } n \text{ 为奇数}, \\[2mm]
2 B_{n-1}(1) R^n \dfrac{(n-1)!!}{n!!} \dfrac{\pi}{2}, & \text{如果 } n \text{ 为偶数}.
\end{cases}
$$

而 $B_1(1) = 2$, $B_2(1) = \pi$, 通过递推就得到

$$B_{2n}(1) = \frac{2^n \pi^n}{(2n)!!}, \qquad B_{2n+1}(1) = \frac{2^{n+1}\pi^n}{(2n+1)!!}.$$

由此得到

$$B_{2n}(R) = \frac{\pi^n R^{2n}}{n!}, \qquad B_{2n+1}(R) = \frac{2^{n+1}\pi^n}{(2n+1)!!}R^{2n+1}.$$

而利用例 8 中 n 维球体的体积公式, 就能够进一步得到 n 维空间中球面的面积.

例 10 计算 n 维空间中半径为 R 的球面 $S(n, R)$ 的面积, 这里

$$S(n, R) = \left\{ (x^1, \cdots, x^n) \in \mathbb{R}^n \,\middle|\, (x^1)^2 + \cdots + (x^n)^2 = R^2 \right\}.$$

解 以 $S_n(R)$ 表示 $S(n, R)$ 的面积, 利用微元法, 球体积 $B_n(R)$ 与面积 $S_n(R)$ 的关系为 $B_n(R) = \int_0^R S_n(r)\mathrm{d}r$, 因而 $S_n(R) = \dfrac{\mathrm{d}B_n(R)}{\mathrm{d}R}$. n 维球面的面积为

$$S_{2n}(R) = \frac{2\pi^n R^{2n-1}}{(n-1)!}, \quad S_{2n+1}(R) = \frac{2^{n+1}\pi^n R^{2n}}{(2n-1)!!}.$$

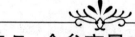

7.7 含参变量广义积分

本节讨论含参变量广义积分, 我们将利用本书上册第九章函数级数的方法和结论来给出相关条件和定理, 也希望借此能够帮助读者回顾一下函数级数的理论.

设 $f(x, y)$ 是定义在 $D = [a, b] \times [0, +\infty)$ 上的函数, 满足当 $x \in [a, b]$ 固定时, $f(x, y)$ 关于变量 y 在 $[0, +\infty)$ 上广义可积, 则

$$h(x) = \int_0^{+\infty} f(x, y)\mathrm{d}y$$

就称为以 x 为参变量的**含参变量的广义积分**.

与我们在本章 7.1 节讨论的普通含参变量积分相同, 我们关心的问题是在什么条件下函数 $h(x)$ 连续、可导或者可积, 并且极限与广义积分、求导与广义积分、积分与广义积分之间可以交换顺序. 对于这些问题, 如果将广义积分 $\displaystyle\int_0^{+\infty} f(x, y)\mathrm{d}y$ 表示为

$$h(x) = \int_0^{+\infty} f(x, y)\mathrm{d}y = \sum_{n=0}^{+\infty} \int_n^{n+1} f(x, y)\mathrm{d}y = \sum_{n=0}^{+\infty} u_n(x),$$

其中 $u_n(x) = \int_n^{n+1} f(x,y)\mathrm{d}y$ 是普通的含参变量积分, 则在我们已经讨论过的普通含参变量积分的基础上, 问题就化为了函数级数的问题.

利用普通含参变量积分的结论, 我们知道如果 $f(x,y)$ 在 $[a,b] \times [n,n+1]$ 上连续, 则 $u_n(x)$ 连续, 并且

$$\int_a^b u_n(x)\mathrm{d}x = \int_a^b \left(\int_n^{n+1} f(x,y)\mathrm{d}y \right)\mathrm{d}x = \int_n^{n+1} \left(\int_a^b f(x,y)\mathrm{d}x \right)\mathrm{d}y.$$

而如果 $f(x,y)$ 在 $[a,b] \times [n,n+1]$ 上关于 x 连续可导, 则 $u_n(x)$ 连续可导, 并且

$$u_n'(x) = \left(\int_n^{n+1} f(x,y)\mathrm{d}y \right)' = \int_n^{n+1} f_x(x,y)\mathrm{d}y.$$

所以问题化为在什么条件下函数级数与极限、积分和求导等运算可以交换顺序. 对此, 从函数级数的讨论中我们知道这需要加上广义积分一致收敛的条件.

定义 7.7.1　设 $f(x,y)$ 是定义在 $D = [a,b] \times [0,+\infty)$ 上的函数, 满足当 $x \in [a,b]$ 固定时, $f(x,y)$ 关于 y 在 $[0,+\infty)$ 上广义可积, 如果极限

$$\lim_{R \to +\infty} \int_0^R f(x,y)\mathrm{d}y = \int_0^{+\infty} f(x,y)\mathrm{d}y$$

对 $x \in [a,b]$ 一致收敛, 则称广义积分 $\int_0^{+\infty} f(x,y)\mathrm{d}y$ 对 $x \in [a,b]$ **一致收敛**.

利用 Cauchy 准则容易看出, 广义积分 $\int_0^{+\infty} f(x,y)\mathrm{d}y$ 对 $x \in [a,b]$ 一致收敛等价于 $\forall \varepsilon > 0$, $\exists N$, 使得只要 $R_1 > N$, $R_2 > N$, $\forall x \in [a,b]$, 都成立

$$\left| \int_{R_1}^{R_2} f(x,y)\mathrm{d}y \right| < \varepsilon.$$

显然, 如果广义积分 $\int_0^{+\infty} f(x,y)\mathrm{d}y$ 关于 x 在 $[a,b]$ 上一致收敛, 则函数级数 $\sum_{n=0}^{+\infty} u_n(x) = \sum_{n=0}^{+\infty} \int_n^{n+1} f(x,y)\mathrm{d}y$ 在 $[a,b]$ 上一致收敛. 利用函数级数的相关理论, 我们得到下面定理.

定理 7.7.1　如果 $f(x,y)$ 在 $D = [a,b] \times [0,+\infty)$ 上连续, 并且含参变量广义积分 $\int_0^{+\infty} f(x,y)\mathrm{d}y$ 关于 x 在 $[a,b]$ 上一致收敛, 则 $h(x) = \int_0^{+\infty} f(x,y)\mathrm{d}y$ 是 $[a,b]$ 上的连续函数.

定理 7.7.2　如果 $f(x,y)$ 在 $D = [a,b] \times [0,+\infty)$ 上连续, 并且含参变量广义积

分 $\int_0^{+\infty} f(x,y)\mathrm{d}y$ 关于 x 在 $[a,b]$ 上一致收敛, 则

$$\int_a^b \left(\int_0^{+\infty} f(x,y)\mathrm{d}y \right) \mathrm{d}x = \int_0^{+\infty} \left(\int_a^b f(x,y)\mathrm{d}x \right) \mathrm{d}y.$$

定理 7.7.3 如果 $f(x,y)$ 是 $D = [a,b] \times [0,+\infty)$ 上对于变量 x 连续可导的函数, 并且含参变量广义积分 $\int_0^{+\infty} f_x(x,y)\mathrm{d}y$ 关于 x 在 $[a,b]$ 上一致收敛, 同时存在一个点 $x_0 \in [a,b]$, 使得广义积分 $\int_0^{+\infty} f(x_0,y)\mathrm{d}y$ 收敛, 则含参变量广义积分 $h(x) = \int_0^{+\infty} f(x,y)\mathrm{d}y$ 在 $[a,b]$ 上一致收敛, $h(x)$ 在 $[a,b]$ 上可导, 并且成立

$$h'(x) = \int_0^{+\infty} f_x(x,y)\mathrm{d}y.$$

同样与函数级数相同, 关于含参变量广义积分一致收敛的判别问题, 我们只须直接推广函数级数一致收敛的判别法, 就得到 Weierstrass 控制收敛判别法、Dirichlet 判别法和 Able 判别法. 证明留作习题.

下面假定 $f(x,y)$ 和 $g(x,y)$ 都是 $[a,b] \times [0,+\infty)$ 上的函数.

定理 7.7.4 (Weierstrass 控制收敛判别法) 如果存在 $[0,+\infty)$ 上的广义可积函数 $h(y)$, 使得 $|f(x,y)| \leqslant h(y)$ 对于任意 $x \in [a,b]$ 成立, 则含参变量广义积分 $\int_0^{+\infty} f(x,y)\mathrm{d}y$ 关于 x 在 $[a,b]$ 上一致收敛.

定理 7.7.5 (Dirichlet 判别法) 如果 $\int_0^R f(x,y)\mathrm{d}y$ 对 $R \in [0,+\infty)$ 一致有界, 而 $x \in [a,b]$ 固定时, $g(x,y)$ 关于 y 单调, 并且 $y \to +\infty$ 时, $g(x,y)$ 对 $x \in [a,b]$ 一致趋于零, 则 $\int_0^{+\infty} f(x,y)g(x,y)\mathrm{d}y$ 对 $x \in [a,b]$ 一致收敛.

定理 7.7.6 (Able 判别法) 如果积分 $\int_0^{+\infty} f(x,y)\mathrm{d}y$ 对 $x \in [a,b]$ 一致收敛, 而 $x \in [a,b]$ 固定时, 函数 $g(x,y)$ 关于 y 单调, 并且 $g(x,y)$ 在 $[a,b] \times [0,+\infty)$ 上一致有界, 则 $\int_0^{+\infty} f(x,y)g(x,y)\mathrm{d}y$ 对 $x \in [a,b]$ 一致收敛.

如果进一步用 $[0,+\infty)$ 代替区间 $[a,b]$, 则我们需要讨论广义积分与广义积分交换顺序的问题. 对此, 成立下面定理.

定理 7.7.7 设 $f(x,y)$ 是 $D = [0,+\infty) \times [0,+\infty)$ 上的连续函数, 如果含参变量广义积分 $h(x) = \int_0^{+\infty} f(x,y)\mathrm{d}y$ 关于 x 在 $[0,+\infty)$ 中的任意闭区间上一致收敛, 而含参变量广义积分 $g(y) = \int_0^{+\infty} f(x,y)\mathrm{d}x$ 关于 y 在 $[0,+\infty)$ 中的任意闭区间上

一致收敛, 并且下面两个广义积分

$$\int_0^{+\infty}\left(\int_0^{+\infty}|f(x,y)|\mathrm{d}x\right)\mathrm{d}y, \quad \int_0^{+\infty}\left(\int_0^{+\infty}|f(x,y)|\mathrm{d}y\right)\mathrm{d}x$$

中至少有一个收敛, 则 $\int_0^{+\infty}\left(\int_0^{+\infty}f(x,y)\mathrm{d}x\right)\mathrm{d}y$ 和 $\int_0^{+\infty}\left(\int_0^{+\infty}f(x,y)\mathrm{d}y\right)\mathrm{d}x$ 都收敛并且相等.

证明 不失一般性, 不妨设 $f(x,y)\geqslant 0$, $\int_0^{+\infty}\left(\int_0^{+\infty}f(x,y)\mathrm{d}x\right)\mathrm{d}y$ 收敛. 考虑无穷级数 $\sum\limits_{m=0}^{+\infty}\sum\limits_{n=0}^{+\infty}\int_m^{m+1}\left(\int_n^{n+1}f(x,y)\mathrm{d}x\right)\mathrm{d}y$. 按照定理的条件, 这一级数可以表示为

$$\sum_{m=0}^{+\infty}\int_m^{m+1}\left(\sum_{n=0}^{+\infty}\int_n^{n+1}f(x,y)\mathrm{d}x\right)\mathrm{d}y = \int_0^{+\infty}\left(\int_0^{+\infty}f(x,y)\mathrm{d}x\right)\mathrm{d}y,$$

它是收敛的正项级数. 而在无穷级数的讨论中我们已经证明了绝对收敛的级数对于求和项任意重排得到的级数和不变, 特别的, 我们可以将上面的级数重排为

$$\int_0^{+\infty}\left(\int_0^{+\infty}f(x,y)\mathrm{d}x\right)\mathrm{d}y = \sum_{m=0}^{+\infty}\int_m^{m+1}\left(\sum_{n=0}^{+\infty}\int_n^{n+1}f(x,y)\mathrm{d}x\right)\mathrm{d}y$$

$$= \sum_{n=0}^{+\infty}\int_n^{n+1}\left(\sum_{m=0}^{+\infty}\int_m^{m+1}f(x,y)\mathrm{d}y\right)\mathrm{d}x = \int_0^{+\infty}\left(\int_0^{+\infty}f(x,y)\mathrm{d}y\right)\mathrm{d}x. \quad\blacksquare$$

利用上面定理, 我们容易得到下面一个应用起来比较方便的结论.

定理 7.7.8 设 $f(x,y)$ 是 $D = [0,+\infty)\times[0,+\infty)$ 上非负的连续函数, 如果含参变量广义积分 $h(x) = \int_0^{+\infty}f(x,y)\mathrm{d}y$ 和 $g(y) = \int_0^{+\infty}f(x,y)\mathrm{d}x$ 都收敛并且关于参变量连续, 而积分 $\int_0^{+\infty}\left(\int_0^{+\infty}f(x,y)\mathrm{d}x\right)\mathrm{d}y$ 和 $\int_0^{+\infty}\left(\int_0^{+\infty}f(x,y)\mathrm{d}y\right)\mathrm{d}x$ 中有一个收敛, 则另一个也收敛并且两个积分相等.

证明 由于 $f(x,y)\geqslant 0$, 因而 $h(x) = \int_0^{+\infty}f(x,y)\mathrm{d}y$ 和 $g(y) = \int_0^{+\infty}f(x,y)\mathrm{d}x$ 都是单调上升的连续函数的极限, 由定理条件: $h(x)$ 和 $g(x)$ 都连续, 利用本书上册第九章中关于一致收敛的 Dini 定理, 这些极限在任意有界闭区间上都是一致收敛的. 对此应用定理 7.7.7 就得到定理 7.7.8. $\quad\blacksquare$

下面我们来计算一些常见的积分.

例 1 设 $0 < a < b$, 计算积分:

(1) $\int_0^{+\infty}\dfrac{\mathrm{e}^{-ax}-\mathrm{e}^{-bx}}{x}\mathrm{d}x$; (2) $\int_0^{+\infty}\dfrac{\cos ax-\cos bx}{x}\mathrm{d}x$.

解 法一 利用积分交换顺序.

(1) 可以表示为

$$\int_0^{+\infty} \frac{e^{-ax} - e^{-bx}}{x} dx = \int_0^{+\infty} \int_a^b e^{-xy} dy dx.$$

由于 $|e^{-xy}| \leqslant e^{-ax}$, 利用控制收敛判别法, 上面积分对于 $y \in [a, b]$ 一致收敛, 因而由定理 7.7.2, 积分可以交换顺序, 我们得到

$$\int_0^{+\infty} \frac{e^{-ax} - e^{-bx}}{x} dx = \int_0^{+\infty} \left(\int_a^b e^{-xy} dy \right) dx = \int_a^b \left(\int_0^{+\infty} e^{-xy} dx \right) dy = \ln \frac{b}{a}.$$

(2) 可以表示为

$$\int_0^{+\infty} \frac{\cos ax - \cos bx}{x} dx = \int_0^{+\infty} \left(\int_a^b \frac{\sin xy}{x} dy \right) dx.$$

其中 $x = 0$ 不是瑕点, 而 $\left| \int_0^A \sin xy dx \right| = \frac{|1 - \cos Ax|}{y} \leqslant \frac{2}{a}$, 因此一致有界. 而函数 $\frac{1}{x}$ 当 $x \to +\infty$ 时关于 $y \in [a, b]$ 一致收敛于零. 利用 Dirichlet 判别法, $\int_0^{+\infty} \frac{\sin xy}{x} dx$ 关于 $y \in [a, b]$ 一致收敛, 积分可以交换顺序, 利用本书下册第二章给出的 Dirichlet 积分, 得

$$\int_0^{+\infty} \frac{\cos ax - \cos bx}{x} dx = \int_0^{+\infty} \left(\int_a^b \frac{\sin xy}{x} dy \right) dx$$

$$= \int_a^b \left(\int_0^{+\infty} \frac{\sin xy}{x} dx \right) dy = \int_a^b \frac{\pi}{2} dy = \frac{\pi}{2}(b - a).$$

法二 利用积分号下求导.

对于 (1), 令 $I(y) = \int_0^{+\infty} \frac{e^{-ax} - e^{-yx}}{x} dx$, 则

$$I(a) = 0, \quad I(b) = \int_0^{+\infty} \frac{e^{-ax} - e^{-bx}}{x} dx.$$

而 $I'(y) = \int_0^{+\infty} e^{-xy} dy = \frac{1}{y}$ 关于 $y > a > 0$ 一致收敛, 因而可以在积分号下求导.

所以 $I(b) = \int_a^b I'(y) dy + I(a) = \ln \frac{b}{a}$.

对于 (2), 令 $I(y) = \int_0^{+\infty} \frac{\cos ax - \cos yx}{x} dx$, 则 $I(a) = 0$, 而积分号下求导得

$$I'(y) = \int_0^{+\infty} \frac{\sin xy}{x} dx = \frac{\pi}{2},$$ 同样关于 $y > a > 0$ 一致收敛, 可以在积分号下求导.

而 $I(b) = \int_a^b I'(y)\mathrm{d}y + I(a) = \dfrac{\pi}{2}(b - a)$.

例 2 设 $a > 0$, 计算下面积分:

(1) $\int_0^{+\infty} \mathrm{e}^{-ax}\cos bx\,\mathrm{d}x$;　(2) $\int_0^{+\infty} \mathrm{e}^{-ax}\dfrac{\sin bx}{x}\,\mathrm{d}x$;　(3) $\int_0^{+\infty} \dfrac{\sin bx}{x}\,\mathrm{d}x$.

解 (1) 由于 $\int \mathrm{e}^{-ax}\cos bx\,\mathrm{d}x = \dfrac{\mathrm{e}^{-ax}}{a^2 + b^2}(-a\cos bx + b\sin bx) + C$, 所以

$$\int_0^{+\infty} \mathrm{e}^{-ax}\cos bx\,\mathrm{d}x = \frac{a}{a^2 + b^2}.$$

(2) 令 $I(b) = \int_0^{+\infty} \mathrm{e}^{-ax}\dfrac{\sin bx}{x}\,\mathrm{d}x$, 则

$$I(0) = 0, \quad I'(b) = \int_0^{+\infty} \mathrm{e}^{-ax}\cos bx\,\mathrm{d}x = \frac{a}{a^2 + b^2}.$$

所以

$$I(b) = \int_0^b \frac{a}{a^2 + b^2}\,\mathrm{d}b + I(0) = \arctan \frac{b}{a}.$$

(3) 同样令 $I(b) = \int_0^{+\infty} \mathrm{e}^{-ax}\dfrac{\sin bx}{x}\,\mathrm{d}x$, 由于 $\int_0^{+\infty} \dfrac{\sin bx}{x}\,\mathrm{d}x$ 关于 a 一致收敛, 而 e^{-ax} 单调一致有界, 利用 Abel 判别法, 积分 $I(b)$ 关于 $a \geqslant 0$ 一致收敛, 因而

$$\int_0^{+\infty} \frac{\sin bx}{x}\,\mathrm{d}x = \lim_{a \to 0} \int_0^{+\infty} \mathrm{e}^{-ax}\frac{\sin bx}{x}\,\mathrm{d}x = \lim_{a \to 0} \arctan \frac{a}{b} = \frac{\pi}{2}\mathrm{sgn}(b).$$

特别的, $\int_0^{+\infty} \dfrac{\sin x}{x}\,\mathrm{d}x = \dfrac{\pi}{2}$, 我们重新得到 Dirichlet 积分.

例 3 计算积分

$$J = \int_0^{+\infty} \mathrm{e}^{-x^2}\,\mathrm{d}x.$$

解 令 $I(t) = \int_0^{+\infty} \dfrac{\mathrm{e}^{-t(x^2+1)}}{x^2 + 1}\,\mathrm{d}x$, 则 $I(0) = \int_0^{+\infty} \dfrac{\mathrm{d}x}{x^2 + 1} = \dfrac{\pi}{2}$, $\lim_{t \to +\infty} I(t) = 0$.

而 $I'(t) = -\int_0^{+\infty} \mathrm{e}^{-t(x^2+1)}\,\mathrm{d}x$ 关于 $t \geqslant \delta > 0$ 一致收敛, 并且

$$I'(t) = -\int_0^{+\infty} \mathrm{e}^{-t(x^2+1)}\,\mathrm{d}x = -\int_0^{+\infty} \mathrm{e}^{-t-y^2}\frac{1}{\sqrt{t}}\,\mathrm{d}y = -\frac{J}{\mathrm{e}^t\sqrt{t}}.$$

所以 $I(A) - I(\delta) = -J\int_\delta^A \dfrac{1}{\mathrm{e}^t\sqrt{t}}\,\mathrm{d}t = -2J\int_{\sqrt{\delta}}^{\sqrt{A}} \mathrm{e}^{-x^2}\,\mathrm{d}x$. 令 $\delta \to 0$, $A \to +\infty$, 我们 得到 $-\dfrac{\pi}{2} = -2J^2$, 因此 $J = \int_0^{+\infty} \mathrm{e}^{-x^2}\,\mathrm{d}x = \dfrac{\sqrt{\pi}}{2}$.

7.8 Gamma 函数与 Beta 函数

本节将利用含参变量广义积分, 引入两个特殊的函数 —— Gamma 函数与 Beta 函数. 这两个函数是除初等函数外在实际生活中比较常用的函数.

定义 7.8.1 由含参变量广义积分

$$\Gamma(x) = \int_0^{+\infty} e^{-t} t^{x-1} dt$$

定义的函数称为 Γ **函数**, 读作 **Gamma 函数**.

容易看出 $\Gamma(x)$ 是定义在 $(0, +\infty)$ 上的函数.

定理 7.8.1 $\Gamma(x) \in C^{\infty}(0, +\infty)$, 并且

$$\Gamma^{(n)}(x) = \int_0^{+\infty} e^{-t} t^{x-1} (\ln t)^n dt.$$

证明 任取 $A > a > 0$, 对于任意 $x \in [a, A]$, 以及 $n = 1, 2, \cdots$, 当 $t \in [0, 1]$ 时, $|e^{-t} t^{x-1} (\ln t)^n| \leqslant t^{a-1} (|\ln t|)^n$, 积分 $\int_0^1 t^{a-1} (|\ln t|)^n dt$ 收敛. 而当 $t \in [1, +\infty)$ 时, $|e^{-t} t^{x-1} (\ln t)^n| \leqslant t^{A+n-1} e^{-t}$, 积分 $\int_1^{+\infty} t^{A+n-1} e^{-t} dt$ 收敛. 所以, 利用控制收敛判别法知广义积分 $\int_0^{+\infty} e^{-t} t^{x-1} (\ln t)^n dt$ 在 $[a, A]$ 上一致收敛, 应用 7.7 节的定理 7.7.3, $\Gamma(x)$ 任意阶可导, 并且可以积分号下求导. ∎

在进一步讨论前, 我们先给出下面的 Schwartz 不等式.

定理 7.8.2 (Schwartz 不等式) 设 $f(x), g(x)$ 都是 $[a, b]$ 上可积的非负函数, 实数 $\lambda > 0, \mu > 0$ 满足 $\lambda + \mu = 1$, 则成立不等式

$$\int_a^b (f(x))^{\lambda} (g(x))^{\mu} dx \leqslant \left(\int_a^b f(x) dx \right)^{\lambda} \left(\int_a^b g(x) dx \right)^{\mu}.$$

证明 先证对于任意实数 $u > 0, v > 0$, 成立 $u^{\lambda} v^{\mu} \leqslant \lambda u + \mu v$. 事实上, 令 $\varphi(x) = -\ln x$, 由 $\varphi''(x) = \frac{1}{x^2} > 0$, 所以 $\varphi(x)$ 在 $(0, +\infty)$ 上是凸函数, 因而 $\varphi(\lambda u + \mu v) \leqslant \lambda \varphi(u) + \mu \varphi(v)$, 即 $-\ln(\lambda u + \mu v) \leqslant \lambda(-\ln u) + \mu(-\ln v)$, 我们得到

$$u^{\lambda} v^{\mu} \leqslant \lambda u + \mu v.$$

在上面不等式中令

$$u = \frac{f(x)}{\int_a^b f(x)\mathrm{d}x}, \quad v = \frac{g(x)}{\int_a^b g(x)\mathrm{d}x},$$

代入不等式得

$$\left(\frac{f(x)}{\int_a^b f(x)\mathrm{d}x}\right)^{\lambda} \left(\frac{g(x)}{\int_a^b g(x)\mathrm{d}x}\right)^{\mu} \leqslant \lambda\frac{f(x)}{\int_a^b f(x)\mathrm{d}x} + \mu\frac{g(x)}{\int_a^b g(x)\mathrm{d}x},$$

两边对 t 在 $[a,b]$ 上积分, 得

$$\frac{\int_a^b (f(x))^{\lambda}(g(x))^{\mu}\mathrm{d}x}{\left(\int_a^b f(x)\mathrm{d}x\right)^{\lambda}\left(\int_a^b g(x)\mathrm{d}x\right)^{\mu}} \leqslant \lambda + \mu = 1,$$

因此

$$\int_a^b (f(x))^{\lambda}(g(x))^{\mu}\mathrm{d}x \leqslant \left(\int_a^b f(x)\mathrm{d}x\right)^{\lambda}\left(\int_a^b g(x)\mathrm{d}x\right)^{\mu}.$$

下面定理给出了 $\Gamma(x)$ 的基本性质.

定理 7.8.3 $\Gamma(x)$ 满足:

(1) 对于任意 $x \in (0, +\infty)$, $\Gamma(x) > 0$, 并且 $\Gamma(1) = 1$;

(2) 对于任意 $x \in (0, +\infty)$, $\Gamma(x+1) = x\Gamma(x)$;

(3) $\ln\Gamma(x)$ 在 $(0, +\infty)$ 上是凸函数.

证明 (1) 显然.

(2) 直接计算得

$$\begin{aligned}
\Gamma(x+1) &= \int_0^{+\infty} \mathrm{e}^{-t}t^x\mathrm{d}t = -\int_0^{+\infty} t^x\mathrm{d}(\mathrm{e}^{-t}) \\
&= \int_0^{+\infty} \mathrm{e}^{-t}xt^{x-1}\mathrm{d}t = x\Gamma(x).
\end{aligned}$$

(3) 利用定理 7.8.2, 对于任意 $b > a > 0$, $\lambda > 0$, $\mu > 0$, $\lambda + \mu = 1$, 以及任意 $x > 0, y > 0$, 成立

$$\int_a^b \mathrm{e}^{-t}t^{\lambda x+\mu y-1}\mathrm{d}t \leqslant \left(\int_a^b \mathrm{e}^{-t}t^{x-1}\mathrm{d}t\right)^{\lambda}\left(\int_a^b \mathrm{e}^{-t}t^{y-1}\mathrm{d}t\right)^{\mu},$$

令 $a \to 0^+$, $b \to +\infty$, 即得 $\Gamma(x+y) \leqslant (\Gamma(x))^{\lambda}(\Gamma(y))^{\mu}$. 两边取对数, 得到

$$\ln\Gamma(x+y) \leqslant \lambda\ln\Gamma(x) + \mu\ln\Gamma(y).$$

因此 $\ln \Gamma(x)$ 在 $(0, +\infty)$ 上是凸函数.

上面定理中给出的三个性质实际上也可以作为 Γ 函数的特征.

定理 7.8.4 (Bohr & Mullerup 定理)　在 $(0, +\infty)$ 上的函数 $f(x)$ 如果满足:

(1) 对于任意 $x \in (0, +\infty)$, $f(x) > 0$, 并且 $f(1) = 1$,

(2) 对于任意 $x \in (0, +\infty)$, 成立 $f(x+1) = xf(x)$,

(3) $\ln f(x)$ 在 $(0, +\infty)$ 上是凸函数,

则必须 $f(x) = \Gamma(x)$.

证明　令 $\varphi(x) = \ln f(x)$, 则由条件 (1), (2) 可得 $f(n+1) = n!$, 并且

$$f(x+n+1) = (x+n)(x+n-1) \cdots (x+1)x \cdot f(x).$$

由条件 (3), $\varphi(x)$ 在 $(0, +\infty)$ 上是凸函数, 因而对于 $(0, +\infty)$ 中的任意三个点 $x_1 < x_2 < x_3$, 利用凸函数性质, 成立

$$\frac{\varphi(x_2) - \varphi(x_1)}{x_2 - x_1} < \frac{\varphi(x_3) - \varphi(x_2)}{x_3 - x_2}, \quad \frac{\varphi(x_2) - \varphi(x_1)}{x_2 - x_1} < \frac{\varphi(x_3) - \varphi(x_1)}{x_3 - x_1}.$$

所以对于任意 $x \in (0, 1]$ 以及任意 n, 成立

$$\frac{\varphi(n+1) - \varphi(n)}{(n+1) - n} \leqslant \frac{\varphi(x+n+1) - \varphi(n+1)}{(x+n+1) - (n+1)} \leqslant \frac{\varphi(n+2) - \varphi(n+1)}{(n+2) - (n+1)},$$

即 $\ln n \leqslant \dfrac{\varphi(x+n+1) - \varphi(n+1)}{x} \leqslant \ln(n+1)$, 因而

$$x \ln n + \ln n! \leqslant \varphi(x+n+1) \leqslant x \ln(n+1) + \ln n!.$$

将 $\varphi(x+n+1) = \ln f(x+n+1)$ 代入上式, 成立

$$\ln \frac{n^x n!}{x(x+1) \cdots (x+n)} \leqslant \varphi(x) \leqslant \ln \frac{(n+1)^x n!}{x(x+1) \cdots (x+n)}.$$

因此

$$0 \leqslant \varphi(x) - \ln \frac{n^x n!}{x(x+1) \cdots (x+n)} \leqslant x \ln \left(1 + \frac{1}{n}\right) \leqslant \ln \left(1 + \frac{1}{n}\right).$$

上式表明 $x \in (0, 1]$, $n \to +\infty$ 时, $\ln \dfrac{n^x n!}{x(x+1) \cdots (x+n)}$ 一致收敛于 $\varphi(x)$. 所以满足条件 (1)、(2)、(3) 的函数 $f(x)$ 是唯一的. 而 $\Gamma(x)$ 满足条件 (1)、(2)、(3), 因此必须 $f(x) = \Gamma(x)$.

利用定理 7.8.4 中的条件 (2) 得到 $\Gamma(n+1) = n!$, Γ 函数因此可以看作阶乘的推广.

推论　对于任意 $x \in (0, +\infty)$, $\Gamma(x) = \lim\limits_{n \to +\infty} \dfrac{n^x n!}{x(x+1)\cdots(x+n)}$.

下面我们讨论另一个函数 —— Beta 函数.

定义 7.8.2　含两个参变量 x, y 的广义积分

$$B(x,y) = \int_0^1 t^{x-1}(1-t)^{y-1}\mathrm{d}t$$

称为 B 函数, 读作 **Beta 函数**.

类似于 Γ 函数, B 函数有下面一些基本性质.

定理 7.8.5　$B(x,y)$ 对于任意 $x > 0, y > 0$ 有意义, 且满足:

(1) $B(x,y) > 0$, 并且 $B(1,y) = \dfrac{1}{y}$;

(2) $B(x+1,y) = \dfrac{x}{x+y}B(x,y)$;

(3) 对于任意 $y > 0$, y 固定, $\ln B(x,y)$ 是 x 的凸函数.

证明　(1) 显然.

(2) 直接计算得

$$
\begin{aligned}
B(x+1,y) &= \int_0^1 t^x(1-t)^{y-1}\mathrm{d}t = \frac{1}{x+y}\int_0^1 \left(\frac{t}{1-t}\right)^x \mathrm{d}(1-t)^{x+y}\\
&= \frac{x}{x+y}\int_0^1 t^{x-1}(1-t)^{y-1}\mathrm{d}t = \frac{x}{x+y}B(x,y).
\end{aligned}
$$

(3) 对于任意 $\lambda_1 > 0, \lambda_2 > 0, \lambda_1 + \lambda_2 = 1$, 以及 $x_1 > 0, x_2 > 0, y > 0$, 利用 Schwartz 不等式, 成立

$$B(\lambda_1 x_1 + \lambda_2 x_2, y) = \int_0^1 t^{\lambda_1 x_1 + \lambda_2 x_2 - 1}(1-t)^{y-1}\mathrm{d}t$$

$$= \int_0^1 [t^{x_1-1}(1-t)^{y-1}]^{\lambda_1}[t^{x_2-1}(1-t)^{y-1}]^{\lambda_2}\mathrm{d}t \leqslant [B(x_1,y)]^{\lambda_1}[B(x_2,y)]^{\lambda_2}.$$

因而 $\ln B(x,y)$ 是凸函数. ∎

定理 7.8.6 (B 函数与 Γ 函数的关系)　对于任意 $x > 0, y > 0$, 成立

$$B(x,y) = \frac{\Gamma(x)\Gamma(y)}{\Gamma(x+y)}.$$

证明　对于任意 $y > 0$, y 固定, 令

$$f(x) = \frac{B(x,y)\Gamma(x+y)}{\Gamma(y)}.$$

只须证明 $f(x)$ 满足定理 7.8.4 中的三个条件.

(1) $f(x) > 0$, 并且

$$f(1) = \frac{B(1,y)\Gamma(1+y)}{\Gamma(y)} = \frac{\Gamma(1+y)}{y\Gamma(y)} = 1.$$

(2) 应用 B 函数与 Γ 函数的性质, 成立

$$f(x+1) = \frac{B(x+1,y)\Gamma(x+1+y)}{\Gamma(y)} = \frac{\frac{x}{x+y}B(x,y)(x+y)\Gamma(x+y)}{\Gamma(y)} = xf(x).$$

(3) $\forall y > 0$, $\ln B(x,y)$ 与 $\ln \Gamma(x+y)$ 均是 x 的凸函数, 而 $\ln \Gamma(y)$ 与 x 无关, 因而 $\ln f(x)$ 是凸函数, $f(x)$ 满足定埋 7.8.4 中的三个条件, 所以 $f(x)$ 必须等于 $\Gamma(x)$. ∎

如果一个函数的不定积分能够用初等函数表示, 则认为这一不定积分可以积出. 同样有了 Γ 函数和 B 函数以后, 如果一个不定积分能够应用这两个函数来表示, 则也可以认为这一不定积分能够实际求出.

例 1 证明: $B(x,y) = \displaystyle\int_0^{+\infty} \frac{u^{x-1}}{(1+u)^{x+y}}\mathrm{d}u = \int_0^1 \frac{u^{x-1}+u^{y-1}}{(1+u)^{x+y}}\mathrm{d}u$.

证明 利用变元代换 $t = \dfrac{u}{1+u}$, 有

$$B(x,y) = \int_0^1 t^{x-1}(1-t)^{y-1}\mathrm{d}t = \int_0^{+\infty} \frac{u^{x-1}}{(1+u)^{x-1}}\frac{1}{(1+u)^{y-1}}\frac{1}{(1+u)^2}\mathrm{d}u$$

$$= \int_0^{+\infty} \frac{u^{x-1}}{(1+u)^{x+y}}\mathrm{d}u.$$

对于上式继续使用变元代换, 得

$$\int_0^{+\infty} \frac{u^{x-1}}{(1+u)^{x+y}}\mathrm{d}u = \int_0^1 \frac{u^{x-1}}{(1+u)^{x+y}}\mathrm{d}u + \int_1^{+\infty} \frac{u^{x-1}}{(1+u)^{x+y}}\mathrm{d}u$$

$$= \int_0^1 \frac{u^{x-1}}{(1+u)^{x+y}}\mathrm{d}u + \int_0^1 \frac{v^{1-x}}{(1+v)^{x+y}v^{-x-y}}\frac{-\mathrm{d}v}{v^2}$$

$$= \int_0^1 \frac{u^{x-1}+u^{y-1}}{(1+u)^{x+y}}\mathrm{d}u.$$

例 2 计算积分 $\displaystyle\int_0^{\frac{\pi}{2}} \sin^a x \cos^b x\mathrm{d}x$, 其中 $a > -1, b > -1$.

解 利用变元代换 $x = \arcsin\sqrt{t}$, 则

$$\int_0^{\frac{\pi}{2}} \sin^a x \cos^b x \mathrm{d}x = \int_0^1 t^{\frac{a}{2}} (1-t)^{\frac{b}{2}} \frac{1}{\sqrt{1-t}} \frac{\mathrm{d}t}{2\sqrt{t}}$$

$$= \frac{1}{2} \int_0^1 t^{\frac{a-1}{2}} (1-t)^{\frac{b-1}{2}} \mathrm{d}t$$

$$= \frac{1}{2} B\left(\frac{a+1}{2}, \frac{b+1}{2}\right) = \frac{1}{2} \frac{\Gamma\left(\frac{a+1}{2}\right)\Gamma\left(\frac{b+1}{2}\right)}{\Gamma\left(\frac{a+b}{2}+1\right)}.$$

例 3　计算积分 $\displaystyle\int_0^{\frac{\pi}{2}} (\tan x)^a \mathrm{d}x$, 其中 $|a| < 1$.

解　利用例 2 的结论, 则

$$\int_0^{\frac{\pi}{2}} (\tan x)^a \mathrm{d}x = \int_0^{\frac{\pi}{2}} \sin^a x \cos^{-a} x \mathrm{d}x = \frac{1}{2} B\left(\frac{a+1}{2}, \frac{1-a}{2}\right).$$

例 4　计算积分 $\displaystyle\int_0^{\frac{\pi}{2}} \sin^a x \mathrm{d}x$, 其中 $a > -1$.

解　利用例 2 的结论, 则

$$\int_0^{\frac{\pi}{2}} \sin^a x \mathrm{d}x = \frac{1}{2} B\left(\frac{a+1}{2}, \frac{1}{2}\right).$$

习　题

1. 设 $\overline{D}$ 是 $\mathbb{R}^n$ 中的有界闭区域, 而 $E = \overline{D} \times [a, b] \subset \mathbb{R}^{n+1}$, 如果 $f(x, t)$ 是 E 上的连续函数, 其中 $x \in \overline{D}$, $t \in [a, b]$, 证明: $I(x) = \displaystyle\int_a^b f(x, t)\mathrm{d}t$ 在 $\overline{D}$ 上连续.

2. 设 $f(x, t)$ 是 $(a, b) \times [c, d]$ 上的连续函数, 关于变量 x 在 (a, b) 上 k 阶连续可导, 而函数 $g(t)$ 在 $[c, d]$ 上 Riemann 可积, 证明: 函数 $I(x) = \displaystyle\int_c^d f(x, t)g(t)\mathrm{d}t$ 关于 x 在 (a, b) 上 k 阶连续可导, 并且

$$I^{(k)}(x) = \int_a^b \frac{\partial^n f(x, t)}{\partial x^k} g(t)\mathrm{d}t$$

对于 $n = 1, 2, \cdots, k$ 成立.

3. 求极限:

(1) $\displaystyle\lim_{x \to 0} \int_{-1}^1 \sqrt{x^2 + y^2}\mathrm{d}y$;

(2) $\displaystyle\lim_{x \to 0} \int_x^{1+x} \sqrt{x^2 + y^2}\mathrm{d}y$.

4. 求 $F'(x)$, 其中

(1) $F(x) = \displaystyle\int_{\sin x}^{\cos x} \mathrm{e}^x \sqrt{1-y^2}\mathrm{d}y$,

(2) $F(x) = \displaystyle\int_0^x \left(\int_{t^2}^{x^2} f(t, s)\mathrm{d}s\right)\mathrm{d}t$.

5. 证明: $\int_0^1 \mathrm{d}x \int_0^1 \frac{x^2-y^2}{(x^2+y^2)^2}\mathrm{d}y \neq \int_0^1 \mathrm{d}y \int_0^1 \frac{x^2-y^2}{(x^2+y^2)^2}\mathrm{d}x.$

6. 在 $\mathbb{R}^2$ 中的集合 $D = [-1,1] \times [-1,1]$ 上定义函数

$$f(x,y) = \begin{cases} 1, & \text{如果 } x \text{ 和 } y \text{ 都是有理数}, \\ 0, & \text{如果 } x \text{ 和 } y \text{ 中至少有一个是无理数}. \end{cases}$$

问 $f(x,y)$ 在 D 上是否可积?

7. 如果 $f(p)$ 在可测集 U_2 上可积, $U_1 \subset U_2$ 可测, 证明: $f(p)$ 在 U_1 上可积.

8. 设 $S \subset [a,b] \times [c,d]$ 是一给定的集合, 定义 S 的特征函数 $f_S(x,y)$ 为

$$f_S(x,y) = \begin{cases} 1, & \text{如果 } x \in S; \\ 0, & \text{如果 } x \notin S. \end{cases}$$

证明: S 是可测集当且仅当 $f_S(x,y)$ 在 $[a,b] \times [c,d]$ 上可积.

9. 设 $f(x,y)$ 是可测区域 U 上的连续函数, 如果对于 U 中的任意可测集 V, 都成立 $\iint_V f(x,y)\mathrm{d}x\mathrm{d}y = 0$, 证明: $f(x,y) \equiv 0$.

10. 设 U 是可测开区域, $f(x,y)$ 是 $\overline{U}$ 上的连续函数, 如果对于 $\overline{U}$ 上的任意连续函数 $g(x,y)$, 当 $g(x,y)$ 在 ∂U 上恒为零时, 就成立 $\iint_U f(x,y)g(x,y)\mathrm{d}x\mathrm{d}y = 0$, 证明: $f(x,y) \equiv 0$. 问: 如果去掉开区域的假设, 结论是否仍然成立?

11. 设 $f(x)$ 和 $g(y)$ 分别是 $[a,b]$ 和 $[c,d]$ 上的可积函数, 证明: $f(x)g(y)$ 在 $D = [a,b] \times [c,d]$ 上可积, 并且 $\iint_D f(x)g(y)\mathrm{d}x\mathrm{d}y = \int_a^b f(x)\mathrm{d}x \int_c^d g(y)\mathrm{d}y.$

12. 设 $f(x,y)$ 在 $[a,b] \times [c,d]$ 上有二阶连续可导, 证明: $\iint_D f_{xy}(x,y)\mathrm{d}x\mathrm{d}y = \iint_D f_{yx}(x,y)\mathrm{d}x\mathrm{d}y$, 并利用这一等式证明: $f''_{xy} = f''_{yx}$.

13. 设一元函数 $f(x)$ 在 $[a,b]$ 上可积, 在 $D = [a,b] \times [c,d]$ 上定义函数 $F(x,y) = (f(x) - f(y))^2$.

(1) 将二重积分 $\iint_D F(x,y)\mathrm{d}x\mathrm{d}y$ 化为累次积分.

(2) 证明: 对于积分成立不等式 $\left(\int_a^b f(x)\mathrm{d}x\right)^2 \leqslant (b-a)\int_a^b f^2(x)\mathrm{d}x.$

14. 表述并证明函数二重积分可积的 Cauchy 准则.

15. 利用上题的 Cauchy 准则证明: 如果有界区域上的有界函数仅在一个零测集上不连续, 则其可积.

16. 对下面的区域, 按不同积分顺序将二重积分 $\iint_D f(x,y)\mathrm{d}x\mathrm{d}y$ 化为累次积分.

(1) D 是以 (a_1,b_1), (a_2,b_2), (a_3,b_3) 为顶点的三角形, $a_1 < a_2$, $b_1 < b_2$.

(2) D 是圆: $(x-a)^2 + (y-b)^2 \leqslant R^2$.

(3) D 是环形区域: $R_1^2 \leqslant (x-a)^2 + (y-b)^2 \leqslant R_2^2$.

(4) D 是由 $y = x^2$, $y = 2x^3$, $y = 1$, $y = 2$ 围成的区域.

17. 将下面的累次积分改变积分顺序:

(1) $\int_1^{\mathrm{e}} \mathrm{d}x \int_0^{\ln x} f(x,y)\mathrm{d}y;$ \qquad (2) $\int_0^2 \mathrm{d}y \int_{y^2}^{3y} f(x,y)\mathrm{d}x;$

(3) $\displaystyle\int_{-1}^{1}\mathrm{d}x\int_{-\sqrt{1-x^2}}^{\sqrt{1-x^2}}f(x,y)\mathrm{d}y$; (4) $\displaystyle\int_{1}^{2}\mathrm{d}x\int_{2-x}^{\sqrt{2x-a}}f(x,y)\mathrm{d}y$.

18. 设 $g(t)$ 在 $[0,1]$ 上连续, 证明: $\displaystyle\int_{0}^{1}\mathrm{d}x\int_{x}^{1}g(t)\mathrm{d}t=\int_{0}^{1}tg(t)\mathrm{d}t$.

19. 计算下面的二重积分:

(1) 设 D 由 $y^2=2px\,(p>0)$, $x=\dfrac{p}{2}$ 围成, 计算 $\displaystyle\iint_{D}x^my^k\mathrm{d}x\mathrm{d}y\,(m>0,\,k>0)$;

(2) 设 D 是由 $y=0$, $y=\sin x^2$, $x=0$, $x=\sqrt{\pi}$ 围成的区域, 计算 $\displaystyle\iint_{D}x\mathrm{d}x\mathrm{d}y$;

(3) 设 $D=\{(x,y)\,|\,0\leqslant x\leqslant y^2,\,0\leqslant y\leqslant 2+x,\,x\leqslant 2\}$, 计算 $\displaystyle\iint_{D}x^2y^2\mathrm{d}x\mathrm{d}y$.

20. 定义函数 $f:[0,1]\times[0,1]\to\mathbb{R}$ 为

$$f(x,y)=\begin{cases}1, & \text{如果}\ x=\dfrac{p_1}{q_1},\ y=\dfrac{p_2}{q_2}\ \text{为有理数, 并且}\ q_1\neq q_2,\\[2mm] 0, & \text{其他情况.}\end{cases}$$

证明: $f(x,y)$ 在 $[0,1]\times[0,1]$ 上不可积, 但其两个累次积分都存在.

21. 计算下面的三重积分:

(1) 设 D 是由 $x^2+y^2+z^2=1$, $x=0$, $y=0$, $z=0$ 围成的、在第一象限的有界区域, 计算 $\displaystyle\iiint_{D}x^3yz\mathrm{d}x\mathrm{d}y\mathrm{d}z$;

(2) 设 D 是椭球 $\dfrac{x^2}{a^2}+\dfrac{y^2}{b^2}+\dfrac{z^2}{c^2}\leqslant 1$, 计算 $\displaystyle\iiint_{D}(x+y+z)\mathrm{d}x\mathrm{d}y\mathrm{d}z$.

22. 改变下面累次积分的顺序:

(1) $\displaystyle\int_{0}^{1}\mathrm{d}x\int_{0}^{1-x}\mathrm{d}y\int_{0}^{x+y}f(x,y,z)\mathrm{d}z$;

(2) $\displaystyle\int_{0}^{1}\mathrm{d}x\int_{-\sqrt{1-x^2}}^{\sqrt{1-x^2}}\mathrm{d}y\int_{\sqrt{x^2+y^2}}^{1}f(x,y,z)\mathrm{d}z$.

23. 设 D 是 $\mathbb{R}^3$ 中由下面曲面围成的区域, 求 D 的体积.

(1) 设 D 由曲面 $z=xy$, $x+y+z=1$, $z=a(a>0)$ 围成.

(2) 设 D 由曲面 $z=\cos x\cos y$, $|x+y|\leqslant\dfrac{\pi}{2}$, $|x-y|\leqslant\dfrac{\pi}{2}$ 围成.

24. 定义映射 $T:\mathbb{R}^2\to\mathbb{R}^2$, $(x_1,x_2)\to(x_1^2-x_2^2,2x_1x_2)=(y_1,y_2)$, 问 T 是不是 $\mathbb{R}^2-\{0\}$ 上的微分同胚; 如果令 $D=\{(x_1,x_2)\,|\,x_1>0,\,x_2>0\}$, 证明: T 是 D 上的微分同胚.

25. 设 $F(y)=\displaystyle\int_{0}^{1}\ln\sqrt{x^2+y^2}\mathrm{d}x$, 问 $F'(y)=\displaystyle\int_{0}^{1}\dfrac{\partial}{\partial y}(\ln\sqrt{x^2+y^2})\mathrm{d}x$ 是否成立?

26. 给定变换 $\varphi:\mathbb{R}^2\to\mathbb{R}^2$, $(x,y)\to(\mathrm{e}^x\cos y,\mathrm{e}^x\sin y)=(u,v)$.

(1) 设 $D=[0,1]\times[0,4\pi]$, 求 $\varphi(D)$.

(2) 计算 $\displaystyle\iint_{D}\left|\dfrac{\partial(u,v)}{\partial(x,y)}\right|\mathrm{d}x\mathrm{d}y$ 以及 $\displaystyle\iint_{\varphi(D)}\mathrm{d}u\mathrm{d}v$, 问两者是否相等?

(3) 证明: $\dfrac{\partial(u,v)}{\partial(x,y)}>0$, 问 (2) 说明了什么?

27. 证明: 平面到平面的连续可微映射将零测集映为零测集.

28. 利用极坐标变换计算下面积分:

(1) 设 D 由双纽线 $(x^2+y^2)^2 = a^2(x^2-y^2)$ 围成, 计算 $\iint_D (x^2+y^2)\mathrm{d}x\mathrm{d}y$;

(2) 设 D 由阿基米德螺线 $r=\theta$ 以及射线 $\theta=\pi$ 围成, 计算 $\iint_D x\mathrm{d}x\mathrm{d}y$;

(3) 设 D 由对数螺线 $r=\mathrm{e}^\theta$ 及射线 $\theta=0$, $\theta=\dfrac{\pi}{2}$ 围成, 计算 $\iint_D xy\mathrm{d}x\mathrm{d}y$.

29. 利用极坐标变换, 在下面不同的区域上用两种不同顺序将二重积分 $\iint_D f(x,y)\mathrm{d}x\mathrm{d}y$ 化为对于 r 和 θ 的累次积分:

(1) $D = [0,1] \times [0,1]$;

(2) D 由 $x^2+y^2=1$, $x^2+y^2-2x-2y+1=0$ 围成;

(3) D 由 $x^2+y^2=1$, $y \geqslant 0$, $y=1-x$ 围成.

30. 利用极坐标变换, 将下面的二重积分化为累次积分:

(1) $\displaystyle\iint_{x^2+y^2\leqslant 1} f(\sqrt{x^2+y^2})\mathrm{d}x\mathrm{d}y$;

(2) $\displaystyle\iint_D f(\sqrt{x^2+y^2})\mathrm{d}x\mathrm{d}y$, 其中 $D = \{(x,y) \mid |y| \leqslant |x|,\ |x| \leqslant 1\}$;

(3) $\displaystyle\iint_D f(\dfrac{y}{x})\mathrm{d}x\mathrm{d}y$, 其中 $D = \{(x,y) \mid x^2+y^2 \leqslant 4x+2y-4\}$.

31. 利用极坐标变换, 计算下面曲面围成的区域的体积:

(1) $z=xy$, $x^2+y^2=a^2$, $z=0$;

(2) $z=x^2+y^2$, $x^2+y^2=x$, $x^2+y^2=2x$, $z=0$;

(3) $x^2+y^2+z^2=a^2$, $x^2+y^2=|x|a$.

32. 利用三重积分, 计算下面曲面围成的区域的体积:

(1) $\dfrac{x^2}{a^2}+\dfrac{y^2}{b^2}+\dfrac{z^2}{c^2}=1$, $\dfrac{x^2}{a^2}+\dfrac{y^2}{b^2}=\dfrac{z^2}{c^2}$;

(2) $\dfrac{x^2}{a^2}+\dfrac{y^2}{b^2}=\dfrac{z}{c}$, $\dfrac{x^2}{a^2}+\dfrac{y^2}{b^2}=\dfrac{x}{a}+\dfrac{y}{b}$, $z=0$;

(3) $z^2=xy$, $x+y=a$, $x+y=b$, 其中 $0 < a < b$.

33. 利用适当的变元代换, 计算下面积分:

(1) $\displaystyle\iint_D \sqrt{1-\dfrac{x^2}{a^2}-\dfrac{y^2}{b^2}}\mathrm{d}x\mathrm{d}y$, 其中 D 由 $\dfrac{x^2}{a^2}+\dfrac{y^2}{b^2}=1$ 围成;

(2) $\displaystyle\iint_D (x^2+y^2)\mathrm{d}x\mathrm{d}y$, 其中 D 由 $x^4+y^4=1$ 围成;

(3) $\displaystyle\iint_D (x+y)\mathrm{d}x\mathrm{d}y$, 其中 D 由 $y=4x^2$, $y=9x^2$, $x=4y^2$, $x=9y^2$ 围成.

34. 求椭球 $\dfrac{x^2}{a^2}+\dfrac{y^2}{b^2}+\dfrac{z^2}{c^2} \leqslant 1$ 的体积.

35. 作柱坐标变换, 计算下面积分:

(1) $\displaystyle\iiint_D (x^2+y^2)^2\mathrm{d}x\mathrm{d}y\mathrm{d}z$, 其中 D 由 $z=x^2+y^2$, $z=4$, $z=16$ 围成;

(2) $\displaystyle\iiint_D (\sqrt{x^2+y^2})^3\mathrm{d}x\mathrm{d}y\mathrm{d}z$, 其中 D 由 $x^2+y^2=9$, $x^2+y^2=16$, $z^2=x^2+y^2$, $z \geqslant 0$ 围成.

36. 作球坐标变换, 计算下面积分:

(1) $\iiint_D (x+y+z)\mathrm{d}x\mathrm{d}y\mathrm{d}z$, 其中 D 由 $x^2+y^2+z^2 \leqslant R^2$ 围成;

(2) $\iiint_D (\sqrt{x^2+y^2+z^2})^5\mathrm{d}x\mathrm{d}y\mathrm{d}z$, 其中 D 由 $x^2+y^2+z^2=2z$ 围成.

37. 作适当坐标变换, 计算下面的三重积分:

(1) $\iiint_D x^2y^2z\mathrm{d}x\mathrm{d}y\mathrm{d}z$, 其中 D 是由 $z=\dfrac{x^2+y^2}{a}$, $z=\dfrac{x^2+y^2}{b}$, $xy=c$, $xy=d$, $y=ex$, $y=fx$ 围成, 这里 $0<a<b$, $0<c<d$, $0<e<f$;

(2) $\iiint_D x^2yz\mathrm{d}x\mathrm{d}y\mathrm{d}z$, 其中 D 与 (1) 中的区域相同.

38. 设 $f(x)\in C^1(0,+\infty)$, $D_t=\left\{(x,y,z)\,\middle|\,\dfrac{x^2}{a^2}+\dfrac{y^2}{b^2}+\dfrac{z^2}{c^2}\leqslant t^2\right\}$, 令

$$F(t)=\iiint_{D_t} f\left(\dfrac{x^2}{a^2}+\dfrac{y^2}{b^2}+\dfrac{z^2}{c^2}\right)\mathrm{d}x\mathrm{d}y\mathrm{d}z.$$

证明: $F(t)\in C^1(0,+\infty)$, 并给出 $F'(t)$ 的表示式.

39. 变换

$$\begin{cases} x^1=r\cos\theta_1, \\ x^2=r\sin\theta_1\cos\theta_2, \\ \cdots\cdots \\ x^{n-2}=r\sin\theta_1\sin\theta_2\cdots\sin\theta_{n-3}\cos\theta_{n-2}, \\ x^{n-1}=r\sin\theta_1\sin\theta_2\cdots\sin\theta_{n-3}\sin\theta_{n-2}, \\ x^n=z \end{cases}$$

称为 $\mathbb{R}^n$ 中的柱坐标, 其中 $r\in(0,+\infty)$, $0<\theta_i<\pi$, $i=1,\cdots,n-3, 0<\theta_{n-2}<2\pi$, $z\in(-\infty,+\infty)$. 证明:

$$\frac{\partial(x^1,\cdots,x^n)}{\partial(r,\theta_1,\cdots,\theta_{n-2},z)}=r^{n-2}\sin^{n-3}\theta_1\sin^{n-4}\theta_2\cdots\sin\theta_{n-2}.$$

40. 变换

$$\begin{cases} x^1=r\cos\theta_1, \\ x^2=r\sin\theta_1\cos\theta_2, \\ \cdots\cdots \\ x^{n-2}=r\sin\theta_1\sin\theta_2\cdots\sin\theta_{n-3}\cos\theta_{n-2}, \\ x^{n-1}=r\sin\theta_1\sin\theta_2\cdots\sin\theta_{n-3}\sin\theta_{n-2}\cos\theta_{n-1}, \\ x^n=r\sin\theta_1\sin\theta_2\cdots\sin\theta_{n-3}\sin\theta_{n-2}\sin\theta_{n-1} \end{cases}$$

称为 $\mathbb{R}^n$ 中的球坐标, 其中 $r\in(0,+\infty)$, $0<\theta_i<\pi$, $i=1,\cdots,n-2, 0<\theta_{n-1}<2\pi$. 证明:

$$\frac{\partial(x^1,\cdots,x^n)}{\partial(r,\theta_1,\cdots,\theta_{n-1})}=r^{n-1}\sin^{n-2}\theta_1\sin^{n-3}\theta_2\cdots\sin\theta_{n-2}.$$

41. 设 $f(x,y)$ 是平面中有面积区域 D 上的可积函数, 证明: 存在 D 中有面积的区域 G, 使得 $\left|\displaystyle\int_G f(x,y)\mathrm{d}x\mathrm{d}y\right|\geqslant\dfrac{1}{2}\displaystyle\int_D |f(x,y)|\mathrm{d}x\mathrm{d}y.$

42. 设 $\displaystyle\int_0^{+\infty} f(x)\mathrm{d}x$ 收敛, 证明: $\displaystyle\lim_{a\to 0+}\int_0^{+\infty}\mathrm{e}^{-ax}f(x)\mathrm{d}x=\int_0^{+\infty} f(x)\mathrm{d}x.$

43. 证明下面含参变量广义积分在所给区域内收敛, 但不一致收敛:

(1) $\displaystyle\int_0^{+\infty} \sqrt{a}\mathrm{e}^{-ax^2}\mathrm{d}x,\ a \in [0, +\infty)$;

(2) $\displaystyle\int_0^1 \frac{1}{x^a}\sin\frac{1}{x}\mathrm{d}x,\ a \in (0, 2)$;

(3) $\displaystyle\int_0^{+\infty} \mathrm{e}^{-x^2(1+y^2)}\sin y\mathrm{d}y,\ y \in (0, +\infty)$.

44. 设 $\displaystyle\int_{-\infty}^{+\infty}|f(x)|\mathrm{d}x$ 收敛, 证明: $\displaystyle\lim_{a\to+\infty}\int_{-\infty}^{+\infty}f(x)\cos ax\mathrm{d}x = 0$.

45. 利用已知积分 $\displaystyle\int_0^{+\infty}\frac{\sin x}{x}\mathrm{d}x = \frac{\pi}{2}$, $\displaystyle\int_0^{+\infty}\mathrm{e}^{-x^2}\mathrm{d}x = \frac{\sqrt{\pi}}{2}$ 计算下面积分:

(1) $\displaystyle\int_0^{+\infty}\frac{\sin y\cos yx}{y}\mathrm{d}y$;

(2) $\displaystyle\int_0^{+\infty}\frac{\sin^4 x}{x^2}\mathrm{d}x$;

(3) $\displaystyle\int_0^{+\infty} x^2\mathrm{e}^{-ax^2}\mathrm{d}x,\ a > 0$.

46. 设 $a > 0,\ b > 0$. 利用对参变量的微分计算下面积分:

(1) $I_n(a) = \displaystyle\int_0^{+\infty}\frac{\mathrm{d}x}{(x^2+a^2)^{n+1}}\mathrm{d}x$;   (2) $\displaystyle\int_0^{+\infty}\frac{\mathrm{e}^{-ax^2}-\mathrm{e}^{-bx^2}}{x}\mathrm{d}x$;

(3) $\displaystyle\int_0^{+\infty}\frac{\mathrm{e}^{-ax}-\mathrm{e}^{-bx}}{x}\sin mx\mathrm{d}x$;   (4) $\displaystyle\int_0^{+\infty} x\mathrm{e}^{-ax^2}\sin bx\mathrm{d}x$.

47. 利用对参变量的积分计算下面积分, 其中 $a > 0,\ b > 0$:

(1) $\displaystyle\int_0^{+\infty}\frac{\mathrm{e}^{-ax^2}-\mathrm{e}^{-bx^2}}{x}\mathrm{d}x$;   (2) $\displaystyle\int_0^{+\infty}\frac{\mathrm{e}^{-ax}-\mathrm{e}^{-bx}}{x}\sin mx\mathrm{d}x$.

48. 利用 Γ 函数和 B 函数来表示下面积分, 其中 $a > 0$:

(1) $\displaystyle\int_0^{+\infty}\frac{x^{m-1}}{1+x^n}\mathrm{d}x$;   (2) $\displaystyle\int_0^1\frac{\mathrm{d}x}{\sqrt[n]{1-x}}$;   (3) $\displaystyle\int_0^{\frac{\pi}{2}}\sin^m x\cos^n x\mathrm{d}x$;

(4) $\displaystyle\int_0^1\left(\ln\frac{1}{x}\right)^p\mathrm{d}x$;   (5) $\displaystyle\int_0^1 x^m\left(\ln\frac{1}{x}\right)^{n-1}\mathrm{d}x$;   (6) $\displaystyle\int_0^{+\infty} x^p\mathrm{e}^{-ax}\ln x\mathrm{d}x$.

49. 令 $I(x) = \displaystyle\int_{x^2}^{+\infty}\mathrm{e}^{-xy}\sin y\mathrm{d}y$, 求 $I'(x)$ 并说明理由.

50. 表述并证明含参变量广义积分一致收敛的 Dirichlet 判别法和 Able 判别法.

第八章　曲线积分与曲面积分

前面我们分别学习了一元函数的定积分和多元函数的重积分. 如果将实轴 $\mathbb{R}$ 中的区间看作平面或者空间曲线的特殊情况, 将平面上的区域看作空间曲面的特殊情况, 一个自然的问题是怎样将区间和平面区域上定义的积分推广到空间中的曲线和曲面上, 怎样在 n 维空间中的 r 维曲面上讨论积分. 本章和第九章中, 我们将从不同角度在曲线和曲面上定义积分, 然后在这些积分上推广 Newton-Leibniz 公式. 这部分内容和其中的许多观点是近代数学中多个分支的基础和起源, 这里也将尽可能按照现代的观点和方法来讲解这些内容. 掌握这些方法对今后的学习十分重要.

8.1　第一型曲线积分

首先回顾一下 Riemann 积分的定义. 设 $f(x)$ 是定义在区间 $[a,b]$ 上的函数, 我们利用分割、求和、取极限定义了 $f(x)$ 在 $[a,b]$ 上的积分. 设

$$\Delta : a = x_0 < x_1 < \cdots < x_n = b$$

是 $[a,b]$ 的分割, 对于 $i = 1, 2, \cdots, n$, 任取 $t_i \in [x_{i-1}, x_i]$, 做和

$$\sum_{i=1}^{n} f(t_i)(x_i - x_{i-1}).$$

当 $\lambda(\Delta) = \max\{x_i - x_{i-1} \,|\, i = 1, \cdots, n\} \to 0$ 时, 如果上面和的极限收敛, 并且其极限值与分割方法和点 t_i 的选取都没有关系, 则称函数 $f(x)$ 在区间 $[a,b]$ 上可积, 称 $\sum_{i=1}^{n} f(t_i)(x_i - x_{i-1})$ 的极限为 $f(x)$ 在 $[a,b]$ 上的积分, 记为 $\int_a^b f(x)\mathrm{d}x$.

现在设 $l : [a, b] \to \mathbb{R}^2$, $t \to (x(t), y(t))$ 是平面上的一条曲线, $f : l \to \mathbb{R}$ 是定义在曲线 l 上的函数, 我们希望将区间 $[a, b]$ 上的定积分推广到定义在曲线 l 上的函数 f 上. 这里, 如果将上面和中的 $x_i - x_{i-1}$ 理解为线段 $[x_{i-1}, x_i]$ 的长度, 则需要用曲线的弧长来代替 $x_i - x_{i-1}$. 为此, 首先需要讨论曲线的弧长.

前面我们曾经利用微元法给出了曲线弧长的计算公式. 但微元法在数学上并不严谨, 曲线的弧长定义和计算方法都需要重新讨论.

设 l 是平面中的连接点 P 和 Q 的曲线, 这时曲线可以表示为连续映射 $l : [a, b] \to \mathbb{R}^2$, $t \to (x(t), y(t))$ 的像, 因而曲线上的点按照曲线参数 t 的大小关系就确定了一个顺序, 或者说方向. 现在, 在 l 上按照曲线的顺序取一列点

$$\Delta : P = P_0, \, P_1, \, P_2, \cdots, P_n = Q,$$

Δ 就称为 l 的一个分割. 以 $\overparen{P_{i-1} P_i}$ 表示曲线上连接 P_{i-1} 与 P_i 的弧. 设 $\overline{P_{i-1} P_i}$ 是连接点 P_{i-1} 和 P_i 的直线段, 而 $\|\overline{P_{i-1} P_i}\|$ 是这一线段的长度, 则直线段构成的折线

$$\overline{P_0 P_1}, \, \overline{P_1 P_2}, \cdots, \, \overline{P_{n-1} P_n}$$

称为由分割 Δ 确定的曲线 l 的折线, 而 $\sum\limits_{i=1}^{n} \|\overline{P_{i-1} P_i}\|$ 则是这一折线的长度. 利用折线, 关于曲线的弧长, 我们有下面的定义.

定义 8.1.1 设 l 是平面中的一条曲线, 如果 l 的所有折线的长度构成的集合有上界, 则称 l 是**可求长曲线**, 同时称 l 所有折线的长度构成集合的上确界为曲线 l 的**弧长**, 记为 $s(l)$.

说明 上面定义包含两个含义: 一是, 如果一条曲线有弧长, 则弧长的长度必须大于等于其所有折线的长度, 即直线段是连接两点的最短曲线; 二是, 如果曲线有弧长, 则这一弧长必须能够利用折线的长度来逼近, 即在无穷小意义下, 曲线局部就是直线, 我们可以用直的代替弯的. 而这正是微积分的基本观念.

利用弧长的定义不难看出, 如果曲线 l 有弧长, 则其任意一段有弧长. 如果曲线 l_1 和 l_2 都有弧长, 则 $l_1 \cup l_2$ 也有弧长, 并且 $s(l_1 \cup l_2) = s(l_1) + s(l_2)$.

有了弧长的定义之后, 进一步的问题是什么样的曲线有弧长, 怎样计算曲线的弧长? 对于曲线 $l : [a, b] \to \mathbb{R}^2$, $t \to (x(t), y(t))$, 如果 $x(t)$ 和 $y(t)$ 都只是 t 的连续函数, 则 l 可能没有长度, 需要加强条件. 为此, 有下面定义.

定义 8.1.2 曲线 l 称为**光滑曲线**, 如果存在 l 的一个参数表示 $l : [a, b] \to \mathbb{R}^2$, $t \to (x(t), y(t))$, 使得 $x(t)$ 和 $y(t)$ 都是 t 的连续可导的函数, 并且对于任意 $t \in [a, b]$, 曲线的切向量 $(x'(t), y'(t)) \neq 0$.

上面定义中的条件表明对于光滑曲线上的任意点, 都存在这一点充分小的邻域, 使得在其上, 曲线可以表示为连续可导函数 $y = f(x)$ 或者 $x = g(y)$ 的图像, 因而光滑曲线上处处都有切线. 而对于曲线 $l : (-1, 1) \to \mathbb{R}^2$, $t \to (t^2, t^3)$, 虽然 $x(t)$ 和 $y(t)$ 都连续可导, 但在点 $(0, 0)$ 处, 曲线出现了奇异, 并没有切线.

对于光滑曲线, 成立下面与我们用微元法所得结论相同的定理.

定理 8.1.1　如果曲线 $l : [a, b] \to \mathbb{R}^2$, $t \to (x(t), y(t))$ 是光滑曲线, 则 l 可求长, 并且 $a < b$ 时成立

$$s(l) = \int_a^b \sqrt{x'(t)^2 + y'(t)^2} \mathrm{d}t.$$

在给出定理的证明以前, 我们先讨论下面两个引理.

引理 8.1.1　设 $a_1, \cdots, a_n$; $b_1, \cdots, b_n$ 是任意两组实数, 则成立不等式

$$\sqrt{\left(\sum_{i=1}^n a_i\right)^2 + \left(\sum_{i=1}^n b_i\right)^2} \leqslant \sum_{i=1}^n \sqrt{a_i^2 + b_i^2}.$$

证明　不等式两边平方, 则我们仅须证明

$$\left(\sum_{i=1}^n a_i\right)^2 + \left(\sum_{i=1}^n b_i\right)^2 \leqslant \sum_{i=1}^n (a_i^2 + b_i^2) + 2 \sum_{1 \leqslant i < j \leqslant n} \sqrt{a_i^2 + b_i^2} \sqrt{a_j^2 + b_j^2}.$$

而这等价于不等式

$$\sum_{1 \leqslant i < j \leqslant n} (a_i a_j + b_i b_j) \leqslant \sum_{1 \leqslant i < j \leqslant n} \sqrt{a_i^2 + b_i^2} \sqrt{a_j^2 + b_j^2}.$$

对此只须直接应用均值不等式 $2(a_i a_j b_i b_j) \leqslant a_i^2 b_j^2 + a_j^2 b_i^2$. ■

将上面关于加法的不等式推广到积分, 我们得到下面的不等式.

引理 8.1.2　设 $a < b$, 函数 $f(x)$ 和 $g(x)$ 都在 $[a, b]$ 上可积, 则成立不等式

$$\sqrt{\left(\int_a^b f(x)\mathrm{d}x\right)^2 + \left(\int_a^b g(x)\mathrm{d}x\right)^2} \leqslant \int_a^b \sqrt{f^2(x) + g^2(x)}\mathrm{d}x.$$

证明　设 $\Delta : a = x_0 < x_1 < \cdots < x_n = b$ 是 $[a, b]$ 的分割, 对于 $i = 1, 2, \cdots, n$, 任取 $t_i \in [x_{i-1}, x_i]$, 利用引理 8.1.1 中的不等式, 成立

$$\sqrt{\left[\sum_{i=1}^n f(t_i)(x_i - x_{i-1})\right]^2 + \left[\sum_{i=1}^n g(t_i)(x_i - x_{i-1})\right]^2}$$

$$\leqslant \sum_{i=1}^n \sqrt{[f(t_i)(x_i - x_{i-1})]^2 + [g(t_i)(x_i - x_{i-1})]^2}.$$

当 $\lambda(\Delta) = \max\{x_i - x_{i-1} \mid i = 1, \cdots, n\} \to 0$ 时, 我们就得到

$$\sqrt{\left(\int_a^b f(x)\mathrm{d}x\right)^2 + \left(\int_a^b g(x)\mathrm{d}x\right)^2} \leqslant \int_a^b \sqrt{f^2(x) + g^2(x)}\mathrm{d}x. \qquad \blacksquare$$

定理 8.1.1 的证明　设

$$\Delta : a = t_0 < t_1 < \cdots < t_n = b$$

是 $[a, b]$ 的分割, 对于 $i = 0, 1, \cdots, n$, 令 $P_i = (x(t_i), y(t_i))$, 则

$$\Delta' : P_0, P_1, P_2, \cdots, P_n$$

是曲线 l 的分割, 其折线长为

$$\sum_{i=1}^n \|\overline{P_{i-1}P_i}\| = \sum_{i=1}^n \sqrt{(x(t_i) - x(t_{i-1}))^2 + (y(t_i) - y(t_{i-1}))^2}$$

$$= \sum_{i=1}^n \sqrt{\left(\int_{t_{i-1}}^{t_i} x'(t)\mathrm{d}t\right)^2 + \left(\int_{t_{i-1}}^{t_i} y'(t)\mathrm{d}t\right)^2}.$$

应用引理 8.1.2 的不等式, 上式小于等于

$$\sum_{i=1}^n \int_{t_{i-1}}^{t_i} \sqrt{(x'(t))^2 + (y'(t))^2}\mathrm{d}t = \int_a^b \sqrt{(x'(t))^2 + (y'(t))^2}\mathrm{d}t.$$

因此, 实数 $\displaystyle\int_a^b \sqrt{(x'(t))^2 + (y'(t))^2}\mathrm{d}t$ 是曲线 l 的所有折线长度构成集合的一个上界. 按照定义, 曲线 l 是可求长的.

现任取 $t_0 \in [a, b]$, 定义曲线 l_{t_0} 为: $l_{t_0} : [a, t_0] \to \mathbb{R}^2$, $t \to (x(t), y(t))$, $t \in [a, t_0]$, 则曲线 l_{t_0} 也可求长. 我们令 $s(t_0)$ 为 l_{t_0} 的长度, 由于 t_0 是任取的, 我们得到 $[a, b]$ 上的函数 $s(t)$. 利用弧长的可加性, 当 $\Delta t > 0$ 充分小时, 成立不等式

$$\frac{\sqrt{(x(t_0 + \Delta t) - x(t_0))^2 + (y(t_0 + \Delta t) - y(t_0))^2}}{\Delta t}$$

$$\leqslant \frac{s(t_0 + \Delta t) - s(t_0)}{\Delta t} \leqslant \frac{1}{\Delta t}\int_{t_0}^{t_0+\Delta t} \sqrt{(x'(t))^2 + (y'(t))^2}\mathrm{d}t.$$

当 $\Delta t < 0$ 充分小时, 成立相反的不等式. 令 $\Delta t \to 0$, 得 $s(t)$ 在 t_0 可导, 并且

$$s'(t_0) = \sqrt{(x'(t_0))^2 + (y'(t_0))^2}.$$

即函数 $s(t)$ 在 $[a, b]$ 上处处可导, 且其导函数处处不为零.

利用定积分的变元代换公式, 我们得到

$$s(l) = \int_0^{s(l)} \mathrm{d}s = \int_a^b \sqrt{(x'(t))^2 + (y'(t))^2} \mathrm{d}t.$$ ∎

说明　上面的证明同时表明对于光滑曲线 $l : [a, b] \to \mathbb{R}^2$, $t \to (x(t), y(t))$, 曲线的弧长 $s(t)$ 是变量 t 的连续可微的函数, $s'(t)$ 处处不为零, 所以有连续可微的反函数 $t = t(s)$. 因此 l 可以表示为 $l : [0, s(l)] \to \mathbb{R}^2$, $s \to (x(t(s)), y(t(s))) = (\tilde{x}(s), \tilde{y}(s))$. 即对于光滑曲线, 我们总是可以如同定理 8.1.1 的证明一样, 将曲线的弧长作为变量, 给出曲线的光滑参数, 这一参数称为曲线的自然参数.

有了曲线的弧长之后, 利用分割、求和、取极限就可以将一元函数的定积分推广到可求长的曲线上了.

定义 8.1.3　设 l 是平面上一条可求长曲线, $f : l \to \mathbb{R}$ 是定义在 l 上的函数,

$$\Delta : P = P_0, P_1, \cdots, P_n = Q$$

是曲线的一个分割. 对于 $i = 1, \cdots, n$, 在弧 $\widetilde{P_{i-1}P_i}$ 上任取点 $t_i \in \widetilde{P_{i-1}P_i}$, 做和

$$\sum_{i=1}^n f(t_i) s(\widetilde{P_{i-1}P_i}).$$

如果 $\lambda(\Delta) = \max \left\{ s(\widetilde{P_{i-1}P_i}) \,\middle|\, i = 1, \cdots, n \right\} \to 0$ 时, 极限

$$\lim_{\lambda(\Delta) \to 0} \sum_{i=1}^n f(t_i) s(\widetilde{P_{i-1}P_i}) = A$$

收敛, 且其极限值与分割方法和点 t_i 的选取都无关, 则称 f 在 l 上**可积**, 称 A 为 f 在 l 上的**第一型曲线积分**, 记为 $A = \int_l f \mathrm{d}s$.

在上面定义中, 如果曲线 l 是闭曲线, 即曲线的起点与终点相同, 则将 l 上的第一型曲线积分记为 $\oint_l f \mathrm{d}s$.

从几何的角度, 设 $z = f(x, y) > 0$ 定义在 xy 平面中的曲线 l 上. 在 $\mathbb{R}^3$ 中, 用直线段连接 l 上的点 $(x, y, 0)$ 与点 $(x, y, f(x, y))$, 我们就得到一个空间中的曲面扇形 (见图 8.1), 这时类比于定积分表示曲边梯形的面积, 第一型曲线积分 $\int_l f \mathrm{d}s$ 可以解释为这一曲面扇形的面积.

显然, 如果 $l = [a, b]$ 是实轴中的区间, 其中 $a < b$, 则 l 上的第一型曲线积分就是普通的 Riemann 积分.

对于第一型曲线积分, 进一步的问题是什么样的函数可积, 积分怎样计算?

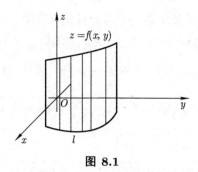

图 8.1

现设 l 是光滑曲线, 前面我们已经证明了曲线的弧长可以作为曲线的光滑参数, 即我们总可以将曲线表示为 $s : [0, s(l)] \to (x(s), y(s))$, 其中 s 表示弧长, $x(s)$ 和 $y(s)$ 都是 s 的连续可微函数. 现设 $f : l \to \mathbb{R}$ 是定义在 l 上的函数,

$$\Delta : 0 = s_0 < s_1 < \cdots < s_n = s(l)$$

是 $[0, s(l)]$ 的分割, 令 $P_i = (x(s_i), y(s_i))$, 我们得到 l 的一个分割 $\Delta : P_0, P_1, \cdots, P_n$, 现任取 $t_i \in [s_{i-1}, s_i]$, 则函数 f 在 l 上关于第一型曲线积分的和可以表示为

$$\sum_{i=1}^{n} f(x(t_i), y(t_i))(s_i - s_{i-1}).$$

而这一表示式与 $[0, s(l)]$ 上的函数 $f(x(s), y(s))$ 关于分割 Δ 的 Riemann 和相同, 因此 f 在 l 上有第一型曲线积分等价于 $f(x(s), y(s))$ 在 $[0, s(l)]$ 上 Riemann 可积, 可积时, 利用弧长参数, 对于第一型曲线积分, 成立

$$\int_l f \mathrm{d}s = \int_0^{s(l)} f(x(s), y(s)) \mathrm{d}s.$$

如果曲线 l 用一般的参数表示为 $t : [a, b] \to \mathbb{R}^2, t \to (x(t), y(t))$, 则 t 与 l 的弧长参数之间可以表示为 $s = s(t)$, $s(t)$ 连续可导, 并且 $\mathrm{d}s = \sqrt{(x'(t))^2 + (y'(t))^2}\mathrm{d}t$. 利用我们在本书上册第五章中给出的关于 Riemann 积分的第二换元法, 我们知道在变元 t 与 s 的变换下, 函数的可积性不变, 由此就得到下面的定理.

定理 8.1.2 光滑曲线 $l : [a, b] \to \mathbb{R}^2$, $t \to (x(t), y(t))$ 上的函数 $f : l \to \mathbb{R}$ 存在第一型曲线积分的充要条件是一元函数 $f(x(t), y(t))$ 在 $[a, b]$ 上 Riemann 可积, 可积时,

$$\int_l f \mathrm{d}s = \int_a^b f(x(t), y(t)) \sqrt{(x'(t))^2 + (y'(t))^2}\mathrm{d}t.$$

上面定理将第一型曲线积分的存在问题化为了 Riemann 积分的存在问题, 将第一型曲线积分的计算化为 Riemann 积分的计算. 而利用已知的结论, 我们得到如

果 f 是 l 上的连续函数, 或者 f 在 l 上有界且仅有有限个间断点, 或者 f 按照 l 上曲线的点的顺序是单调函数, 则 f 在 l 上都存在第一型曲线积分.

例 1 设 l 是椭圆 $\dfrac{x^2}{a^2} + \dfrac{y^2}{b^2} = 1$ 在第一象限的部分, 计算 $\displaystyle\int_l xy\mathrm{d}s$.

解 利用广义极坐标将 l 表示为 $(x,y) = (a\cos\theta, b\sin\theta)$, $\theta \in \left[0, \dfrac{\pi}{2}\right]$, 代入公式得

$$
\begin{aligned}
\int_l xy\mathrm{d}s &= \int_0^{\frac{\pi}{2}} ab\cos\theta\sin\theta\sqrt{(a\sin\theta)^2 + (b\cos\theta)^2}\mathrm{d}\theta \\
&= ab\int_0^{\frac{\pi}{2}} \sqrt{b^2 + (a^2 - b^2)\sin^2\theta}\sin\theta\mathrm{d}(\sin\theta) \\
&= ab\int_0^1 \sqrt{b^2 + (a^2 - b^2)t^2}t\mathrm{d}t = \frac{ab}{2}\int_0^1 \sqrt{b^2 + (a^2 - b^2)t^2}\mathrm{d}t^2 \\
&= \frac{ab}{2}\int_0^1 \sqrt{b^2 + (a^2 - b^2)u}\mathrm{d}u = \frac{ab}{3}\frac{a^2 + ab + b^2}{a + b}.
\end{aligned}
$$

上面关于第一型曲线积分的讨论对于空间 $\mathbb{R}^3$ 中的曲线也是成立的. 如果 $l: [a,b] \to \mathbb{R}^3$, $t \to (x(t), y(t), z(t))$ 是光滑曲线, 即 $x(t)$, $y(t)$, $z(t)$ 都连续可导, 且对于任意 $t \in [a,b]$, $(x'(t), y'(t), z'(t)) \neq 0$, 则 l 可求长, 并且 l 的弧长为

$$
s(l) = \int_a^b \sqrt{(x'(t))^2 + (y'(t))^2 + (z'(t))^2}\mathrm{d}t.
$$

l 上的函数 $f : l \to \mathbb{R}$ 存在第一型曲线积分当且仅当 $f(x(t), y(t), z(t))$ 在 $[a,b]$ 上 Riemann 可积. 可积时,

$$
\int_l f\mathrm{d}s = \int_a^b f(x(t), y(t), z(t))\sqrt{(x'(t))^2 + (y'(t))^2 + (z'(t))^2}\mathrm{d}t.
$$

例 2 设 l 是球面 $x^2 + y^2 + z^2 = a^2$ 与平面 $x + y + z = 0$ 的交线, 计算 $\displaystyle\int_l x^2\mathrm{d}s$.

解 由对称性知 $\displaystyle\int_l x^2\mathrm{d}s = \int_l y^2\mathrm{d}s = \int_l z^2\mathrm{d}s$. 因此,

$$
\int_l x^2\mathrm{d}s = \frac{1}{3}\int_l (x^2 + y^2 + z^2)\mathrm{d}s = \frac{a^2}{3}\int_l \mathrm{d}s = \frac{2\pi a^3}{3}.
$$

8.2 第二型曲线积分

微积分的一个重要关系是微分与积分之间的互逆关系. 例如在不定积分中, 成

立等式 $\mathrm{d}\int = \mathrm{Id}$, $\int \mathrm{d} = \mathrm{Id} + c$. 而在定积分中成立 Newton-Leibniz 公式:

$$\int_a^b \mathrm{d}f(x) = f(b) - f(a).$$

第一型曲线积分是函数对于弧长微元 $\mathrm{d}s$ 的积分, 不能表现出积分与微分之间的联系. 在平面区域上, 对一个函数 $f(x,y)$ 微分, 我们得到的是 $\mathrm{d}f = f_x\mathrm{d}x + f_y\mathrm{d}y$. 要将这一过程反过来, 从等式的右边通过积分回到左边, 对应于微分中产生出来的无穷小微元 $\mathrm{d}x$ 和 $\mathrm{d}y$, 对于曲线 l 上的函数 f, 我们应该针对 $f\mathrm{d}x$ 或者 $f\mathrm{d}y$ 来进行积分. 而这就需要利用分割、求和、取极限的方法, 将其中的无穷小微元 $\mathrm{d}x$ 用 $x_i - x_{i-1}$ 来取代, $\mathrm{d}y$ 用 $y_i - y_{i-1}$ 取代, 以此来定义曲线上的积分. 按照这样的想法, 就得到下面在曲线上关于第二型曲线积分的定义.

定义 8.2.1 设 l 是平面中的一条曲线, 在 l 上取定了一个方向. 设 $f: l \to \mathbb{R}$ 是定义在 l 上的函数,

$$\Delta: P = P_0, \, P_1, \, P_2, \cdots, P_n = Q$$

是曲线按照取定方向的分割, 其中利用坐标设 $P_i = (x_i, y_i), i = 0, 1, \cdots, n$. 任取 $Q_i \in \widetilde{P_{i-1}P_i}$, 做和

$$\sum_{i=1}^n f(Q_i)(x_i - x_{i-1}).$$

如果 $\lambda(\Delta) = \max\{\mathrm{diam}(\widetilde{P_{i-1}P_i}) \,|\, i = 1, 2, \cdots, n\} \to 0$ 时, 上面的和收敛, 并且极限与分割 Δ 和点 Q_i 的选取都无关, 则称 f 在 l 上关于 x 存在**第二型曲线积分**, 称和的极限为 f 在 l 上对于给定方向关于 x 的**第二型曲线积分**, 记为 $\displaystyle\int_l f\mathrm{d}x$.

上面定义中 $\mathrm{diam}(\widetilde{P_{i-1}P_i}) = \sup\left\{|P - Q| \,\big|\, P, Q \in \widetilde{P_{i-1}P_i}\right\}$ 表示弧 $\widetilde{P_{i-1}P_i}$ 的直径. 由于曲线不一定可求长, 因此第二型曲线积分的定义中只能针对 $\lambda(\Delta) = \max\{\mathrm{diam}(\widetilde{P_{i-1}P_i})\}$ 取极限.

按照同样的方法, 如果 $g: l \to \mathbb{R}$ 也是定义在 l 上的函数, 对于和

$$\sum_{i=1}^n g(Q_i)(y_i - y_{i-1})$$

取 $\lambda(\Delta) \to 0$ 的极限, 则可以定义函数 g 在 l 上对于给定方向关于 y 的第二型曲线积分, 记为 $\displaystyle\int_l g\mathrm{d}y$. 一般的, 如果 $f\mathrm{d}x + g\mathrm{d}y$ 是曲线 l 上一个形式微分 (不一定是某一个函数的微分), 我们可以定义第二型曲线积分 $\displaystyle\int_l (f\mathrm{d}x + g\mathrm{d}y)$. 即对于一个形式

微分 $f\mathrm{d}x + g\mathrm{d}y$ 进行积分. 这样就有可能讨论积分与微分的关系了.

对第二型曲线积分, 如果 l 是闭曲线, 则积分也分别记为 $\oint_l f\mathrm{d}x$ 和 $\oint_l g\mathrm{d}y$.

从几何上来看, 第二型曲线积分是针对微元 $\mathrm{d}x$ 和 $\mathrm{d}y$ 做积分, 这时对于曲线按照给定的方向的分割 $\Delta : P = P_0, P_1, P_2, \cdots, P_n = Q$, 我们将有方向的折线 $\overrightarrow{P_{i-1}P_i}$ 分解为水平和垂直两个向量的和, 分别投影到 x 轴和 y 轴, 得到有方向的向量 $\overrightarrow{x_{i-1}x_i}, \overrightarrow{y_{i-1}y_i}$. $x_i - x_{i-1}$ 和 $y_i - y_{i-1}$ 则代表这些有方向向量的长度 (参考图 8.2).

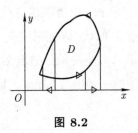

图 8.2

如果进一步假设 D 是平面上以有限条光滑曲线为边界的区域, 在边界曲线 ∂D 上取定方向, 使得站在平面上沿此方向走时, D 总在左手边, 将 $x\mathrm{d}y$ 看作以 x 为高, $\mathrm{d}y$ 为宽的矩形的面积微元, 则利用微元法容易看出, 应用第二型曲线积分, D 的面积可以表示为

$$m(D) = -\oint_{\partial D} y\mathrm{d}x = \oint_{\partial D} x\mathrm{d}y,$$

或者表示为

$$m(D) = \frac{1}{2}\oint_{\partial D} (x\mathrm{d}y - y\mathrm{d}x).$$

上面公式是利用定积分表示曲边梯形面积的推广. 而如果 $l = [a, b]$ 就是 x 轴上的闭区间, 则 $\int_l f\mathrm{d}x = \int_a^b f(x)\mathrm{d}x$ 就是普通的定积分. 在这里, 与第一型曲线积分不同, 可以 $a > b$, 也可以 $a < b$, 区间由端点的顺序给定了方向.

在定积分中我们知道 $\int_a^b f(x)\mathrm{d}x = -\int_b^a f(x)\mathrm{d}x$. 而如果以 l^- 表示与 l 相反方向的曲线, 对第二型曲线积分, 则成立

$$\int_l f\mathrm{d}x + g\mathrm{d}y = -\int_{l^-} (f\mathrm{d}x + g\mathrm{d}y).$$

对于第二型曲线积分, 在定义的基础上, 我们需要讨论什么样的函数可积, 积分怎样计算? 或者说, 需要将第二型曲线积分的讨论化为前面已经研究过的 Riemann 积分, 以便利用 Riemann 积分已经得到的可积条件和计算方法.

现在设 $l : [a,b] \to \mathbb{R}^2$, $t \to (x(t), y(t))$ 是连续可微的曲线, 即 $x(t)$, $y(t)$ 都是 $[a,b]$ 上连续可导的函数. 在 l 上取定方向, 使得这一方向与曲线由参数 t 从 a 到 b 决定的方向相同. 设

$$\Delta : a = t_0, t_1, \cdots, t_n = b$$

是 $[a,b]$ 的一个分割, 令 $P_i = (x(t_i), y(t_i))$, 则得到 l 按照给定方向的一个分割

$$\tilde{\Delta} : P_0, P_1, \cdots, P_n.$$

当 $\lambda(\Delta) = \max\{|t_i - t_{i-1}| \,|\, i = 1, \cdots, n\} \to 0$ 时, 容易得到

$$\lambda(\tilde{\Delta}) = \max\{\operatorname{diam}(\widehat{P_{i-1}P_i}) \,|\, i = 1, 2, \cdots, n\} \to 0.$$

而利用 Lagrange 中值定理, 对于 $i = 1, \cdots, n$, 存在 $\tilde{s}_i \in [t_{i-1}, t_i]$, 使得

$$x(t_i) - x(t_{i-1}) = x'(\tilde{s}_i)(t_i - t_{i-1}).$$

现设 $f : l \to \mathbb{R}$ 是 l 上的有界函数, 对于 $i = 1, \cdots, n$, 任取 $s_i \in [t_{i-1}, t_i]$, 令 $Q_i = (x(s_i), y(s_i))$, 则 f 在 l 上对于 x 关于第二型曲线积分的和可以表示为

$$\sum_{i=1}^{n} f(x(s_i), y(s_i))(x(t_i) - x(t_{i-1})) = \sum_{i=1}^{n} f(x(s_i), y(s_i))x'(\tilde{s}_i)(t_i - t_{i-1}).$$

将这一表示式与 $[a,b]$ 上函数 $f(x(t), y(t))x'(t)$ 的 Riemann 和

$$\sum_{i=1}^{n} f(x(s_i), y(s_i))x'(s_i)(t_i - t_{i-1})$$

进行比较, 我们得到

$$\left| \sum_{i=1}^{n} f(x(s_i), y(s_i))x'(\tilde{s}_i)(t_i - t_{i-1}) - \sum_{i=1}^{n} f(x(s_i), y(s_i))x'(s_i)(t_i - t_{i-1}) \right|$$

$$\leqslant M \sum_{i=1}^{n} \max\{|x'(\tilde{s}_i) - x'(s_i)|\} |(t_i - t_{i-1})|,$$

其中 M 是函数 $|f|$ 的上确界. 由于 $x'(t)$ 在 $[a,b]$ 上一致连续, 因而当 $\lambda(\Delta) \to 0$ 时, $\max\{|x'(\tilde{s}_i) - x'(s_i)|\} \to 0$, 所以上式趋于零. 两个和同时收敛或者同时发散, 收敛时极限相等. 总结上面的讨论, 就得到下面的定理.

定理 8.2.1 设 $l : [a,b] \to \mathbb{R}^2$, $t \to (x(t), y(t))$ 是连续可微的曲线, l 取定的方向与 t 由 a 到 b 确定的曲线方向相同. $f : l \to \mathbb{R}$ 是 l 上的有界函数, 则 f 在 l 上

对 x 存在第二型曲线积分的充要条件是 $f(x(t),y(t))x'(t)$ 在 $[a,b]$ 上 Riemann 可积, 可积时,

$$\int_l f\mathrm{d}x = \int_a^b f(x(t),y(t))x'(t)\mathrm{d}t.$$

同样的结论对于 l 上函数 g 关于 y 的第二型曲线积分 $\int_l g\mathrm{d}y$ 也是成立的.

另外, 上面关于平面曲线第二型曲线积分的讨论对于空间 $\mathbb{R}^3$ 中的曲线同样成立. 如果 $l:[a,b] \to \mathbb{R}^3$, $t \to (x(t),y(t),z(t))$ 是空间中的曲线, f,g,h 是定义在 l 上的函数, 取定 l 的方向后, 就可以定义第二型曲线积分

$$\int_l (f\mathrm{d}x + g\mathrm{d}y + h\mathrm{d}z).$$

并且利用同样的方法就能得到相同的可积条件和计算公式. 这里就不再讨论了.

例 1　如果 l 是平面中与 x 轴垂直的直线段, 由于 $x'(t) \equiv 0$, l 上任意函数关于 x 的第二型曲线积分都存在, 并且为零.

例 2　设 D 是平面中的区域, $f(x,y)$, $g(x,y)$ 是 D 上的连续函数, 则存在可微函数 $F(x,y)$, 使得在 D 上, $\mathrm{d}F(x,y) = f(x,y)\mathrm{d}x + g(x,y)\mathrm{d}y$ 成立的充要条件是形式微分 $f(x,y)\mathrm{d}x + g(x,y)\mathrm{d}y$ 在 D 中曲线上的第二型曲线积分仅与曲线的起点和终点有关, 而与曲线的具体选取无关.

例 2 的证明留给读者作为练习, 也可参考第九章积分与路径关系的讨论.

例 3　设 l 是椭圆 $\dfrac{x^2}{a^2} + \dfrac{y^2}{b^2} = 1$ 在第一象限内的部分, 取逆时针方向, 计算 $\int_l xy\mathrm{d}x.$

解　首先利用广义极坐标将 l 表示为 $(x,y) = (a\cos\theta, b\sin\theta)$, $\theta \in \left[0, \dfrac{\pi}{2}\right]$, 这时 θ 由 0 到 π 决定的曲线方向与取定方向相同. 代入公式就得到

$$\int_l xy\mathrm{d}x = \int_0^{\frac{\pi}{2}} a\cos\theta \cdot b\sin\theta \mathrm{d}(a\cos\theta) = -a^2 b\int_0^{\frac{\pi}{2}} \sin^2\theta \cos\theta \mathrm{d}\theta = -\frac{a^2 b}{3}.$$

例 4　设 l 为球面 $x^2 + y^2 + z^2 = a^2$ 与平面 $x + y + z = 0$ 的交线, 取定一个方向, 计算 $\int_l (yz\mathrm{d}x + zx\mathrm{d}y + xy\mathrm{d}z)$.

解　由于 $\mathrm{d}(xyz) = yz\mathrm{d}x + zx\mathrm{d}y + xy\mathrm{d}z$, 利用例 2 得

$$\int_l (yz\mathrm{d}x + zx\mathrm{d}y + xy\mathrm{d}z) = 0.$$

下面来讨论第一型曲线积分与第二型曲线积分的相互转换关系. 我们以空间曲线的形式表述相应的结果.

设 $l : [a, b] \to \mathbb{R}^3$, $t \to (x(t), y(t), z(t))$ 是空间中的一条光滑曲线, f, g, h 是定义在 l 上, 并且存在第一型和第二型曲线积分的函数, 取定 l 的方向, 使得其与 t 由 a 到 b 决定的曲线方向一致, 假设 $a < b$. 按照积分的计算公式, 成立

$$\int_l (f\mathrm{d}x + g\mathrm{d}y + h\mathrm{d}z)$$

$$= \int_a^b \left[f(x(t), y(t), z(t))x'(t) + g(x(t), y(t), z(t))y'(t) + h(x(t), y(t), z(t))z'(t) \right] \mathrm{d}t$$

$$= \int_a^b \frac{f(x(t), y(t), z(t))x'(t) + g(x(t), y(t), z(t))y'(t) + h(x(t), y(t), z(t))z'(t)}{\sqrt{(x'(t))^2 + (y'(t))^2 + (z'(t))^2}}$$

$$\times \sqrt{(x'(t))^2 + (y'(t))^2 + (z'(t))^2} \mathrm{d}t$$

$$= \int_l \frac{f(x(t), y(t), z(t))x'(t) + g(x(t), y(t), z(t))y'(t) + h(x(t), y(t), z(t))z'(t)}{\sqrt{(x'(t))^2 + (y'(t))^2 + (z'(t))^2}} \mathrm{d}s.$$

从而, 第二型曲线积分转换为第一型曲线积分. 下面我们希望改造这一公式, 使得公式不依赖表示曲线的参变量.

对光滑曲线 $l : [a, b] \to \mathbb{R}^3$, $t \to (x(t), y(t), z(t))$, $(x'(t), y'(t), z'(t))$ 是曲线在点 $p = (x(t), y(t), z(t))$ 处的切向量, 而

$$\alpha = \frac{(x'(t), y'(t), z'(t))}{\sqrt{(x'(t))^2 + (y'(t))^2 + (z'(t))^2}}$$

则是单位切向量. 在空间 $\mathbb{R}^3$ 中, 如果 A, B 是两个不为零的向量, 则

$$\theta = \arccos \frac{(A, B)}{|A| \cdot |B|}$$

是向量 A 与 B 之间的夹角. 按照这一关系式, 对于一个给定的向量 $\alpha \in \mathbb{R}^3$, 如果以 (α, x), (α, y) 和 (α, z) 分别表示 α 与 x 轴, y 轴和 z 轴正向的夹角, 则 α 可表示为

$$\alpha = |\alpha|(\cos(\alpha, x), \cos(\alpha, y), \cos(\alpha, z)).$$

如果 α 是单位向量, 代入上式, 我们得到

$$\int_l (f\mathrm{d}x + g\mathrm{d}y + h\mathrm{d}z) = \int_l [f\cos(\alpha, x) + g\cos(\alpha, y) + h\cos(\alpha, z)]\mathrm{d}s.$$

这一表示式不依赖曲线的表示参数. 应用同样的方法,

$$\int_l f \mathrm{d}s = \int_a^b f(x(t), y(t), z(t)) \sqrt{(x'(t))^2 + (y'(t))^2 + (z'(t))^2} \mathrm{d}t$$

$$= \int_a^b f(x(t), y(t), z(t)) \frac{(x'(t))^2 + (y'(t))^2 + (z'(t))^2}{\sqrt{(x'(t))^2 + (y'(t))^2 + (z'(t))^2}} \mathrm{d}t$$

$$= \int_a^b f(x(t), y(t), z(t)) \left[\frac{x'(t)}{\sqrt{(x'(t))^2 + (y'(t))^2 + (z'(t))^2}} x'(t) \mathrm{d}t \right.$$

$$+ \frac{y'(t)}{\sqrt{(x'(t))^2 + (y'(t))^2 + (z'(t))^2}} y'(t) \mathrm{d}t$$

$$\left. + \frac{z'(t)}{\sqrt{(x'(t))^2 + (y'(t))^2 + (z'(t))^2}} z'(t) \mathrm{d}t \right]$$

$$= \int_l f \big[\cos(\alpha, x) \mathrm{d}x + \cos(\alpha, y) \mathrm{d}y + \cos(\alpha, z) \mathrm{d}z \big].$$

从而, 第一型曲线积分转换为第二型曲线积分.

8.3　第一型曲面积分

　　类似于曲线积分, 我们同样需要将平面区域上的二重积分推广到空间的曲面上. 这里与曲线积分相同, 在曲面上我们也需要考虑函数对于曲面面积微元的积分, 称为第一型曲面积分, 以及曲面上函数对于微分微元 $\mathrm{d}x\mathrm{d}y, \mathrm{d}y\mathrm{d}z, \mathrm{d}z\mathrm{d}x$ 的积分, 称为第二型曲面积分. 下面我们先从曲面的面积开始讨论.

　　怎样定义曲面的面积呢? 我们前面对于平面中的可测集定义了面积. 要得到曲面的面积, 需要用平面上的可测集来近似. 在曲线上我们用曲线折线定义了曲线的弧长. 自然希望按照同样的方法, 将曲面分割后, 用折面代替曲面, 取极限得到曲面的面积. 遗憾的是, 这一方法被证明是行不通的. 十九世纪前期, H. A. Schwarz 对于柱面构造了一个著名的例子. 他用三角形内接在柱面上, 取极限后发现当三角形的高 h 和底边长 s 比例不同时, 得到的极限不一样 (参考图 8.3).

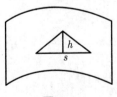

图 8.3

　　分析 H.A.Schwarz 的例子不难发现, 出现这样的情况主要是因为内接三角形由于角度的问题, 与曲面并不贴近. 而我们知道在曲面的点上与曲面最贴近的平面是曲面在这点的切面. 因此自然希望局部按切面的法线方向将曲面投影到切面上, 用投影区域的面积来近似地得到曲面的面积. 下面为了简单明了, 我们直接用微元法给出曲面的面积公式, 分割、求和、取极限的过程就不讨论了.

首先回顾一下 $\mathbb{R}^3$ 中向量的叉乘. 设 A, B 是 $\mathbb{R}^3$ 中两个不为零的向量, 叉乘 $A \times B$ 是一个向量, 其长度为 $|A \times B| = |A| \cdot |B| \sin \theta$, 方向由右手法则确定. 即右手拇指对 A 方向, 食指对 B 方向, 则中指所指与 A, B 都垂直的方向就是 $A \times B$ 的方向. 这里 θ 是向量 A, B 之间的夹角. 叉乘对乘积因子满足线性性, 因子之间满足反称性. 而由叉乘定义直接得到 $|A \times B|$ 是以向量 A 和 B 为边的平行四边形的面积. 我们希望利用这一点来讨论曲面面积. 首先需要假定曲面有切面, 为此我们给出下面定义.

定义 8.3.1 $\mathbb{R}^3$ 中的曲面 S 称为**光滑曲面**, 如果对于任意 $p \in S$, 都存在 p 点在 $\mathbb{R}^3$ 中的邻域 U, 使得 $U \cap S$ 可以表示为单射

$$(u, v) \to (x(u, v), y(u, v), z(u, v))$$

的图像, 其中 $x(u, v), y(u, v), z(u, v)$ 都是平面区域上连续可微的函数, 满足

$$\operatorname{rank}\left(\frac{\mathrm{D}(x, y, z)}{\mathrm{D}(u, v)}\right) = \operatorname{rank}\begin{pmatrix} x_u & y_u & z_u \\ x_v & y_v & z_v \end{pmatrix} = 2.$$

设 $S : (u, v) \to (x(u, v), y(u, v), z(u, v))$ 是光滑曲面, 其中 $(u, v) \in D$. 令

$$r_u = (x_u, y_u, z_u), \quad r_v = (x_v, y_v, z_v),$$

则向量 r_u, r_v 线性独立, 共同张成了曲面 S 在点 $(x(u, v), y(u, v), z(u, v))$ 处的切面. 而利用叉乘, $|r_u \mathrm{d}u \times r_v \mathrm{d}v|$ 则是切面中由 $r_u \mathrm{d}u, r_v \mathrm{d}v$ 张成的平行四边形的面积微元. 将这一平行四边形看作 uv 平面中以 $\mathrm{d}u, \mathrm{d}v$ 为边的矩形 D' 在曲面的像 S' 到切面投影所得区域的面积微元, 则曲面面积微元可表示为 $|r_u \times r_v| \mathrm{d}u \mathrm{d}v$, 见图 8.4. 这时利用微元法, 得到曲面面积公式

$$m(S) = \iint_D |r_u \times r_v| \mathrm{d}u \mathrm{d}v.$$

现在设 $\mathbf{i}, \mathbf{j}, \mathbf{k}$ 分别表示 $\mathbb{R}^3$ 中 x 轴, y 轴和 z 轴正向的单位向量, 则 $r_u = x_u \mathbf{i} + y_u \mathbf{j} + z_u \mathbf{k}$, $r_v = x_v \mathbf{i} + y_v \mathbf{j} + z_v \mathbf{k}$. 按照叉乘对乘积因子的线性性和反称性, 我们得到

$$r_u \times r_v = \frac{\partial(y, z)}{\partial(u, v)} \mathbf{i} + \frac{\partial(z, x)}{\partial(u, v)} \mathbf{j} + \frac{\partial(x, y)}{\partial(u, v)} \mathbf{k} = \left(\frac{\partial(y, z)}{\partial(u, v)}, \frac{\partial(z, x)}{\partial(u, v)}, \frac{\partial(x, y)}{\partial(u, v)}\right).$$

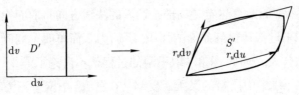

图 8.4

因此曲面的面积 $m(S)$ 可以表示为

$$m(S) = \iint_D |r_u \times r_v| \mathrm{d}u\mathrm{d}v = \iint_D \sqrt{\left(\frac{\partial(y,z)}{\partial(u,v)}\right)^2 + \left(\frac{\partial(z,x)}{\partial(u,v)}\right)^2 + \left(\frac{\partial(x,y)}{\partial(u,v)}\right)^2} \mathrm{d}u\mathrm{d}v.$$

例 1   设 $F: D' \to D$, $(u',v') \to (u(u',v'),v(u',v'))$ 是 D' 到 D 的微分同胚, 将 (u',v') 也作为曲面的参数, 则同胚 F 称为曲面的坐标变换. (u,v) 和 (u',v') 是 S 的不同坐标 (或者说不同参照系). 直接计算得

$$r_{u'} = r_u u_{u'} + r_v v_{u'}, \quad r_{v'} = r_u u_{v'} + r_v v_{v'}.$$

$$r_{u'} \times r_{v'} = r_u \times r_v \frac{\partial(u,v)}{\partial(u',v')}, \quad |r_{u'} \times r_{v'}| = |r_u \times r_v|\left|\frac{\partial(u,v)}{\partial(u',v')}\right|.$$

利用二重积分的变元代换公式, 我们得到

$$m(S) = \iint_D |r_u \times r_v| \mathrm{d}u\mathrm{d}v = \iint_{D'} |r_{u'} \times r_{v'}| \mathrm{d}u'\mathrm{d}v'.$$

曲面面积与表示曲面的参数无关.

如果曲面 S 由 $z = f(x,y)$ 给出, 其中 $f(x,y)$ 是定义在可测集 $D \subset \mathbb{R}^2$ 上的可微函数, 则 $r_x = (1,0,f_x)$, $r_y = (0,1,f_y)$, 因而 S 的面积为

$$m(S) = \iint_D |r_x \times r_y| \mathrm{d}x\mathrm{d}y = \iint_D \sqrt{1 + f_x^2 + f_y^2} \mathrm{d}x\mathrm{d}y.$$

曲面面积是几何中一个非常重要的概念. 下面我们从另一个角度来表示面积公式, 并将相应的结论推广到 n 维空间中的 r 维光滑曲面上.

首先在上面的面积微元 $\mathrm{d}v = |r_u \times r_v| \mathrm{d}u\mathrm{d}v$ 中, 使用了向量的叉乘, 但叉乘运算仅适用于三维欧氏空间. 因此要得到一般的公式, 需要将叉乘改为点乘 (内积). 由

$$|r_u \times r_v|^2 = |r_u|^2 \cdot |r_v|^2 \sin^2\theta = |r_u|^2 \cdot |r_v|^2(1 - \cos^2\theta) = (r_u,r_u)(r_v,r_v) - (r_u,r_v)^2.$$

按照数学分析的传统符号, 分别令

$$E = (r_u,r_u), \quad G = (r_v,r_v), \quad F = (r_u,r_v),$$

则曲面的面积微元可以表示为

$$\mathrm{d}v = |r_u \times r_v|\mathrm{d}u\mathrm{d}v = \sqrt{EG - F^2}\mathrm{d}u\mathrm{d}v = \sqrt{\begin{vmatrix} E & F \\ F & G \end{vmatrix}}\mathrm{d}u\mathrm{d}v.$$

这一公式是曲面几何理论中的重要关系式. 为说明这一关系式, 我们这里引入曲面的几何理论中度量曲线长度的第一基本形式.

设曲面 S 由映射 $(u,v) \to (x(u,v), y(u,v), z(u,v))$ 给出. 这时,

$$\mathrm{d}x = x_u\mathrm{d}u + x_v\mathrm{d}v, \quad \mathrm{d}y = y_u\mathrm{d}u + y_v\mathrm{d}v, \quad \mathrm{d}z = z_u\mathrm{d}u + z_v\mathrm{d}v.$$

将上面关系表示为向量的形式, 则得到 $(\mathrm{d}x, \mathrm{d}y, \mathrm{d}z) - r_u\mathrm{d}u + r_v\mathrm{d}v$. 而在 $\mathbb{R}^3$ 中, 由 8.2 节中的弧长公式, 对于光滑曲线有弧长微元

$$\mathrm{d}s^2 = \mathrm{d}x^2 + \mathrm{d}y^2 + \mathrm{d}z^2 = ((\mathrm{d}x, \mathrm{d}y, \mathrm{d}z), (\mathrm{d}x, \mathrm{d}y, \mathrm{d}z)).$$

在其中的内积里代入上面关系式, 得到曲面上用曲面自身的参数表示的弧长微元

$$\mathrm{d}s^2 = (r_u\mathrm{d}u + r_v\mathrm{d}v, r_u\mathrm{d}u + r_v\mathrm{d}v) = (r_u, r_u)\mathrm{d}u^2 + 2(r_u, r_v)\mathrm{d}u\mathrm{d}v + (r_v, r_v)\mathrm{d}v^2$$
$$= E\mathrm{d}u^2 + 2F\mathrm{d}u\mathrm{d}v + G\mathrm{d}v^2 = (\mathrm{d}u, \mathrm{d}v)\begin{pmatrix} E & F \\ F & G \end{pmatrix}\begin{pmatrix} \mathrm{d}u \\ \mathrm{d}v \end{pmatrix}.$$

上面的二次微分 $\mathrm{d}s^2$ 称为曲面 S 的**第一基本形式**. 它是 $\mathbb{R}^3$ 中的欧氏度量限制在曲面 S 上后, 得到的一个利用曲面自身参数测量曲面中曲线长度的度量. 如果

$$l : t \to (u(t), v(t)) \to (x(u(t), v(t)), y(u(t), v(t)), z(u(t), v(t))), \quad t \in [a, b]$$

是包含在曲面 S 中的光滑曲线, 则按照曲线弧长的计算公式, 我们得到

$$s(l) = \int_l \mathrm{d}s = \int_a^b \sqrt{E\mathrm{d}u^2 + 2F\mathrm{d}u\mathrm{d}v + G\mathrm{d}v^2}$$
$$= \int_a^b \sqrt{E(u'(t))^2 + 2Fu'(t)v'(t) + G(v'(t))^2}\mathrm{d}t.$$

曲面 S 中曲线的弧长由曲面的第一基本形式确定, 而曲面的面积公式则表明曲面的面积则是由第一基本形式中系数矩阵的行列式开根号给出. 当然曲面 S 上另外一些几何概念, 如 S 中的曲线之间的夹角也可以用第一基本形式来给出. 曲面的第一基本形式能够在曲面上建立一套很好的几何理论. 例如, 将包含在曲面里的两点之间最短连接曲线定义为曲面上的直线, 也称为测地线, 则可以讨论许多相关的几何或者物理的问题, 这在现代数学里十分重要.

利用第一基本形式, 容易将上面的方法和公式推广到 n 维空间 $\mathbb{R}^n$ 中的 r 维曲面上. 首先 n 维空间中的 r 维光滑曲面局部可以定义为光滑映射

$$V : (u^1, \cdots, u^r) \to (x^1, \cdots, x^n), \quad (u^1, \cdots, u^r) \in D \subset \mathbb{R}^r$$

的图像, 其中要求

$$\mathrm{rank}\frac{\mathrm{D}(x^1, \cdots, x^n)}{\mathrm{D}(u^1, \cdots, u^r)} = r$$

处处成立. 这时 $\mathbb{R}^n$ 中的弧长微元表示为内积后限制在曲面上, 用曲面参数表示为

$$
\begin{aligned}
\mathrm{d}s^2 &= ((\mathrm{d}x^1, \cdots, \mathrm{d}x^n), (\mathrm{d}x^1, \cdots, \mathrm{d}x^n)) \\
&= \left((\mathrm{d}u^1, \cdots, \mathrm{d}u^r)\frac{\mathrm{D}(x^1, \cdots, x^n)}{\mathrm{D}(u^1, \cdots, u^r)}^{\mathrm{T}}, \frac{\mathrm{D}(x^1, \cdots, x^n)}{\mathrm{D}(u^1, \cdots, u^r)}(\mathrm{d}u^1, \cdots, \mathrm{d}u^r)^{\mathrm{T}} \right) \\
&= (\mathrm{d}u^1, \cdots, \mathrm{d}u^r)\frac{\mathrm{D}(x^1, \cdots, x^n)}{\mathrm{D}(u^1, \cdots, u^r)}^{\mathrm{T}} \cdot \frac{\mathrm{D}(x^1, \cdots, x^n)}{\mathrm{D}(u^1, \cdots, u^r)}(\mathrm{d}u^1, \cdots, \mathrm{d}u^r)^{\mathrm{T}}.
\end{aligned}
$$

这称为曲面 V 的第一基本形式. 作为 $\mathbb{R}^3$ 中曲面面积的推广, 对于 n 维空间中的 r 维光滑曲面 V, 我们得到其面积为

$$m(V) = \int\int \cdots \int_D \sqrt{\left| \det\left(\frac{\mathrm{D}(x^1, \cdots, x^n)}{\mathrm{D}(u^1, \cdots, u^r)}^{\mathrm{T}} \cdot \frac{\mathrm{D}(x^1, \cdots, x^n)}{\mathrm{D}(u^1, \cdots, u^r)} \right) \right|}\, \mathrm{d}u^1 \cdots \mathrm{d}u^r.$$

如果将 n 维空间中的区域也看成 n 维光滑曲面, 则上式就是我们在 n 重积分的变元代换中给出的区域体积在微分同胚下的变换关系.

利用曲面面积就可以讨论曲面上的函数关于面积微元的第一型曲面积分.

定义 8.3.2 设 $V \subset \mathbb{R}^3$ 是光滑曲面, $f : V \to \mathbb{R}$ 是定义在 V 上的函数, 对 V 做分割 $\Delta : \Delta S_1, \cdots, \Delta S_n$, 对于 $i = 1, \cdots, n$, 任取 $q_i \in \Delta S_i$, 做和

$$\sum_{i=1}^{n} f(q_i)m(\Delta S_i).$$

如果 $\lambda(\Delta) = \max\{\mathrm{diam}\Delta S_i \,|\, i = 1, \cdots, n\} \to 0$ 时, 上面的和收敛, 并且其极限和分割与 $q_i \in \Delta S_i$ 的选取无关, 则称函数 f 在 V 上存在第一型曲面积分, 称上面和的极限为 f 在 V 上的**第一型曲面积分**, 表示为 $\iint_V f\mathrm{d}s$.

类比第一型曲线积分, 容易得到第一型曲面积分的可积条件和计算公式.

定理 8.3.1 设光滑曲面 V 表示为 $V : (u, v) \to (x, y, z)$, 其中 $(u, v) \in D \subset \mathbb{R}^2$ 是可测的闭区域, 则曲面 V 上的函数 f 存在第一型曲面积分的充要条件是

$f(x(u,v), y(u,v), z(u,v))$ 在 D 上可积, 可积时,

$$\iint_V f\mathrm{d}s = \iint_D f(x(u,v), y(u,v), z(u,v))\sqrt{EG-F^2}\mathrm{d}u\mathrm{d}v.$$

对曲面面积公式应用积分中值定理, 上面定理的证明与重积分换元法的讨论基本相同, 留给读者作为练习.

利用上面定理我们得到 V 上的连续函数都可积.

例 2 计算球面 $x^2+y^2+z^2 = R^2$ 被柱面 $x^2+y^2 \leqslant Rx$ 所截出曲面的面积.

解 首先计算曲面在 $z > 0$ 部分的面积. 作图 (见图 8.5):

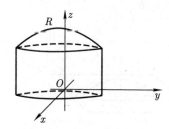

图 8.5

对球面方程求导得 $\dfrac{\partial z}{\partial x} = -\dfrac{x}{z}$, $\dfrac{\partial z}{\partial y} = -\dfrac{y}{z}$, 因此面积微元为

$$\mathrm{d}s = \sqrt{1 + \left(\frac{\partial z}{\partial x}\right)^2 + \left(\frac{\partial z}{\partial y}\right)^2}\,\mathrm{d}x\mathrm{d}y = \frac{R}{\sqrt{R^2-x^2-y^2}}\mathrm{d}x\mathrm{d}y,$$

其中 $(x,y) \in D$, D 是由 xy 平面中曲线 $x^2+y^2 = Rx$ 围成的区域. 我们得到在 $z > 0$ 的部分, 曲面的面积为

$$\iint_D \frac{R}{\sqrt{R^2-x^2-y^2}}\mathrm{d}x\mathrm{d}y = R\int_{-\frac{\pi}{2}}^{\frac{\pi}{2}}\mathrm{d}\theta\int_0^{R\cos\theta}\frac{r\mathrm{d}r}{\sqrt{R^2-r^2}}$$
$$= R\int_{-\frac{\pi}{2}}^{\frac{\pi}{2}}(R-R|\sin\theta|)\mathrm{d}\theta = 2\left(\frac{\pi}{2}-1\right)R^2.$$

因此, 曲面的面积为 $4\left(\dfrac{\pi}{2}-1\right)R^2$.

例 3 计算曲面积分 $I = \iint_V z^2\mathrm{d}s$, 其中 V 是球面 $x^2+y^2+z^2 = R^2$.

解 法一 由对称性, 容易看出 $\iint_V z^2\mathrm{d}s = \iint_V y^2\mathrm{d}s = \iint_V x^2\mathrm{d}s$, 因此利用球面的面积公式得

$$I = \frac{1}{3}\iint_V (x^2+y^2+z^2)\mathrm{d}s = \frac{R^2}{3}\iint_V \mathrm{d}s = \frac{4}{3}R^4\pi.$$

法二 利用球坐标, 球面 V 的参数方程为

$$x = R\cos\theta\sin\phi, \quad y = R\sin\theta\sin\phi, \quad z = R\cos\phi,$$

其中 $\theta \in [0, 2\pi]$, $\phi \in [0, \pi]$. 直接计算得 $E = R^2\sin^2\phi$, $F = 0$, $G = R^2$, 代入面积公式得

$$I = \int_0^{2\pi}\mathrm{d}\theta\int_0^\pi R^4\cos^2\phi\sin\phi\mathrm{d}\phi = \frac{4}{3}R^4\pi.$$

例 4 计算曲面积分 $\iint_V \frac{1}{z}\mathrm{d}s$, 其中 V 是球面 $x^2 + y^2 + z^2 = R^2$ 被平面 $z = h$ 所截的上面部分, 其中 $0 < h < R$.

解 作图 (图 8.6):

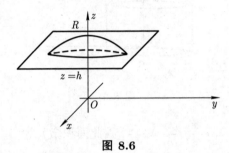

图 8.6

V 可以表示为

$$z = \sqrt{R^2 - x^2 - y^2}, \quad (x, y) \in D = \{(x, y)\,|\,x^2 + y^2 \leqslant R^2 - h^2\},$$

而

$$\mathrm{d}s = \sqrt{1 + z_x^2 + z_y^2}\mathrm{d}x\mathrm{d}y = \frac{R}{\sqrt{R^2 - x^2 - y^2}}\mathrm{d}x\mathrm{d}y.$$

因此,

$$\iint_V \frac{1}{z}\mathrm{d}s = \iint_D \frac{R}{R^2 - x^2 - y^2}\mathrm{d}x\mathrm{d}y$$

$$= \int_0^{2\pi}\mathrm{d}\theta\int_0^{\sqrt{R^2 - h^2}}\frac{R}{R^2 - r^2}r\mathrm{d}r = 2R\pi\ln\frac{R}{h}.$$

按照同样的方法和计算公式, 容易将第一型曲线积分推广到 n 维空间中的 r 维光滑曲面上, 细节这里就不讨论了. 读者可以自己试一试.

8.4 第二型曲面积分

与第二型曲线积分相同, 如果考虑微分与积分的关系, 在曲面上, 我们应该讨论形式为 $f\mathrm{d}x\mathrm{d}y + g\mathrm{d}y\mathrm{d}z + h\mathrm{d}z\mathrm{d}x$ 的二次微分在曲面上的积分. 而对应于第二型曲线积分必须取定曲线的方向, 在曲面上我们则需要考虑曲面的 "侧" 的问题. 为了说清楚这一点, 我们首先回到定积分以及二重积分的变元代换公式.

在定积分 $\displaystyle\int_a^b f(x)\mathrm{d}x$ 的第二换元法中, 我们证明了如果 $t \to x(t)$ 是 $G = [c, d]$ 到 $D = [a, b]$ 的微分同胚, 则 D 上的函数 $f(x)$ 可积的充要条件是函数 $f(x(t))$ 在 G 上可积, 可积时 $\displaystyle\int_a^b f(x)\mathrm{d}x = \int_c^d f(x(t))x'(t)\mathrm{d}t$.

在上面公式中, 同胚将区间 $G = [c, d]$ 与 $D = [a, b]$ 等同, 而一阶微分的形式不变性表示 $f(x)\mathrm{d}x = f(x(t))x'(t)\mathrm{d}t$. 因此如果将积分不是看作针对函数 $f(x)$ 进行积分, 而是看作对一次微分 $w = f(x)\mathrm{d}x = f(x(t))x'(t)\mathrm{d}t$ 做积分, 则换元法表明用变量 x 或者用变量 t 讨论积分 $\displaystyle\int_D w$ 都是一样的. 即积分与表示区间 D 和微分 w 的具体坐标没有关系, 保持了形式不变性. 因此在现代数学中, 通常将一次微分 $f(x)\mathrm{d}x$ 看作定积分中的被积对象. 即积分对象不是函数, 而是一次微分.

同样的, 对于二重积分, 设 $T : G \to D, (u, v) \to (x, y)$ 是微分同胚, 则成立变元代换公式

$$\iint_D f(x, y)\mathrm{d}x\mathrm{d}y = \iint_G f(x(u, v), y(u, v))\left|\frac{\partial(x, y)}{\partial(u, v)}\right|\mathrm{d}u\mathrm{d}v.$$

在这一公式中, 如果我们按照上面曲面面积公式的讨论, 用向量叉乘的长度 $|\mathrm{d}x \times \mathrm{d}y|$ 代替 $\mathrm{d}x\mathrm{d}y$ 作为面积微元, 则在微分同胚 $(u, v) \to (x, y)$ 下成立

$$\mathrm{d}x = x_u\mathrm{d}u + x_v\mathrm{d}v, \quad \mathrm{d}y = y_u\mathrm{d}u + y_v\mathrm{d}v.$$

利用叉乘的线性性和反对称性得到 $|\mathrm{d}x \times \mathrm{d}y| = \left|\dfrac{\partial(x, y)}{\partial(u, v)}\right||\mathrm{d}u \times \mathrm{d}v|$, 而

$$f(x, y)|\mathrm{d}x \times \mathrm{d}y| = f(x(u, v), y(u, v))\left|\frac{\partial(x, y)}{\partial(u, v)}\right||\mathrm{d}u \times \mathrm{d}v| = \tilde{f}(u, v)|\mathrm{d}u \times \mathrm{d}v|.$$

因此, 如果将 $\displaystyle\iint_D f(x, y)\mathrm{d}x\mathrm{d}y$ 看作对形式元素 $w = f(x, y)|\mathrm{d}x \times \mathrm{d}y|$ 的积分, 则变元代换公式表明与定积分相同, 这一积分与表示区域 D 和元素 w 的具体坐标无关, 具有形式不变性. 所以如果二重积分不是看作对函数进行积分, 而是看作对形式元

素 $w = f(x, y)|\mathrm{d}x \times \mathrm{d}y|$ 积分就更合理一些. 当然, 这里有两个问题, 一是这样的积分同样没有考虑积分与微分的关系, 二是叉乘不能推广到高维空间. 为了解决这些问题, 类比于向量的叉乘中对乘积因子的线性性和反对称性, 在现代数学中人们引入了微分形式和微分形式的外积 $\wedge$.

我们将函数称为零次微分形式, 将形式和 $f\mathrm{d}x + g\mathrm{d}y$ 称为一次微分形式, 其中 f 和 g 是函数. 而 $f\mathrm{d}x \wedge \mathrm{d}y$ 则称为平面上的二次微分形式. 如果

$$w_1 = f_1\mathrm{d}x + g_1\mathrm{d}y, \quad w_2 = f_2\mathrm{d}x + g_2\mathrm{d}y$$

是两个一次微分形式, 定义其外积 $w_1 \wedge w_2$ 为

$$w_1 \wedge w_2 = (f_1\mathrm{d}x + g_1\mathrm{d}y) \wedge (f_2\mathrm{d}x + g_2\mathrm{d}y) = (f_1g_2 - f_2g_1)\mathrm{d}x \wedge \mathrm{d}y.$$

由上面外积的定义容易看出外积 $\wedge$ 继承了叉乘中线性性和反对称性的基本性质, 满足:

线性性　　$(aw_1 + bw_2) \wedge w = aw_1 \wedge w + bw_2 \wedge w$;

反对称性　　$w_1 \wedge w_2 = -w_2 \wedge w_1$.

由于外积 $\wedge$ 的这些性质是 $\mathbb{R}^3$ 中向量叉乘相应性质的推广. 因此一次微分形式的外积保持了叉乘的特点. 而另一方面, 容易将外积推广到高维空间. 例如在 $\mathbb{R}^3$ 上, 对于区域 D, 我们将 D 上的函数看作零次微分形式, 而形式和 $f\mathrm{d}x + g\mathrm{d}y + h\mathrm{d}z$ 则称为一次微分形式, $f\mathrm{d}x \wedge \mathrm{d}y + g\mathrm{d}y \wedge \mathrm{d}z + h\mathrm{d}z \wedge \mathrm{d}x$ 是二次微分形式, $f\mathrm{d}x \wedge \mathrm{d}y \wedge \mathrm{d}z$ 是三次微分形式, 其中 f, g, h 都是 D 上的函数. 同样的方法可以在 n 维空间中的区域上推广 r 次微分形式

$$w = \sum_{i_1,\cdots,i_r=1}^{n} f_{i_1,\cdots,i_r}\mathrm{d}x^{i_1} \wedge \cdots \wedge \mathrm{d}x^{i_r},$$

并且按照线性性和反对称性定义微分形式之间的外积. 下面我们希望将二重积分推广到二次微分形式上, 并在下一章给出积分与微分的关系, 推广微积分学基本定理 —— Newton-Leibniz 公式.

由于外积保持了叉乘的基本性质, 如果 $(u, v) \to (x, y)$ 是微分同胚, 则成立

$$\mathrm{d}x \wedge \mathrm{d}y = (x_u\mathrm{d}u + x_v\mathrm{d}v) \wedge (y_u\mathrm{d}u + y_v\mathrm{d}v) = (x_uy_v - x_vy_u)\mathrm{d}u \wedge \mathrm{d}v = \frac{\partial(x, y)}{\partial(u, v)}\mathrm{d}u \wedge \mathrm{d}v.$$

这里与利用叉乘 $|\mathrm{d}x \times \mathrm{d}y|$ 给出的面积微元在微分同胚下成立的关系式

$$|\mathrm{d}x \times \mathrm{d}y| = \left|\frac{\partial(x, y)}{\partial(u, v)}\right| |\mathrm{d}u \times \mathrm{d}v|$$

不同, 如果以外积 $\mathrm{d}x \wedge \mathrm{d}y$ 代替 $|\mathrm{d}x \times \mathrm{d}y|$ 作为面积微元, 则其仅对 Jacobi 行列式大于零的微分同胚保持面积微元不变. 因此, 如果我们将二重积分 $\iint_D f(x,y)\mathrm{d}x\mathrm{d}y$ 看成是针对二次微分形式 $w = f(x,y)\mathrm{d}x \wedge \mathrm{d}y$ 来进行积分, 即令

$$\iint_D f(x,y)\mathrm{d}x\mathrm{d}y = \iint_D f(x,y)\mathrm{d}x \wedge \mathrm{d}y.$$

利用变元代换公式, 对于 Jacobi 行列式大于零的微分同胚, 成立下面定理.

定理 8.4.1 设 $(u,v) \to (x,y)$ 是有分段光滑边界的闭区域 G 到 D 的微分同胚, 满足 $\dfrac{\partial(x,y)}{\partial(u,v)} > 0$, 则对 D 上的二次微分形式 $w = f(x,y)\mathrm{d}x \wedge \mathrm{d}y$, 成立下面两个等式:

$$w = f(x,y)\mathrm{d}x \wedge \mathrm{d}y = f(x(u,v),y(u,v))\frac{\partial(x,y)}{\partial(u,v)}\mathrm{d}u \wedge \mathrm{d}v,$$

$$\iint_D w = \iint_D f(x,y)\mathrm{d}x \wedge \mathrm{d}y = \iint_G f(x(u,v),y(u,v))\frac{\partial(x,y)}{\partial(u,v)}\mathrm{d}u \wedge \mathrm{d}v = \iint_G w.$$

上面定理表明, 如果我们不是针对函数 $f(x,y)$, 而是针对二次微分形式 $w = f(x,y)\mathrm{d}x \wedge \mathrm{d}y$ 来定义二重积分, 则对于 Jacobi 行列式大于零的微分同胚, 或者说对于保定向的微分同胚, 这样的积分具有形式不变性. 即积分与我们用来表示区域和微分形式, 并用来做实际积分计算的具体坐标都没有关系. 由于这样的积分只能够对 Jacobi 行列式大于零的微分同胚具有形式不变性. 将此转换为条件, 如果我们希望将二重积分推广到曲面上, 就必须舍去一部分曲面. 因而在定义 8.3.1 的基础上, 需要对曲面加以限制, 对此有下面定义.

定义 8.4.1 $\mathbb{R}^3$ 中的光滑曲面 V 称为**可定向曲面**, 如果存在 V 的一个开覆盖 $\{U_\alpha\}$, 使得对每一个 α, 存在 $\mathbb{R}^2$ 中的区域 D_α, 以及光滑的单射

$$T_\alpha : D_\alpha \to U_\alpha, \ (u_\alpha, v_\alpha) \to (x(u_\alpha,v_\alpha), y(u_\alpha,v_\alpha), z(u_\alpha,v_\alpha)),$$

使得 $V \cap U_\alpha$ 是映射 T_α 的像, T_α 的 Jacobi 矩阵的秩处处为 2, 并且当 $V \cap U_\alpha \cap U_\beta \neq \varnothing$ 时, 由 $T_\alpha : D_\alpha \to V \cap U_\alpha$ 诱导的微分同胚 $T_\alpha(T_\beta^{-1}) : (u_\beta, v_\beta) \to (u_\alpha, v_\alpha)$ 满足

$$\frac{\partial(u_\alpha, v_\alpha)}{\partial(u_\beta, v_\beta)} > 0.$$

定义里的 $\{D_\alpha, (u_\alpha, v_\alpha)\}$ 称为曲面 V 的坐标覆盖, (u_α, v_α) 称为 V 在 $V \cap U_\alpha$ 上的局部坐标, 微分同胚 $T_\alpha(T_\beta^{-1}) : (u_\beta, v_\beta) \to (u_\alpha, v_\alpha)$ 则称为曲面的坐标变换.

如果 V 是可定向的光滑曲面, $\{D_\alpha, (u_\alpha, v_\alpha)\}$ 是满足定义的坐标覆盖, 令

$$r_{u_\alpha} = (x_{u_\alpha}, y_{u_\alpha}, z_{u_\alpha}), \ r_{v_\alpha} = (x_{v_\alpha}, y_{v_\alpha}, z_{v_\alpha}),$$

则 r_{u_α} 和 r_{v_α} 是曲面在 $V \cap U_\alpha$ 上的切向量, 而 $n_\alpha = r_{u_\alpha} \times r_{v_\alpha}$ 则是曲面上的法向量. 当 $V \cap U_\alpha \cap U_\beta \neq \varnothing$ 时,

$$n_\alpha = r_{u_\alpha} \times r_{v_\alpha} = \frac{\partial(u_\alpha, v_\alpha)}{\partial(u_\beta, v_\beta)} r_{u_\beta} \times r_{v_\beta} = \frac{\partial(u_\alpha, v_\alpha)}{\partial(u_\beta, v_\beta)} n_\beta.$$

而定义 8.4.1 中的条件 $\dfrac{\partial(u_\alpha, v_\alpha)}{\partial(u_\beta, v_\beta)} > 0$ 表示这两个法向量方向相同. 将这些法向量单位化, 我们就得到曲面 V 上存在连续的单位法向量.

反之, 如果曲面 V 上存在连续的单位法向量 n, 设 $\{D_\alpha, (u_\alpha, v_\alpha)\}$ 是曲面的坐标覆盖, 如果在 $V \cap U_\alpha$ 上, 由 (u_α, v_α) 确定的法向量 n_α 与 n 同向, 我们保留这一局部坐标, 如果反向, 则交换 u_α 与 v_α 的顺序, 用 (v_α, u_α) 作为 $V \cap U_\alpha$ 的局部坐标, 则得到的坐标覆盖满足定义 8.4.1, 曲面可定向. 由此得到下面定理.

定理 8.4.2 光滑曲面 $V \subset \mathbb{R}^3$ 为可定向曲面的充要条件是 V 上存在连续的单位法向量.

如果一个曲面可定向, 则曲面上存在两个处处连续, 但方向相反的单位法向量, 或者说曲面有两侧, 因而可定向曲面也称**双侧曲面**. 选定其中的一个连续的单位法向量就表明选定了曲面的一侧, 或者说选了曲面的定向. 这一点也可以解释为一个曲面可定向等价于如果我们站在曲面任意一点的一侧上, 不跨越曲面的边界在曲面上任意行走, 回到起点时仍然站在同一侧上.

下面我们给出几类常用的可定向曲面.

例 1 平面当然是双侧的. 在平面上我们通常假定 x 轴正向到 y 轴正向取逆时针方向, 这表明我们实际取定了平面的一侧作为正面.

例 2 如果曲面 V 可以表示为光滑函数 $z = f(x, y)$ 的图像, 则这一曲面有上侧 (z 轴正向) 和下侧 (z 轴负向) 两面, 因而是可定向的.

例 3 如果曲面 V 可以用一个坐标来覆盖, 即 V 可表示为单射 $T : (u, v) \to (x, y, z)$ 的像, 则 $n = \dfrac{r_u \times r_v}{|r_u \times r_v|}$ 是 V 上连续的单位法向量, V 可定向.

例 4 如果曲面 V 可以用方程 $F(x, y, z) = 0$ 来表示, 其中 $F(x, y, z)$ 连续可微, 且 $\operatorname{grad}(F) = (F_x, F_y, F_z)$ 在 V 上处处不为零, 则 $n = \dfrac{(F_x, F_y, F_z)}{|(F_x, F_y, F_z)|}$ 是 V 上连续的单位法向量, 因而 V 可定向.

例 5 如果 V 是类似球面这样的封闭光滑曲面, 或者说 V 是 $\mathbb{R}^3$ 中某一个区域的边界. 而对于区域, 边界曲面的法向量有朝向区域内部和外部之分, 即曲面有内侧和外侧, 因而是双侧的, V 可定向.

当然并不是任意曲面都可定向. 图 8.7 给出的曲面称为 Möbius 带, 是不可定向曲面很好的例子. 取一长方形带子 $abdc$, 扭曲 $180°$ 后将 a 与 c 相接, b 与 d 相接, 得到一个封闭的带子, 称为 **Möbius 带**. 这时站在带子上走一圈回到起点时, 就走到了曲面的另一侧, 则曲面只有一侧, 是不可定向的. Möbius 带可以用参数方程表示为

$$\begin{cases} x = 2\cos u + v\sin\dfrac{u}{2}\cos u, \\ y = 2\sin u + v\sin\dfrac{u}{2}\sin u, \\ z = v\cos\dfrac{u}{2}, \end{cases}$$

其中 $(u,v) \in [0, 2\pi] \times [-1, 1]$.

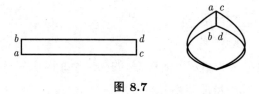

图 8.7

利用可定向曲面的概念, 现在我们可以将形式为 $\iint_D f(x,y)\mathrm{d}x \wedge \mathrm{d}y$ 的二重积分推广到可定向的光滑曲面 V 上. 下面以二次微分形式 $w = f(x,y,z)\mathrm{d}x \wedge \mathrm{d}y$ 在 V 上的积分为例.

首先设 V 是以有限条光滑曲线为边界的可定向光滑曲面, 取定 V 的一个定向. 用有限条光滑曲线对 V 做分割

$$\Delta : V_1, \cdots, V_n,$$

使得存在 V 的坐标覆盖 $\{U_i, (u_i, v_i)\}$, 满足对于 $i = 1, \cdots, n$, V_i 包含在坐标 (u_i, v_i) 的像中, 并且就是 U_i 的像集. 不失一般性, 我们总假定局部坐标 (u_i, v_i) 确定的曲面定向 $n_i = r_{u_i} \times r_{v_i}$ 与 V 取定的定向相同.

利用 V 的分割, 定义二次微分形式 $w = f(x,y,z)\mathrm{d}x \wedge \mathrm{d}y$ 在 V 上的积分 $\iint_V w$ 为

$$\begin{aligned} \iint_V w &= \sum_{i=1}^n \iint_{V_i} w = \sum_{i=1}^n \iint_{V_i} f(x,y,z)\mathrm{d}x \wedge \mathrm{d}y \\ &= \sum_{i=1}^n \iint_{U_i} f(x(u_i,v_i), y(u_i,v_i), z(u_i,v_i)) \frac{\partial(x,y)}{\partial(u_i,v_i)} \mathrm{d}u_i \wedge \mathrm{d}v_i. \end{aligned}$$

当然类比于第二型曲线积分, 积分存在的条件是等式右边的二重积分存在.

利用定理 8.4.1 不难看出, 积分 $\iint_V w$ 与曲面的分割 Δ, 以及满足条件的坐标覆盖 $\{U_i, (u_i, v_i)\}$ 的选取都没有关系, 因而是有意义的. 利用此, 我们定义

$$\iint_V w = \iint_V f \mathrm{d}x \wedge \mathrm{d}y$$

为二次微分形式 w 在 V 上关于给定定向的第二型曲面积分, 也称为 V 上函数 f 关于给定定向对 xy 的**第二型曲面积分**.

同理, 我们定义第二型曲面积分 $\iint_V g \mathrm{d}y \wedge \mathrm{d}z$ 和 $\iint_V h \mathrm{d}z \wedge \mathrm{d}x$ 分别为

$$\iint_V g \mathrm{d}y \wedge \mathrm{d}z = \sum_{i=1}^n \iint_{U_i} g(x(u_i, v_i), y(u_i, v_i), z(u_i, v_i)) \frac{\partial(y, z)}{\partial(u_i, v_i)} \mathrm{d}u_i \wedge \mathrm{d}v_i,$$

$$\iint_V h \mathrm{d}z \wedge \mathrm{d}x = \sum_{i=1}^n \iint_{U_i} h(x(u_i, v_i), y(u_i, v_i), z(u_i, v_i)) \frac{\partial(z, x)}{\partial(u_i, v_i)} \mathrm{d}u_i \wedge \mathrm{d}v_i.$$

分别称为 V 上函数 g 关于给定定向对 yz 的第二型曲面积分, 以及 V 上函数 h 关于给定定向对 zx 的第二型曲面积分.

利用定义不难看出, 如果以 V^- 表示取 V 的相反定向, 则成立

$$\iint_V w = - \iint_{V^-} w.$$

而由外积的反对称性, 成立 $\iint_V f \mathrm{d}x \wedge \mathrm{d}y = - \iint_V f \mathrm{d}y \wedge \mathrm{d}x$.

例 6 计算第二型曲面积分 $\iint_V (x\mathrm{d}y \wedge \mathrm{d}z + y\mathrm{d}z \wedge \mathrm{d}x + z\mathrm{d}x \wedge \mathrm{d}y)$, 其中 V 是以 $(1,0,0)$, $(0,1,0)$, $(0,0,1)$ 为顶点的三角形, 取下侧.

解 首先作图 (图 8.8):

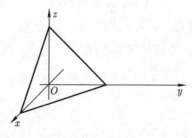

图 8.8

曲面 V 的方程为 $x + y + z = 1$, 利用对称性, 积分为

$$I = 3 \iint_V z \mathrm{d}x \wedge \mathrm{d}y.$$

令 D 为 xy 平面中由 $x=0$, $y=0$, $x+y=1$ 围成的区域, 则上面积分为

$$-3\iint_D (1-x-y)\mathrm{d}x \wedge \mathrm{d}y = 3\int_0^1 \int_0^{1-y}(x+y-1)\mathrm{d}x\mathrm{d}y = -\frac{3}{2}\int_0^1(1-y)^2\mathrm{d}y = -\frac{1}{2}.$$

例 7 计算第二型曲面积分 $I = \iint_V (x^3\mathrm{d}y\wedge\mathrm{d}z + y^3\mathrm{d}z\wedge\mathrm{d}x + z^3\mathrm{d}x\wedge\mathrm{d}y)$, 其中 V 是椭球面 $\dfrac{x^2}{a^2} + \dfrac{y^2}{b^2} + \dfrac{z^2}{c^2} = 1$, 取球面的外侧.

解 利用广义球坐标, V 可以表示为

$$x = a\cos\theta\sin\phi, \quad y = b\sin\theta\sin\phi, \quad z = c\cos\phi,$$

其中 $(\theta,\phi) \in D = [0,2\pi] \times [0,\pi]$. 计算这一表示的 Jacobi 矩阵得

$$\frac{\mathrm{D}(x,y,z)}{\mathrm{D}(\theta,\phi)} = \begin{pmatrix} -a\sin\theta\sin\phi & b\cos\theta\sin\phi & 0 \\ a\cos\theta\cos\phi & b\sin\theta\cos\phi & -c\sin\phi \end{pmatrix},$$

因此

$$\frac{\partial(y,z)}{\partial(\theta,\phi)} = -bc\cos\theta\sin^2\phi, \quad \frac{\partial(z,x)}{\partial(\theta,\phi)} = -ac\sin\theta\sin^2\phi, \quad \frac{\partial(x,y)}{\partial(\theta,\phi)} = -ab\sin\phi\cos\phi.$$

如果在上半椭圆的一点取外法向量, 则其三个分量都为正. 而上式中 $c < 0$, 所以由参数给出的法向量指向椭圆的内侧, 积分时需要在代入公式前面加负号, 得

$$\begin{aligned}
I &= \iint_D (a^3\cos^3\theta\sin^3\phi\, bc\cos\theta\sin^2\phi + b^3\sin^3\theta\sin^3\phi\, ac\sin\theta\sin^2\phi \\
&\quad + c^3\cos^3\phi\, ab\sin\phi\cos\phi)\mathrm{d}\theta\mathrm{d}\phi \\
&= abc\int_0^{2\pi}\mathrm{d}\theta\int_0^{\pi}(a^2\cos^4\theta\sin^5\phi + b^2\sin^4\theta\sin^5\phi + c^2\cos^4\phi\sin\phi)\mathrm{d}\phi \\
&= 8abc\left(a^2\int_0^{\frac{\pi}{2}}\cos^4\theta\mathrm{d}\theta\int_0^{\frac{\pi}{2}}\sin^5\phi\mathrm{d}\phi + b^2\int_0^{\frac{\pi}{2}}\sin^4\theta\mathrm{d}\theta\int_0^{\frac{\pi}{2}}\sin^5\phi\mathrm{d}\phi \right. \\
&\quad \left. + c^2\frac{\pi}{2}\int_0^{\frac{\pi}{2}}\cos^4\phi\sin\phi\mathrm{d}\phi\right) \\
&= \frac{4}{5}abc(a^2 + b^2 + c^2)\pi.
\end{aligned}$$

类似于第一型与第二型曲线积分的关系, 容易得到第一型曲面积分与第二型曲面积分的关系. 首先设曲面 V 可以用参数表示为 $(u,v) \to (x,y,z)$, 其中 $(u,v) \in D$. 假定曲面的定向与由 $n = r_u \times r_v$ 确定的定向相同, 则对于 V 上的连续函数 f, 成

立

$$\iint_V f\mathrm{d}s = \iint_D f(u,v)\sqrt{\left(\frac{\partial(y,z)}{\partial(u,v)}\right)^2 + \left(\frac{\partial(z,x)}{\partial(u,v)}\right)^2 + \left(\frac{\partial(x,y)}{\partial(u,v)}\right)^2}\,\mathrm{d}u\wedge\mathrm{d}v$$

$$= \iint_D f(u,v)\frac{\dfrac{\partial(y,z)}{\partial(u,v)}}{\sqrt{\left(\dfrac{\partial(y,z)}{\partial(u,v)}\right)^2 + \left(\dfrac{\partial(z,x)}{\partial(u,v)}\right)^2 + \left(\dfrac{\partial(x,y)}{\partial(u,v)}\right)^2}}\frac{\partial(y,z)}{\partial(u,v)}\,\mathrm{d}u\wedge\mathrm{d}v$$

$$+ \iint_D f(u,v)\frac{\dfrac{\partial(z,x)}{\partial(u,v)}}{\sqrt{\left(\dfrac{\partial(y,z)}{\partial(u,v)}\right)^2 + \left(\dfrac{\partial(z,x)}{\partial(u,v)}\right)^2 + \left(\dfrac{\partial(x,y)}{\partial(u,v)}\right)^2}}\frac{\partial(z,x)}{\partial(u,v)}\,\mathrm{d}u\wedge\mathrm{d}v$$

$$+ \iint_D f(u,v)\frac{\dfrac{\partial(x,y)}{\partial(u,v)}}{\sqrt{\left(\dfrac{\partial(y,z)}{\partial(u,v)}\right)^2 + \left(\dfrac{\partial(z,x)}{\partial(u,v)}\right)^2 + \left(\dfrac{\partial(x,y)}{\partial(u,v)}\right)^2}}\frac{\partial(x,y)}{\partial(u,v)}\,\mathrm{d}u\wedge\mathrm{d}v$$

$$= \iint_D f(u,v)\frac{\dfrac{\partial(y,z)}{\partial(u,v)}}{\sqrt{\left(\dfrac{\partial(y,z)}{\partial(u,v)}\right)^2 + \left(\dfrac{\partial(z,x)}{\partial(u,v)}\right)^2 + \left(\dfrac{\partial(x,y)}{\partial(u,v)}\right)^2}}\,\mathrm{d}y\wedge\mathrm{d}z$$

$$+ \iint_D f(u,v)\frac{\dfrac{\partial(z,x)}{\partial(u,v)}}{\sqrt{\left(\dfrac{\partial(y,z)}{\partial(u,v)}\right)^2 + \left(\dfrac{\partial(z,x)}{\partial(u,v)}\right)^2 + \left(\dfrac{\partial(x,y)}{\partial(u,v)}\right)^2}}\,\mathrm{d}z\wedge\mathrm{d}x$$

$$+ \iint_D f(u,v)\frac{\dfrac{\partial(x,y)}{\partial(u,v)}}{\sqrt{\left(\dfrac{\partial(y,z)}{\partial(u,v)}\right)^2 + \left(\dfrac{\partial(z,x)}{\partial(u,v)}\right)^2 + \left(\dfrac{\partial(x,y)}{\partial(u,v)}\right)^2}}\,\mathrm{d}x\wedge\mathrm{d}y.$$

我们将第一型曲面积分化为了第二型曲面积分. 下面需要进一步改造这一公式, 使得其不依赖参数 (u,v).

我们知道

$$n = \frac{\left(\dfrac{\partial(y,z)}{\partial(u,v)},\ \dfrac{\partial(z,x)}{\partial(u,v)},\ \dfrac{\partial(x,y)}{\partial(u,v)}\right)}{\sqrt{\left(\dfrac{\partial(y,z)}{\partial(u,v)}\right)^2 + \left(\dfrac{\partial(z,x)}{\partial(u,v)}\right)^2 + \left(\dfrac{\partial(x,y)}{\partial(u,v)}\right)^2}} = (\cos(n,x), \cos(n,y), \cos(n,z))$$

是曲面指定方向的单位法向量, 其中 $(n,x),(n,y)$ 和 (n,z) 分别表示 n 与 x 轴, y

轴和 z 轴正向的夹角. 利用这一表示, 我们得到

$$\iint_V f\mathrm{d}s = \iint_V f(\cos(n,x)\mathrm{d}y \wedge \mathrm{d}z + \cos(n,y)\mathrm{d}z \wedge \mathrm{d}x + \cos(n,z)\mathrm{d}x \wedge \mathrm{d}y).$$

这一关系独立于曲面的表示参数, 因而不论曲面是否可以用一组参数来表示, 上面的公式都成立.

反过来, 同样设可定向光滑曲面 V 可以用参数表示为 $(u,v) \to (x,y,z)$, 其中 $(u,v) \in D$. 假定取曲面的定向, 使得其与由 $n = r_u \times r_v$ 确定的定向相同, 则对于 V 上的连续函数 f, 我们利用第二型曲面积分的计算公式, 得到

$$\iint_V f\mathrm{d}x \wedge \mathrm{d}y = \iint_D f(x(u,v),y(u,v),z(u,v))\frac{\partial(x,y)}{\partial(u,v)}\mathrm{d}u\mathrm{d}v$$

$$= \iint_D f(x(u,v),y(u,v),z(u,v))\frac{\dfrac{\partial(x,y)}{\partial(u,v)}}{\sqrt{\left(\dfrac{\partial(y,z)}{\partial(u,v)}\right)^2 + \left(\dfrac{\partial(z,x)}{\partial(u,v)}\right)^2 + \left(\dfrac{\partial(x,y)}{\partial(u,v)}\right)^2}}$$

$$\times \sqrt{\left(\frac{\partial(y,z)}{\partial(u,v)}\right)^2 + \left(\frac{\partial(z,x)}{\partial(u,v)}\right)^2 + \left(\frac{\partial(x,y)}{\partial(u,v)}\right)^2}\,\mathrm{d}u\mathrm{d}v = \iint_V f\cos(n,z)\mathrm{d}s.$$

第二型曲面积分化为第一型曲面积分.

最后还要特别说明除了定理 8.4.2 以外, 上面关于曲面定向的概念, 二次微分形式的第二型曲面积分等内容都不难推广到 n 维空间中 r 维光滑曲面上, 定义 $\mathbb{R}^n$ 中可定向 r 维光滑曲面, 以及其上 r 次微分形式在 r 维光滑曲面上的第二型曲面积分. 由于这一过程与上面的讨论没有本质差异, 留给读者自己试一试.

习　题

1. 利用微元法给出空间光滑曲线的弧长公式.

2. 计算下面曲线的弧长:

(1) $r(t) = (t, \ln(\sec t + \tan t), \ln(\sec t))$, $t \in \left[0, \dfrac{\pi}{4}\right]$;

(2) $r(t) = (a\cos bt, a\sin bt, bt)$, $t \in [0,1]$.

3. 给出曲线 Γ 的弧长积分公式, 其中 Γ 在 $\mathbb{R}^3$ 的球坐标系中表示为

$$r(\varphi) = (f(\varphi)\cos\varphi\cos(g(\phi)), f(\varphi)\sin\varphi\cos(g(\phi)), f(\varphi)\sin(g(\phi))).$$

4. 计算第二型曲线积分 $\int_{\widehat{AB}} y\mathrm{d}x + x\mathrm{d}y$, 其中 $A = (1,1)$, $B = (2,4)$, $\widehat{AB}$ 由 A 到 B 分别为:

(1) 连接 A 到 B 的直线段;

(2) 连接 A 到 B 的抛物线 $y = x^2$.

5. 求闭曲线 C 上的第二型曲线积分 $\oint_C \dfrac{y\mathrm{d}x - x\mathrm{d}y}{x^2 + y^2}$, 其中:

(1) C 为圆 $x^2 + y^2 = a^2$, 逆时针方向;

(2) C 为椭圆 $\dfrac{x^2}{a^2} + \dfrac{y^2}{b^2} = 1$, 顺时针方向.

6. 设 C 为圆 $x^2 + y^2 = a^2$, 试在 C 上定义一个函数 $f(p)$, 使得 $f(p)$ 分别没有第一型曲线积分和第二型曲线积分. 证明你的结论.

7. 求曲面 $z = \sqrt{2xy}$ 被平面 $x + y = 1$, $x = 1$ 和 $y = 1$ 所截部分的面积.

8. 求由曲面 $x^2 + y^2 = \dfrac{1}{3}z^2$, $x + y + z = 2a\ (a > 0)$ 围成的立体的表面积.

9. (1) 用积分表示椭圆的弧长公式.

(2) 用积分表示椭球 $\dfrac{x^2}{a^2} + \dfrac{y^2}{b^2} + \dfrac{z^2}{c^2} = 1$ 被平面 $ex + fy + gz = h$ 分割为两部分后各部分的面积.

10. 计算下面的第一型曲面积分:

(1) $\displaystyle\iint_S (x^2 + y^2)\mathrm{d}s$, S 为立体 $\sqrt{x^2 + y^2} \leqslant z \leqslant 1$ 的边界曲面;

(2) $\displaystyle\iint_S |x^3 y^2 z|\mathrm{d}s$, S 为曲面 $z = x^2 + y^2$ 被平面 $z = 1$ 割下的部分;

(3) $\displaystyle\iint_S z^2 \mathrm{d}s$, S 为螺旋面 $x = u\cos v, y = u\sin v, z = v$ 中 $0 \leqslant u \leqslant a$, $0 \leqslant v \leqslant 2\pi$ 的部分.

11. 给出函数关于第一型曲面积分的可积条件.

12. 设 S 为球面 $x^2 + y^2 + z^2 = 1$, f 连续可微, 证明: Poisson 公式

$$\iint_S f(ax + by + cz)\mathrm{d}s = 2\pi \int_{-1}^1 f(t\sqrt{a^2 + b^2 + c^2})\mathrm{d}t.$$

13. 计算积分 $F(x, y, z, t) = \displaystyle\iint_S f(u, v, w)\mathrm{d}s$, 其中 S 为球面 $(u - x)^2 + (v - y)^2 + (w - z)^2 = t^2$, 满足 $\sqrt{x^2 + y^2 + z^2} > a > 0$,

$$f(u, c, w) = \begin{cases} 1, & u^2 + v^2 + w^2 < a^2, \\ 0, & u^2 + v^2 + w^2 \geqslant a^2. \end{cases}$$

14. 给出光滑曲面可定向的两个等价条件, 并证明其等价性.

15. 下面曲面都是分块光滑的曲面, 试将这些曲面分割为两两除边界外没有公共点的光滑曲面, 给出这些曲面边界的定向, 使得其由曲面定向确定.

(1) 顶点为 $(0, 0, 0)$, $(1, 0, 0)$, $(0, 1, 0)$, $(0, 0, 1)$ 的棱锥体的边界, 取外法向.

(2) 边长为 1 的正方形, 取内法向.

(3) 上半球体 $x^2 + y^2 + z^2 \leqslant 1$, $z \geqslant 0$ 的表面, 取内法向.

16. 给出函数关于第二型曲面积分的可积条件.

17. 问第一型曲面积分为什么不要求曲面可定向?

18. 计算下面第二型曲面积分:

(1) $\iint\limits_{S} x^2 dy \wedge dz + y^2 dz \wedge dx + z^2 dx \wedge dy$, 其中 S 为 $x^2 + y^2 + z^2 = R^2$, 取内侧;

(2) $\iint\limits_{S} f(x)dy \wedge dz + g(y)dz \wedge dx + h(z)dx \wedge dy$, 其中 S 为立方体 $D = \{(x,y,z) \mid 0 \leqslant x \leqslant a, 0 \leqslant y \leqslant b, 0 \leqslant z \leqslant c\}$ 的边界面, 取外法向.

19. 计算下面第一型曲线积分.

(1) $\int\limits_{L} \sqrt{x^2 + y^2} ds$, L 为圆周 $x^2 + y^2 = ax$;

(2) $\int\limits_{L} y^2 ds$, L 为摆线的第一拱: $x = a(t - \sin t)$, $y = a(1 - \cos t)$, $t \in [0, 2\pi]$.

20. 计算下面第一型曲线积分:

(1) $\int\limits_{L} (xy + yz + zx)ds$, L 为球面 $x^2 + y^2 + z^2 = R^2$ 与平面 $x + y + z = 0$ 的交线,

(2) $\int\limits_{L} xy ds$, L 同上.

21. 设 L 是一分段光滑的简单闭曲线, $f(x,y)$ 在 L 上连续, 令

$$u(x,y) = \oint\limits_{L} f(u,v) \ln \frac{1}{\sqrt{(u-x)^2 + (v-y)^2}} ds,$$

证明: 当 $x^2 + y^2 \to +\infty$ 时, $u(x,y) \to 0$ 的充要条件是 $\oint\limits_{L} f(u,v)ds = 0$.

22. 设 P, Q 为光滑曲线 L 上的连续函数, $M = \max\limits_{(x,y) \in L} \sqrt{P^2 + Q^2}$, $s(L)$ 为曲线弧长, 证明: $\left| \oint\limits_{L} P dx + Q dy \right| \leqslant M s(L)$.

23. 计算下面第二型曲线积分:

(1) $\int\limits_{L} (x-y)dx + (y-z)dy + (z-x)dz$, L 为连接 $(0,0,0)$ 与 $(1,1,1)$ 的曲线 $x = t$, $y = t^2$, $z = t^3$;

(2) $\int\limits_{L} y^2 dx + z^2 dy + x^2 dz$, L 为连接 $(0,0,0)$ 与 $(a, 1, 2\pi r)$ 的曲线 $x = a\cos t$, $y = b\sin t$, $z = rt$;

(3) $\int\limits_{L} (y^2 - z^2)dx + (z^2 - x^2)dy + (x^2 - y^2)dz$, L 为在第一象限内球面 $x^2 + y^2 + z^2 = 1$ 的边界, 从球面外侧看, L 取逆时针方向.

24. 设 S 为球面 $x^2 + y^2 + z^2 = R^2$, 取外侧, 计算下面第二型曲面积分:

(1) $\iint\limits_{S} z^3 dx \wedge dy$;

(2) $\iint\limits_{S} \frac{z dx \wedge dy + x dy \wedge dz + y dz \wedge dx}{(x^2 + y^2 + z^2)^{\frac{3}{2}}}$.

25. 计算下面第二型曲面积分:

(1) $\iint\limits_{S} z^2 dx \wedge dy + x^2 dy \wedge dz + y^2 dz \wedge dx$, S 是立方体 $[0,a] \times [0,b] \times [0,c]$ 的边界面, 取外侧;

(2) $\iint\limits_{S} \frac{dx \wedge dy}{z} + \frac{dy \wedge dz}{x} + \frac{dz \wedge dx}{y}$, S 为椭球面 $\frac{x^2}{a^2} + \frac{y^2}{b^2} + \frac{z^2}{c^2} = 1$, 取外侧;

(3) $\iint_S z^2 \mathrm{d}x \wedge \mathrm{d}y + x^2 \mathrm{d}y \wedge \mathrm{d}z + y^2 \mathrm{d}z \wedge \mathrm{d}x$, S 为锥面 $x^2 + y^2 = z^2$, $0 \leqslant z \leqslant h$ 的下侧.

26. 设 $D \subset \mathbb{R}^3$ 是区域, $F(x,y,z) \in C^1(D)$, 令

$$S = \{(x,y,z) \in D \,\big|\, F(x,y,z) = 0\}.$$

如果 $S \neq \varnothing$, 并且连通, 且 $\mathrm{grad}(F)$ 在 S 上处处不为零. 证明: 存在 S 的坐标覆盖, 使得坐标变换的 Jacobi 行列式都是大于零的.

27. 给出 n 维空间 $\mathbb{R}^n$ 中 r 维光滑曲面 $(u^1, \cdots, u^r) \to (x^1, \cdots, x^n)$ 的第一基本形式, 并给出曲面的面积公式.

28. 在 n 维空间 $\mathbb{R}^n$ 中的 r 维曲面上定义第一型曲面积分, 并给出积分的计算公式.

29. 给出 n 维空间 $\mathbb{R}^n$ 中 r 维光滑曲面可定向的定义.

30. 给出 $\mathbb{R}^n$ 中 r 维可定向光滑曲面上第二型曲面积分的定义和计算公式.

31. 证明: $\mathbb{R}^3$ 中外积 $\wedge$ 对因子的线性性和反对称性. 将这些性质推广到 $\mathbb{R}^n$ 中微分形式的外积上.

32. 设 $T : (u^1, \cdots, u^r) \to (x^1, \cdots, x^n)$ 是可微映射, 给出 $\mathrm{d}x^{i_1} \wedge \cdots \wedge \mathrm{d}x^{i_r}$ 与 $\mathrm{d}u^1 \wedge \cdots \wedge \mathrm{d}u^r$ 的关系.

33. 设 D 是平面中有光滑边界的有界区域, $f(x,y)$ 是 D 上的可积函数, 证明: 积分

$$\iint_D f(x,y) |\mathrm{d}x \times \mathrm{d}y|$$

与表示 D 的坐标 (x,y) 的选取没有关系.

34. 利用第 33 题将积分 $\iint_D f(x,y) |\mathrm{d}x \times \mathrm{d}y|$ 推广到空间中的光滑曲面上, 问推广后的积分是什么曲面积分?

第九章 外微分，积分与微分的关系

微积分学的一个最基本定理是 Newton-Leibniz 公式: 如果函数 $f(x)$ 的导函数 $f'(x)$ 在区间 $[a,b]$ 上 Riemann 可积, 则成立

$$\int_a^b f'(x)\mathrm{d}x = \int_a^b \mathrm{d}f = f(b) - f(a).$$

我们前面定义了重积分、曲面和曲线积分, 现在的问题是怎样将 Newton-Leibniz 公式推广到这些积分上, 或者说在平面或者更高维的空间上怎样给出微分与积分之间的关系. 为此, 首先需要对 Newton-Leibniz 公式做一点形式上的改造. 对于区间 $[a,b]$, a 和 b 是 $[a,b]$ 的边界, 记为 $\partial[a,b]$. 将 $[a,b]$ 看作曲线, 则 $[a,b]$ 由 a 到 b 确定的曲线方向表明: 从 a 走向区间内部, 称负向; b 走向区间外部, 称正向. 因此 $\partial[a,b] = \{-a, +b\}$. 边界的点也因为曲线的定向而带了方向. 通常将函数看作零次微分形式, 函数 $f(x)$ 在一个有方向的点 x_0 上的函数值 $f(x_0)$ 则可看作零次微分形式 $f(x)$ 在 0 维集合 $\{x_0\}$ 的积分, 即

$$\int_{\pm x_0} f(x) = \pm f(x_0).$$

利用这一观点, Newton-Leibniz 公式则可以表示为

$$\int_a^b f'(x)\mathrm{d}x = \int_{[a,b]} \mathrm{d}f = f(b) - f(a) = \int_{+b} f + \int_{-a} f = \int_{\partial[a,b]} f.$$

而平面中区域和空间中曲面的边界是曲线, 空间区域的边界是曲面. 我们希望将上面这一改造后, 形式为

$$\int_D \mathrm{d}w = \int_{\partial D} w$$

的 Newton-Leibniz 公式进一步推广到这些集合上, 利用微分给出重积分以及第二型曲线积分和曲面积分之间的关系. 为此我们将首先推广函数的微分, 在微分形式上定义外微分, 然后利用外微分来连接这些积分. 我们希望将一元微积分中的微积分学基本定理推广到高维空间上.

9.1 外 微 分

我们知道函数的一次微分有形式不变性, 即微分的公式 $\mathrm{d}f = f'(x)\mathrm{d}x$ 在形式上不论 x 是自变量, 或者是中间变量都同样成立. 这一关系也可以解释为函数 f 到一次微分 $w = \mathrm{d}f$ 的对应关系与用来表示函数和进行微分计算的自变量的选取没有关系. 利用一次微分的形式不变性, 对于积分的变元代换公式

$$\int_a^b f(x)\mathrm{d}x = \int_c^d f(x(t))x'(t)\mathrm{d}t,$$

令 $w = f\mathrm{d}x$, 将 $\int_a^b f(x)\mathrm{d}x$ 看作 w 在空间 $S = [a,b]$ 上的积分, 变元代换公式则表明积分 $\int_S w$ 与表示空间 S 和 w 的变量选取没有关系.

然而函数的高阶微分没有形式不变性, 公式 $\mathrm{d}^2 f = f''(x)\mathrm{d}x^2$ 只有当 x 是自变量时才成立, 因此不能利用高阶微分来讨论微分与积分的关系.

上一章作为 $\mathbb{R}^3$ 中向量叉乘的推广, 我们引入了微分形式, 定义了微分形式的外积 $\wedge$, 并且将定积分、重积分、第二型曲线积分和第二型曲面积分都看作对微分形式的积分. 利用重积分的变元代换公式, 我们得到对于保定向的变元代换, 微分形式的积分与表示积分空间的自变量的选取没有关系, 或者说与用到的参照系无关. 这样的积分因此有形式不变性. 为了利用微分给出不同积分相互之间的对应关系, 需要将微分推广到微分形式上. 下面为方便讨论, 我们直接在 n 维空间 $\mathbb{R}^n$ 中的区域上给出更一般的定义和论证. 首先给出下面定义.

定义 9.1.1 设 $w = \sum\limits_{i_1,\cdots,i_r=1}^{n} f_{i_1,\cdots,i_r}\mathrm{d}x^{i_1} \wedge \cdots \wedge \mathrm{d}x^{i_r}$ 是区域 $D \subset \mathbb{R}^n$ 上的 r 次微分形式, 令

$$\mathrm{d}w = \sum_{i_1,\cdots,i_r=1}^{n} \mathrm{d}f_{i_1,\cdots,i_r} \wedge \mathrm{d}x^{i_1} \wedge \cdots \wedge \mathrm{d}x^{i_r}$$

$$= \sum_{i_1,\cdots,i_r=1}^{n} \left(\sum_{i=1}^{n} \frac{\partial f_{i_1,\cdots,i_r}}{\partial x_i}\mathrm{d}x^i\right) \wedge \mathrm{d}x^{i_1} \wedge \cdots \wedge \mathrm{d}x^{i_r}.$$

由此得到的 $r+1$ 次微分形式 $\mathrm{d}w$ 称为微分形式 w 的**外微分**, 而对应关系 $\mathrm{d}: w \to \mathrm{d}w$ 称为**外微分算子**.

利用外微分的定义以及外积的反对称性, 成立下面定理.

定理 9.1.1 外微分 d 满足:

(1) **线性性** $\mathrm{d}(w_1 + w_2) = \mathrm{d}w_1 + \mathrm{d}w_2$;

(2) **Leibniz 法则** 如果 w_1 是 r 次微分形式, 则对于任意微分形式 w_2, 成立

$$\mathrm{d}(w_1 \wedge w_2) = \mathrm{d}w_1 \wedge w_2 + (-1)^r w_1 \wedge \mathrm{d}w_2;$$

(3) 对于任意微分形式 w, 成立 $\mathrm{d}^2 w = \mathrm{d}(\mathrm{d}w) = 0$.

证明 (1) 显然.

(2) 留给读者作为练习.

(3) 设 $w = \displaystyle\sum_{i_1,\cdots,i_r=1}^{n} f_{i_1,\cdots,i_r} \mathrm{d}x^{i_1} \wedge \cdots \wedge \mathrm{d}x^{i_r}$, 利用 $\wedge$ 的反对称性 $\mathrm{d}x \wedge \mathrm{d}y = -\mathrm{d}y \wedge \mathrm{d}x$, 得

$$
\begin{aligned}
\mathrm{d}^2 w = \mathrm{d}(\mathrm{d}w) &= \mathrm{d}\left(\sum_{i_1,\cdots,i_r=1}^{n} \sum_{i=1}^{n} \frac{\partial f_{i_1,\cdots,i_r}}{\partial x_i} \mathrm{d}x^i \wedge \mathrm{d}x^{i_1} \wedge \cdots \wedge \mathrm{d}x^{i_r} \right) \\
&= \sum_{i_1,\cdots,i_r=1}^{n} \left(\sum_{j=1}^{n} \sum_{i=1}^{n} \frac{\partial^2 f_{i_1,\cdots,i_r}}{\partial x^j \partial x^i} \mathrm{d}x^j \wedge \mathrm{d}x^i \right) \wedge \mathrm{d}x^{i_1} \wedge \cdots \wedge \mathrm{d}x^{i_r} \\
&= \sum_{i_1,\cdots,i_r=1}^{n} \left[\sum_{i<j}^{n} \left(\frac{\partial^2 f_{i_1,\cdots,i_r}}{\partial x^i \partial x^j} - \frac{\partial^2 f_{i_1,\cdots,i_r}}{\partial x^j \partial x^i} \right) \mathrm{d}x^i \wedge \mathrm{d}x^j \right] \wedge \mathrm{d}x^{i_1} \wedge \cdots \wedge \mathrm{d}x^{i_r} \\
&= 0.
\end{aligned}
$$

例 1 如果 $w = f(x,y,z)$ 是函数, 即零次微分形式, 则按照定义,

$$\mathrm{d}w = f_x \mathrm{d}x + f_y \mathrm{d}y + f_z \mathrm{d}z.$$

这时外微分就是函数的普通微分.

例 2 设 $w = f(x,y,z)\mathrm{d}x + g(x,y,z)\mathrm{d}y + h(x,y,z)\mathrm{d}z$ 是一次微分形式, 则

$$
\begin{aligned}
\mathrm{d}w &= (f_x \mathrm{d}x + f_y \mathrm{d}y + f_z \mathrm{d}z) \wedge \mathrm{d}x + (g_x \mathrm{d}x + g_y \mathrm{d}y + g_z \mathrm{d}z) \wedge \mathrm{d}y + (h_x \mathrm{d}x \\
&\quad + h_y \mathrm{d}y + h_z \mathrm{d}z) \wedge \mathrm{d}z \\
&= (g_x - f_y)\mathrm{d}x \wedge \mathrm{d}y + (h_y - g_z)\mathrm{d}y \wedge \mathrm{d}z + (f_z - h_x)\mathrm{d}z \wedge \mathrm{d}x.
\end{aligned}
$$

例 3 如果 $w = f(x,y,z)\mathrm{d}x \wedge \mathrm{d}y + g(x,y,z)\mathrm{d}y \wedge \mathrm{d}z + h(x,y,z)\mathrm{d}z \wedge \mathrm{d}x$ 是二次微分形式, 则利用外积的反对称性容易得到

$$\mathrm{d}w = (f_z + g_x + h_y)\mathrm{d}x \wedge \mathrm{d}y \wedge \mathrm{d}z.$$

与函数一次微分的形式不变性相同, 外微分同样有形式不变性.

定理 9.1.2　外微分 $w \to \mathrm{d}w$ 与表示微分形式 w 的自变量的选取无关.

证明　我们以 $\mathbb{R}^3$ 中区域 D 上一次微分形式 $w = f(x,y,z)\mathrm{d}x$ 的证明为例. 一般情况的证明与此基本相同.

如果 (x,y,z) 是自变量, 则

$$\mathrm{d}w = (f_x \mathrm{d}x + f_y \mathrm{d}y + f_z \mathrm{d}z) \wedge \mathrm{d}x.$$

现设 $(u,v,w) \to (x,y,z)$ 是区域 $\tilde{D}$ 到 D 的微分同胚, 这时 (x,y,z) 是中间变量, 而对于自变量 (u,v,w),

$$w = f(x(u,v,w), y(u,v,w), z(u,v,w))(x_u \mathrm{d}u + x_v \mathrm{d}v + x_w \mathrm{d}w).$$

因此对变量 (u,v,w), 利用 $\mathrm{d}^2 x(u,v,x) = 0$ 以及 $\mathrm{d}x = x_u \mathrm{d}u + x_v \mathrm{d}v + x_w \mathrm{d}w$, 我们得到

$$\begin{aligned}
\mathrm{d}w &= \big[(f_x x_u + f_y y_u + f_z z_u)\mathrm{d}u + (f_x x_v + f_y y_v + f_z z_v)\mathrm{d}v \\
&\quad + (f_x x_w + f_y y_w + f_z z_w)\mathrm{d}w\big] \wedge \mathrm{d}x \\
&= \big[f_x \cdot (x_u \mathrm{d}u + x_v \mathrm{d}v + x_w \mathrm{d}w) + f_y \cdot (y_u \mathrm{d}v + y_v \mathrm{d}v + y_w \mathrm{d}w) \\
&\quad + f_z \cdot (z_u \mathrm{d}u + z_v \mathrm{d}v + z_w \mathrm{d}w)\big] \wedge \mathrm{d}x \\
&= (f_x \mathrm{d}x + f_y \mathrm{d}y + f_z \mathrm{d}z) \wedge \mathrm{d}x.
\end{aligned}$$

形式上与 (x,y,z) 为自变量时的微分相同. 外微分具有形式不变性. ∎

外微分的形式不变性也可以理解为对于微分形式, 先微分然后再代入变量 (u,v,w) 与先代入变量 (u,v,w) 再微分得到的都是相同的微分形式.

9.2　Green 公式、Gauss 公式
和 Stokes 公式

首先从平面的讨论开始. 设 $D \subset \mathbb{R}^2$ 是平面中以有限条光滑曲线为边界的有界闭区域. 我们定义边界曲线 ∂D 的方向为站在平面上沿此方向走时, 区域 D 总是在左手边. 我们称边界曲线 ∂D 由此确定的方向为由区域 D 诱导的边界正向.

例如, 当 D 为圆盘时, 逆时针方向为边界圆周的正向; 而当 D 为圆环时, 外圈

的圆周逆时针, 内圈的圆周顺时针是边界的正向.

下面公式是 Newton-Leibniz 公式在平面上的推广.

定理 9.2.1 (Green 公式) 设 D 是平面上以有限条光滑曲线为边界的有界闭区域, $P(x,y)$ 和 $Q(x,y)$ 是 D 邻域上连续可微的函数, $w = P(x,y)\mathrm{d}x + Q(x,y)\mathrm{d}y$ 是 D 上一次微分形式, 则对于 ∂D 的正向, 成立下面的 Green 公式:

$$\int_{\partial D} w = \int_{\partial D} P\mathrm{d}x + Q\mathrm{d}y = \iint_D (Q_x - P_y)\mathrm{d}x \wedge \mathrm{d}y = \iint_D \mathrm{d}w.$$

证明 以 $\displaystyle\int_{\partial D} P\mathrm{d}x = \iint_D \mathrm{d}P \wedge \mathrm{d}x$ 的证明为例. 首先设 D 是如图 9.1 所示的区域:

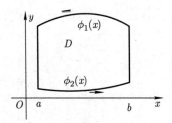

图 9.1

其中 $\phi_1(x)$, $\phi_2(x)$ 都是区间 $[a,b]$ 上的连续函数. 由于 $P\mathrm{d}x$ 在垂直线段上的积分为零, 利用曲线积分的计算方法以及 Newton-Leibniz 公式就得到

$$\int_{\partial D} P\mathrm{d}x = \int_a^b \left[P(x, \phi_2(x)) - P(x, \phi_1(x)) \right] \mathrm{d}x$$
$$= \int_a^b \left(\int_{\phi_1(x)}^{\phi_2(x)} P_y(x,y)\mathrm{d}y \right)\mathrm{d}x = -\int_a^b \left(\int_{\phi_2(x)}^{\phi_1(x)} P_y(x,y)\mathrm{d}y \right)\mathrm{d}x$$
$$= \iint_D \mathrm{d}P \wedge \mathrm{d}x.$$

因此 Green 公式成立.

对于一般的区域, 则可以利用一些垂直线段将区域分割为如图 9.2 所示的形式:

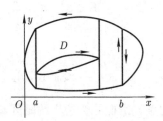

图 9.2

这时新增加的线段同时是两个区域的公共边界, 但方向相反, 不影响边界的积分. 利用这样的分割以及积分对于区域的可加性, 就得到一般区域上的 Green 公式. ■

　　下面我们讨论函数在空间区域上的三重积分与在区域边界曲面上的第二型曲面积分的关系. 设 $V \subset \mathbb{R}^3$ 是空间中以有限块光滑曲面为边界的有界闭区域, 取边界曲面 ∂V 的法向量为外法向量. 我们称曲面 ∂V 由此确定的侧为由 V 诱导的边界正侧.

　　定理 9.2.2 (Gauss 定理)　设 $V \subset \mathbb{R}^3$ 是空间中以有限块光滑曲面为边界的有界闭区域, 边界曲面 ∂V 取外法向量. 设 $P(x,y,z)$, $Q(x,y,z)$, $R(x,y,z)$ 是 V 的邻域上连续可微的函数, 令

$$w = P(x,y,z)\mathrm{d}y \wedge \mathrm{d}z + Q(x,y,z)\mathrm{d}z \wedge \mathrm{d}x + R(x,y,z)\mathrm{d}x \wedge \mathrm{d}y,$$

则成立

$$\iint_{\partial V} w = \iint_{\partial V} \left(P(x,y,z)\mathrm{d}y \wedge \mathrm{d}z + Q(x,y,z)\mathrm{d}z \wedge \mathrm{d}x + R(x,y,z)\mathrm{d}x \wedge \mathrm{d}y \right)$$
$$= \iiint_V (P_x + Q_y + R_z)\mathrm{d}x \wedge \mathrm{d}y \wedge \mathrm{d}z = \iiint_V \mathrm{d}w.$$

　　证明　以 $\displaystyle\iint_{\partial V} R\mathrm{d}x \wedge \mathrm{d}y = \iiint_V R_z \mathrm{d}x \wedge \mathrm{d}y \wedge \mathrm{d}z = \iiint_V \mathrm{d}R \wedge \mathrm{d}x \wedge \mathrm{d}y$ 的证明为例. 如图 9.3 所示:

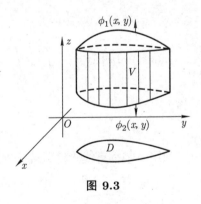

图 9.3

设

$$V = \left\{ (x,y,z) \,\middle|\, \phi_2(x,y) \leqslant z \leqslant \phi_1(x,y),\ (x,y) \in D \right\},$$

其中 D 是 xy 平面中以有限条光滑曲线为边界的闭区域, $\phi_1(x,y)$, $\phi_2(x,y)$ 都是 D 上的连续函数. 利用第二型曲面积分的计算公式, 得

$$\iint_{\partial V} R\mathrm{d}x \wedge \mathrm{d}y = \iint_D \big[R(x,y,\phi_1(x,y)) - R(x,y,\phi_2(x,y)) \big] \mathrm{d}x \wedge \mathrm{d}y$$

$$= \iint_D \left(\int_{\phi_2(x,y)}^{\phi_1(x,y)} R_z(x,y,z)\mathrm{d}z \right) \wedge \mathrm{d}x \wedge \mathrm{d}y = \iiint_V R_z \mathrm{d}x \wedge \mathrm{d}y \wedge \mathrm{d}z.$$

一般区域则可以用一些垂直柱面将其分割为上面形式的区域, 而 $R\mathrm{d}x \wedge \mathrm{d}y$ 在垂直柱面上的积分为零, 利用积分对于区域的可加性就得到 Gauss 公式. ∎

更进一步, 我们还需要讨论空间中光滑曲面上的积分与曲面边界曲线积分的关系. 设 $S \subset \mathbb{R}^3$ 是一以有限条光滑曲线为边界的可定向光滑曲面. 取定 S 的一侧, 利用此在边界曲线 ∂S 上确定一个定向为站在曲面取定的一侧沿边界走时, 曲面 S 总在左手边. 由此确定边界曲线 ∂S 的定向称为 S 的定向确定的**边界正向** 利用此, Newton-Leibniz 公式在曲面上可以推广为下面的 Stokes 公式.

定理 9.2.3 (Stokes 公式)　设 $S \subset \mathbb{R}^3$ 是一以有限条光滑曲线为边界的可定向光滑曲面, 取定 S 的定向, 并由此确定 ∂S 的定向. 设

$$w = P(x,y,z)\mathrm{d}x + Q(x,y,z)\mathrm{d}y + R(x,y,z)\mathrm{d}z$$

是 $\overline{S}$ 邻域上连续可微的微分形式, 则成立

$$\int_{\partial S} w = \int_{\partial S} \big(P(x,y,z)\mathrm{d}x + Q(x,y,z)\mathrm{d}y + R(x,y,z)\mathrm{d}z \big)$$

$$= \iint_S (Q_x - P_y)\mathrm{d}x \wedge \mathrm{d}y + (R_y - Q_z)\mathrm{d}y \wedge \mathrm{d}z + (P_z - R_x)\mathrm{d}z \wedge \mathrm{d}x$$

$$= \iint_S \mathrm{d}w.$$

证明　下面以 $\displaystyle\int_{\partial S} P\mathrm{d}x = \iint_S (-P_y\mathrm{d}x \wedge \mathrm{d}y + P_z\mathrm{d}z \wedge \mathrm{d}x)$ 的证明为例.

首先用一些光滑曲线将 S 分割为 $\Delta : S_1, \cdots, S_n$, 使得每一个 S_i 可以用光滑参数表示为 $(u,v) \to (x,y,z)$, $(u,v) \in D_i$ 的形式, 并且由 $n = r_u \times r_v$ 确定的法向量与曲面的定向相同. 我们进一步假定 D_i 的边界对应到 S_i 的边界. 这时 ∂D_i 的正向对应到 ∂S_i 的正向, 而新增加的曲线同时是两块曲面的公共边界, 但走向相反, 由此得到

$$\int_{\partial S} P\mathrm{d}x = \sum_{i=1}^n \int_{\partial S_i} P\mathrm{d}x.$$

另一方面, 利用积分对积分区域的可加性, 我们知道

$$- \iint_S P_y\mathrm{d}x \wedge \mathrm{d}y + \iint_S P_z\mathrm{d}z \wedge \mathrm{d}x = \sum_{i=1}^n \iint_{S_i} (-P_y\mathrm{d}x \wedge \mathrm{d}y + P_z\mathrm{d}z \wedge \mathrm{d}x).$$

由此我们只须证明 $\displaystyle\int_{\partial S_i} P\mathrm{d}x = \iint_{S_i} (-P_y\mathrm{d}x \wedge \mathrm{d}y + P_z\mathrm{d}z \wedge \mathrm{d}x)$.

利用第二型曲线积分的计算公式, 我们知道

$$\int_{\partial S_i} P(x,y,z)\mathrm{d}x = \int_{\partial D_i} P(x(u,v),y(u,v),z(u,v))(x_u\mathrm{d}u + x_v\mathrm{d}v).$$

对上式在 D_i 上应用 Green 公式, 我们得到

$$\int_{\partial D_i} P(x(u,v),y(u,v),z(u,v))(x_u\mathrm{d}u + x_v\mathrm{d}v)$$

$$= \iint_{D_i} (\mathrm{d}(Px_u) \wedge \mathrm{d}u + \mathrm{d}(Px_v) \wedge \mathrm{d}v)$$

$$= \iint_{D_i} -(P_v x_u + P x_{uv})\mathrm{d}u \wedge \mathrm{d}v + (P_u x_v + P x_{uv})\mathrm{d}u \wedge \mathrm{d}v$$

$$= \iint_{D_i} -(P_x x_v + P_y y_v + P_z z_v)x_u\mathrm{d}u \wedge \mathrm{d}v + (P_x x_u + P_y y_u + P_z z_u)x_v\mathrm{d}u \wedge \mathrm{d}v$$

$$= \iint_{D_i} \left[-P_y(x_u y_v - x_v y_u) + P_z(z_u x_v - z_v x_u) \right]\mathrm{d}u \wedge \mathrm{d}v$$

$$= \iint_{D_i} \left(-P_y \frac{\partial(x,y)}{\partial(u,v)} + P_z \frac{\partial(z,x)}{\partial(u,v)} \right)\mathrm{d}u \wedge \mathrm{d}v.$$

另一方面, 利用第二型曲面积分的计算公式, 上式为

$$\iint_{S_i} (-P_y\mathrm{d}x \wedge \mathrm{d}y + P_z\mathrm{d}z \wedge \mathrm{d}x) = \iint_{S_i} \mathrm{d}P \wedge \mathrm{d}x.$$

至此我们完成了 Stokes 公式的证明. ■

上面三个定理使得我们将形式为 $\displaystyle\int_{\partial D} w = \int_D \mathrm{d}w$ 的 Newton-Leibniz 公式推广到了平面和空间, 实现了我们在定义第二型曲线和曲面积分时提出的利用这样的积分来给出微分与积分的关系. 这一形式的 Newton-Leibniz 公式还可以推广到更一般的高维空间.

下面我们利用所得到的公式计算一些特殊积分.

例 1 如果平面上的一条闭曲线除起点与终点外没有其他交点, 则称此曲线为**简单闭曲线**, 也称为 **Jordan 曲线**. 设 C 是可求长简单闭曲线, 假定 C 不经过原点, 计算曲线积分 $I = \displaystyle\int_C \frac{x\mathrm{d}y - y\mathrm{d}x}{x^2 + y^2}$, 其中 C 选逆时针方向.

解 一条简单闭曲线将平面分为两个区域, 有界的部分和无界的部分. 下面总假定有界部分为简单闭曲线的内部, 记为 D. 首先假定原点 $p_0 = (0,0)$ 不在曲线的内部. 令

$$P(x,y) = \frac{-y}{x^2 + y^2}, \quad Q(x,y) = \frac{x}{x^2 + y^2},$$

则 $P(x, y)$ 和 $Q(x, y)$ 都在 C 的内部连续可微, 因而可以应用 Green 公式, 得

$$\int_C (P\mathrm{d}x + Q\mathrm{d}y) = \iint_D (P_y - Q_x)\mathrm{d}x \wedge \mathrm{d}y.$$

而直接计算得 $P_y = Q_x$, 上面的积分为零.

进一步假定原点 $p_0 = (0, 0)$ 在曲线的内部. 取 $\varepsilon > 0$ 充分小, 使得圆盘 $B(p_0, \varepsilon) = \{(x, y) \mid x^2 + y^2 \leqslant \varepsilon\} \subset D$. 这时 $\partial(D - B(p_0, \varepsilon)) = C \cup \{\partial B(p_0, \varepsilon)\}$, 因此与上面讨论相同, 在 $D - B(p_0, \varepsilon)$ 上应用 Green 公式, 得

$$0 = \iint_{D-B(p_0,\varepsilon)} (P_y - Q_x)\mathrm{d}x \wedge \mathrm{d}y = \int_C \frac{x\mathrm{d}y - y\mathrm{d}x}{x^2 + y^2} - \int_{\partial B(p_0,\varepsilon)} \frac{x\mathrm{d}y - y\mathrm{d}x}{x^2 + y^2}.$$

由此得

$$\int_C \frac{x\mathrm{d}y - y\mathrm{d}x}{x^2 + y^2} = \int_{\partial B(p_0,\varepsilon)} \frac{x\mathrm{d}y - y\mathrm{d}x}{x^2 + y^2} = \frac{2}{\varepsilon^2} \iint_{B(p_0,\varepsilon)} \mathrm{d}x \wedge \mathrm{d}y = \frac{2}{\varepsilon^2}\pi\varepsilon^2 = 2\pi.$$

例 2 计算积分 $I = \iint_D x^2 \mathrm{d}x \wedge \mathrm{d}y$, 其中 D 是平面中以 $A = (x_1, y_1)$, $B = (x_2, y_2)$, $C = (x_3, y_3)$ 为顶点的闭三角形, 取 $A \to B \to C \to A$ 的方向.

解 令 $P(x, y) = 0$, $Q(x, y) = \frac{1}{3}x^2$, 应用 Green 公式得

$$\iint_D x^2 \mathrm{d}x \wedge \mathrm{d}y = \int_{\partial D} \frac{1}{3}x^3 \mathrm{d}y = \frac{1}{3}\left(\int_{\overline{AB}} + \int_{\overline{BC}} + \int_{\overline{CA}}\right) x^3 \mathrm{d}y.$$

将 $\overline{AB}$ 表示为 $y - y_1 = \dfrac{y_2 - y_1}{x_2 - x_1}(x - x_1)$, $x \in (x_1, x_2)$, 得

$$\int_{\overline{AB}} x^3 \mathrm{d}y = \int_{x_1}^{x_2} x^3 \mathrm{d}y = \int_{x_1}^{x_2} x^3 \frac{y_2 - y_1}{x_2 - x_1}\mathrm{d}x = \frac{(y_2 - y_1)(x_2 + x_1)(x_2^2 + x_1^2)}{4}.$$

由此得到

$$\iint_D x^2 \mathrm{d}x \wedge \mathrm{d}y = \frac{1}{12}\big[(y_2 - y_1)(x_2 + x_1)(x_2^2 + x_1^2)$$
$$+ (y_3 - y_2)(x_3 + x_2)(x_3^2 + x_2^2) + (y_1 - y_3)(x_1 + x_3)(x_1^2 + x_3^2)\big].$$

例 3 计算积分 $I = \iint_S (x^2 \mathrm{d}y \wedge \mathrm{d}z + y^2 \mathrm{d}z \wedge \mathrm{d}x + z^2 \mathrm{d}x \wedge \mathrm{d}y)$, 其中 S 为球面 $(x - a)^2 + (y - b)^2 + (z - c)^2 = R^2$, 取外法线方向.

解 令 D 为球体 $(x - a)^2 + (y - b)^2 + (z - c)^2 \leqslant R^2$, 应用 Gauss 公式, 上面的积分为 $\iiint_D 2(x + y + z)\mathrm{d}x \wedge \mathrm{d}y \wedge \mathrm{d}z$. 而利用球坐标, 得

$$\iiint_D x\mathrm{d}x \wedge \mathrm{d}y \wedge \mathrm{d}z = \int_0^{2\pi} \mathrm{d}\theta \int_0^{\pi} \mathrm{d}\phi \int_0^R (a + r\sin\phi\cos\theta)r^2 \sin\phi\,\mathrm{d}r = \frac{4a}{3}R^3\pi.$$

利用对称性得 $I = \dfrac{8}{3}\pi R^3(a + b + c)$.

9.3　Green 公式、Gauss 公式和 Stokes 公式的应用

1. 面积、体积公式与变元代换公式

利用 Green 公式, 我们有下面的面积公式.

定理 9.3.1　设 D 是 $\mathbb{R}^2$ 中以有限条光滑曲线为边界的区域, 则 D 的面积为

$$m(D) = \frac{1}{2} \int_{\partial D} (x\mathrm{d}y - y\mathrm{d}x).$$

证明　利用 Green 公式得 $\dfrac{1}{2} \displaystyle\int_{\partial D} (x\mathrm{d}y - y\mathrm{d}x) = \iint_D \mathrm{d}x \wedge \mathrm{d}y = m(D)$. ■

定理 9.3.2　设 V 是 $\mathbb{R}^3$ 中以有限块光滑曲面为边界的区域, 则 V 的体积可表示为

$$m(V) = \frac{1}{3} \iint_{\partial V} (x\mathrm{d}y \wedge \mathrm{d}z + y\mathrm{d}z \wedge \mathrm{d}x + z\mathrm{d}x \wedge \mathrm{d}y).$$

证明　利用 Gauss 公式, 证明与定理 9.3.1 相同. ■

例 1　设 G 和 D 分别是 uv 平面和 xy 平面中以有限条光滑曲线为边界的区域, $T : G \to D$, $(u,v) \to (x,y)$ 是 $\overline{G}$ 邻域到 $\overline{D}$ 邻域的二阶连续可微的同胚映射, 试利用 Green 公式来证明面积代换公式.

解　利用定理 9.2.1 和一元函数定积分的变元代换公式, 在边界曲线上成立

$$\begin{aligned}
m(D) &= \int_{\partial D} x\mathrm{d}y = \pm \int_{\partial G} x(u,v)\mathrm{d}y(u,v) \\
&= \pm \int_{\partial G} x(u,v)(y_u(u,v)\mathrm{d}u + y_v(u,v)\mathrm{d}v) \\
&= \pm \iint_G \left(\frac{\partial(xy_v)}{\partial u} - \frac{\partial(xy_u)}{\partial v} \right)\mathrm{d}u \wedge \mathrm{d}v \\
&= \pm \iint_G (x_u y_v - x_v y_u)\mathrm{d}u \wedge \mathrm{d}v = \pm \iint_G \frac{\partial(x,y)}{\partial(u,v)}\mathrm{d}u \wedge \mathrm{d}v,
\end{aligned}$$

其中 $\pm$ 由 T 将 ∂G 的正向映为 ∂D 的正向或者反向决定. 由于面积总是非负的, 因此映射 T 的 Jacobi 行列式大于零时, T 将 ∂G 的正向映为 ∂D 的正向; 小于零时, T 则将 ∂G 的正向映为 ∂D 的负向.

有了上面的面积代换关系之后, 就不难得到我们在第七章中给出的二重积分的变元代换公式. 而将二重积分的变元代换公式应用到空间曲面的同胚映射上, 就可以得到三重积分的变元代换公式.

例 2 设 G 和 D 都是空间中以有限块光滑曲面为边界的区域, $T : G \to D, (u,v,w) \to (x,y,z)$ 是 $\overline{G}$ 邻域到 $\overline{D}$ 邻域的二阶连续可微的同胚映射, 证明: 如果 T 的 Jacobi 行列式小于零, 则 T 将 ∂G 的外法向映为 ∂D 的内法向.

证明 利用 Gauss 公式, 我们知道

$$m(D) = \iiint_D \mathrm{d}x \wedge \mathrm{d}y \wedge \mathrm{d}z = \iint_{\partial D} x \mathrm{d}y \wedge \mathrm{d}z,$$

其中 ∂D 取外法向. 而由假设, $T : \partial G \to \partial D$ 是边界曲面的同胚, 将其看作 $\mathbb{R}^2$ 中区域的同胚, 同样利用 Gauss 公式和二重积分的变元代换关系, 我们得到

$$\begin{aligned}
m(D) &= \iint_{\partial D} x \mathrm{d}y \wedge \mathrm{d}z = \pm \iint_{\partial G} x(u,v,w) \mathrm{d}y(u,v,w) \wedge \mathrm{d}z(u,v,w) \\
&= \pm \iiint_G \mathrm{d}x(u,v,w) \wedge \mathrm{d}y(u,v,w) \wedge \mathrm{d}z(u,v,w) \\
&= \pm \iiint_G \frac{\partial(x,y,z)}{\partial(u,v,w)} \mathrm{d}u \wedge \mathrm{d}v \wedge \mathrm{d}w.
\end{aligned}$$

上式给出了 $\mathbb{R}^3$ 中区域的体积在同胚下的变换公式, 其中 $\pm$ 由映射 T 将 ∂G 的外法向映为 ∂D 的内法向或者外法向决定. 由于体积总是非负的, 因而如果 $\dfrac{\partial(x,y,z)}{\partial(u,v,w)} < 0$, 则必须取 $-$, 即 T 必须将外法向映为内法向.

上两例表明利用一元积分的第二换元法, 通过 Green 公式就能得到二重积分的变元代换公式. 而将二重积分变元代换公式应用到曲面的同胚上, 通过 Gauss 公式就能得到三重积分的变元代换定理. 同样的方法, 如果我们能够在高维空间推广形式为 $\displaystyle\int_{\partial D} w = \int_D \mathrm{d}w$ 的 Newton-Leibniz 公式, 利用归纳法, 通过边界同胚的变元代换, 就可以进一步得到多重积分的变元代换公式.

2. 曲线积分与路径的关系

设 $D \subset \mathbb{R}^2$ 是区域, $P(x,y)\mathrm{d}x + Q(x,y)\mathrm{d}y$ 是 D 上给定的一次微分形式, 问在什么条件下存在 D 上的可微函数 $F(x,y)$, 使得

$$\mathrm{d}F(x,y) = P(x,y)\mathrm{d}x + Q(x,y)\mathrm{d}y?$$

曲线积分为讨论这一问题提供了下面的定理.

定理 9.3.3 设 $D \subset \mathbb{R}^2$ 是区域, $w = P(x,y)\mathrm{d}x + Q(x,y)\mathrm{d}y$ 是 D 上连续的微分形式, 则存在 D 上的可微函数 $F(x,y)$, 使得 $\mathrm{d}F(x,y) = w$ 的充要条件是 w 在 D

上的曲线积分 $\displaystyle\int_l w$ 仅与曲线 l 的起点和终点有关，与曲线 l 的选取无关.

证明 首先设存在可微函数 $F(x,y)$，使得 $\mathrm{d}F(x,y)=w=P(x,y)\mathrm{d}x+Q(x,y)\mathrm{d}y$. 对于 D 中的曲线 $l:t\to(x(t),y(t))$，$t\in[a,b]$，

$$\int_l P(x,y)\mathrm{d}x+Q(x,y)\mathrm{d}y = \int_a^b\big[P(x(t),y(t))x'(t)+Q(x(t),y(t))y'(t)\big]\mathrm{d}t$$

$$= \int_a^b \mathrm{d}F(x(t),y(t)) = F(x(b),y(b))-F(x(a),y(a)).$$

因此，积分与曲线 l 的选取无关，只与 l 的起点和终点有关.

反之，设曲线积分 $\displaystyle\int_l P(x,y)\mathrm{d}x+Q(x,y)\mathrm{d}y$ 仅与曲线 l 的起点和终点有关. 取定 D 中一点 P_0，定义 D 上的函数

$$F(x,y)=\int_l P(x,y)\mathrm{d}x+Q(x,y)\mathrm{d}y,$$

其中 l 是 D 中连接点 P_0 与点 (x,y) 的分段光滑曲线. 这时对于任意 $(x_0,y_0)\in D$，当 $|\Delta x|$ 充分小时，

$$F(x_0+\Delta x,y_0)-F(x_0,y_0)=\int_0^1 P(x_0+t\Delta x,y_0)\mathrm{d}t,$$

因而 $F_x(x_0,y_0)=P(x_0,y_0)$. 同理，$F_y(x_0,y_0)=Q(x_0,y_0)$. ∎

利用定理 9.3.3，我们开始提出的问题变为：曲线积分 $\displaystyle\int_l P(x,y)\mathrm{d}x+Q(x,y)\mathrm{d}y$ 在什么条件下才能仅与曲线 l 的起点和终点有关. 现在进一步假定 $P(x,y)$，$Q(x,y)$ 都在 D 上连续可导，如果存在 D 上的函数 $F(x,y)$，使得 $\mathrm{d}F(x,y)=P(x,y)\mathrm{d}x+Q(x,y)\mathrm{d}y$，则 $F_x=P$，$F_y=Q$，而 $F_{yx}=P_y$，$F_{xy}=Q_x$. 但 $F_{yx}=F_{xy}$，因而必须 $P_y=Q_x$.

现在的问题是，如果 $w=P(x,y)\mathrm{d}x+Q(x,y)\mathrm{d}y$ 满足 $P_y=Q_x$ (这等价于 $\mathrm{d}w=0$)，是否就能保证存在 $F(x,y)$，使得 $\mathrm{d}F(x,y)=P(x,y)\mathrm{d}x+Q(x,y)\mathrm{d}y$? 答案是否定的. 在 9.2 节的例 1 中我们看到

$$\mathrm{d}\left(\frac{x\mathrm{d}y-y\mathrm{d}x}{x^2+y^2}\right)=0,$$

但在任意包含原点 $p_0=(0,0)$ 的区域 D 上，$\dfrac{x\mathrm{d}y-y\mathrm{d}x}{x^2+y^2}$ 的积分与路径有关，因而在 $D-\{p_0\}$ 上，不存在 $F(x,y)$，使得 $\mathrm{d}F(x,y)=\dfrac{x\mathrm{d}y-y\mathrm{d}x}{x^2+y^2}$. 但是如果我们对于区域 D 加上一点限制，则能够保证 $P_y=Q_x$ 时存在 $F(x,y)$，使得 $\mathrm{d}F(x,y)=P(x,y)\mathrm{d}x+Q(x,y)\mathrm{d}y$. 为此，我们先给出下面定义.

定义 9.3.1 平面中的一条闭曲线称为**简单闭曲线**, 如果其除了起点与终点相同外没有其他交点.

简单闭曲线也称为 Jordan 曲线, 是圆周的一种推广. 一条简单闭曲线将平面分割为两部分, 其中有界的部分称为曲线内部. 利用简单闭曲线, 有下面定义.

定义 9.3.2 平面中的区域 D 称为**单连通区域**, 如果对于 D 中的任意简单闭曲线 l, l 的内部总是包含在 D 内.

简单地说, 单连通区域就是内部没有洞的区域. 对单连通区域, 成立下面定理.

定理 9.3.4 设 $D \subset \mathbb{R}^2$ 是单连通区域, 则对于 D 上连续可微的一次微分形式 $w = P(x,y)\mathrm{d}x + Q(x,y)\mathrm{d}y$, 存在函数 $F(x,y)$, 使得 $\mathrm{d}F = w$ 的充要条件是 $\mathrm{d}w = 0(P_y = Q_x)$.

证明 如果存在函数 $F(x,y)$, 使得 $\mathrm{d}F = w$, 则由外微分的性质 $\mathrm{d}^2 = 0$, 因而 $\mathrm{d}w = \mathrm{d}^2 F = 0$.

反之, 如果 $\mathrm{d}w = 0$, 设 l_1, l_2 是 D 中两条起点和终点相同、但没有其他交点的曲线, 则 $l_1 l_2^{-1}$ 构成一简单闭曲线, 设 U 是这一曲线的内部, 由 Green 公式得

$$\int_{l_1} w - \int_{l_2} w = \int_{l_1 l_2^{-1}} w = \iint_U \mathrm{d}w = 0,$$

因此, $\int_{l_1} w = \int_{l_2} w$, 积分仅与曲线的起点和终点有关. 同样的结论对于有相交点的曲线也成立. ∎

利用 9.2 节的例 1, 不难看到对于不是单连通的区域, 总是存在一次微分形式 w, 满足 $\mathrm{d}w = 0$, 但不存在函数 F, 使得 $\mathrm{d}F = w$.

对于 $\mathbb{R}^3$ 中的区域 D, 如果 $w = P\mathrm{d}x + Q\mathrm{d}y + H\mathrm{d}z$ 是 D 上连续可微的一次微分形式, 满足

$$\mathrm{d}w = (Q_x - P_y)\mathrm{d}x \wedge \mathrm{d}y + (H_y - Q_z)\mathrm{d}y \wedge \mathrm{d}z + (P_z - Q_x)\mathrm{d}z \wedge \mathrm{d}x = 0,$$

则利用 Stokes 定理, 不难看出存在 D 上的函数 F, 使得 $\mathrm{d}F = w$.

例 3 设 $w = \dfrac{x\mathrm{d}y \wedge \mathrm{d}z + y\mathrm{d}z \wedge \mathrm{d}x + z\mathrm{d}x \wedge \mathrm{d}y}{x^2 + y^2 + z^2}$, 证明: 在 $V = \mathbb{R}^3 - \{(0,0,0)\}$ 上, $\mathrm{d}w = 0$, 但不存在一次微分形式 u, 使得 $\mathrm{d}u = w$.

证明 利用直接计算不难得到, w 在单位球面 S(取外法向) 上积分为 4π, 假设存在一次微分形式 u, 使得 $\mathrm{d}u = w$. 在单位球面上任取点 p_0, 设 L 是以 p_0 为球心, $\frac{1}{2}$ 为半径的曲面与单位球面相交所得的曲线, 则 L 将单位球面分割为两部分

S_1, S_2, L 是这两部分的公共边界，但方向相反，这与

$$0 = \int_{\partial S_1} u + \int_{\partial S_2} u = \iint_{S_1} \mathrm{d}u + \iint_{S_2} \mathrm{d}u = \iint_S w = 4\pi$$

矛盾，因而假设的 u 不存在. ∎

3. 调和函数

微分算子

$$\Delta = \frac{\partial^2}{\partial x^2} + \frac{\partial^2}{\partial y^2}$$

称为 **Laplace 算子**. 区域 $D \subset \mathbb{R}^2$ 上的二阶可微函数 $u(x,y)$ 如果满足

$$\Delta u(x,y) = \frac{\partial^2 u}{\partial x^2} + \frac{\partial^2 u}{\partial y^2} = 0,$$

则称 $u(x,y)$ 为 D 上的**调和函数**. 调和函数是可微函数中非常重要、也十分常用的一类函数，有许多特殊的、好的性质. 调和函数的深入研究将在"数学分析"的后续课程"复变函数"里详细讨论，这里我们利用数学分析的一些方法对调和函数做一点简单介绍. 我们首先给出下面定理.

定理 9.3.5 设 D 是以有限条光滑曲线为边界的有界区域，$u(x,y), v(x,y)$ 都是 $\overline{D}$ 邻域上的二阶连续可微的函数，则成立

(1) $\displaystyle\iint_D \Delta u \mathrm{d}x \wedge \mathrm{d}y = \int_{\partial D} \frac{\partial u}{\partial n} \mathrm{d}s,$

(2) $\displaystyle\iint_D v \Delta u \mathrm{d}x \wedge \mathrm{d}y = -\iint_D \left(\frac{\partial u}{\partial x}\frac{\partial v}{\partial x} + \frac{\partial u}{\partial y}\frac{\partial v}{\partial y} \right) \mathrm{d}x \wedge \mathrm{d}y + \int_{\partial D} v \frac{\partial u}{\partial n} \mathrm{d}s,$

(3) $\displaystyle\iint_D (v\Delta u - u\Delta v)\mathrm{d}x \wedge \mathrm{d}y = \int_{\partial D} \left(v\frac{\partial u}{\partial n} - u\frac{\partial v}{\partial n} \right) \mathrm{d}s,$

其中 n 为区域 D 的外法向，而 $\dfrac{\partial}{\partial n}$ 则是沿外法向方向的方向导数.

证明 (1) 区域边界取边界正向. 由定义，如果 $(\cos\alpha, \cos\beta)$ 是边界的单位切向量，顺时针旋转 $\dfrac{\pi}{2}$ 后就得到外法向量，因而外法向量为

$$n = (\cos(n,x), \cos(n,y)) = (\cos\beta, -\cos\alpha).$$

利用第一型曲线积分与第二型曲线积分的关系以及 Green 公式得

$$\int_{\partial D} \frac{\partial u}{\partial n}\mathrm{d}s = \int_{\partial D} \left(\frac{\partial u}{\partial x}\cos\beta - \frac{\partial u}{\partial y}\cos\alpha \right)\mathrm{d}s = \int_{\partial D} \left(\frac{\partial u}{\partial x}\mathrm{d}y - \frac{\partial u}{\partial y}\mathrm{d}x \right)$$

$$= \iint_D \left(\frac{\partial^2 u}{\partial x^2} + \frac{\partial^2 u}{\partial y^2} \right)\mathrm{d}x \wedge \mathrm{d}y = \iint_D \Delta u \mathrm{d}x \wedge \mathrm{d}y.$$

(2) 与 (1) 同理,

$$\int_{\partial D} v\frac{\partial u}{\partial n}\mathrm{d}s = \int_{\partial D}\left(v\frac{\partial u}{\partial x}\cos\beta - v\frac{\partial u}{\partial y}\cos\alpha\right)\mathrm{d}s = \int_{\partial D}\left(v\frac{\partial u}{\partial x}\mathrm{d}y - v\frac{\partial u}{\partial y}\mathrm{d}x\right)$$

$$= \iint_D\left(\frac{\partial u}{\partial x}\frac{\partial v}{\partial x} + \frac{\partial u}{\partial y}\frac{\partial v}{\partial y}\right)\mathrm{d}x\wedge\mathrm{d}y + \iint_D v\Delta u\mathrm{d}x\wedge\mathrm{d}y.$$

(3) 在 (2) 中交换 u,v 的位置, 相减就得到 (3).

定理 9.3.6 设 $D\subset\mathbb{R}^2$ 是区域, $u(x,y)$ 是 D 内二阶连续可微的函数, 则 $u(x,y)$ 是调和函数的充要条件是对于 D 内的任意圆盘 U, 成立

$$\int_{\partial U}\frac{\partial u}{\partial n}\mathrm{d}s = 0.$$

证明 利用定理 9.3.5 中的 (1), 如果 $u(x,y)$ 在 D 上是调和函数, 则定理中的等式成立. 反之, 如果定理中的等式成立, 则利用定理 9.3.5, 得 $\iint_U\Delta u\mathrm{d}x\wedge\mathrm{d}y = 0$ 在 D 中任意圆盘 U 上成立. 而 Δu 是连续函数, 因而必须 $\Delta u\equiv 0$.

利用上面这些等式, 我们来给出调和函数的一些基本性质.

定理 9.3.7 (平均值定理) 设 $D\subset\mathbb{R}^2$ 是区域, $u(x,y)$ 是 D 内二阶连续可微的函数, 则 $u(x,y)$ 在 D 上是调和函数的充要条件是对于 D 内的任意点 $p_0 = (x_0,y_0)\in D$, 以及任意圆盘 $B(p_0,r)\subset D$, 成立平均值关系:

$$u(x_0,y_0) = \frac{1}{2\pi}\int_0^{2\pi} u(x_0 + r\cos\theta, y_0 + r\sin\theta)\mathrm{d}\theta.$$

证明 如果 u 是调和函数, 则在圆盘 $B(p_0,r)$ 上成立

$$\int_{\partial B(p_0,r)}\frac{\partial u}{\partial n}\mathrm{d}s = \int_{\partial B(p_0,r)}\frac{\partial u}{\partial r}\mathrm{d}s = 0,$$

即

$$\int_{\partial B(p_0,r)}\frac{\partial u}{\partial r}\mathrm{d}s = \int_0^{2\pi}\frac{\partial}{\partial r}\left[u(x_0 + r\cos\theta, y_0 + r\sin\theta)\right]r\mathrm{d}\theta = 0.$$

如果记 $f(r) = \int_0^{2\pi} u(x_0 + r\cos\theta, y_0 + r\sin\theta)\mathrm{d}\theta$, 利用积分号下求导得

$$\frac{\partial f(r)}{\partial r} = \int_0^{2\pi}\frac{\partial}{\partial r}\left[u(x_0 + r\cos\theta, y_0 + r\sin\theta)\right]\mathrm{d}\theta = 0.$$

因而 $f(r)$ 是常数. 另一方面, 对 $f(r)$ 令 $r\to 0$, 就得 $f(r) = f(0) = 2\pi u(x_0,y_0)$.

反之, 如果平均值定理成立, 则 $f(r)$ 是常数, 因而 $0 = \dfrac{\partial f(r)}{\partial r}$, 即

$$r\frac{\partial}{\partial r}\left[\int_0^{2\pi} u(x_0 + r\cos\theta, y_0 + r\sin\theta)\mathrm{d}\theta\right] = \int_{\partial B(p_0,r)}\frac{\partial u}{\partial n}\mathrm{d}s = 0.$$

利用定理 9.3.6, u 是 D 上的调和函数. ∎

定理 9.3.8 (最大、最小值定理) 设 $D \subset \mathbb{R}^2$ 是区域, $u(x, y)$ 是 D 上不为常数的调和函数, 则 $u(x, y)$ 在 D 内不能取到最大和最小值.

证明 反证法, 设 $u(x, y)$ 在 $p_0 = (x_0, y_0) \in D$ 处取到最大值, 则由平均值定理, r 充分小时, 对于 D 中任意圆盘 $B(p_0, r)$ 成立

$$0 = \int_0^{2\pi} \big[u(x_0, y_0) - u(x_0 + r\cos\theta, y_0 + r\sin\theta) \big] \mathrm{d}\theta.$$

而 r 充分小时, $u(x_0, y_0) - u(x_0 + r\cos\theta, y_0 + r\sin\theta) \geqslant 0$, 因而必须 $u(x_0, y_0) - u(x_0 + r\cos\theta, y_0 + r\sin\theta) \equiv 0$, $u(x, y)$ 在 (x_0, y_0) 的邻域上为常数.

如果令 $O = \{(x, y) \in D \mid u(x, y) = u(x_0, y_0)\}$, 上面的讨论表明 O 是开集. 而 $u(x, y)$ 在 D 上连续, 因而 O 同时是 D 中的闭集. 但 D 连通, 必须 $D = O$, $u(x, y)$ 在 D 上是常数, 矛盾. 同理, 不难证明 $u(x, y)$ 在 D 内不能取到最小值. ∎

利用上面定理我们看到, 如果一个函数在区域 D 内调和, 在 $\overline{D}$ 上连续, 则这一函数由其在边界 ∂D 上的函数值唯一确定.

4. Brouwer 不动点定理

设 $f(x)$ 是 $[0, 1]$ 上的连续函数, 满足 $f([0, 1]) \subset [0, 1]$, 利用连续函数的介值定理不难看出, 存在点 $x_0 \in [0, 1]$, 使得 $f(x_0) = x_0$. x_0 称为映射 $f : [0, 1] \to [0, 1]$ 的不动点. 上面结论表明连续映射 $f : [0, 1] \to [0, 1]$ 一定存在不动点. 1910 年, Brouwer 将这一结论推广到了 n 维空间中的单位球上. 这一结论以后被应用到现代博弈论等多个领域. 下面我们利用 Green 公式, 以 $n = 2$ 为例, 给出 Brouwer 不动点定理.

定理 9.3.9 (Brouwer 不动点定理) 设 $\overline{B(0, 1)} = \{(x, y) \mid x^2 + y^2 \leqslant 1\}$ 是闭的单位圆盘, 而 $F : \overline{B(0, 1)} \to \overline{B(0, 1)}$ 是连续映射, 则一定存在点 $p_0 \in \overline{B(0, 1)}$, 使得 $F(p_0) = p_0$.

证明 首先假定 F 是二阶连续可微的映射. 如果 F 没有不动点, 则对于任意 $p \in B(0, 1)$, 成立 $F(p) \neq p$. 这时由 $F(p)$ 出发, 经过 p 的射线必与圆周 $\partial B(0, 1)$ 交于一点 q, 令 $q = G(p)$, 我们得到一个映射

$$G : B(0, 1) \to \partial B(0, 1), \quad p \to G(p).$$

由定义, 将映射 G 限制在边界 $\partial B(0, 1)$ 上时, G 为恒等映射. 我们希望证明这样的连续映射不存在, 从而得到矛盾, 不动点不存在的假设不成立.

首先, 连接 $F(p)$ 与 p 的射线可以表示为

$$q = F(p) + t(p - F(p)), \quad t \geqslant 0.$$

这时对应于点 $G(p)$ 的变量 t 需满足 $t \geqslant 1$, 因而由 $(G(p), G(p)) = 1$, 解得

$$t = \frac{-(F(p), p - F(p)) + \sqrt{(p, p - F(p))^2 - \|p - F(p)\|^2 (\|F(p)\|^2 - 1)}}{\|p - F(p)\|^2},$$

$$G(p) = p$$
$$+ \frac{-(F(p), p - F(p)) + \sqrt{(p, p - F(p))^2 - \|p - F(p)\|^2 (\|F(p)\|^2 - 1)}}{\|p - F(p)\|^2}(F(p) - p).$$

由于 $F(p) - p$ 在 $B(0, 1)$ 上处处不为零, 所以 $G(p)$ 也是 $B(0, 1)$ 上二阶连续可微的映射. 我们将 $G(p)$ 表示为

$$p \to G(p), \quad (x, y) \to (g_1(x, y), g_2(x, y)).$$

利用 $G : \partial B(0, 1) \to \partial B(0, 1)$ 是恒等映射, 我们得到

$$\int_{\partial B(0,1)} g_1(x, y) \mathrm{d}g_2(x, y) = \int_{\partial B(0,1)} x \mathrm{d}y = \int_0^{2\pi} \cos^2 \theta \mathrm{d}\theta = \int_0^{2\pi} \frac{1 + \cos 2\theta}{2} \mathrm{d}\theta = \pi.$$

而另一方面, 应用 Green 公式, 我们得到

$$\int_{\partial B(0,1)} g_1(x, y) \mathrm{d}g_2(x, y) = \int_{\partial B(0,1)} g_1(x, y) \frac{\partial g_2(x, y)}{\partial x} \mathrm{d}x + g_1(x, y) \frac{\partial g_2(x, y)}{\partial y} \mathrm{d}y$$
$$= \iint_{B(0,1)} \left[-\frac{\partial g_1(x, y)}{\partial y} \frac{\partial g_2(x, y)}{\partial x} - g_1(x, y) \frac{\partial^2 g_2(x, y)}{\mathrm{d}x \mathrm{d}y} \right.$$
$$\left. + \frac{\partial g_1(x, y)}{\partial x} \frac{\partial g_2(x, y)}{\partial y} + g_1(x, y) \frac{\partial^2 g_2(x, y)}{\mathrm{d}x \mathrm{d}y} \right] \mathrm{d}x \wedge \mathrm{d}y$$
$$= \iint_{B(0,1)} \left[\frac{\partial g_1(x, y)}{\partial x} \frac{\partial g_2(x, y)}{\partial y} - \frac{\partial g_1(x, y)}{\partial y} \frac{\partial g_2(x, y)}{\partial x} \right] \mathrm{d}x \wedge \mathrm{d}y,$$

但由于在 $B(0, 1)$ 上 $g_1^2(x, y) + g_2^2(x, y) \equiv 1$, 微分得

$$\begin{cases} g_1(x, y) \dfrac{\partial g_1(x, y)}{\partial x} + g_2(x, y) \dfrac{\partial g_2(x, y)}{\partial x} = 0, \\ g_1(x, y) \dfrac{\partial g_1(x, y)}{\partial y} + g_2(x, y) \dfrac{\partial g_2(x, y)}{\partial y} = 0. \end{cases}$$

将其看作线性方程组, 则 $(g_1(x, y), g_2(x, y))$ 是这一方程的非零解, 所以方程组的系数行列式必须为零, 即在 $B(0, 1)$ 上成立

$$\frac{\partial g_1(x, y)}{\partial x} \frac{\partial g_2(x, y)}{\partial y} - \frac{\partial g_1(x, y)}{\partial y} \frac{\partial g_2(x, y)}{\partial x} \equiv 0.$$

我们得到积分

$$\int_{\partial B(0,1)} g_1(x, y) \mathrm{d}g_2(x, y)$$

$$= \iint_{B(0,1)} \left[\frac{\partial g_1(x, y)}{\partial x} \frac{\partial g_2(x, y)}{\partial y} - \frac{\partial g_1(x, y)}{\partial y} \frac{\partial g_2(x, y)}{\partial x} \right] \mathrm{d}x \wedge \mathrm{d}y = 0.$$

这与 $\displaystyle\int_{\partial B(0,1)} g_1(x,y)\mathrm{d}g_2(x,y) = \pi$ 矛盾. 所以二阶连续可微、但没有不动点的映射 $F: \overline{B(0,1)} \to \overline{B(0,1)}$ 不存在.

下面我们希望利用 Weierstrass 逼近定理证明: 没有不动点的连续映射 $F: \overline{B(0,1)} \to \overline{B(0,1)}$ 也不存在.

假设这样的 F 存在, 我们将 F 表示为

$$F: (x,y) \to (f_1(x,y), f_2(x,y)),$$

其中 $f_1(x,y)$, $f_2(x,y)$ 都是 $\overline{B(0,1)}$ 上的连续函数. 利用映射

$$(x,y) \to \begin{cases} (x,y), & \text{如果 } x^2 + y^2 \leqslant 1, \\ \dfrac{(x,y)}{\sqrt{x^2+y^2}}, & \text{如果 } x^2 + y^2 \geqslant 1, \end{cases}$$

我们得到连续映射 $\mathbb{R}^2 \to \overline{B(0,1)}$, 其在 $\overline{B(0,1)}$ 上是恒等映射. 将 F 复合这一映射, 则可将 F 看作连续映射 $F: \mathbb{R}^2 \to \overline{B(0,1)}$. 特别的, 我们可以将 $f_1(x,y)$, $f_2(x,y)$ 看作 $D = [-1,1] \times [-1,1]$ 上的连续函数. 利用 Weierstrass 逼近定理, 可用多项式在 D 上一致逼近 $f_1(x,y)$ 和 $f_2(x,y)$(定理的证明与一元函数的 Weierstrass 逼近定理相同). 显然这样的逼近在 $\overline{B(0,1)}$ 上也是一致的.

由假设 F 没有不动点, 而 $\overline{B(0,1)}$ 是紧集, 因而存在 $\varepsilon > 0$, 使得对于任意 $p \in \overline{B(0,1)}$, $\|F(p) - p\| > \varepsilon$. 由此得到, 存在分量为多项式的向量函数 $H(p)$, 使得在 $\overline{B(0,1)}$ 上 $\|H(p) - F(p)\| < \dfrac{\varepsilon}{4}$. 这时 $\|H(p)\| < 1 + \dfrac{\varepsilon}{4}$. 如果令 $G(p) = \dfrac{4}{4+\varepsilon} H(p)$, 则 $G(p)$ 是 $\overline{B(0,1)}$ 到自身的二阶连续可微的映射. 而对于任意点 $p \in \overline{B(0,1)}$, 由于

$$\|G(p) - F(p)\| \leqslant \|G(p) - H(p)\| + \|H(p) - F(p)\| \leqslant \|H(p)\| \left|1 - \frac{4}{4+\varepsilon}\right| + \frac{\varepsilon}{2} \leqslant \frac{3\varepsilon}{4}.$$

我们得到

$$\|G(p) - p\| \geqslant \|F(p) - p\| - \|F(p) - H(p)\| > \varepsilon - \frac{3\varepsilon}{4} > 0.$$

$G(p)$ 在 $\overline{B(0,1)}$ 上没有不动点, 与上面的讨论矛盾. F 必须有不动点. ∎

如果从几何的观点考虑, Brouwer 不动点定理与下面定理等价.

定理 9.3.10 (Brouwer 不动点定理)　不存在 $\overline{B(0,1)}$ 到 $\partial B(0,1)$ 的连续映射 G, 使得 G 限制在 $\partial B(0,1)$ 上时为恒等映射.

上面定理表明, 如果映射 $G: \overline{B(0,1)} \to \partial B(0,1)$ 在 $\partial B(0,1)$ 上为恒等映射, 则必须在 $\overline{B(0,1)}$ 中的某一点出现断裂.

9.4 场 论 简 介

上面我们以微分形式和外微分作为工具, 讨论了 Green 公式、Gauss 公式和 Stokes 公式. 这一节我们将介绍一点场论的知识, 并按照传统, 利用场论的语言来表述 Green 公式、Gauss 公式和 Stokes 公式.

场是物理学中常用的概念. 空间中的集合 S 上的每一点给定一个向量后, 则称在 S 上给了一个向量场, 例如电场、磁场、引力场等. 用数学分析的语言, 定义在集合 S 上的向量函数称为 S 上的向量场.

例 1 集合 S 上的函数 $p \to f(p)$ 称为标量场, 也称数量场.

例 2 将微分形式看成向量, 则区域上的各种微分形式都是场.

在微分形式的讨论中, 我们定义了外微分, 并且证明了外微分具有形式不变性, 即外微分与具体用来表示和计算微分形式的坐标无关. 将微分形式看作向量场, 则利用外微分给出的微分形式之间的对应关系 $w \to \mathrm{d}w$, 就能够定义向量场之间的映射关系. 而外微分的形式不变性则表示这样的映射关系与表示向量场的坐标选取无关, 或者说与表示向量场的参照系选取无关.

例如, 设 $f(x, y, z)$ 为区域 $D \subset \mathbb{R}^3$ 上的可微函数, 则

$$w = \mathrm{d}f = f_x \mathrm{d}x + f_y \mathrm{d}y + f_z \mathrm{d}z$$

是 f 的微分, 而 $\mathrm{grad}(f) = (f_x, f_y, f_z)$ 为由标量场 f 定义的梯度场. 前面我们已经证明了函数在一点的梯度是这个函数变化率最大的方向. 显然这一方向与表示函数的坐标选取无关, 即场之间的映射 $f \to \mathrm{grad}(f)$ 与坐标选取无关.

同样的, 设 $w = f\mathrm{d}x + g\mathrm{d}y + h\mathrm{d}z$ 是区域 $D \subset \mathbb{R}^3$ 上可微的一次微分形式, 利用外微分, 我们得到 D 上的二次微分形式

$$\mathrm{d}w = (g_x - f_y)\mathrm{d}x \wedge \mathrm{d}y + (h_y - g_z)\mathrm{d}y \wedge \mathrm{d}z + (f_z - h_x)\mathrm{d}z \wedge \mathrm{d}x.$$

将这一关系利用场论的语言来表述, 我们给出下面的定义.

定义 9.4.1 设 $v = (f, g, h)$ 是区域 $D \subset \mathbb{R}^3$ 上可微的向量场, 令

$$\mathrm{rot}(v) = (g_x - f_y, h_y - g_z, f_z - h_x),$$

$\mathrm{rot}(v)$ 也是 D 上的**向量场**, 称为向量场 v 的**旋量场**.

对于平面区域 D 上的一次微分形式 $w = f\mathrm{d}x + g\mathrm{d}y$, $\mathrm{d}w = (g_x - f_y)\mathrm{d}x \wedge \mathrm{d}y$, 因而通常将标量场 $g_x - f_y$ 看作向量场 $v = (f, g)$ 的旋量场, 也记为 $\mathrm{rot}(v)$.

同样的, 设 $w = f\mathrm{d}x \wedge \mathrm{d}y + g\mathrm{d}y \wedge \mathrm{d}z + h\mathrm{d}z \wedge \mathrm{d}x$ 是空间区域 $D \subset \mathbb{R}^3$ 上可微的二次微分形式, 利用外微分, 我们得到 D 上的三次微分形式

$$\mathrm{d}w = (f_z + g_x + h_y)\mathrm{d}x \wedge \mathrm{d}y \wedge \mathrm{d}z.$$

用场论的语言来表述外微分, 我们给出下面的定义.

定义 9.4.2 设 $v = (f, g, h)$ 是区域 $D \subset \mathbb{R}^3$ 上可微的向量场, 令

$$\nabla(v) = f_z + g_x + h_y,$$

$\nabla(v)$ 是 D 上的标量场, 称为向量场 v 的**散度场**.

下面我们利用场论的语言等价地来表示 Green 公式、Gauss 公式和 Stokes 公式. 按照传统, 在这些公式中我们用 "·" 表示向量间的点乘, 或者说向量之间的内积 $(\cdot, \cdot)$. 例如, $(x, y) \cdot (u, v) = xu + yv$.

Green 公式 如果 $v = (f, g)$ 是以有限条光滑曲线为边界的闭区域 $D \subset \mathbb{R}^2$ 邻域上连续可微的向量场, 则

$$\int_{\partial D} v \cdot (\mathrm{d}x, \mathrm{d}y) = \iint_D \mathrm{rot}(v) \cdot \mathrm{d}x \wedge \mathrm{d}y.$$

Gauss 公式 如果 $v = (f, g, h)$ 是以有限块光滑曲面为边界的闭区域 $D \subset \mathbb{R}^3$ 邻域上连续可微的向量场, 则

$$\iint_{\partial D} v \cdot (\mathrm{d}x \wedge \mathrm{d}y, \mathrm{d}y \wedge \mathrm{d}z, \mathrm{d}z \wedge \mathrm{d}x) = \iiint_D \nabla(v) \cdot \mathrm{d}x \wedge \mathrm{d}y \wedge \mathrm{d}z.$$

Stokes 公式 如果 $v = (f, g, h)$ 是以有限条光滑曲线为边界的光滑曲面 $S \subset \mathbb{R}^3$ 邻域上连续可微的向量场, 则

$$\int_{\partial S} v \cdot (\mathrm{d}x, \mathrm{d}y, \mathrm{d}z) = \iint_S \mathrm{rot}(v) \cdot (\mathrm{d}x \wedge \mathrm{d}y, \mathrm{d}y \wedge \mathrm{d}z, \mathrm{d}z \wedge \mathrm{d}x).$$

习　题

1. 应用 Green 公式计算下面积分:

(1) $\oint_{\partial D} (xy^2\mathrm{d}y - x^2 y\mathrm{d}x)$, $D = \left\{ (x, y) \left| \dfrac{x^2}{a^2} + \dfrac{y^2}{b^2} \leqslant 1 \right. \right\}$;

(2) $\oint_{\partial D} (x^2 + y^3)\mathrm{d}y - (x^3 - y^2)\mathrm{d}x$, $D = \{ (x, y) \,|\, x^2 + y^2 \leqslant 1 \}$;

(3) $\oint_{\partial D} \mathrm{e}^y \sin x\mathrm{d}x + \mathrm{e}^{-x} \sin y\mathrm{d}y$, $D = [a, b] \times [c, d]$.

2. 设 $f(x)$ 连续可导, L 是一分段光滑的闭曲线, 证明:

(1) $\oint_L f(xy)(y\mathrm{d}x + x\mathrm{d}y) = 0$;   (2) $\oint_L f(x^2 + y^2)(x\mathrm{d}x + y\mathrm{d}y) = 0$.

3. 设 L 是一光滑的闭曲线, a 是一任意给定的单位向量, n 是 L 的外法向量, 证明:

$$\oint_L \cos(a, n)\mathrm{d}s = 0.$$

4. 计算积分 $\displaystyle\int_L \frac{\mathrm{e}^x}{x^2 + y^2} [(x\cos y + y\sin y)\mathrm{d}x + (x\sin y - y\cos y)\mathrm{d}y]$, 其中 L 是一含原点在内部的简单闭曲线.

5. 设 D 是平面上以有限条光滑曲线为边界的闭区域, f, g 在 D 的邻域上连续可导, n 为边界的外法向, 证明: $\displaystyle\oint_{\partial D} [f\cos(n, x) + g\cos(n, y)]\mathrm{d}s = \iint_D (f_x + g_y)\mathrm{d}x\mathrm{d}y$.

6. 利用 Green 公式计算下面图形的面积:

(1) Descartes 叶形线: $x^3 + y^3 = 3axy$, $a > 0$;

(2) 双纽线: $(x^2 + y^2)^2 = a^2(x^2 - y^2)$;

(3) $x^n + y^n = 1$;

(4) $\left(\dfrac{x}{a}\right)^{2n+1} + \left(\dfrac{y}{b}\right)^{2n+1} = c\left(\dfrac{x}{a}\right)^n \left(\dfrac{y}{b}\right)^n$, 其中 a, b, c 都是正数, n 为自然数.

7. 利用 Gauss 公式计算下面的曲面积分:

(1) $\iint_S (x - y^2 + z^2)\mathrm{d}y \wedge \mathrm{d}z + (y - z^2 + x^2)\mathrm{d}z \wedge \mathrm{d}x + (z - x^2 + y^2)\mathrm{d}x \wedge \mathrm{d}y$, 其中 S 为球面 $(x - a)^2 + (y - b)^2 + (z - c)^2 = R^2$, 取外侧;

(2) $\iint_S (x - y^2 + z^2)\mathrm{d}y \wedge \mathrm{d}z + (y - z^2 + x^2)\mathrm{d}z \wedge \mathrm{d}x + (z - x^2 + y^2)\mathrm{d}x \wedge \mathrm{d}y$, 其中 S 为 $D = [-1, 1] \times [-1, 1] \times [-1, 1]$ 的边界, 取外侧;

(3) $\iint_S (x^2\cos\alpha + y^2\cos\beta + z^2\cos\gamma)\mathrm{d}s$, 其中曲面 S 为圆锥体 $x^2 + y^2 \leqslant z^2$ 的边界 $(0 \leqslant z \leqslant h)$, 取外侧, $\cos\alpha, \cos\beta, \cos\gamma$ 是外法向 n 的方向余弦.

8. 计算下面的曲面积分:

(1) $\iint_S (x^2 - y^2)\mathrm{d}y \wedge \mathrm{d}z + (y^2 - z^2)\mathrm{d}z \wedge \mathrm{d}x + 2z(y - x)\mathrm{d}x \wedge \mathrm{d}y$, 其中 S 为椭球 $\dfrac{x^2}{a^2} + \dfrac{y^2}{b^2} + \dfrac{z^2}{c^2} = 1$ 的上半部分 $(z \geqslant 0)$, 取下侧;

(2) $\iint_S (x + \cos y)\mathrm{d}y \wedge \mathrm{d}z + (y + \cos z)\mathrm{d}z \wedge \mathrm{d}x + (z + \cos x)\mathrm{d}x \wedge \mathrm{d}y$, 其中 S 为由 $x + y + z = 1$, $x = 0, y = 0, z = 0$ 所围立体的边界, 取外侧;

(3) $\iint_S F \cdot n\mathrm{d}s$, 其中 S 为球面 $x^2 + y^2 + z^2 = a^2$ 中 $z \geqslant 0$ 的部分, n 为外法向量;

(4) $\iint_S \left(\dfrac{x^2}{a^2} + yz\right)\mathrm{d}y \wedge \mathrm{d}z + \left(\dfrac{y^2}{b^2} + z^2 x^2\right)\mathrm{d}z \wedge \mathrm{d}x + \left(\dfrac{z^3}{c} + x^3 y^3\right)\mathrm{d}x \wedge \mathrm{d}y$, 其中 S 为椭

球 $\dfrac{x^2}{a^2} + \dfrac{y^2}{b^2} + \dfrac{z^2}{c^2} = 1$ 的上半部分 $(z \geqslant 0)$, 取下侧.

9. (1) 利用第一型曲面积分给出 Gauss 公式.

(2) 利用第一型曲线积分和第一型曲面积分来表述 Stokes 公式.

10. 应用 Stokes 公式计算下面的曲线积分:

(1) $\displaystyle\oint_L ay\mathrm{d}x + bz\mathrm{d}y + cx\mathrm{d}z$, 其中 L 为球面 $x^2 + y^2 + z^2 = a^2$ 与平面 $x + y + z = 0$ 相交得到的圆周, 从 x 轴正向看, 圆周取逆时针方向;

(2) $\displaystyle\oint_L (ay - bz)\mathrm{d}x + (bz - cx)\mathrm{d}y + (cx - ay)\mathrm{d}z$, 其中 L 为柱面 $x^2 + y^2 = a^2$ 与平面 $\dfrac{x}{l} + \dfrac{z}{h} = 1$ 的交线, 从 z 轴正向看, 曲线取逆时针方向;

(3) $\displaystyle\oint_L nx^{n-1}\mathrm{d}x + \mathrm{e}^{ny}\mathrm{d}y + \cos nz\mathrm{d}z$, 其中 L 为 $\dfrac{x^2}{a^2} + \dfrac{y^2}{b^2} = 1$ 与 $z = 0$ 的交线, 从 z 轴正向看, 曲线取逆时针方向;

(4) $\displaystyle\oint_L (y^2 + z^2)\mathrm{d}x + (z^2 + x^2)\mathrm{d}y + (x^2 + y^2)\mathrm{d}z$, 其中 L 为球面 $x^2 + y^2 + z^2 = 2Rx$ 与 $x^2 + y^2 = 2rx$ 的交线 $(0 < r < R, z > 0)$, 取 L 的方向为由其所围球面 $x^2 + y^2 + z^2 = 2Rx$ 中小的区域保持在曲线左手.

11. 计算下面的曲线积分:

(1) $\displaystyle\oint_L (x^2 + 2xy - y^2)\mathrm{d}x + (x^2 - 2xy - y^2)\mathrm{d}y$, 其中 L 为连接 $(0,0)$ 与 $(2,1)$ 的曲线;

(2) $\displaystyle\oint_L (x^2 + y + z)\mathrm{d}x + (y^2 + x + z)\mathrm{d}y + (z^2 + x + y)\mathrm{d}z$, 其中 L 为连接 $(0,0,0)$ 与 $(1,1,1)$ 的曲线.

12. 设 D 是 $\mathbb{R}^3$ 中的区域, P, Q, R 是 D 上连续可导的函数, 证明: 曲线积分 $\displaystyle\oint_L P\mathrm{d}x + Q\mathrm{d}y + R\mathrm{d}z$ 与路径无关的充要条件是 $\displaystyle\oint_L x\mathrm{d}P + y\mathrm{d}Q + z\mathrm{d}R$ 与路径无关.

13. 称一次微分形式 w 为全微分, 如果存在函数 f, 使得 $\mathrm{d}f = w$. 判别下面的微分形式是否是全微分:

(1) $w = f(x)\mathrm{d}x + g(y)\mathrm{d}y + h(z)\mathrm{d}z$;

(2) $w = \dfrac{1}{r^3}(x\mathrm{d}x + y\mathrm{d}y + z\mathrm{d}z)$, 其中 $r = \sqrt{x^2 + y^2 + z^2}$;

(3) $w = f(x + y + z)(\mathrm{d}x + \mathrm{d}y + \mathrm{d}z)$;

(4) $w = f(x^2 + y^2 + z^2)(\mathrm{d}x + \mathrm{d}y + \mathrm{d}z)$.

14. 对于下面的微分形式 w, 求函数 f, 使得 $\mathrm{d}f = w$:

(1) $w = \dfrac{3x}{y^2}\mathrm{d}x + \dfrac{y^2 - 3x^2}{y^3}\mathrm{d}y$;

(2) $w = (x^2y^3 + 3x^2y)\mathrm{d}x + (x^3y^2 + x^3)\mathrm{d}y$;

(3) $w = (\mathrm{e}^x \sin y + 2xy^2)\mathrm{d}x + (\mathrm{e}^x \cos y + 2x^2y)\mathrm{d}y$;

(4) $\left[\dfrac{x}{(x^2 - y^2)^2} - \dfrac{1}{x} + 2x^2\right]\mathrm{d}x - \left[\dfrac{y}{(x^2 - y^2)^2} - \dfrac{1}{y} - 3y^3\right]\mathrm{d}y + 5z^3\mathrm{d}z$.

15. 设 $u(x, y)$ 为单位圆盘 D 上非负的调和函数, $p > 0$ 是给定的常数, 令 $f(x, y) = [u(x, y)]^p$.

(1) 求 $\dfrac{\partial^2 f}{\partial x^2} + \dfrac{\partial^2 f}{\partial y^2}$.

(2) 设 C_1, C_2 为 D 内光滑的简单闭曲线, C_1 位于 C_2 围成的区域内部, n 为曲线的外法向量, 证明:

① 当 $p > 1$ 时, $0 \leqslant \displaystyle\int_{C_1} \dfrac{\partial f}{\partial n} \mathrm{d}s \leqslant \int_{C_2} \dfrac{\partial f}{\partial n} \mathrm{d}s$;

② 当 $p = 1$ 时, $0 = \displaystyle\int_{C_1} \dfrac{\partial f}{\partial n} \mathrm{d}s \leqslant \int_{C_2} \dfrac{\partial f}{\partial n} \mathrm{d}s$;

③ 当 $p < 1$ 时, $0 \geqslant \displaystyle\int_{C_1} \dfrac{\partial f}{\partial n} \mathrm{d}s \geqslant \int_{C_2} \dfrac{\partial f}{\partial n} \mathrm{d}s$.

(3) 证明, 其中 $0 < r < 1$:

① 当 $p > 1$ 时, $[u(0,0)]^p \leqslant \displaystyle\int_0^{2\pi} [u(r\cos\theta, r\sin\theta)]^p \mathrm{d}s$;

② 当 $p = 1$ 时, $[u(0,0)]^p = \displaystyle\int_0^{2\pi} [u(r\cos\theta, r\sin\theta)]^p \mathrm{d}s$;

③ 当 $p < 1$ 时, $[u(0,0)]^p \geqslant \displaystyle\int_0^{2\pi} [u(r\cos\theta, r\sin\theta)]^p \mathrm{d}s$.

16. 设 D 是平面上单连通区域, $u(x,y)$ 是 D 上的调和函数, 证明: 存在 D 上的调和函数 $v(x,y)$, 满足 $u_x = v_y$, $u_y = -v_x$.

17. 设 D 是平面上以有限条光滑曲线为边界的有界闭区域, $u(x,y)$ 和 $f(x,y)$ 在 D 上二阶连续可导, $u(x,y)$ 是调和函数, 且在边界 ∂D, $u(x,y)$ 与 $f(x,y)$ 相等, 证明:

$$\iint_D [(u_x)^2 + (u_y)^2]\mathrm{d}x \wedge \mathrm{d}y \leqslant \iint_D [(f_x)^2 + (f_y)^2]\mathrm{d}x \wedge \mathrm{d}y.$$

18. 设 $f(x,y)$ 在单位圆邻域上有连续的偏导数, 并在单位圆周上恒为零, 证明:

$$f(0,0) = \lim_{r \to 0} \iint_{r^2 \leqslant x^2 + y^2 \leqslant 1} \dfrac{x f_x(x,y) + y f_y(x,y)}{x^2 + y^2} \mathrm{d}x\mathrm{d}y.$$

19. 利用本章 9.3 节中例 2 的方法给出 $\mathbb{R}^3$ 中区域的体积在微分同胚下的变换关系. 利用这一关系给出并证明三重积分的变元代换公式.

20. 比较第 19 题, 如果希望通过 $n-1$ 重积分的变元代换公式得到 n 重积分的变元代换公式, 我们需要推广什么定理, 怎样推广?

结 束 语

　　我们写这本书的目的是希望将 "高大上" 的数学分析尽可能平民化, 为有意学习数学分析的读者提供一本话啰唆一点、平易近人, 故事多一点、说明多一点、大白话多一些, 可读性强一点的书.

　　本书有以下一些特点.

　　1. 我们以 Newton-Leibniz 的故事开头, 用数学分析简史的形式首先向读者介绍从微积分最原始的、关于无穷小的基本思想到数学分析的发展过程, 以及其中碰到的问题和解决问题的方法. 我们希望先为读者建立一个整体框架, 使得读者了解数学分析分为实数理论、极限理论和微积分三部分, 并了解每一部分在历史上是怎么产生的, 以及在数学分析中的意义. 同时我们还借此介绍了历史上第一次和第二次数学危机, 让读者了解一点数学发展史.

　　2. 我们通过 Euclid 的故事引入公理化方法, 以公理空间的形式来讨论实数理论. 而将 Dedekind 分割仅仅作为验证公理合理性的一个例子, 并且强调其以后不会再用到了. 希望利用此来避免传统数学分析在开始讲述实数理论时, 大量堆砌性的定义和非常烦琐的证明给读者造成的困惑. 希望降低数学分析的门槛, 同时也能让读者了解公理和公理化方法.

　　3. 我们将确界原理贯穿于一元微积分的始终, 将所有重要的结论都作为确界原理的等价表述. 希望帮助读者理解如果仅有有理数, 仍然可以建立极限、连续函数、微分和积分的概念, 但却得不出任何有意义的、深刻的结论. 有理数即便度量直线段的长度都不够, 更何况面积、体积这些高维的对象. 我们希望使读者真正意识到只有在好的实数空间的基础上, 才能保证强有力的极限理论, 才能建立微积分.

　　4. 我们将单调有界收敛定理和 Cauchy 准则应用于所有的极限问题的处理上,

帮助读者理解 "ε-δ 语言" 给出的定义只是名词解释, 必须在此基础上, 应用这两个工具, 来判断微积分中由简单到复杂的逼近过程是不是合理, 能不能真正逼近极限.

5. 我们将多元可微映射作为线性映射的推广, 利用可微映射的一次项产生的微分来近似可微映射, 并因此将关于线性映射的结论逐个推广到可微映射上. 希望帮助读者理解微分的意义, 巩固线性代数的学习成果. 同时我们在定理讨论中强调利用自由变量给出曲面的局部坐标, 向读者展现一点微分流形的雏形.

6. 我们将一次微分的形式不变性发展为微分、积分等的表示和计算都需要与坐标无关, 或者说与表示微分、积分的参照系无关. 我们按照微分流形的观点定义曲面积分, 并引入微分形式和外微分, 将 Newton-Leibniz 公式、Green 公式、Gauss 公式和 Stokes 公式都统一在同一个框架下. 希望帮助读者学习一点流形上的微积分, 开阔读者的视野, 提高读者的观点, 使得他们在以后的学习中能够走得更高、更远.

7. 本书中我们追求内容相对完整、逻辑高度严谨, 尽可能展现数学分析与高等数学的差异. 不糊弄是我们的基本原则.

当然, 我们的努力能不能成功, 是不是真正有效果, 还有待实践的检验. 但我们认为这些都是有意义的尝试.

还有一些话, 想对读者们说.

一、从素质教育的角度谈谈学习数学分析

大学里几乎所有同学都会学一些数学课程, 这其中又分为各种不同要求的高等数学和数学分析. 在今天计算机广泛普及、互联网和人工智能高速发展的情况下, 以往在高等数学中需要花费大量时间学习的各种复杂的微分和积分计算等已经不是那么重要了, 这些复杂的计算将被机器取代. 因此数学教学中应该将更多的时间用在概念讨论和定理证明上, 应该更加注重逻辑推理和抽象思维的训练, 以及能力的培养. 从这一点讲, 如果有可能, 每个人都应该通过课堂或者自学的方式学习一点数学分析.

多年来, 在教育教学中一直提倡素质培养, 要提高学生们的分析问题和解决问题的能力. 这些无疑是正确的. 然而知易行难, 怎样将素质培养真正落实下去, 认认真真地去做好呢? 就如常常听长辈告诉年轻人, 看事情要全面一点, 做事应该严谨一些. 但是你告诉一个人应该全面严谨, 他就能够全面严谨了吗? 显然不是. 一个运动员要学习一项新的技能, 不是教练员告诉他应该怎样怎样, 给他示范几次, 看看录像就可以的. 他需要千万次的练习, 不断改进, 才有可能掌握好, 并运用到比赛

中. 人的逻辑能力, 思维方式的训练不也是一样的吗? 同样都需要大量的练习和实践, 需要许许多多成功的经验和失败的教训. 而这些如果放在生活和工作中再去提高改进就太晚了, 我们需要通过教育教学来做好准备. 而数学分析就特别能够为这样的训练提供量大效高、价廉物美的机会.

东周楚国的文学家宋玉在形容住在自己隔壁的美女时, 称其 "增之一分则太长, 减之一分则太短……" 宋玉描述的这样完美的事物实际存在吗? 是的, 存在的, 就大量存在于数学分析中. 数学分析本身非常完整、自洽, 媲美于欧氏几何的漂亮的逻辑体系, 数学分析里那许许多多几百年来经过无数非常聪明的人千锤百炼产生出来的定义、定理和习题, 每一个的条件到结论都做到了极致, 不都达到增一分则太长, 减一分则太短的完美境界吗? 一个人在学习这一理论的过程中, 每一步都必须做到充分的条件应用, 严谨的逻辑推理, 需要对语言有很好的理解和把握. 而经过了成千上万次这样的定义解析、定理推导、习题证明, 一个人就能够得到质高量大的训练. 他的思维方式必然发生本质性的改变. 这时条件应用充分、逻辑推理严谨、语言交流清楚就深深地刻画在了他的灵魂上, 转换为他思考问题、解决问题的本能. 这就是素质教育, 就是能力培养.

当然, 在我们埋头脚踏实地奋斗于数学分析的定理、习题中时, 也不妨碍不时抬头仰望星空. 微积分无疑是人类文明发展中的一个非常辉煌的成就. 当年 Newton 在讨论物体的运动时, 为了说清楚速度的概念, 产生了无穷小的思想. 设 $y = f(x)$ 表示一个物体的运动方程, 其中 x 是时间, y 是路程. 以 $\mathrm{d}x$ 表示微积分中希望怎样小就可以怎样小的无穷小, 在时间上代表一瞬间、一刹那. 则导数 $f'(x) = \dfrac{f(x + \mathrm{d}x) - f(x)}{\mathrm{d}x} = \dfrac{\mathrm{d}y}{\mathrm{d}x}$ 作为瞬间的平均速度, 就是运动在 x 时的瞬时速度, 而微分 $\mathrm{d}y = f'(x)\mathrm{d}x$ 则是物体在那一瞬间通过的距离. 将 a 到 b 的时间段分割为一个个无穷小的瞬间, 则积分 $\displaystyle\int_a^b f'(x)\mathrm{d}x = \sum_{x \in [a,b]} f'(x)\mathrm{d}x$ 就是所有瞬间通过的距离之和, 当然这就是物体从时间 a 到时间 b 通过的距离了, 即 $f(b) - f(a)$. 我们不就得到了现在称之为微积分学基本定理的 Newton-Leibniz 公式 $\displaystyle\int_a^b f'(x)\mathrm{d}x = f(b) - f(a)$. 微积分对于 Newton 就是这么几句话, 就是这么朴素、自然、简单和完美. 而今天的你如果能够借助当年 Dedekind 为了从数学上表述时间和流水这样连续不间断的过程产生出来的确界原理和实数模型, 应用基于此的强有力的极限工具, 并按照现代数学的逻辑要求完美重现 Newton 的光辉, 你不就把握了人类文明发展中微积分这一颗璀璨的明珠, 不就站在了巨人 Newton 的肩上了吗? 站得高, 自然看得远, 离星空也就更近一些了. 你借助于此修成 "书中自有颜如玉, 书中自有黄金屋" 的美好境界, 不也是人生的一大成就吗?

二、数学分析的学习应该注重方法

数学分析难不难? 是的, 确实很难. 大学里一般需要每周四学时的正课, 两学时的习题课, 并持续三个学期, 这样的大课能不难吗? 一个人要通过数学分析的学习掌握数学的基础知识, 对思维方式进行潜移默化的改造, 达到提高抽象思维能力、逻辑推理能力和计算能力的良好效果, 没有艰苦努力, 不经过 "ε-δ" 的反复折磨又怎么可能呢? 但这些努力都是值得的, 会终身受益. 书山有路勤为径, 学海无涯苦作舟. 如果能在学习中注重方式方法, 数学分析的学习还是可以相对轻松一点、愉快一点、效率更高一点的.

华罗庚先生在谈读书方法时强调一本书要先读厚, 然后再读薄. 数学分析本身厚厚的课本, 加上习题集, 再加上学习中的各种理解注释和需要掌握的技巧 …… 堆起来确实是越来越厚, 使人不堪重负、难以承载、走不动了. 然而当你真正学懂了, 将书读薄了, 数学分析不就是确界原理到聚点原理, 到连续函数最大、最小值定理, 到 Lagrange 微分中值定理, 到 Newton-Leibniz 公式吗? 不就是不断用单调有界收敛定理和 Cauchy 准则给出各种极限的收敛判别方法吗?

书只有读熟了, 才能读薄. 对某些章节乃至全书的多次重复研读是将书读薄的关键. 第一遍读可能会很艰难, 有些生涩. 第二遍会好一些, 第三遍、第四遍可能就事半功倍、十分通畅了. 如果你对各种概念已经很清楚了, 多数定理和习题对你可能就是看看条件和结论的事了.

数学分析的学习还需要多动笔, 勤于思考. 应该在每个章节学完后, 都合上书, 用自己的语言写一写, 来证一证. 在数学分析的学习中要特别注重讲定义、证定理, 在定义理解和定理证明上下大功夫. 把话说清楚了, 这是关键. 常常听同学抱怨题目拿到后不知怎么做, 一点思路都没有. 这时就需要问一问对于题目中涉及的概念, 你都能合上书讲清楚吗? 相关章节的定义和定理都理解了吗? 会证明吗? 如果不会, 就回去看看. 数学分析需要做大量习题, 这其中大部分都是把话说清楚的问题, 话说清楚了, 问题自然就解决了. 当然其中有许多难题让人十分苦恼, 需要磨. 而磨的过程不是冥思苦想, 磨题时需要将相关定义和定理在头脑里反复转一转、证一证. 如果这样做了, 就达到了做题的目的, 最后即使题目做不出来也没什么关系, 继续往前走. 毕竟学数学的人在大多数时间里都是在做不出来题的苦恼中向前走的.

从小老师就告诉我们数学不能死记硬背, 理解了自然就记住了. 可是你一开始就能理解好了吗? 学习一个新的概念或者定理时, 还是要先背一背, 合上书自己能够讲清楚条件和结论, 然后通过做各种习题来加深理解, 这样不断地重复、多次应用, 才能融会贯通, 达到无招胜有招的境界, 不用再死记了. 书必须先读厚, 才能读薄, 才不用死记硬背.

数学分析的学习还要注重与人交流, 一个人学往往比较苦闷, 大家一起讨论可以思想更活跃、眼界更开阔. 如果你不会, 就向别人请教, 听听别人是怎么说怎样想的, 看看自己哪里没有学懂. 实在做不出来的题, 也可以找同学的作业抄一抄, 抄懂了不也是懂了嘛. 曾经听过有同学抱怨某某经常抄他的作业, 结果考试比他还好. 这是因为, 认真抄作业的人往往看得清楚自己的短板, 并加以重视, 进而改进. 被抄作业的人有时因为过于顺利, 缺少琢磨, 没有看清楚自己的盲点. 诸葛亮挥泪斩马谡说的不就是这个道理吗? 马谡自幼聪慧, 过目不忘, 一点就通, 一学就会, 能够将兵书讲得天花乱坠, 深得诸葛亮的喜爱, 并被委以重任. 可是马谡缺少磨砺, 缺少失败的教训, 刚愎自用, 关键时刻犯了致命错误. 所以如果你觉得会了, 不要着急往前走. 不妨多给别人讲讲, 看一看别人是怎么不理解的, 答疑解惑也是修行. 记住 "你的同学是你一生的财富". 大家今天在数学分析的苦海里共同奋斗, 将来在人生的道路上才能更好地相互扶持.

另外, 数学分析的学习应该注重各种各样的例子. 数学分析中的许多条件和结论在正确与错误之间往往就是毫厘之差, 一个好的例子常常能给人很好的启示.

最后, 借本书前言里的一段话作为结束语: "为了你的素质训练, 来试一试, 挑战自我, 读一读数学分析吧. 希望我们的书对你有帮助."

谭小江

北京大学数学科学学院

部分习题提示

第一章

3. 先证偶函数的导函数是奇函数, 再证偶函数的一阶导数在 $x=0$ 为零.

5. 用待定系数法, 设 $F(x) = \dfrac{f(x)}{1-x}$ 的展开为 $\sum\limits_{n=0}^{+\infty} b_n x^n$, $\sum\limits_{n=0}^{+\infty} a_n x^n = (1-x)\sum\limits_{n=0}^{+\infty} b_n x^n$.

6. 不是, 例如 $\sum\limits_{n=1}^{+\infty} \dfrac{(-1)^n}{n} x^n$, 条件是 $\sum\limits_{n=0}^{+\infty} a_n R^n$ 绝对收敛.

7. $|a_n x_1^n| \leqslant \left|\sum\limits_{k=0}^{n} a_k x_1^k\right| + \left|\sum\limits_{k=0}^{n-1} a_k x_1^k\right| \leqslant 2M$, 因而当 $0 < x < x_1$ 时, $\sum\limits_{n=0}^{+\infty} a_n x^n$ 收敛. 利用 Abel 不等式得后一个结论.

8. 证明 $f(x)$ 在 $x = -1$ 的邻域上展开的幂级数收敛半径为 $+\infty$. 后一个结论不成立, 例如 $\mathrm{e}^{-\frac{1}{(x+1)^2}}$.

9. 将 $f(x)$ 在极限点 x_0 的邻域上展开为幂级数, 利用 $f(x_n) \to 0$ 的条件证明幂级数的每一个系数都为零. 后一个结论不成立.

10. 利用 $f_m(x)$ 在每一个闭区间上一致收敛, 而 $f(x)$ 在每一个闭区间上一致连续.

11. 13. 16. 参考书中相关的讨论.

18. $f(x)$ 可以表示为 $x^k f_1(x)$, 其中 $f_1(x)$ 在 $x = 0$ 可以展开为幂级数, 且 $f_1(0) \neq 0$.

24. 利用控制收敛定理证明级数可任意阶逐项求导. 直接计算得 $f^{(2n)}(0) = 0$, $f^{(2n+1)}(0) = (-1)^n \mathrm{e}^{2^{2n+1}}$, 因此 $\sum\limits_{n=1}^{+\infty} \dfrac{f^{(n)}(0)}{n!} x^n$ 的收敛半径为 0, $f(x)$ 不解析.

26. 给定 $f(0)$, $f'(0)$ 后解唯一.

32. 局部利用导函数序列一致收敛.

第二章

3. 需要利用 Weierstrass 逼近定理. 如果一个连续函数与 Legendre 多项式都正交, 则其与任意多项式正交.

5. 利用积化和差公式.

8. 利用积分第二中值定理.

21. 利用逼近定理首先证明存在三角多项式序列 $\{\tilde{T}_n(x)\}$ 一致收敛于 $f'(x)$, 令 $T_n(x) = \int_0^x \tilde{T}_n(t)\mathrm{d}t + f(0)$.

25. 不满足 Bolzano 定理, 例如 $x_1 = (1, 0, 0, \cdots)$, $x_2 = (0, 1, 0, 0, \cdots)$, $\cdots$, $\{x_n\}$ 有界但没有收敛子列.

26. 利用 Dirichlet 判别法.

30. 不一定成立, 例如考虑 Riemann 局部定理或者函数的正弦、余弦展开. 如果区间 $[a, b]$ 长度大于等于 2π, 利用逐项积分, 等式成立.

31. 成立.

32. 成立. 只需利用 Weierstrass 逼近定理, 按照书中的方法证明即可.

第三章

1. 利用单位正交性, $A = \sum_{k=1}^n (A, e_k)e_k$.

5. 按照定义证.

6. 如果 S 无界或者不是闭集, 则存在 S 中序列 $\{x_n\}$, $x_n \to \infty$ 或 $x_n \to x_0$, 但 $x_0 \notin S$, 利用 x_n 容易构造 S 的一个开覆盖, 使得其没有有限覆盖.

7. 利用 Bolzano 定理. $\mathbb{R}^n$ 中紧集的这一性质称为列紧性, 是相对于开覆盖、描述紧集的另一方法.

8. 利用第 7 题.

9. 是.

11. 利用区间套原理, 对 $[0, 1]$ 做 $1/2$ 等分, 保持端点在不同开集内. 也可以用开覆盖定理.

12. 利用 11 题的结论.

13. 设 p 给定, 令 $S = \{q \mid$ 存在 D 中由有限条水平和垂直的直线段组成的折线连接 $p, q\}$, 证明 S 是开集, $D - S$ 也是开集.

14. 利用 11 题的方法或者结论.

21. 设 $D \subset S_2$ 是相对开集, 则存在 $\mathbb{R}^m$ 中的开集 U, 使得 $D = S_2 \cap U$. 对于任意 $x \in f^{-1}(D)$, 存在 $\varepsilon_x > 0$, 满足 $f(B(x, \varepsilon_x)) \subset U$, 令 $U_1 = \cup_{x \in f^{-1}(D)} B(x, \varepsilon_x)$, 则 U_1 是开集, $f^{-1}(D) = S_1 \cap U_1$. 另一个方向按照定义即可.

22. 利用 Bolzano 定理证明连续向量函数将有界闭集映为有界闭集.

23. 第一个分量取收敛子列, 在这个基础上, 第二个分量取收敛之列.

24. 在紧集 $S^n = \{X \in \mathbb{R}^n \mid |X| = 1\}$ 上应用连续函数最小值定理.

25. 在两段圆弧上分别应用介值定理.

26. 利用 Dini 定理, $y \to y_0$ 时, $f(x, y)$ 对 x 一致收敛于 $f(x, y_0)$, 因此,

$$|f(x, y) - f(x_0, y_0)| \leqslant |f(x, y) - f(x, y_0)| + |f(x, y_0) - f(x_0, y_0)|.$$

27. 设 $x_0 \in \overline{S} - S$, 利用一致连续对 $x \in S$, $x \to x_0$ 应用 Cauchy 准则.

28. 利用一致连续性, $x \to x_0$ 时, $f(x, y) \to f(x_0, y)$ 对 y 一致收敛.

第四章

2. 对 x 应用微分中值定理. 可以存在, 导函数可以有第二类间断点.

5. 利用区域中任意两点可以用有限条水平和垂直的直线段组成的折线连接, 函数在水平和垂直线段上为常数.

7. 可设 $C \neq 0$, 对 $u^2(x,y) + v^2(x,y) = C$ 分别求关于 x, y 的偏导, 代入 $u_x = v_y$, $u_y = -v_x$, 证明偏导恒为零.

10. 利用 $|f(x,y) - f(x_0,y_0)| \leqslant |f(x,y) - f(x,y_0)| + |f(x,y_0) - f(x_0,y_0)|$.

25. 向量和为零.

38. 参考多元函数极值理论.

第五章

8. 需要利用逆映射定理, F 局部有逆映射, 因而局部只有有限个零点, 利用紧性, 有界区域上仅有有限个零点.

12. 设 $y_n \in F(D)$, $y_n \to y_0$, $x_n = F^{-1}(y_n)$. D 有界闭集, $\{x_n\}$ 有收敛子列, 如果 $\{x_n\}$ 不收敛, 则存在 $\{x_n\}$ 的两个子列 $\{x_{n_k}\}$ 和 $\{x'_{n_j}\}$ 趋于不同的极限 x_0, x'_0, 这时 $f(x_{n_k}) = y_{n_k} \to f(x_0) = y_0, f(x'_{n_j}) = y_{n_j} \to f(x'_0) = y_0$, 与单射矛盾.

16. $h_z \neq 0, g_y \neq 0$.

21. $f'(x)$ 处处不为零, 则其恒大于零或恒小于零, $y = f(x)$ 严格单调, 因而有反函数 $x = f^{-1}(y)$, 任意 x 的函数可以表示为 $y = f(x)$ 的函数.

23. 不可以, 例如 $u = x^2 + y^2, v = 2xy$ 将空心圆盘 2 对 1 地映为空心圆盘, 圆盘上的变量 (u,v) 将圆盘不连续地映为上半圆盘, 不能表示圆盘上的函数.

24. 利用逆映射定理, F 将 U 的内点映为 $F(U)$ 的内点. 如果 p_0 是 U 的边界点, F 在 p_0 邻域是同胚, 因而 $F(p_0)$ 是 $F(U)$ 的边界点. 如果 D 是闭区域, 例如 $D = \{(x,y) \mid 1 \leqslant x^2 + y^2 \leqslant 2, y \geqslant 0\}$, 则 $u = x^2 + y^2, v = 2xy$ 将 D 映为 $D' = \{(u,v) \mid 1 \leqslant u^2 + v^2 \leqslant 2\}$, 部分边界映射到内点.

37. 不妨设 $n > m$, 利用隐函数定理证明映射不是单射.

38. 对任意固定的 x, 函数关于 y 严格单调, 且 $y \to +\infty$ 时大于零, $y \to -\infty$ 时小于零, 利用介值定理得结论. 定理是整体存在, 不是局部存在.

第六章

1. 考虑 $f(a^1, \cdots, a^{i-1}, x^l, a^{i+1}, \cdots, a^n)$.

7. 证明 S 是有界闭集.

14. (1) 利用 Taylor 展开; (2) 函数有下界; (3) 利用逆映射定理, 映射的像集是开集. (2) 中最小必须是零.

17. 直接计算.

18. 在 $(0,0)$ 不一定存在.

19. 在 $(0,0)$ 不唯一.

21. 利用书中给出的使用主子行列式判断二阶对称矩阵正定和负定的条件.

第七章

1. 利用一致连续性.

2. 利用导函数的一致连续性.

7. 利用可积的判别条件, 用 U_1 对 U_2 的分割做加细.

8. 特征函数 f 的 Darboux 下和对应包含在集合内的多边形, 上和对应包含集合的多边形, 下积分对应内面积, 上积分对应外面积.

9. 因为是可测区域, 先证在内点为零.

10. 可测集上不一定成立.

11. 利用分割按定义证.

12. 应用分部积分, Newton-Leibniz 公式和第 9 题的结论.

13. $0 \leqslant \int_D (f(x) - f(y))^2 \mathrm{d}x\mathrm{d}y = \int_D f^2(x)\mathrm{d}x\mathrm{d}y - 2\int_D f(x)f(y)\mathrm{d}x\mathrm{d}y + \int_D f^2(y)\mathrm{d}x\mathrm{d}y$

$$= 2(b-a)\int_a^b f^2(x)\mathrm{d}x - 2\left(\int_a^b f(x)\mathrm{d}x\right)^2.$$

18. 应用分部积分.

24. 前面是二对一的映射, 后面是微分同胚.

27. 利用 Jacobi 行列式的有界性证明映射将面积趋于零的多边形序列映为面积趋于零的可测序列.

44. 先证明对常数函数和 Riemann 可积函数 $\displaystyle\lim_{a \to +\infty}\int_a^R f(x)\cos ax\mathrm{d}x = 0$. 将 $[0, +\infty)$ 分割为 $[0, R], [R, +\infty)$.

第八章

16. 与第二型曲线积分相同.

17. 第二型曲面积分的面积微元 $|\mathrm{d}x \times \mathrm{d}y|$ 在变元代换 $x = x(u, v), y = y(u, v)$ 下成立

$$|\mathrm{d}x \times \mathrm{d}y| = |(x_u\mathrm{d}u + x_v\mathrm{d}v) \times (y_u\mathrm{d}u + y_v\mathrm{d}v)| = \left|\frac{\partial(x, y)}{\partial(u, v)}\mathrm{d}u \times \mathrm{d}v\right| = \left|\frac{\partial(x, y)}{\partial(u, v)}\right||\mathrm{d}u \times \mathrm{d}v|,$$

Jacobi 矩阵本身带有绝对值, 不需要定向.

27. 利用 $(\mathrm{d}x^1, \cdots, \mathrm{d}x^n) = (\mathrm{d}u^1, \cdots, \mathrm{d}u^r)\dfrac{\mathrm{D}(x^1, \cdots, x^n)}{\mathrm{D}(u^1, \cdots, u^r)}$, 弧长微元

$$\mathrm{d}s^2 = (\mathrm{d}x^1, \cdots, \mathrm{d}x^n)(\mathrm{d}x^1, \cdots, \mathrm{d}x^n)^{\mathrm{T}}$$

$$= (\mathrm{d}u^1, \cdots, \mathrm{d}u^r)\frac{\mathrm{D}(x^1, \cdots, x^n)}{\mathrm{D}(u^1, \cdots, u^r)}^{\mathrm{T}} \cdot \frac{\mathrm{D}(x^1, \cdots, x^n)}{\mathrm{D}(u^1, \cdots, u^r)}(\mathrm{d}u^1, \cdots, \mathrm{d}u^r)^{\mathrm{T}}.$$

面积微元

$$\mathrm{d}v = \sqrt{\left|\frac{\partial(x^1, \cdots, x^n)}{\partial(u^1, \cdots, u^r)}^{\mathrm{T}} \cdot \frac{\partial(x^1, \cdots, x^n)}{\partial(u^1, \cdots, u^r)}\right|}\mathrm{d}u^1 \cdots \mathrm{d}u^r.$$

28. 对上面面积微元做积分.

29. 坐标变换 Jacobi 行列式大于零.

32. $\mathrm{d}x^{i_1} \wedge \cdots \wedge \mathrm{d}x^{i_r} = \dfrac{\partial(x^{i_1}, \cdots, x^{i_r})}{\partial(u^1, \cdots, u^r)}\mathrm{d}u^1 \wedge \cdots \wedge \mathrm{d}u^r.$

33. 34. 参考第 17 题.

第九章

2. 利用 Green 公式.

3. 利用弧长参数, $n = (y'(s), -x'(s))$, 代入直接计算即可.

5. 利用 Green 公式.

9. 必须明确积分转换中所用到的曲线和曲面的定向, 将对应的定向用到公式中.

16. 考虑路径积分 $\int_L (v_y \, dx - v_x \, dy)$, 利用 Green 公式证明这一积分与路径无关, 得到的函数是调和函数.

18. 利用 Green 公式将积分表示在圆周 $x^2 + y^2 = r^2$ 上, 与 $f(0, 0)$ 做比较.

索　引